AF617440

LA INTERFAZ DEL SENTIDO

sh

[ENCUADRE] LIBROS

La interfaz del sentido
La pantalla fílmica entre las demás pantallas
José Antonio Palao Errando

www.shangrilaediciones.com
shangrila@shangrilaediciones.com

Imagen portada:
Malditos bastardos
Quentin Tarantino, 2009

Septiembre, 2024

ISBN: 978-84-128271-9-4
Depósito legal: V-2335-2024

LA INTERFAZ DEL SENTIDO

LA PANTALLA FÍLMICA
ENTRE LAS DEMÁS PANTALLAS

JOSE ANTONIO PALAO ERRANDO

SUMARIO

TERCERA PARTE: LAS ESCRITURAS

CUARTA PARTE: LOS GESTOS

A Jesús Palao Errando y a Jesús Palao Esteve (*in memoriam).*
Por todas esas cosas que no he sabido decir
y por las que no acerté a hacer.

Y a Eva, que me acompaña más allá de donde el sentido llega.

Introducción

EL CINE FRENTE A LAS DEMÁS PANTALLAS

El cine en la cultura digital: el desfile de los monstruos, el *making of* y el *tableau*

Walter Benjamin (2005) mostró en múltiples textos cómo la fotografía hubo de encontrar su lugar en la cultura de masas –su público, sus usos, su prestigio social y su rango institucional– en competencia con la pintura. Y Marshall McLuhan señaló lo propio para el caso de los medios electrónicos (McLuhan, 1996). En efecto, cada nuevo canal de comunicación, cada nueva tecnología inventada con ese fin, debe encontrar su lugar en el ecosistema mediático que le precede, pero también en pugna con aquellos medios cuya aparición es posterior a la propia.[1] En esta tesitura se vio el *cine* desde su nacimiento, necesitado de disputar su espacio con los demás medios visuales, artísticos y de entretenimiento: en sus orígenes las artes burguesas y las diversiones populares; desde siempre, con las industrias culturales, analógicas antes y digitales ahora.

El proceso es complejo, pero una de sus estrategias más poderosas en esta depredación constante ha sido trazar la representación de sus rivales en su propia pantalla (Young, 2006). Apuntando ya a la época que nos va a ocupar en este libro, en los años 80 el cine se cebó con su máxima competidora en la captación de la audiencia, la televisión en el apogeo del *Modelo Difusión* (Palao-Errando, 2009b).[2] Fue una guerra solapada, llena de mensajes subliminales, en los que la televisión, imputada de manipuladora y obsceno agente de banalización, quedaba

1. Al estudio de esta condición puede llamársele también *ecología del los medios* (Scolari, 2015), pero esta expresión puede resultar confusa dado que en el ámbito anglosajón se aplica también al estudio del impacto ambiental de las tecnologías, fundamentalmente digitales.
2. Denominado también *broadcasting* (Carlón & Scolari, 2009; Scolari, 2014).

recusada unas veces, ridiculizada o denunciada la mayoría. Pongo algunos ejemplos a vuelapluma:

> *Poltergeist* (Tob Hooper, 1982): en una metáfora de la mediatización a la que estaban sometidas las familias occidentales, vemos que la hija pequeña, atrapada por las fuerzas del más allá se comunica –solo es atendida y sintonizada– por medio de la televisión.
>
> *Gremlins* (Joe Dante, 1984), nos narra la historia de unos simpáticos animalitos a los que la televisión brutaliza. En efecto, una de las cosas que no pueden hacer estos simpáticos animalitos es comer después de medianoche. Si lo hacen, es precisamente por quedarse viendo la televisión.
>
> En *Gremlins 2: The new batch* (Joe Dante, 1990): el personaje mafioso y especulador se comunica con el pobre anciano chino al que van a desahuciar por medio de una televisión que hace le lleven hasta su casa.
>
> El proceso culmina en visiones similares a la de *Héroe por accidente* (*Hero*, Stephen Frears, 1992) o *El mañana nunca muere* (*Tomorrow never dies,* Roger Spottiswoode, 1997) donde la televisión es denunciada como falseadora y maquinadora de imposturas de manera completamente explícita.

Ahora bien, en los años 90 del siglo XX, esa dinámica se transforma debido a un giro trascendental en la episteme tardo-moderna[3]: la cibernética entra por primera vez en la cultura masiva y deja de ser patrimonio exclusivo del Estado y de las grandes corporaciones, a los que algunos avezados *hackers* –todo lo más– inquietan levemente, y la computadora se convierte en un enser cotidiano más. Ya en la década anterior, Apple había comercializado el primer ordenador personal, el McIntosh, y había

3. Intentaremos evitar en la medida de lo posible el uso mecánico del término *posmodernidad*, que hoy está completamente desvirtuado y nos obligarían a explicitar las correlaciones del concepto más allá de lo que nos es dado incluir en estas páginas.

encargado el mensaje comercial que debía publicitarlo nada menos que a Ridley Scott, el director de ficción ciberpunk más aclamado hasta el momento, con películas como *Alien* (1979) y *Blade runner* (1982)[4], que se insertan además en pleno discurso distópico, aún en el seno de la Guerra Fría. Pero lo que estableció la inserción particular y cotidiana de la informática en la esfera privada fue el nacimiento de la *World Wide Web* en 1989 (Berners-Lee & Fischetti, 2000), que puso Internet al alcance de la gran mayoría y la insertó en la cultura de masas. Ese fue, cabalmente, el inicio de la llamada *cultura digita*l, que convirtió a la pantalla del ordenador personal en una ventana abierta al mundo más (Alberti, 1996; Hendrix & Carman, 2010) en el curso de la extensa genealogía (Palao-Errando, 2004) de la imagen moderna.

Tenemos, pues, una pluralidad de significantes con la que esta postmodernidad oficializada se autodenomina: *cultura digital, sociedad de la información, sociedad del conocimiento,* globalización (sin más), etc. Ante la caída del URSS y, con ella, del antagonismo mundial que había vertebrado la Historia en los anteriores 45 años, algunos se aventuraron a conjeturar si era la misma Historia la que había llegado a su fin (Fukuyama, 1991). El caso es que si Lyotard (Lyotard, 1987ª) había caracterizado la postmodernidad como la época de la crisis de los *metarrelatos*, esta crisis parece alcanzar por fin a todos los relatos, grandes o pequeños. El relato, como formalizador de la experiencia, toma el centro del discurso filosófico y teórico (Genette, 1989ª; Jimenez Losantos & Sánchez Biosca, 1989; Kermode, 2000; Lynch, 1987; Ricoeur, 2004, 2008, 2009).[5]

En el ámbito del audiovisual propiamente dicho, las consecuencias han sido variadas. Paradójicamente, la llegada de la cultura digital –hipertextual e interactiva y, con el tiempo, tendencialmente reticular– en los años 90 propicia una nueva época dorada de la televisión, pero ahora la protagonista ya no es la narrativa de ficción (Cascajosa Virino,

4. Vid. *Apple:1984* (https://youtu.be/VtvjbmoDx-I); abordamos un análisis de este spot, que es un auténtico hito dentro de la Historia tanto del dicurso fílmco, como del publicitario y de la cultura digital en (Palao Errando & García Catalán, 2014).
5. Citamos las ediciones manejadas, pero las *príncеps* son todas de los años 80.

2016; Jimenez Losantos & Sánchez Biosca, 1989), que ha quedado desplazada por el espectáculo informativo. Sí, es la época de nacimiento del *reality show*, del *infotaiment*, del *late show* procaz, del *talk show* grosero, etc. (Boltanski, 1999; Dovey, 1998; Illouz, 2003; Imbert, 2010b, 2010ª; Palao-Errando, 2001; 2004, 2009b; Thussu, 2007).

Ello supone un vuelco en la agenda de la ficción audiovisual, en consonancia con la idea de que todo saber es reductible a información (*facts* = datos/hechos), centro de la episteme digital e informacional. Una consecuencia directa es que la teoría de la conspiración se convierte en el eje vertebrador de la opinión pública y pasa a ser principio explicativo de cualquier fenómeno cuya causa nos es desconocida: si todo saber es información, no hay misterio, enigma, ni complejidad estructural posible tras la pantalla fenoménica, pues toda falta de saber es imputable a una mala voluntad que oculta los hechos. "La verdad está ahí fuera", esto es, presente y apropiable bajo forma de información, consuelo imprescindible para los que "quieren creer" pero ya no cuentan con un Gran Relato (estable, fordista, disciplinario, fiable (Deleuze, 2006; Foucault, 2002b; Lazzarato, 2019; Lyotard, 1987ª; Virno, 2003ª)) que anude sus creencias a un todo. Evidentemente, la serie que nos puede parecer más emblemática de la década es *X Files* vid. Apéndice 1 de este libro): el grupo de hackers que ayuda de tanto en tanto a Fox Mulder se llama, nada menos, que *El tirador solitario*, nombre que proviene de la, para ellos, muy sospechosa conclusión a la que llegó la investigación de la Comisión Warren en el asesinato de JFK (Palao-Errando, 2004: 409-433).

Además de esta sinergia entre la teoría de la conspiración y la cultura digital, los 90 trajeron también una sobrecarga de espectacularidad producto de las enormes posibilidades visuales de la tecnología digital, que, de algún modo, parecían hacer prescindible el montaje y, con él, las propias leyes de la sintaxis cinematográfica clásica. La presencia de texturas heterogéneas –tradicionalmente, el gran indicio del montaje como fraude a la continuidad ilusoria de la imagen en movimiento– podía ser suturada digitalmente y pareció –con el *gore* y las *splatter movies* a la cabeza (McCarty, 1990)– que el logro sumo a conseguir era mostrar la acción más espectacular posible sin cambio de plano. Esta fenomenología llevó a pensar en una reedición del Cine de Atracciones primitivo en el seno del cine postclásico (Company & Marzal Felici, 1999; Palao-Errando & Entraigües, 2000; Strauven, 2006).

Los efectos visuales basados en las tecnologías digitales fueron el foco de atracción de la época que alumbraron un formato audiovisual que, al igual que pasaba en la década anterior con el *video-clip*, se solía emitir en los intersticios de la programación televisiva bajo el epígrafe de "ajuste de programación": el *making of*. Parece un mero apéndice subsidiario, pero el *making of* revela una cierta posición del espectador de imágenes, que quiere saber *cómo,* pero no entiende este *cómo* sino como un plus icónico. Para este, el *making of* es "lo que me fue vedado en las imágenes que me dejaron ver".

El *making of*, de hecho, acabó en los packs de cintas VHS y posteriormente en el capítulo de extras de los DVDs. *Matrix* (*The Matrix*, Andy y Larry Wachowski, 1999) es, si no nos traiciona la memoria, el primer caso de inclusión del *making of* con el filme como objeto de consumo unificado, esto es, como mercancía (Crespo & Palao-Errando, 2005), al menos en el mercado español. Y es completamente lógico, puesto que *Matrix* es la culminación narrativa y conceptual de este proceso de espectacularidad visual que suplanta el mundo por un doble simulado (Vid. Cap. 12).

De ahí, también, un cierto *revival* del documental en los años 90, que volvió a las salas, tras años de estar sumido en el flujo televisivo en forma de reportaje científico o periodístico, y se convirtió en el modo de poder hacer cine para muchos cineastas o aspirantes, que se vieron ante la paradoja de que las tecnologías digitales iban abaratando los procedimientos de registro y postproducción, mientras que toda la parafernalia profílmica seguía siendo prohibitiva y estaba en manos de los estudios y las productoras. En buena medida, el documental cinematográfico renacido en los 90, se cobijará ahora en esta poética afín al *making of*: dado un evento del que conocemos una cierta faz mediática, ofrecemos lo que, siendo visible, no se ha dejado ver. De hecho, esta con-fusión del desvelamiento con la difusión actúa como trasfondo del discurso noticioso (Palao-Errando, 2009b).

Un ejemplo palmario fueron los aciagos acontecimientos en el Instituto Columbine (Colorado) dónde unos estudiantes tirotearon y masacraron a sus compañeros el 20 de abril de 1999. Al poner en pie su documental *Bowling for Columbine* (2002) Michael Moore no tuvo más remedio que acogerse, por decirlo así, a una poética de la autenticidad por cercanía, del heroísmo de la visión (Sontag, 2006), del haber estado allí y del testimonio pero que ha de conformarse con el campo vacío.[6] Por ello, Gus van Sant rodó la versión ficción de esta tragedia en su película *Elephant* (2004), mostrando una versión narrativa de estos hechos y completando así lo que el espectador había podido contemplar, que se reducía a sus consecuencias televisadas.

Tenemos, pues, una doble vertiente de esta poética: documental, por un lado, y basada en hechos reales (Carrera, 2020; Carrera & Talens, 2018), por otro. Esta modalidad erige lo que podríamos llamar una *poética del retablo*, en la que, resaltando como momentos esenciales las secuencias que han tenido trascendencia mediática, el filme se ofrece a rellenar los huecos de lo que no pudo salir por televisión. Ello llega a sus mayores cotas cuando se asimila al biopic clásico, esto es, cuando los hechos reales tienen un respaldo epistémico en el Relato Oficial proporcionado por la Historia o por la crónica periodística digna de crédito.

Esta poética del *making of* está también en el origen de la proliferación del documental basado en el *metraje encontrado* (*found footage*), que se convierte en una de sus fórmulas predominantes, desde los años 90 hasta la actualidad. El documental se presenta a la vez como indagación de archivo y como trasfondo del discurso noticioso. Un inmejorable ejemplo de esta dupla *making of* (archivo + entrevistas) y *retablo* (ficción) es *When we were kings*, (Leon Gast, 1996), que entra de lleno en la ya aludida estrategia JFK (vid. Cap. 8), y su contrapágina en el filme *Alí* (Michael Mann, 2001), que nos cuenta el mismo periodo de la vida del boxeador Muhammad Ali, pero desde el lado de la intimidad inaccesible al espectador medio, puntuando su progreso narrativo con los hechos cuyas escenas el espectador ha podido ver en la televisión.[7] Pensemos que si *Cuando éramos Reyes* era el *making of* del evento mediático *Rumble in the jungle* –el combate entre Ali y Foreman de 1974 celebrado en Zaire que, acompañado de un gran festival musical, se convirtió en la gran exaltación mundial de la negritud y en un hito en la lucha por los de-

6. Es una especie de puesta en escena emparentada, evidentemente, con la de Claude Lanzmann en *Shoa* (1985).
7. En España, por supuesto, es ejemplar la obra de Joaquín Jordá en este período (*De nens* (2003), *Veinte años no es nada* (2005)), que se hace explícita en *Mones com la Becky* (1999), en sí misma un *making of* de pleno derecho.

rechos civiles de los afroamericanos–, de alguna manera la película *Ali* era trasfondo ficcionado del documental, que se había basado en el *metraje encontrado* y, por supuesto, entrevistas a testigos expertos. *El cine ya andaba proponiéndose como el dispositivo capaz de dotar de sentido las imágenes desencadenadas, de dotar de trama, sintaxis y dimensión textual a lo simplemente registrado o emitido.* Esta relación de lo fílmico con la emisión también será un tema repetido durante toda la década, subrayando la fe en la denuncia y la fe en que la neo-modernidad tecnológica (veremos si posmodernidad epistémica y cultural) podrá suturar y superar los errores del pasado.

El siglo XXI comenzó reemplazando el viejo formato magnético del VHS por el DVD, un formato digital en el que el soporte material es aún relevante como componente de la mercancía. Pero en breve dará por amortizada esta tecnología (y las que le siguieron, como el *Blue-Ray*), que será sustituida por las plataformas de *streaming.* La concepción de Internet cambia sustancialmente con el nuevo siglo y la vieja etiqueta *ciberespacio* es sustituida por diversos términos con el adjetivo digital, o directamente por *la nube*. Podemos decir que el espacio virtual ya no se concibe como un espacio alternativo al físico material, sino que más bien se auto-atribuye la categoría de única pasarela hacia él. Asistimos al desarrollo de una tecnología cada vez más transparente, transitiva e intuitiva que conecta al sujeto con la materia. El siglo XXI, pues, vuelve a tamizar todas las experiencias a través de plataformas que filtran cualquier vivencia empírica y, de hecho, la *experiencia* pasa a ser otra mercancía más que se compra y se vende, como atestigua la terminología del *marketing* (Pine & Gilmore, 2019). Las experiencias audiovisuales, comenzando por *Youtube* y siguiendo por todas las plataformas de imagen, texto, sonido y movimiento, llegando de momento hasta *Twitch* o *TikTok*, realizan un periplo, que, si bien empezó en el interior del ciberespacio, ha conducido hasta los llamados medios ubicuos o *pervasive media* (Dovey & Fleurlot, 2011, 2012; Ekman, 2013) y a la *internet de las cosas* (Chaouchi, 2013; Sendler, 2017). La experiencia estética y la experiencia social quedan mediatizadas de raíz por las nuevas plataformas y, claro está, la experiencia fílmica, también, acogida fundamentalmente en las distribuidoras de *streaming,* que han propiciado una nueva edad de oro de la ficción televisiva entre los *Big Data* y los algoritmos, vías privilegiadas de acceso al yo. Las recomendaciones y la customización no son otra cosa que el intento de que el sujeto se satisfaga con la contemplación de la identidad que se le construye.

Súmese a esto la gran competencia narrativa –en todos los sentidos de la palabra– que supone la proliferación de los videojuegos –cuyo valor cultural y estético no creemos que nadie con un cierto bagaje ponga en duda (Vid. Kennedy & Dovey, 2006; Martín-Núñez, 2023; Navarro Remesal, 2016)– que, como modalidad extendidísima del entretenimiento en la cultura de masas, ha emblematizado, junto a los *social media*, una cierta cultura de la adicción digital en el espectro de la *hedonia depresiva* de la que hablara Mark Fisher (Fisher, 2016). De hecho, en su vertiente más masiva muchos videojuegos se publicitan ostentado su alta capacidad de provocar adicción, y lo mismo las series en *streaming*, hasta el punto de que el término *adictivo* se ha convertido en parte esencial del discurso de la crítica en magazines especializados y prensa en general.

Hiperencuadre, Hiperrelato

En estas circunstancias ¿qué podemos entender ahora por "lo fílmico"[8]? Ya hemos visto que, en un primer momento, el cine se vio en condiciones de competir con el resto de las pantallas con las que se veía forzado a convivir, apostando por la esfera de los goces, de la experiencia pulsional y adrenalínica y de la máxima inmersión y *efecto de real* (Barthes, 1994ª; J. P. Oudart, 1976). Pero esta estrategia cambió: si algo caracteriza al discurso fílmico desde la primera década de este siglo, es la alteración en propia textura del relato. Pensamos que la explicación más plausible de este fenómeno es que el séptimo arte (*el genio del sistema*, como lo llamó André Bazin, vid. más abajo) toma conciencia de que una mayor espectacularidad no le va a ser suficiente con los medios digitales, como lo fue con la pantalla de televisión, pues el componente

8. Evidentemente, el debate en torno al dispositivo *cine* es candente como testimonian los estudios desde el punto de vista de la arqueología cinematográfica (F. Albéra & Tortajada, 2010; Beltrame, Fidotta, & Mariani, 2014; Buckley, Campe, & Casetti, 2020; Elsaesser, 2016; Parikka, 2013; Tortajada & Albéra, 2015).

ergódico (Aarseth, 1997; vid. caps. 4 y 5 de este libro) e interactivo de las pantallas digitales era un plus con el que la televisión no contaba.

Es decir que, en tiempos postclásicos digitales, *el cine deja de intentar mimetizarse y empieza a contraatacar a través de territorios formales inexplorados.* La no linealidad del relato, que es su faceta más conspicua, no es tanto una influencia de las narrativas digitales como un freno a la interactividad propia de las mismas. De ahí, la creciente complejidad de los universos narrativos (Loriguillo-López, 2022), que dan lugar a acuñar términos como *puzzle filmes* (W Buckland, 2014; Warren Buckland, 2009) o *mind-game filmes* (Elsaesser, 2013, 2021; Sorolla-Romero, 2022). Estos filmes llevan a veces a endiabladas torsiones de las tramas que, si bien tensan al máximo las estructuras heredadas del cine clásico, siguen sustentándose en ellas sin quebrarlas, pues son su único puente comunicativo con el espectador (Bordwell, 2006; Loriguillo-López & Sorolla-Romero, 2014; Palao-Errando, 2013ª; Sorolla-Romero & García Catalán, 2013; Thompson, 1999). La complejidad narrativa destruye, pues, la *intuitividad* automatizada de las tecnologías digitales para aprestarse a recomponerla "más tarde". *Es la gestión de este clivaje temporal entre lo percibido y su transparencia cognitiva lo que promueve la emergencia de la emulación del sentido en la pantalla fílmica postclásica.*

Nuestra premisa en este libro es, por consiguiente, que los principales cambios producidos en el discurso cinematográfico global en los últimos veinticinco años tienen en su origen el contacto del cine con los medios digitales interactivos (Page & Thomas, 2011), sea como asimilación, acercamiento o reacción. En su lucha por adaptarse y competir con esas pantallas rivales, el discurso cinematográfico se ha hibridado con ellas y ha transformado su propia textura. En ese sentido, hemos optado clasificar las transformaciones en dos grandes órdenes. Por un lado, la puesta en escena y la propia concepción del rácord (de la continuidad) han dado lugar a lo que denominaremos *hiperencuadre*, en el que la pantalla fílmica se ofrece como receptáculo "racordado" de todas las pantallas con las que rivaliza (ordenador, vídeos de vigilancia, imágenes de satélite, etc.), lo que transforma toda la concepción clásica de la *mise en abyme* (Dällenbach, 1991). Sería algo así como si al final del tiroteo en el laberinto de los espejos en *The Lady of Shanghai* (Orson Welles, 1947) a Hayworth, Sloane y Welles se les apareciera un *banner* con recomendaciones de otras atracciones tras el *game over.*

Por otro lado, en la propia narración, el cine postclásico opta por la deconstrucción de la linealidad narrativa y el despliegue de distintas tramas y niveles de acción y representación que nos llevan a la noción de *hiperrelato*. (Palao-Errando, Loriguillo-López, & Sorolla-Romero).

Evidentemente hemos optado por insertar estas transformaciones en la etiqueta *cine postclásico* aunque, como coinciden en señalar la mayoría de los autores, podemos hablar de unos rasgos postclásicos reconocibles, al menos desde los años 70 (Vid. Bordwell, 2006; Thompson, 1999). En todo caso, muchos autores (Bordwell, 2006; Lipovetsky & Serroy, 2009; Thanouli, 2005) coinciden desde principios de siglo en ver rasgos comunes en el cine internacional que autorizarían a hablar de un cine postclásico en un sentido amplio, por más que este se presente como un ámbito fragmentario frente al paradigma, mucho más sólido y asentado, del cine clásico hollywoodense y también al margen de las poéticas de la *modernidad cinematográfica* (Finn, 2022; Jeong, 2013) que contestaron, en primera instancia, a aquel modelo hegemónico.

Son Thompson y Bordwell (Bordwell & Thompson, 2007) los máximos defensores de la idea de que el cine clásico sigue perfectamente vivo en el cine postclásico. Bordwell (Bordwell, 2006: 119-120) lo explica diáfanamente, ayudándose del concepto de *intensified continuity*:

> What has changed, in both the most conservative registers and the most adventurous ones, is not the stylistic system of classical filmmaking but rather certain technical devices functioning within that system. (...) The new devices very often serve the traditional purposes I'll be considering don't on the whole challenge this system; they revise it. Far from rejecting traditional continuity in the name of fragmentation and incoherence, the new style amounts to an intensification of established techniques. Intensified continuity is traditional continuity amped up, raised to a higher pitch of emphasis. It is the dominant style of American mass-audience films today.[9]

Lo que viene a significar que todos los alardes e innovaciones visuales y narrativos del postclásico no revisten un carácter propiamente experimental o de vanguardia: el cine postclásico no conculca jamás las leyes sagradas del *Modelo de Representación Institucional* (Bordwell, Staiger, & Thompson, 1997; Burch, 1996; González Requena, 2008; Palao-Errando, 2004), ni la linealidad y causalidad narrativas. La gran mayoría de películas narrativamente no lineales, tan abundantes en este periodo, podrían ser re-montadas en un relato lineal, y como el *making of* en su tiempo, estas reconstrucciones se incluyen entre los extras que acompañan al filme en los formatos comerciales.

Del mismo modo, las leyes del rácord y del montaje, si bien son llevadas al límite, jamás descubren lo real de su sustento enunciativo, sino que, en todo caso, provocan una invocación de la figura del *meganarrador* (Gaudreault & Jost, 1995), lo cual es muy distinto de mostrar las huellas del sujeto de la enunciación, porque este es un sostén inconsciente –y ello podría invocar la posición del espectador como responsable y constructor de las significaciones que el filme propone– mientras que el *meganarrador*, el *grand imagier*, el *autor implícito* (Booth, 1974; Gómez Tarín, 2011; Kindt & Müller, 2006; J. J. Marzal Felici & Gómez Tarín, 2015), son figuras que ofrecen al espectador un cobijo hermenéutico y garantizan la consistencia última del universo narrativo. Cierto, pues, que el cine postclásico deconstruye –a la vez que, en la mayoría de los casos, reafirma– el MRI, pero lo que nunca hace es excluirse de su campo de gravedad. Dicho de otro modo, la deconstrucción del discurso fílmico no

9. "Lo que ha cambiado, tanto en los registros más conservadores como en los más aventureros, no es el sistema estilístico del cine clásico sino ciertos dispositivos técnicos que funcionan dentro de ese sistema. (...) Los nuevos dispositivos muy a menudo sirven a los propósitos tradicionales que consideraré, pero en general no desafían este sistema; lo revisan. Lejos de rechazar la continuidad tradicional en nombre de la fragmentación y la incoherencia, el nuevo estilo equivale a una intensificación de las técnicas establecidas. La continuidad intensificada es una continuidad tradicional amplificada, elevada a un tono más alto de énfasis. Es el estilo dominante de las películas americanas de gran audiencia hoy en día" (Trad. del A. Todas las traducciones son del autor, excepto que se especifique lo contrario).

es nunca el objetivo del cine *mainstream* postclásico, sino una herramienta de fidelización hacia su público y del *fandom*.

La interfaz del sentido

El hilo conductor de este libro será, de este modo, la siguiente tesis: *el cine postclásico viene a postularse, para proteger su valor diferencial, como la pantalla que es capaz de albergar el sentido, entendido como encauzamiento del deseo (narrativo y enunciativo), frente a las pantallas que parecen poder ofrecer información (datos, herramientas, accesos) y goces (lúdicos, sociales, sexuales).* En nuestra era ya no se trata solo de la pantalla cinematográfica tradicional e institucional, ubicada en las salas de exhibición. Tras la apoteosis de la información y del espectáculo de la realidad de la última década del siglo anterior, donde la difusión en directo le era suficiente para conservar su cuota de audiencia, la televisión tiene que reinventarse también. Al igual que las pantallas del cine, que ya se habían asentado en los receptores particulares de Televisión a través de múltiples formatos magnéticos y digitales (DVD, Blue-Ray), las plataformas de *streaming* se postulan también como una auténtica factoría del sentido y la narratividad, serial y expandida, que abole el horario, la audiencia síncrona y el directo y, así, acaparan su parte de lo fílmico. Por decirlo así, en el siglo XXI hemos pasado del paradigma CNN al paradigma Netflix (Carrillo Bernal, 2018).

Lo que sostenemos es que la fractura del relato y el alojamiento racordado de todas las demás pantallas integradas diegéticamente, oficiando de ***pantalla huésped***, son parte fundamental de esta estrategia de posicionamiento como en ***interfaz del sentido***, frente a las demás pantallas que quedan reputadas de absolutamente informativas, denotativas, carentes de la autonomía simbólica necesaria para generar sentido por sí mismas.[10] Pensemos que el cine fue siempre la más lineal de las artes. La música podría optar también a semejante título, pero en la época del *podcast* y del *remix* (Navas, 2022; Navas, Gallagher, & Bu-

10. Para otra visión de la interfaz fílmica, vid. (Jeong, 2013).

rrough, 2021), ello resulta algo más dudoso. Sin embargo, como veremos, el cine establece a partir de 1915 un modelo de narración hegemónico del que la linealidad y la voracidad narrativa son sus señas irrenunciables. Si hay un discurso en el que la fuerza centrípeta del encuadre moderno –que atrae a los entes para ponerlos a disposición del *subjectum* (Martín Heidegger, 1995)– se halle en dependencia indisoluble de una sintaxis, ese es el discurso fílmico.

Bazin sostuvo que la pantalla era centrífuga, por contraposición a la fuerza centrípeta del cuadro (Bazin, 1990ª: 213). Nosotros nos atrevimos a matizar que lo que sucedió es que la pantalla cinematográfica desveló que la *fuerza centrípeta* del encuadre occidental era una propiedad imaginaria (Palao-Errando, 2004). Para reabsorber lo que escapaba de la pantalla, el cine implementó la puesta en práctica del *montaje*, que le otorga su especificidad como discurso artístico, y la instalación de la *sutura* y del rácord como andamiaje simbólico que daba su estatuto insoslayable al sujeto como sostén del discurso. Sin la capacidad del espectador de anudar, de *suturar*, la continuidad espacial y narrativa de los fragmentos rodados (*planos*) en una continuidad (*secuencia*) no habría posibilidad de construcción fílmica del sentido, ni del mundo. El montaje, pues, restituye su receptividad al encuadre y lo torna a hacer hospitalario para un mundo dócil a la mirada. Al menos, en la versión que resultó hegemónica y que es la que se plasma en lo que Noel Burch denominó **Modo de Representación Institucional** (Burch, 1996), y que tuvo su mejor formulación en el llamado **Cine Clásico de Hollywood** (Bordwell et al., 1997), que, si bien ha sido rebasado como estilo en sentido estricto por la praxis fílmica *postclásica*, sigue siendo el lecho ontológico en el que se fundamentan todas las acrobacias de estilo y escritura en las que esta praxis se asienta.

El "cine fílmico" (por distinguirlo de cualquier otro tipo de textualidad audiovisual), se erige en el vehículo privilegiado de exposición de la cosmología moderna basada en el Principio de Identidad y en el Principio de Razón suficiente (véase, evidentemente, Leibniz, 1994; y nuestra apropiación en Palao Errando, 2004). Eso es, precisamente, lo que constituye la esencia de la estética y la ontología realistas: recordemos que la vocación de Griffith fue siempre "hacer novelas como Dickens pero en cuadros" (Company-Ramón, 2014; Eisenstein, 1999: 186; Marzal, 1998). Se trata de la búsqueda de la continuidad y la transparencia del enunciado fílmico, un *grado cero de la escritura* (Barthes, 2005). El cine hegemónico, clásico, borraba las huellas de la enunciación y toda traza de una posible arbitrariedad narrativa y de *poiesis* del sentido. El sentido es siempre el sentido dado, ahí dispuesto para ser captado y revelado, nunca construido y manipulado. Como afirmó Roland Barthes refiriéndose a la imagen fotográfica, pero perfectamente extensible a la cinematográfica:

> Cuanto más la técnica desarrolla la difusión de las informaciones (y principalmente de las imágenes), tanto mayor es el número de medios que brinda para enmascarar el sentido construido bajo la apariencia del sentido dado (Barthes, 1986: 42).

De hecho, en el virtuosismo discursivo de las narrativas fracturadas postclásicas parece invertirse el proceso y el resultado. Con la proyección de la trama sobre el argumento, el texto fílmico no admite otro disfrute que el dis/im-puesto por el sujeto autoral, (llámesele *meganarrador, Grand Imagier, autor implícito, cineasta, creador*, o como convenga según la ocasión). Por tanto, el espectro de lo fílmico se escande en la trama fracturada porque ella es la que obliga a una fruición estrictamente secuencial. Lo que unifica la cuestión del postclasicismo es precisamente el virtuosismo (postfordista, podríamos decir con Paolo Virno [2003ª, 2003b]), sea en pantalla, sea en el relato. Virtuosismo más vacío en cuanto pretende estar más lleno, más saturado. El *mind game* y, no digamos ya, el *puzzle* son juegos estrictamente cognitivos y, por definición, lo cognitivo aislado impide cualquier puente entre el sujeto reflexivo y la existencia. La impotencia reflexiva que Mark Fisher (Fisher, 2016) detectara en sus alumnos de secundaria, tal vez pueda pensarse como un residuo fordista en la cultura postfordista del capitalismo cognitivo (Lazzarato & Negri, 2001; Virno, 2003b, 2003ª) y el virtuosismo: el sujeto, al menos en las etapas generales y obligatorias del currículum, sigue siendo adiestrado para calcular cuando ya no es necesario su cálculo porque lo hacen las máquinas. Si hablamos, pues, de *interfaz del sentido* entendido como ofrecimiento cerrado al espectador, estamos hablando de una cierta suplantación de lo psíquico por lo cognitivo (Vid. Cap. 5).

Y ese es un rasgo que va a perdurar en esta modalidad discursiva. Al no estar este sentido ordinariamente motivado por la trama, el espectador tenderá a interpretarlo metalépticamente (Genette, 2004), es decir, como la intervención de un *deus ex machina*. Y esta interpelación a la instancia enunciativa como garante del sentido nos acerca a la cuestión, fundamental para un abordaje hermenéutico que no sea puramente decodificante –es decir, que no conlleve una mera proyección de campos semánticos externos (Bordwell, 1995) al significado del filme– sin llegar a dar cuenta de la forma fílmica: ¿cuál es el *modus significandi* específico de estos filmes postclásicos? ¿Significan, al interpelar al autor implícito, por aproximación al modo poético, de un modo esencialmente metafórico o hay algo ineludible, irreductiblemente, narrativo en esta aproximación del saber del espectador al saber del meganarrador, que acaba siendo el auténtico trayecto narrativo de estos filmes? (Sorolla-Romero & García Catalán, 2013)

De tal modo, vedada la interactividad, y negada la soberanía del lector promulgada por la tecnología para definir el trato del particular con la información y con el goce, que dócilmente se le ofrece[11], la autoría implícita (Booth, 1974; Kindt & Müller, 2006) queda reforzada. Por supuesto, la versión más generalizada de la interactividad supone a estas nuevas estructuras de relación con el saber un homeomorfismo con el discurrir cognoscitivo humano y un potencial creativo basado en la cooperación intelectual en línea, que nos parecen indudables. Pero ello implica que algo del orden del sentido, y sobre todo de los efectos del sentido sobre el mundo, se ha perdido por el camino. De ahí, que como apostilla Marie-Laure Ryan (M.-L. Ryan, 2004), hayamos pasado de una concepción del texto como mundo a otra del texto como juego.

Es esta relación intermedial (Young, 2006) la que propicia las transformaciones narrativas, y de la puesta en escena generando estructuras complejas y las puestas en escena *en abyme*, propias de la era de las multipantallas y del *hipercine* (Lipovetsky & Serroy, 2009). Bolter y Grusin (2000: 65), afirman que "a medium in our culture can never ope-

11. Libertad y soberanía que, por otro lado, siguen en el ámbito de la heteronomía del mercado y la relaciones de producción capitalistas como acertadamente señala (Víctor. Navarro Remesal, 2016).

rate in isolation, it always enters into relationships of respect and rivalry with other media" y también que los nuevos *media* rediseñan y "re-mediañ" los medios más antiguos lo cual les lleva a teorizar el término *hipermediación,* frente a la transparencia mediática.

> Although each medium promises to reform its predecessors by offering a more immediate or authentic experience, the promise of reform inevitably leads us to become aware of the new medium as a medium. Thus, immediacy leads to hypermediacy. The process of remediation makes us aware that all media are at one level a "play of signs" [. . .]. At the same time, this process insists on the real, effective presence of media in our culture.[12] (*Ibid*: 19).

Por ello, pese a que es evidente la continua imbricación de unos recursos con otros, hemos decidido clasificar las innovaciones en los dos bloques que hemos señalado, por un imperativo metodológico y de claridad expositiva. En cuanto al *corpus* del que extraeremos los ejemplos es variado, porque estas transformaciones atañen a todo el cine contemporáneo sin distinciones ni contemplación de jerarquías. Como dicen Lipovetsky y Serroy (Lipovetsky & Serroy, 2009: 67): "En este sentido se ha propuesto con justicia el concepto de «cine mundo», que cristaliza en un modelo transnacional pulido y edulcorado". En esta misma concepción abunda Thomas Elsaesser cuando expone (2009: 13):

> Mind-game, played with movies" fits quite well a group of films I found myself increasingly intrigued by, not only be-

12. "Aunque cada medio promete reformar a sus predecesores ofreciendo una experiencia más inmediata o auténtica, la promesa de reforma nos lleva inevitablemente a tomar conciencia del nuevo medio como tal. Por tanto, la inmediatez conduce a la hipermediación. El proceso de remediación nos hace conscientes de que todos los medios son en cierto nivel un "juego de signos" [. . .]. Al mismo tiempo, este proceso insiste en la presencia real y efectiva de los medios de comunicación en nuestra cultura" (Trad. del A.).

> cause of their often weird details and the fact that they are brain-teasers as well as fun to watch, but also because they seemed to cross the usual boundaries of mainstream Hollywood, independent, auteur film and international art cinema.[13]

Lo que pretendemos acometer en este libro es la exploración, desde una perspectiva paralela a los estudios intermedia (Elleström, 2021ª, 2021b), de la relación del discurso fílmico con los demás medios audiovisuales, pero fundamentando la investigación en el análisis textual, y desdiciendo la que consideramos espuria distinción entre enfoques formalistas y culturalitas: no hay más modo de inserción en la cultura que las operaciones textuales y la incidencia de la materialidad de la forma, fílmica en nuestro caso. Por ello, somos partidarios convencidos de la potencia del análisis intensivo de un texto frente a la recolección de datos sobre un corpus exhaustivo. Por la misma razón, aunque razonemos sobre ejemplos concretos, estamos pretendiendo describir el fenómeno con un impulso generalizador. Solo desde el análisis de la materialidad fílmica del enunciado audiovisual, esta generalización es realmente posible, porque la muestra en su función de crear mundo, en su función ontológica como fundamento de su dimensión política y poética. Por eso mismo, pretendemos, en este cotejo del cine con los nuevos medios, orientar nuestra investigación hacia la incidencia de los textos en ese mismo mundo, a través de una indagación de la potencia simbólica del discurso secuencial del cine, frente a las modalidades discursivas hipertextuales e interactivas, sobre la hipótesis de que lo secuencial admite la proyección dialéctica y la incidencia de la construcción significante sobre la *realidad*. Como explica Thanouli (2005), el cine contemporáneo cultiva un realismo hipermediado frente al realismo inmediato del cine clásico.

13. "*Juego mental*, jugado con películas" encaja bastante bien en un grupo de películas que me intrigan cada vez más, no solo por sus detalles a menudo extraños y el hecho de que son acertijos además de divertidos de ver, sino también porque parecían cruzar los límites habituales del cine convencional de Hollywood, el cine de autor independiente y el cine artístico internacional" (Trad. del A.).

El filme, como objeto semiótico, por definición, no es hipertextual sino esencialmente secuencial (vid. García Catalán, 2012). Por ello, la respuesta a estas cuestiones pasa por un detenido análisis microtextual de las transiciones secuenciales, de sus rimas y correspondencias, para determinar cuánto de su textura y de su andamiaje sigue anclado en los procedimientos del cine clásico y en su modo de hacer virar la transmisión narrativa hacia su vocación simbólica, para convertir a la pantalla cinematográfica en la auténtica *interfaz del sentido*.

Un ejemplo puede ayudarnos a entender. En 1998, Tony Scott dirigió *Enemy of the State*. Allí, tras la ***persecución multimedia*** a la que son sometidos los protagonistas, uno de los agentes se queja, ante la pantalla de edición, de que la linealidad de la perspectiva de la cámara del satélite impide ver el rostro del personaje (Vid Cap. 4). La respuesta plástica, estética y narrativa a esta carencia, la da el propio Tony Scott en su filme *Déjà Vu* (2006) ocho años después. Tras un sangriento ataque terrorista a un ferry en Nueva Orleans, el agente de la ATF Doug Carling (Denzel Washington) se ve involucrado en la investigación por la aparición del cadáver de Claire Kuchever en la ribera del río, cuya muerte ofrece dudas de haber sido producto del mismo atentado. A través del FBI, entra en contacto con un grupo experimental que ha conseguido unificar las imágenes de múltiples satélites y es capaz de ofrecer una imagen sintética de lo ocurrido en cualquier lugar indicado en las cuarenta y ocho horas anteriores al momento de la petición. Por supuesto, están indagando el atentado del ferry, pero el problema es que "no saben dónde mirar". Para eso necesitan a Carling. Este les sugiere que lo hagan en casa de Claire. La secuencia de rastreo comienza con las imágenes cenitales provenientes de los satélites, que los espectadores ya identificamos y usamos habitualmente, en un *zoom* –con sucesivos rácords en el eje– hasta aproximarse a las coordenadas requeridas. La sorpresa asalta a Carling –y al espectador– cuando al alcanzar el punto requerido el sistema no es solo capaz de cambiar su eje de mirada y pasar al plano frontal a ras de suelo, sino de atravesar las paredes y ver dentro de la vivienda –techada, claro está– de Claire Kuchever en perfectos planos frontales. La poética del *making of* es el mejor trasfondo de esta reivindicación de la pantalla fílmica frente a todas las interfaces tecnológicas, como la única que puede acceder al ser de lo íntimo

Es la demanda del agente de la ASN en *Enemy of the State*: la perspectiva, el horizonte de la mirada, transgredido y al servicio de la pulsión escópica. Y qué dispositivo hay tan potente como para cumplir este cometido si no es la propia imagen cinematográfica, la *prótesis simbólica* (Bettetini, 1986) que permite al espectador penetrar por cualquier recoveco del espacio fílmico y que se demuestra como la única interfaz capaz de encajar las leyes de construcción del mundo en un encuadre con sentido, consentido y asentido tras la multiplexación de todas las informaciones. La exactitud no es nada sino la acompaña la significación. *Y el sentido para el espectáculo cinematográfico estándar es ante todo una emoción sostenible, una imagen sistemática en el seno de un relato coherente*. La secuencia cinematográfica se ofrece como receptáculo de la lógica del mundo anudada a la lógica del ánimo. Luego, sabremos que Carling estaba contemplando realmente al pasado, y que la lógica euclidiana del rácord estaba implicada –de ahí que, como le dice su compañero desde el presente de la investigación, sus huellas estuvieran por toda la casa– y que la supuesta *mise en abyme* de las pantallas digital y cinematográfica era en realidad un muy clásico contra-plano, incoación de una pasión amorosa. En efecto, lo que el equipo de científicos ha descubierto no es la manera de coordinar en una secuencia sistemática imágenes provenientes de múltiples fuentes y canales sino un agujero de gusano que va a permitir el viaje de Carling al pasado para evitar el atentado y salvar a su amada, que va a hacer posible y asentible la victoria de lo real del amor sobre lo imaginario del tiempo, en la acrobacia narrativa de un ***flash-back*** performativo, pero de una coherencia narrativa impecable. Como vemos, *tras la multiplexación, tras la división de la mirada por la multiplicidad de las pantallas electrónicas, la pantalla del cine se propone como la única interfaz capaz de albergar el sentido.*

Este libro es un intento de sistematización de investigaciones llevadas a cabo en los últimos treinta años. El corpus de análisis, pues, es un destilado de la sinergia entre las contingencias académicas y la curiosidad de su autor. Este libro no pretende agotar un tema, desplegar un estado del arte o consagrar a su autor como experto de ninguna especie. Lo que pretende es cernir un modo de decir la época, aislar un cierto timbre de la de voz de nuestro tiempo. Trata, pues, de buscar –esperemos que no, imponer– una cierta coherencia a una investigación necesariamente fragmentaria y que se extiende a lo largo de más de dos décadas. Creemos que es imprescindible la búsqueda de un pensamiento sistemático y coherente, aunque esa coherencia se demuestre como un horizonte asintótico. El anhelo de que un sistema consiga retratar –no hemos dicho representar, ni copiar fielmente– al mundo es una inevitable componente del pensamiento moderno y más aún en la época del *Paradigma Informativo*[14], que, siendo como es el andamiaje epistémico de la posmodernidad, no es otra cosa que la exigencia moderna llevada al extremo. Ahora bien, si ese objetivo deja de estar simplemente habitado por una esperanza y pasa a estar sostenido exclusivamente por la fe es cuando podemos pasar del intento de construir una ontología al intento de pergeñar una *hauntología*, de escribir y denunciar las bases de la axiomática de lo creíble y de la imagen del mundo y quién la sostiene. Y esa pasión, más que empeño, es la que sostiene ese texto. Una pasión que no ceda a la obsesión puede ser el único y precario indicio de una cierta radicalidad. Tal vez.

En cuanto a nuestras formas de indagación, siempre hemos optado por el análisis textual, pero como la etiqueta puede resultar, más que ambigua, desgastada, tal vez conviene añadirle un par de epítetos. *Entendemos por análisis textual aquella subclase del análisis del discurso que se orienta antes, en el sentido temporal estricto (no hablamos de prioridad, sino de precedencia) a la forma y solo después al contenido,* por utilizar otro par de términos algo desnortados también. No hay tal contenido si no lo crea la forma, no hay significado si no lo acota el significante, no hay denominador sin numerador que lo determine y circunscriba. Contenido sin forma es ante todo un sin-sentido. El segundo corolario, pues, es que nos interesamos por la representación antes que por la representatividad y que preferimos la sintaxis a la semántica abstracta de los marcos discursivos, la intensión vertical a la pretendida transversalidad. Y, por ende, lógicamente, nos interesa la referencia (la relación de los enunciados con los objetos a los que capturan) y nos interesa la pragmática de la enunciación.

14. En (Palao-Errando, 2004, 2009b) he utilizado este término para referirme al paradigma epistémico dominante, en el cual todo saber es concebido como susceptible de ser reducido a información. Para ulteriores aclaraciones nos permitimos remitir a los dos textos originales.

Ahora bien, esta verticalidad del texto no niega la transversalidad y diseminación de motivos, recursos y formas, ni la contingencia de los encuentros entre textos (en nuestro *background*: Becker, 2013; Català Doménech, 2005, 2016; Derrida, 1997ª; Didi-Huberman, 2009) . Es obvio, pues, que el intento de sistematicidad implique que la exposición de los resultados análisis no pueda ser más que parcial o fragmentaria, dado que los análisis han pretendido ser en intensión, más que extensivos.

El libro, pues, está estructurado en cuatro bloques. El primero es de tipo genérico. En el primer capítulo intentaremos introducir la idea de que el encuadre en perspectiva moderno es un dispositivo asociado al sentido desde su origen. En el segundo daremos cuenta de la axiomática del realismo, con todas sus convenciones semióticas y estéticas porque es necesariamente el *background* contra el que medimos la potencia innovadora, subversiva o deconstructora de las propuestas fílmicas postclásicas en tanto comandadas por el "genio del sistema" hollywoodense (Bazin, 1990ª; Schatz, 2015) y encauzadas por el Modo de Representación Institucional (MRI) (Burch, 1996; Ferrer García, 2017; Sorolla-Romero, 2018). En los dos capítulos siguientes, trataremos esas nuevas propiedades de la pantalla fílmica (*Hiperencuadre*) y del relato (*Hiperrelato*) que le permiten, supuestamente, presentarse como interfaz del sentido. Se verán toda una serie de recursos fílmicos implementados por la ficción audiovisual en las tres últimas décadas. Todos estos capítulos están salpicados de micro-análisis concretos desde los que no solo pretendemos ejemplificar los ítems teóricos que postulamos, sino ampliar su alcance. Completamos esta primera parte con un abordaje de las narrativas dislocadas y otro de los viajes en el tiempo.

La segunda parte la hemos agrupado bajo el epígrafe "Los casos". El capítulo 6 es un análisis de la que genéricamente suelen denominarse *narrativas fracturadas*, tomando como ejemplo emblemático las tres películas en las que colaboraron Alejandro González-Iñárritu y Guillermo Arriaga a principios de este siglo. El capítulo 7 está enfocado a explorar la representación del valor del *broadcasting* en lo que se refiere a la representación que la pantalla fílmica trama sobre la iconosfera contemporánea (Román Gubern, 1987). Analizaremos cómo se representa la pantalla televisiva en el cine *mainstream* y, después, abordaremos la primera temporada de una serie clave en la crítica de la cultura digital masiva como es *Black Mirror* .

En el capítulo 8 abordaremos uno de aquellos casos en los que el cine de Hollywood contribuye decisivamente al establecimiento de la agenda estatal norteamericana y, por ende, global. Cierto que el tema está muy estudiado respecto a los periodos de la Segunda Guerra Mundial y Guerra Fría, pero en la era digital global posguerra fría el procedimiento puede ser mucho más sutil. Estudiaremos varios casos en los que el cine y el *streaming,* extensión sin duda de la pantalla fílmica, han colaborado decisivamente en el establecimiento de una nueva agenda exterior o interior en los Estados Unidos, la OTAN, y en general, en el mundo occidental. Si hace unos años acometimos una apuesta arriesgada en la que intentamos conectar los inicios de la cultura digital con el impulso político que tomó el progresismo neoliberal en los primeros 90, coincidiendo con el trigésimo aniversario del asesinato del John Fitzgerald Kennedy y el ascenso al poder de Bill Clinton, en esta ocasión testaremos nuestras hipótesis con la coyuntura de la llamada Guerra contra el Terror entre las dos primeras décadas del presente siglo.

La tercera parte está dedicada a escrutar de modo más concreto las escrituras fílmicas postclásicas. En los dos últimos capítulos exploraremos las propuestas estéticas y discursivas de dos directores representativos del panorama postclásico. Dos de las cuatro últimas películas de Quentin Tarantino, que pertenecen de pleno derecho al campo de la ficción histórica, y los dos últimos filmes de Nacho Vigalondo. Una cuarta parte, que hemos titulado *Los Gestos* aborda dos filmes concretos: *Roma* (Alfonso Cuarón, 2019) y *The Matrix Resurrections* (Lana Wachowski, 2021).

La investigación que sustenta este libro hubiera sido imposible sin el auspicio del Grupo Itaca-UJI dirigido por Dr. Javier Marzal, al que pertenezco desde hace más de 20 años. No sería justo dejar de destacar a aquellos compañeros que empezaron por ser mis alumnos y doctorandos y que han sido los más cercanos para mí en esta sinuosa singladura: la Dra. Teresa Sorolla, el Dr. Antonio Loriguillo, el Dr. Marcos Ferrer y la Dra. Shaila García Catalán. He aprendido de mucha gente, pero quiero destacar cinco nombres clave entre mis mentores y profesores: Juan Miguel Company, Jenaro Talens, Josep María Català Doménech, Julio Pérez Perucha y Jonathan Dovey. Mis alumnos de la extinta Licenciatura en Comunicación Audiovisual han tenido mucho que ver y contar. Mi agradecimiento expreso a todos ellos.

Primera parte

PANORAMA DEL FILME POSTCLÁSICO

CAP. 1. EL ENCUADRE, ENCLAVE DEL SENTIDO

En este libro tenemos la intención ampararnos en el sintagma *interfaz del sentido* para caracterizar el discurso fílmico en el interior de la cultura digital. Ahora bien, lo que está intentando hacer "el cine" (con muchas comillas) es resistirse a la fuerza de las nuevas industrias culturales, y por tanto, de la interactividad, el hipertexto y las *narrativas ergódicas* (Aarseth, 1997; Vid. caps. 4,5 y 6 de este libro). Pero es evidente que esta idea de la *interfaz del sentido* no deja de ser una metáfora y, como todas las metáforas, no recubre completamente a su referente o tenor, sino que alude exclusivamente a su factor diferencial. Si lo dijéramos desde el lenguaje del psicoanálisis diríamos que *interfaz del sentido* es un semblante, si lo hiciéramos desde el lugar del discurso publicitario diríamos que es una imagen de marca, *branding*, un *insight*. Evidentemente, el concepto de *interfaz* admite un abordaje complejo (Català Doménech, 2010; Guardiola, 2020; Lev Manovich, 2003; Scolari, 2021) pero en el contexto *mainstream*, que es el campo central de estudio de este libro, la complejidad de la interfaz tiende a disolverse en su transparencia, como el montaje cinematográfico. En el mercado de lo digital, una interfaz es mejor cuanto más *intuitiva*, esto es, cuanto más invisible y transitiva, cuanto más útil para el usuario. Cuanto más niega su espesor.

Resumiendo, una interfaz no invita a la interpretación; una imagen encuadrada, sí. El cuadro, como dispositivo semiótico, presupone significación. Niega su superficie, pero invoca el valor simbólico de sus operaciones icónicas o plásticas, a partir del *efecto de realidad*, basado, como veremos, en su autonomía. Esa es la tragedia irresoluble de la imagen en perspectiva, su división entre *mímesis* y *semiosis*, entre su contenido icónico y su propuesta vital, desde la isotopía (Algirdas Julien Greimas & Courtés, 1990) y la autonomía (Bürger, 1987; Carrera & Talens, 2018).

Un cuadro de Pollock o de Mondrian invita a la hermenéutica, no por su contenido visual, sino porque es un cuadro.

Pues bien, lo que está haciendo el sector cinematográfico desde los años 90 es, por un lado, intentar competir con los medios digitales a través de sus propios mecanismos de implementación gozante, aboliendo la distancia y el espectáculo (Carrera, 2018) en pro de la inmersión adictiva. Por ello mismo, las industrias culturales digitales se mostraban alejadas de la potencia simbólica que mantenían los vehículos culturales predigitales (o analógicos): el cuadro, la fotografía, el álbum discográfico, la novela, la obra poética o el largometraje... Estos objetos tangibles, materiales y volumétricos eran capaces de construir una potencia simbólica a través del carácter encadenado y cuasi deductivo de los contenidos que vehiculaban en una textualidad inalterable. La apuesta de marca de *lo fílmico* pasó por esgrimir su capacidad de mantener todas estas características del producto cultural predigital sin por ello dejar de servirse de las propias ventajas tecnológicas de los medios digitales. Es pues, una imagen promocional magníficamente implementada, aunque en principio no formulada explícitamente, postularse como quien es capaz de satisfacer demandas sin renunciar al deseo y al sentido. No otra cosa, venden las plataformas de *streaming*: lo tengo cuando quiero sin necesidad de salvar distancia alguna, pero *bien presentado* como una obra de arte clásica.

Lo que intentamos en este primer capítulo del presente libro es, no tanto trazar la genealogía del encuadre en perspectiva[15], como –una vez reconocida su condición histórica– fijar de algún modo sus propiedades básicas como dispositivo simbólico. Para ello vamos a establecer qué potencia significante reivindica para sí y lo vamos a hacer a través de

15. Hicimos referencia en múltiples ocasiones a eso que Heidegger llamó *la época de la imagen del mundo* (Martín Heidegger, 1995)en nuestro libro *La Profecía de la Imagen-Mundo* donde establecimos una genealogía de la iconicidad occidental y equiparamos la experimentación científica con el nacimiento del cuadro en perspectiva y aludimos a dos propiedades *imaginarias* la estética de los *instantes esenciales* (Aumont, 1997) y la *fuerza centrípeta* (Arnheim, 2001; Bazin, 1990ª). Véanse, por supuesto, (Damisch, 1997; Didi-Huberman, 2009; Panofsky, 1983, 1991; Stoichita, 2000).

uno de los de una de las pinturas en perspectiva que más manifiestamente explicitan el carácter del arte pictórico, no solo como ventana abierta al mundo en palabras de su primer gran tratadista (Alberti, 1996), sino como espacio de producción de sentido y de elaboración discursiva. El encuadre, organizado por la mirada y la geometría, se postula como un espacio de sentido estéticamente autónomo ofreciéndose como modelo del mundo por la vía del desplazamiento retórico y, por ello, como apto para trasladar una cosmovisión inédita, no anclada en la autoridad de un texto canónico –eso es, precisamente, la alegoría (Fletcher, 2002; Grabar, 1998)– a través de un modo simbólico (Umberto Eco, 1995) –como la novela moderna (vid. cap. 2)– desde el que le es legítimo razonar el mundo de una forma, si no independiente, sí autónoma, esto es, no jerárquicamente tutelada. Empecemos por el principio.

La academia de Atenas (Raffaello Sanzio, 1505)

Resumiendo mucho, y cayendo en algunos lugares comunes: sabemos que en el cosmos aristotélico, que asumió la Cristiandad medieval, nada era casual ni accidental, todo tenía su espacio natural y su propósito. Adoptando el sistema homocéntrico de Eudoxo, Aristóteles materializa las esferas, que en el pensamiento de su predecesor eran abstracciones geométricas, para convertirlas en esferas cristalinas que encierran un cosmos esférico y finito (Koyré, 1979). Esta concepción se avenía perfectamente a la concepción cristiana de la finitud de la creación, cumplidamente ordenada por un Dios infinito y eterno (Koyré, 1979). La concepción de la iconicidad que se extiende por toda la Cristiandad podría ser resumida con un breve inventario de las características genéricas y estructurales de la imagen medieval europea (Grabar, 1998), que es fácilmente extensible a la iconografía ortodoxa griega y eslava (Florenski, 2005). La imagen gótica y románica (Otero, 2003), es:

Arquetípica: no busca copiar ninguna realidad perceptiva, sino representar las verdades eternas.

Alegórica: La imagen no tiene autonomía simbólica, no organiza su propio mundo de la representación, sino que está subordinada a un discurso externo, principalmente al discurso teológico cristiano, de donde extrae tanto su arquitectura plástica como la codificación de su sentido.

Didáctica: Su intención primordial es ilustrar visualmente a una población muy mayoritariamente analfabeta sobre los contenidos de la fe y de la historia sagrada, principalmente.

Cultual: la imagen lleva adherido su carácter sagrado, pero además comparte este espacio con su espectador por lo que toda imagen religiosa comporta un componente táctil. La imagen no solo invita a contemplarla, sino a adorarla, besarla, tocarla.

Y está organizada en un **Espacio de Agregados** (Panofsky, 2003): la imagen no es autónoma ni plástica, ni simbólicamente. Su espacio y sus figuras están organizadas según un principio jerárquico previo a la representación: el Pantocrátor, siempre será de mayor tamaño y estará en posición más elevada que el resto de las figuras.

No hay ejemplos mejores para ilustrar este pequeño catálogo que las imágenes del Ábside central de Sant Climent de Taüll y una miniatura de las que iluminan La Biblia de San Luis.

Pensemos que, según ese patrón de representación alegórica, la Filosofía era representada como una gran reina escoltada por los miembros de su Corte, el *Trivium* y el *Quadrivium* y otros aderezos como en el ejemplo de esta lámina extraída del *Hortus deliciarum*, de Herrade De Landsberg (Herrade de Landsberg & Straub, 1899).

Esta representación de los saberes profanos es la que debió recibir Rafael como encargo para una de las paredes de la Sala de Signatura por parte de Julio II. Y esto es lo que entregó:

La Academia de Atenas

La primera gran diferencia que encontramos es obviamente la perspectiva y la mirada como organizadoras del encuadre, frente al carácter alegórico del *espacio de agregados* medieval. La segunda, la individuación de los rostros. La imagen reúne en una escena a los principales filósofos de la antigüedad, pero, además de utilizar los recursos de la emblemática tradicional (los gestos y textos de Aristóteles y Platón, las poses de Euclides, Pitágoras o Diógenes) que los hacen reconocibles, ahora tienen rostros personales. Rafael pinta en una de las paredes de las Estancias Vaticanas una escena, imposible pero verosímil por la tremenda fuerza modelizarte de la ilusión tridimensional, en la que aparecen los más egregios representantes de la filosofía griega con rostros perfectamente reconocibles, hasta tal punto que se atreve a otorgar a la cumbre del pensamiento el rostro de su maestro, Leonardo Da Vinci. Si bien reconocemos al filósofo por llevar una copia del Timeo en una mano y señalar a las alturas con la otra, en clara referencia a su filosofía (contrastando con Aristóteles, a su lado, que porta una copia de la Ética y señala hacia la tierra), es decir, por sus atributos emblemáticos e iconográficos, su rostro nos es familiar porque es el rostro de Leonardo. De este modo, Leonardo inaugura una vía de expresión a través del cuerpo del modelo que se reivindica a sí mismo a la vez que se postula como distinto de sí. Es el precedente moderno del principio onto-estético de las artes escénicas y, por supuesto, del *Star System*, si lo pensamos bien, puesto que no se trata solo de un semblante individualizado, como sería individualizada la psicología de un personaje novelesco, sino reconocible heterodiegéticamente.

Por lo tanto, Rafael nos está enviando una primera significación connotativa: la filosofía, el pensamiento, la más alta elaboración intelectual, está representada por sus dos nombres más emblemáticos, que presiden una representación de la Academia de Atenas tan anacrónica como visualmente verosímil, en la que, además, el padre de la filosofía occidental adquiere el semblante del gran pintor del Renacimiento, del renovador de la pintura en la Época Moderna. No hay duda: *Rafael nos deja claro que es un pintor quien tiene derecho a encarnar a un filósofo, que la nueva pintura está a la altura de los más grandes representantes de pensamiento. La pintura, se nos insinúa, tiene la dignidad y la potencia de construir pensamiento autónomo, y no solo de vehicular y difundir el pensamiento pergeñado en otros discursos.* El pintor deja de ser un iluminador, decorador o ilustrador de una construcción de otro para ser capaz de desplazar esa heteronomía por una autonomía, valga la redundancia, autoral.

De este modo, la imagen moderna instaura un nuevo espacio de representación, un espacio sistemático y sometido a las leyes matemáticas y geométricas, donde la centralidad del plano ha dejado su lugar a una centralidad tridimensional marcada por el punto de fuga, que inscribe la mirada en la imagen. Como dice Panofsky, (Panofsky, 2003: 48), "se había logrado la transición de un espacio psicofisiológico a un espacio matemático, con otras palabras: *la objetivación del subjetivismo*". Pero lo que diferencia la *perspectiva artificialis* de cualquier otro método de representación es, antes que nada, la idea de mundo en la que sus construcciones se insertan, es decir, la construcción de un fuera de campo homogéneo y consistente: más que la cualidad de lo representado, la de lo invisible, que, por contigüidad, adquiere el estatuto de potencial e infinitamente representable.

Pero ello implica que también es un nuevo espacio para la significación, que abre la puerta a al *modo simbólico* (Umberto Eco, 1995) propio de la Edad Moderna, en el que el espacio del discurso modeliza el mundo y vehicula su visión. Aunque en la imagen moderna pueda haber significados crípticos y ocultos, que necesiten de la posesión de un código por parte del espectador (los rostros de Leonardo y de Miguel Ángel, por ejemplo, ilustrando los de Platón y Heráclito)[16], lo esencial de ella es que permite una interpretación universal a la que se subordinan, tanto la voluntad de su autor (si lo hay), como de su espectador.

Esta primera instrucción interpretativa es esencial, precisamente por la novedad en la modalidad de representación, para que nos pongamos en disposición de comprender la segunda y principal. Estamos ante una pintura mural en las propias paredes de las Estancias Vaticanas que recoge exclusivamente a pensadores profanos y no alberga en sí el más mínimo signo cristiano. Y lo hace con una imagen en perspectiva que crea un espacio virtual en el interior del propio recinto capital de la Iglesia. Nos encontramos en 1505 y las tensiones y enfrentamientos que van dar paso a la Reforma Protestante están en su apogeo. Si observamos los demás frescos de la Estancia de la Signatura, veremos que, de un modo u otro, las escenas suceden a cielo abierto. Nunca mejor dicho en el caso de *La Disputa del Sacramento*, donde el firmamento, literalmente, se abre a los ojos del espectador, y que se sitúa en frente de la Academia. Pero también *Las Virtudes Teologales y la Ley* y *El Parnaso*, que, además, comparten una estructura ascendente y, tendencialmente piramidal. Pero –y ello ha hecho correr ríos de tinta sobre la posible inspiración arquitectónica de la pintura y la ayuda que Rafael recibió de Bramante y cómo le inspiró su diseño para la Basílica de San Pedro (Danbolt, 1975; Hall, 1997; Hendrix & Carman, 2010; Joost-Gaugier, 2002; Sanzio, 2015)- la escena representada en *La Escuela de Atenas* aunque tiene lugar al aire libre, está cubierta por una techumbre que la separa del cielo compuesta por varios arcos cuya superficie está sembrada de casetones a imitación de la famosa Basílica de Majencio, cuyos restos aún pueden

16. Vid. un intento de universalización de este código de reconocimiento facial en (Smith Abbott & Abott, 2011).

contemplarse en las ruinas del Foro Romano.[17] Si llevamos razón, ello abundaría en nuestra tesis, pues Majencio fue el emperador al que derrotó Constantino, el Emperador que adoptó al cristianismo como religión oficial del imperio.

Nuestra tesis es que la imagen adquiere una vertiente ideológica y política, no solo didáctica. Integrar todo el saber filosófico y científico en el interior de las Estancias Vaticanas supone vindicar, en el proyecto que anticipó Agustín de Hipona (San Agustín Obispo de Hipona (354-439), 1958), la capacidad de la revelación cristiana para asimilar la herencia del *logos* clásico. Y ello, muy pocos años antes de que la Reforma protestante proclamara su desprecio por ella y por las enseñanzas de la Iglesia Católica en ella basadas. Recordemos que uno de los caballos de batalla de esta querella fue precisamente qué era materia de fe y qué no. Mientras la Iglesia reconocía a sus doctores entre los Padres antiguos, los reformadores mantenían que la única materia de fe era la Sagrada Escritura y que toda contaminación de la sabiduría grecolatina, tal y como se reflejaba en la Patrística, era reprobable. Lutero lo formuló de forma lapidaria: "Aristoteles ad theologiam est tenebra ad lucem".[18] Así pues, parece no haber ninguna referencia sagrada en *La Academia de Atenas,* pero el mensaje de exaltación intelectual del catolicismo es evidente.

De este lenguaje, del lenguaje de la ficción simbólica, radicalmente nuevo en sus formas nacerá el humanismo, una visión del mundo perfectamente solidaria con las formas que la vehiculan: la narración novelesca, el nuevo teatro y la pintura en perspectiva. La obra de los tres grandes genios barrocos estará enfocada a mostrar cómo esta temible apariencia de verdad es el mejor vehículo del engaño. No de otra cosa

17. Reconozco que esta es una observación personal que no he podido respaldar por ninguna autoridad ni referencia bibliográfica. Aceptamos la salvedad de que los casetones de la basílica son octogonales, mientras que los de la Academia son hexagonales, pero seguimos viendo un parecido indudable.
18. En realidad, este enconamiento es contra Aristóteles sobre todo, y viene encabezado por el neoplatonismo agustiniano, de donde proceden tanto Lutero como Egidio de Viterbo, figura prominente del entorno de Julio II (vid: Danbolt, 1975; Hall, 1997; Hendrix & Carman, 2010; Joost-Gaugier, 2002; Kirby, 1999; Most et al., 2013; Taylor, 2009).

versan las novelas cervantinas, los dramas y comedias shakesperianos y los óleos velazqueños.

Ahora bien, si *La Academia de Atenas* nos ha servido para fundamentar la idea de que el encuadre en perspectiva reclama su autonomía desde el lado del sentido estético, pero también retórico, especulativo y argumentativo, esto es, ideológico y político, no vendrá mal detenernos en un par más de ejemplos para ver cómo se desempeña el encuadre en perspectiva como dispositivo de representación.[19] El espacio y el relato modernos son vehículos metafóricos capaces de encarnar la ideología en la mímesis y lo que pretendemos es remarcar con exactitud y no solo de una forma genérica cómo el texto icónico autónomo contribuye a la creación política, algo que no pueden cernir por sí solas las metodologías transversalitas o los abordajes temáticos o puramente estilísticos.

***Las Lanzas* o *La rendición de Breda* (Diego Velázquez, 1634-1635)**

El cuadro representa, en un lienzo enorme (Alto: 307,3 cm; Ancho: 371,5 cm) la siguiente escena:

> El 5 de junio de 1625 Justino de Nassau, gobernador holandés de Breda, entregó las llaves de la ciudad a Ambrosio Spínola, general genovés al mando de los tercios de Flandes. La ciudad tenía una extraordinaria importancia estratégica, y fue uno de los lugares más disputados en la larga pugna que mantuvo la monarquía hispánica con las Provincias Unidas del Norte. Su toma tras un largo asedio se consideró un acontecimiento militar de primer orden, y como

19. Evidentemente, como no lo ha hecho nuestro abordaje de la pintura de Rafael, estos pequeños ejercicios tomados de mi práctica docente tampoco pretenden pontificar ni descubrir nada esencial ni relevante para la Historia del Arte y tienen únicamente una función propedéutica en este contexto. Nuestras fuentes metodológicas son muchas pero reseñamos solo algunas fundamentales (Aumont & Marie, 1990; Carmona, 2005; Casetti & Di Chio, 2007; Català Doménech, 2008; Marin, 1978; J. J. Marzal Felici, 2008).

> tal dio lugar a una copiosa producción escrita y figurativa, que tuvo por objeto enaltecer a los vencedores (Web del Museo del Prado).

Nos encontramos, por tanto, con una pintura histórica, *basada en hechos reales* (Vid. Caps. 2 y 9). El cuadro está geométricamente dividido en cuatro partes iguales por dos líneas perpendiculares perfectamente integradas en el paisaje, esto es, diegetizadas. Son las tropas en formación las que dibujan esta división. La línea vertical está perfilada por el pasillo que las separa, siguiendo hacia arriba por medio de la delineación de las humaredas del fondo y hasta abajo, prácticamente llegando hasta el espacio exiguo que separa los pies de ambos protagonistas, y propiciando el resaltado de la llave entregada sobre el fondo claro. La horizontal la marca el desnivel del terreno que se adivina tras los ejércitos. Otro desnivel y la línea del horizonte dividen en tres franjas de similar tamaño la parte superior. Tenemos, pues, un punto de vista elevado gracias a la perspectiva caballera. Nunca mejor dicho, pues el tamaño del cuadro y la posición del espectador nos demarcan al espectador modelo del cuadro, pensado para ser visto por un público nobiliario, caballeresco, en el Salón de Reinos del Palacio del Buen Retiro de Madrid.

En vertical, la línea divide la posición de los miembros de ambos ejércitos, el rebelde a la izquierda y el del Imperio Español a la derecha. Este aparece vestido de gala, perfectamente alineado y disciplinado. En la parte superior derecha, sobre las cabezas del estamento militar, por supuesto, las lanzas que acabaron por dar nombre popular al cuadro. Rectas, estilizadas, largas, apuntando hacia el cielo en perfecta formación, aunque relajada, como indican las pocas lanzas en posición oblicua y la enseña extendida. En fin, tenemos un gradiente metafórico, que parte de la uniformidad indumentaria, se allega a la disciplina y señala hacia el poder del cielo, que esas lanzas ejercen en la tierra por méritos propios.

El lado izquierdo es todo lo contrario. Ejército burgués y plebeyo, vestido con casacas gastadas, raídas y suciamente ensangrentadas. Portadas por una chusma que es incapaz de guardar la compostura que se contempla al otro lado; no llevan lanzas caballerescas, todo lo más alguna alabarda palicorta. Sobre ellos, de los dos bancales vistos en perspectiva, emergen humaredas de incendios ocasionados por la guerra. La parte superior izquierda tiene, como la derecha, el valor metafórico de la consecuencia. Burgueses y protestantes, chusma aplicada pero incapaz, representan el caos de las revueltas y la guerra, como la nobleza católica encarna el orden, la fuerza, el bienestar.

Como vemos, *Las Lanzas* no es un canto épico a las grandezas del Imperio, sino un manifiesto hobbesiano quince años antes del *Leviathan*. Si las partes laterales del cuadro muestran a dos ejércitos, reforzando el carácter metafórico de esta contraposición con una predominancia de líneas rectas, agresivas, impositivas, hirientes, la parte central inferior es una metáfora, no ya bélica, sino *contractualista*. En efecto, el centro de la parte inferior del cuadro lo ocupa el acto esencial de la entrega de la llave a los conquistadores. Las líneas aquí, son tendencialmente circulares. Ello produce una suavización indudable de cualquier hostilidad. Un primer proto-círculo es el ojo de la llave ofrecida por Nassau a Spínola. Y a su alrededor, el segundo: la bien pensada dramaturgia entre ambos protagonistas. Nassau, gordo, endomingado y sumiso entrega la llave a un esbelto y elegante Spínola que adopta una pose ostensivamente condescendiente.

Nos dice Hobbes:

> ... es contrario a su [del soberano] deber dejar al pueblo ignorante o mal informado acerca de los fundamentos y razones de aquellos sus derechos esenciales, porque con ello es fácil que los hombres sean seducidos y empujados a resistirle, cuando la República requiera su uso y ejercicio.
> Y es muy necesario que los fundamentos de estos derechos sean veraces y diligentemente enseñados, porque no pueden ser mantenidos por ley civil alguna, ni por el terror al castigo legal, porque una ley civil que prohíba la rebelión (como es toda resistencia a los derechos esenciales de soberanía) no es (como una ley civil) obligación alguna, más que por la sola virtud de la ley de naturaleza que prohíbe la violación de fe, obligación natural que, si desconocida por los hombres, no les permite conocer el derecho de cualquier ley que el soberano promulgue. En cuanto al castigo, no lo toman sino como un acto de hostilidad que se esforzarán en evitar por medio de actos de hostilidad cuando piensen que tienen fuerza suficiente. (Hobbes, 2018: 376-377)

Y un poco más adelante:

> *Debe enseñarse a los súbditos a no apetecer cambio de gobierno.*
> Y (para entrar en detalles) debe enseñarse al pueblo, primeramente, que no debiera amar ninguna forma de gobierno que vea en las naciones vecinas más que la suya propia, ni (por mucha prosperidad presente que observen en las naciones gobernadas de otra forma que la suya) desear el cambio. Pues la prosperidad de un pueblo regido por una asamblea aristocrática o democrática no proviene de la aristocracia ni de la democracia sino de la obediencia

> y concordia de los súbditos, ni florece el pueblo en una monarquía porque tenga un hombre el derecho a gobernarle, sino porque aquél le obedece. Suprímase en cualquier clase de estado la obediencia (y, por consiguiente, la concordia del pueblo) y no solo no florecerá, sino que quedará disuelto en poco tiempo. Y aquellos que se mueven en la desobediencia sin más fin que reformar la República encontrarán que con ello la destruyen, como las necias hijas de Peleo (en la fábula), que deseando renovar la juventud de su decrépito padre, por consejo de Medea le cortaron en pedazos y cocieron, junto con extrañas hierbas, pero no hicieron de él un hombre nuevo. Este deseo de cambio es como la violación del primero de los mandamientos divinos, porque allí dice Dios *non habebis Deos alienos*, no acatarás a los dioses de otras naciones, y en otra parte, en relación con los reyes, que son dioses (Hobbes, 2018: 379-380).

Otro de los grandes hallazgos escénicos de Velázquez es el tercer círculo incipiente que pone el contrato de sumisión pacífica a buen recaudo. Si hemos llamado *dramaturgia* a la escenificación del tratado de paz, esta está a su vez envuelta por una *coreografía*. En efecto, en esta proliferación de formas curvas que median entre ambos ejércitos, los dos caballos presentes parecen estar escenificando una danza palaciega, un rigodón benevolente cuya tendencia esférica refuerzan los orondos cuartos traseros del caballo en primer término.

Por tanto, Velázquez nos ha transmitido un razonamiento autónomo que, por medio de la representación diegética exhibida como mímesis histórica, construye una narrativa que fundamenta una ideología concreta: el absolutismo como basamento del orden social y del bienestar público. No se trata de una exaltación épica de los vencedores de una batalla, sino de un sutil y complejo aserto de legitimación política del poder establecido.

El ferrocarril (*Le Chemin de fer*, Édouard Manet, 1873)

Con Velázquez hemos visto la potencia del campo encuadrado como dispositivo simbólico autónomo. Pero hemos advertido ya que este poder le viene dado porque naturaliza un mundo al designar su exterior como homogéneo a sí. El encuadre tiene bordes, y esos bordes indican un fuera de campo homogéneo a lo que vemos. La acción continua más allá del hecho, la diégesis más allá de la mímesis y, de este modo, el campo *modaliza* el encuadre y *modeliza* el mundo de su exterior.

Donde mejor podemos observar esta importancia del borde es en un cuadro de 1872 llamado *El ferrocarril* (*Le Chemin de fer*), el que como decía un gacetillero de la época, se ve a dos supuestas hermanas juntas y en el que no aparece ningún ferrocarril (vid. Stoichita, 2005). En efecto, vemos a dos féminas indiscutiblemente burguesas: una niña impúber y una muchacha algo mayor y ya en edad de merecer. La pequeña muestra todos los atributos de la niñez: pelo corto, vestido del color blanco de la inocencia, que deja ver, sin necesidad alguna de pudor, partes de su blanca piel... y sobre todo una irresistible curiosidad por lo que hay más allá del enrejado que las separa de lo que podemos suponer una estación de la que acaba de partir un tren hacia una lejanía soñada, del cual solo quedan algunos rastros de vapor. El contraste con la otra chica es rotundo. Vestido obscuro que la tapa por completo, excepto el rostro y las manos. Y todos de los atributos de su soltería, de su disponibilidad en el mercado marital bien evidentes: el pelo largo y suelto bajo su tocado, el abanico, símbolo pudoroso del cortejo, y un cachorrillo en el regazo que signa sin lugar a dudas su destino maternal. No le interesa el tren. Lo ausente, lo lejano, la libertad de movimiento queda reducida al libro que sostiene entre las manos. Lo más enigmático, su mirada perpleja, levemente sorprendida, al verse objeto de atención del pintor-espectador.

Es un paso previo al cuestionamiento de su destino, a la conciencia de que estas hijas de la burguesía, atrapadas entre la reja que les veda el fuera de campo y el contracampo desde el que son observadas, es –en la traducción se pierde el potente efecto metafórico– un auténtico camino *de hierro*. La maestría poética y conceptual de Manet es evidente, puesto que la ausencia referencial del tren eleva exponencialmente la potencia metafórica del título del cuadro: la insatisfacción sin esperanza de la mujer burguesa atrapada en un destino prefijado que termina en el matrimonio y la maternidad como muerte civil.

Digámoslo ya con claridad: la burguesía en el poder, aparte de sus querellas externas con la clase obrera, se encuentra con un problema interior inesperado que no es otro que el sufrimiento femenino. ¿Cómo es posible que sufra alguien que lo tiene todo? Precisamente, este el drama de las mujeres burguesas, la prohibición absoluta del deseo en el medio de su opulencia, o al menos, de su bienestar. Es decir, la imposibilidad de renegar de la presencia, de lo que está ahí, de lo dado, de sentir nostalgia o anhelo de una ausencia. La literatura realista lo prueba colocando a la adúltera (Emma Bovary, Ana Karenina y Ana Ozores, *La Regenta*, probablemente sean sus tres mejores emblemas) en el centro de las tramas narrativas. Parece ser que para la esposa burguesa solo es hombre, en tanto objeto de deseo, el otro hombre. La masculinidad es solo deseable si se coloca al margen de la ley, esto es, una posición distinta a la del padre, pero contaminado edípicamente con todos sus atributos (Freud, 1992d). El patriarcado se topa aquí con la androfilia como primer síntoma de su fracaso eudemónico.[20] Evidentemente, este no es solo un problema estético y literario. Que el problema es generalizado en la represiva sociedad disciplinaria (Foucault, 2002b) del siglo XIX, lo muestra la atención a la histeria femenina, con Charcot como precursor (Didi-Huberman, 2007), que colocará a las mujeres como puro espectáculo del síntoma para la racionalidad masculina, y que desembocará en Freud, que le da al deseo femenino su justo lugar como enigma (Bassols & Molina, 2016), es decir, coloca a la mujer en lugar del sujeto no del objeto.

El cine en la estela de la perspectiva

La preceptiva cinematográfica

Creo que a nadie se le escapa ya que el dispositivo fílmico, el trayecto que va desde la cámara hasta la proyección, es heredero directo de este encuadre en perspectiva que se establece de modo irreversible en el Renacimiento Europeo (Baudry, 2016; J. Comolli & et alii, 2016). Veamos, pues, de qué modo la representación cinematográfica institucional concibe esta puesta en escena. Nos interesa detenernos en aquellos momentos en los que la teoría, ya sólidamente constituida, pero sobre la base de una inducción exclusivamente empírica –praxis sobre la que se ha ido constituyendo el *genio del sistema* hollywoodense (Bazin, 1990ª; Schatz, 2015)– se presenta como una *preceptiva* acerca de la esencia y características del lenguaje cinematográfico, porque más allá de que las posteriores elaboraciones de la semiótica del código y del análisis del texto fílmico (Aumont & Marie, 1990; Casetti, 1995; Metz, 2002), estas bases preceptivas siguen teniendo su peso –y su valor– en la práctica ci-

20. Es el mismo Freud en el propio caso de Dora el que descubre que esa heterosexualidad puede ser una simple imposición del ideal médico-moral de la época.

nematográfica. Un magnífico ejemplo de este tipo de conceptualizaciones es el trabajo de Marcel Martin (Martin, 2002).[21] Respecto a lo percibido en la pantalla y su relación con la significación, dice lo siguiente:

> Todo lo que se muestra en la pantalla tiene sentido y, la mayor parte de las veces, un segundo significado que solo puede aflorar con la reflexión; podríamos decir que toda imagen *implica* más que *explica* (...) Por esta razón, la mayoría de las películas de calidad son interpretables en varios niveles según el grado de sensibilidad, imaginación y cultura del espectador.
>
> El empleo del símbolo en cine consiste en recurrir a una imagen capaz de sugerirle al espectador más que lo que pueda brindarle la sola percepción del contenido aparente. Respecto de la imagen cinematográfica, podríamos hablar de un *contenido aparente* y de un *contenido latente* (o incluso de un *contenido explícito* y de un *contenido implícito):* el primero sería inmediata y directamente legible y el segundo (eventual) estaría constituido por el sentido simbólico que el realizador ha querido darle a la imagen o el que el espectador ve en ella por sí solo. De un modo general, el uso del símbolo en el filme consiste en reemplazar a un individuo, un objeto, un gesto o un hecho por un *signo* (se trata entonces de la elipsis simbólica, ya estudiada) o en hacer aparecer un segundo significado ya por la semejanza de dos imágenes *(metáfora),* ya por una construcción arbitraria de la imagen o del acontecimiento que les confiere una dimensión expresiva suplementaria *(símbolo* propiamente dicho) *implica* más que *explica* (p.101).

Y más adelante:

> Sea como fuere, el proceso normal del símbolo es siempre

21. Puede también consultarse (Perkins, 1997), para una línea muy similar.

> el de hacer brotar un segundo y latente significado del contenido inmediato y evidente de la imagen. Ahora bien, existen películas –a decir verdad, muy escasas—que dan muestras de una curiosa alteración de los valores y un sorprendente desconocimiento de la naturaleza realista del cine. Estos filmes transforman la apariencia directamente legible de la acción (primer grado de inteligibilidad de una película) en simple basamento, creado artificialmente y destinado a sobrentender un sentido simbólico (segundo grado de inteligibilidad), que adquiere un lugar de primerísima importancia. Estos filmes, así, trastornan la "regla del juego" cinematográfico, que exige que la imagen sea, en primer lugar, un trozo de realidad directamente significante y, en segundo lugar, de un modo accesorio y optativo, la mediadora de un significado más profundo y general. A través de esto se exponen a varios peligros; el principal es que la acción resulta artificial e inverosímil (p.116).

Es decir, que lo que proporciona la base significante de cualquier denotación, y de paso le concede su pura esencia cinematográfica, es la subordinación de todos los recursos significantes a la diégesis. Para esta preceptiva, el cine es narrativo o no es cine.

Lo curioso es que, como podemos ver en Metz, la semiología jamás llega a poner en cuestión de forma definitiva este dogma, aunque en el enfoque semiológico se plantea de forma distinta: *la diégesis es el plano de la denotación que ejerce como significante del plano connotativo.* Pero evidentemente, este *plano denotativo* en cuanto posible "lengua del cine" (*sistema modelizante primario*, diríamos en la terminología de Yuri Lotman (Lotman, 1982) es el que causa problemas a esta primera *semiología del código*, determinantemente influida por el prestigio epistemológico de la lingüística estructural. El problema clave es la discrecionalidad de las unidades mínimas que, como en las lenguas naturales, permitieran establecer una doble articulación en la *lengua* del cine. Los signos icónicos, sin embargo, no pueden ser absolutamente inmotivados (Eco, 2000: 287-319) y esta pregnante identidad de los perceptos, análogos de los objetos, impide esta formalización códica. De ahí los denodados esfuerzos de Pasolini (Vid. sus textos recogidos en Urrutia, 1976) por encontrar esas unidades mínimas en el plano y en el montaje (los *ritmemas)* y que deberían permitir la transcripción de un filme en un trasunto de partitura, o que Mitry hable de un *lenguaje sin signos.* En efecto, todos los signos que usa el cine son motivados. Por lo tanto, es *un lenguaje sin signos pero no sin significantes* (en Urrutia, 1976: 269). La imagen es un signo primario. No significa, sino que selecciona. Pero al seleccionar carga a los objetos de significaciones:

> El mundo representado, duplicado, *denotado*, parece *connotarse* –y se connota efectivamente– dentro de la propia denotación! (p.272).
> La imagen... no es el simple "desarrollo" de lo real, sino un desdoblamiento *formalizado* a través del cual lo real que se desvela bajo un aspecto fugitivo parece "significarse" en este aspecto. No es un signo natural sino *un signo de representación* a través del cual el mundo toma un *sentido segundo.* Se convierte en su propio signo para sí mismo" (p.273).

Como vemos, también para Mitry, lo diegético es lo denotado, mientras que las significaciones superpuestas son lo connotado. Es, sin embargo, el recorrido de Metz (Metz, 2002) entre mediados de los 60 y principios de los 70 el que es ejemplar en el sentido que estamos viendo, pues llega a constatar que el cine actualiza multitud de códigos culturales que le preexisten, pero no tiene un código propio. El cine se ha establecido sobre unos patrones de escritura fílmica[22], es su evolución discursiva la que ha fundamentado sus modos propios de significación, interiorizados por su espectador modelo, pero no tiene una segunda articulación propia, como las lenguas naturales. Por ello, del intento de establecer una doble articulación fílmica pasa a considerar que "el cine no es lengua, sino lenguaje", y ello precisamente porque la lengua natural es *metalenguaje* para todos los demás sistemas semiológicos (Metz, 1975). Y de ahí, que el paralelo con la semántica sea posible: "el objeto

22. Vid. (Metz, 2002): 254 v. 1: "Lo verosímil como efecto de *corpus".*

visualmente identificable corresponde, en el plano de la nominación, a *una acepción de un tema*, es decir, exactamente lo que Greimas llama un *semema"*

Ya tenemos, pues, el objeto articulado como unidad sémica en el seno de los discursos visuales en general. Por este motivo, cuando Deleuze aborde el problema semiológico, y constatando que ya en el interior del plano hay movimiento y por lo tanto montaje, afirma:

> Lo que nosotros llamamos normalidad es la existencia de centros: centros de revolución del movimiento mismo, de equilibrio de fuerzas, de gravedad de los móviles, y de observación para un espectador capaz de conocer o de percibir lo móvil y asignar su movimiento. Un movimiento que de una u otra manera escape al centrado es aberrante (...) una presentación directa del tiempo no implica la detención del movimiento, sino más bien la promoción del movimiento aberrante (Deleuze, 1987: 58).

Es decir, el divorcio entre la diégesis y el esquema cognitivo cámara (Bordwell, 1996ª), dicho con otras palabras, la promoción del sentido connotativos en el sintagma cinematográfico es una cuestión de tratamiento temporal "aberrante": para advenir al lugar del símbolo, el objeto debe ser extraído de la voracidad causal y metonímica y ser ofrecido a su contemplación singular. Creo que esto es innegable tanto para las escrituras fílmicas clásicas como para las modernas, en la medida que intenten promover lecturas poéticas (metafóricas) en el seno del enunciado fílmico.

Una poética del *MacGuffin*: El objeto en la textura del filme postclásico

No es inapropiado buscar en un precedente clásico la clave que nos ayude a entender el valor visual y narrativo de los objetos –no solo en sentido perceptivo, sino estructural– en el cine comercial contemporáneo. Y no lo hay mejor que *ese objeto autonegado, vaciado de sentido metafórico o simbólico, de cualquier autonomía connotativa, para sub-*

ordinarse a la lógica metonímica del relato, que el MacGuffin hitchconiano. Hitchcock lo caracteriza como un pretexto para desencadenar una acción de intriga que no tiene ningún valor en sí mismo:

> En realidad, esto no tiene importancia y los lógicos se equivocan al buscar la verdad del «MacGuffin». En mi caso, siempre he creído que los «papeles», o los «documentos», o los «secretos» de construcción de la fortaleza deben ser de una gran importancia para los personajes de la película, pero nada importantes para mí, el narrador (...) Esta anécdota demuestra el vacío del «MacGuffin»... la nada del «MacGuffin». (..)
> Un fenómeno curioso que se produce invariablemente cuando trabajo por primera vez con un guionista es que tiene tendencia a poner toda su atención en el «MacGuffin», y tengo que explicarle que no tiene ninguna importancia (Truffaut, 1974: 115).

Y añade:

> Lo que importa es que he conseguido aprender a lo largo de los años, que el «MacGuffin» no es nada. Estoy completamente convencido, pero sé por experiencia que resulta muy difícil convencer a los demás. Mi mejor «MacGuffin» –y, por mejor, quiero decir el más vacío, el más inexistente, el más irrisorio– es el de *North by Northwest* (*Con la muerte en los talones*) (pp.117-118).

Por lo tanto, un *MacGuffin* es un saber que se comporta como un objeto, un saber desemantizado que se aviene perfectamente al *Paradigma Informativo*, pero que se aviene mejor aún a la versión del mismo que ofrecen estos tiempos reticulares. Hemos pasado, pues, del *saber-secreto* (el típico microfilm de la Guerra Fría) al *saber-comunicación* en el que la temporalidad es esencial, pues en el cine postclásico ese saber es un saber / tiempo objetualizado en la estructura del relato.

Como hemos visto, desde los años 90 está teorizada la textura específica del filme *postclásico* sobre la base del filme de acción, que es su núcleo modélico. Esta se caracteriza por la predominancia del plano, el montaje ultraveloz y la voracidad narrativa que *cautiva* la mirada del espectador (Company & Marzal Felici, 1999). Evidentemente, esta cautividad de la mirada por una explosión espectacular nos empuja a la necesidad de explorar la cuestión del *sentido* y los modos de significación en el estilo postclásico, lo que implica la atención previa al problema de la percepción y a su unidad mínima en la pantalla cinematográfica, *el objeto.*

Creemos que hemos puesto las bases, desde el pensamiento semiológico de primera hornada, para pensar cuál es el estatus visual del objeto en el postclasicismo fílmico: *la progresiva "macnuffinización" del objeto en el cine contemporáneo, que implica la pérdida de su dimensión simbólica o metafórica y lo convierte puro engarce metonímico, es decir en puro componente de una serie causal.* La espectacularidad del plano y la celeridad del montaje son esencialmente fraternos en el cine postclásico, puesto que implican la inscripción de un movimiento frenético, pero perfectamente sometido a la diégesis. No solo el ritmo del montaje, sino la misma velocidad en el interior del plano y la posibilidad, incluso, de inscribir en él velocidades plurales por medios digitales, diseminan la atención y cautivan la mirada, excluyendo al sujeto y a sus potencialidades hermenéuticas. Este *policentrismo*, si es aberrante no lo es en el sentido simbólico: todo lo contrario; depotencia cualquier patentización sémica e instaura el régimen de la sincronización y de la extrema funcionalidad. En este contexto, y teniendo en cuenta esas dificultades para encontrar unas unidades mínimas que dotaran al cine de una segunda articulación –y, de paso, de una esencia semiológica– con que se encontró la semiótica del código, *la tesis que nosotros proponemos es que el objeto es un componente mínimo del discurso fílmico en tanto que constituyente esencial del* rácord*: el objeto es la unidad mínima en la coherencia discursiva del discurso audiovisual como sustento principal de la Imagen-Mundo, es decir, como elemento esencial para conferirle al espacio profílmico una consistencia denotada.*

CAP. 2. EL PACTO REALISTA: EL REALISMO COMO AXIOMÁTICA Y *HAUNTOLOGÍA*

La *hauntología* realista

El *cine* –recordemos que con este término aludimos al discurso fílmico sea cual fuere la pantalla en que se aloje, puesto que nuestra propuesta carece de cualquier intención esencialista– es un arte realista. Esta es una verdad tan evidente que no es necesario demostrarla. En la matemática, y a partir de ella, en todas las ciencias que dependen de sus modos, métodos y desarrollos, estos asertos se denominan *axiomas*.

Los axiomas son, pues, aquello que creemos sin explicar por qué, pero que compartimos intersubjetivamente en un entorno que, al menos desde un punto de vista cognitivo, no parecen conculcar la razón. Son la condición de posibilidad de las certezas deductivas, de acuerdo, pero también de los fenómenos, de los objetos del mundo en cuanto son percibidos o advertidos.[23] La axiomática de una disciplina es lo que sostiene la certeza sin necesidad de preocuparnos de más, garantizando una homeostasis aparente (*fantástica*) entre lo que percibimos y lo que es. Por eso, probablemente, Lacan llama *fantasma* a esa escena, frase o *axioma* que filtra toda la relación del sujeto con lo *real* (Brousse, 1988; Jacques Lacan, 2023; J A Miller, 2018; Jacques Alain Miller, 1989).

De ahí, que en una de sus geniales ocurrencias (lo que es pensado sin haber sido pre-dicho, pretendemos que signifique *ocurrencia* aquí), utilizando una de las típicas homofonías francesas, tan caras al postestructuralismo, fuera Jacques Derrida el que, jugando con el *espectro* del comunismo y con el *espectro* del propio Marx sobre el pensamiento contemporáneo, acabara cerrando el círculo del campo semántico de lo fantasmático y lo espectral con el neologismo *haunto-*

23. Evidentemente, estamos refiriéndonos a la relación kantiana entre *fenómeno* y *noúmeno* (Kant, 2009). Para una revisión del concepto desde el punto de vista de la referencia fílmica, vid. (Zumalde Arregi & Zunzunegui Díez, 2019).

logie, a sumar otros anteriores de su cosecha como la *differance* (Derrida, 1998)[24] Esta nueva homofonía reduce todo el discurso sobre el ser y los entes a una cuestión de hechizo, de encantamiento. Y qué mejor muestra de una ontología hechizada por "lo que parece justo", que dos películas que ponen en su centro esa certeza en lo falso del estar vivo por parte del narrador y del espectador que confía en él, dos películas inaugurales de ese segundo eón de lo postclásico como *El Sexto Sentido* (*The Sixth Sense*, M. Night Shyamalan, 1999) y *Los Otros* (Alejandro Amenábar, 2001), que dan comienzo a una nueva relación del discurso fílmico *mainstream* con la verdad y con lo que no hace falta demostrar, porque es evidente que lo apuntalan. Ese es uno de los grandes síntomas, en su coagulación en el fantasma[25], a los que apunta el fenómeno de la *narración perturbadora* (Schlickers, 2017ª) con la proliferación de narradores no confiables (Sorolla-Romero, 2022; Sorolla-Romero, Palao-Errando, & Marzal-Felici, 2020) en estos tiempos de propagación de la *posverdad* (Ferraris, 2019; Montgomery, 2017; Rodríguez Ferrándiz, 2018) y de *crisis de lo real* (J. J. Marzal Felici, Loriguillo-López, Sorolla-Romero, & Rodríguez-Serrano, 2018)

Realismo es, pues, un significante proteico que puede aparecerse en diversos espectros (campos, si se prefiere) conceptuales. Hay un realismo estético, por supuesto, que suele relacionarse con los aspectos miméticos de una práctica artística. También un realismo científico, que se opone a cualquier relativismo epistemológico: el discurso de los científicos nombraría, según esta concepción, objetos efectivamente existentes al margen de su observación. Es una fe que no se quiere saber fe. En filosofía, por ejemplo, realismo se opondría también a materialismo. Y en lo político, realismo es uno de los nombres del conservadurismo, de la imposibilidad de cambio, como el propio Mark Fisher (Fisher, 2016) subraya.

Pues bien, a nuestro entender, y siempre que no se use el término en un sentido excesivamente restrictivo, el realismo es el fundamento

24. ... o de la cosecha lacaniana, como *l'étourdit*, que se puede traducir por *El Atolondrado* o *Las Vueltas Dichas* y que se suele traducir por *El Atolondradicho* (Lacan, 2012:473-523).

25. *Sinthôme* fue el término que acabó utilizando Lacan para no tener que elegir. Entiéndase –si se quiere– la ironía (J Lacan & Miller, 2006).

de la axiomática hollywoodense, sustentada en su estructura de géneros, en cuanto horizonte de verosimilitud. De hecho, el sentido dado, que el discurso fílmico se ofrece a recomponer en sus piezas, no se sostiene sino es en el espectro del Realismo. Por decirlo con las palabras de Jorge Luis Borges, "Nosotros (la indivisa divinidad que opera en nosotros) hemos soñado el mundo. Lo hemos soñado resistente, misterioso, visible, ubicuo en el espacio y firme en el tiempo: pero hemos consentido en su arquitectura tenues y eternos intersticios de sinrazón para saber que es falso". (Borges, 1994).

El realismo fílmico

La cuestión del realismo en el cine también tiene múltiples facetas. Por un lado hay una tradición crítica e historiográfica consensuada (Baudry, 2016; Bazin, 1990ª; Burch, 1996; Company-Ramón, 2014; Elsaesser, 2008, 2016; Román Gubern, 2016; Oudart, 1971ª) en que el cine nace de la confluencia de una serie de tradiciones populares, las atracciones de feria, por ejemplo–, con la integración de elementos provenientes de modos y medios de representación típicamente burgueses, como la novela, la pintura y el teatro, la tradición romántica, el impresionismo, etc.

La consecuencia es el sueño *frankeinsteniano* de la reproducción integral de la realidad (Burch, 1996). En palabras de Bazin (Bazin, 1990ª):

> El mito que dirige la invención del cine viene a ser la realización de la idea que domina confusamente todas las técnicas de reproducción de la realidad que vieron la luz en el siglo XIX, desde la fotografía al fonógrafo. Es el mito del realismo integral, de una recreación del mundo a su imagen, una imagen sobre la que no pesaría la hipoteca de la libertad de interpretación del artista ni la irreversibilidad del tiempo. Si el cine al nacer no tuvo todos los atributos del cine total del mañana fue en contra de su propia voluntad y solamente porque sus hadas madrinas eran técnicamente incapaces de dárselos a pesar de sus deseos.

En fin, lo que nos proponemos en este capítulo es hacer una sumaria descripción de la axiomática realista transgredida y tensionada, que no subvertida, en estética fílmica postclásica, en el sentido de su diferencia irreductible con el programa de cualquiera de las llamadas vanguardias históricas. En el cine de Hollywood lo que funciona es el *genio del sistema* (Bazin, 1990ª; Schatz, 2015), no una serie de recetas estéticas y políticas recogidas en un manifiesto (Loriguillo-López & Sorolla-Romero, 2014; Palao-Errando, 2013ª; Sorolla-Romero & García Catalán, 2013). De tal modo que podríamos hablar de una especie de deconstrucción automática y espontánea, pues *el genio del sistema* está igualmente distante de la pura iniciativa autoral y del *General Intellect* (Marx, 2006).

El *sentido* en la pantalla fílmica es un arma de doble filo, pues, una vez garantizado, se genera el enganche a la trama en forma de adicción, y su decadencia deviene inevitable. Garantizando el sentido por el hábito del MRI, el cine postclásico apuesta en un primer momento, como hemos visto, por la hipertrofia del espectáculo como medio de reafirmar su posición en el ecosistema digital, de ahí que se haya hablado de una reedición del primitivo *cine de atracciones* (Company & Marzal Felici, 1999; Strauven, 2006). Pero, obviamente, este planteamiento hiperesepectacular lo que acaba es propiciando la abolición de la distancia misma en que el espectáculo consiste, como indica Pilar Carrera (Carrera, 2020), porque, en efecto, ello implica que la pantalla fílmica renuncia a su estirpe institucional intentando ser una más de las *interfaces* del goce, lo que la lleva a la aporía de la entropía pulsional.

De ahí, la apuesta posterior por el desorden narrativo, por el desafío mental (*Mind Game* o *Puzzle* (W Buckland, 2014; Elsaesser, 2009, 2021; Sorolla-Romero, 2022)), que impone un juego desiderativo contenido por la hipostatización de lo cognitivo frente a lo psíquico y lo existencial, a los que desaloja y suplanta como componentes de la subjetividad (Vid. Cap. 5). Este parece el molde adecuado para preservar una isla de sentido asegurado en el seno la crisis de los metarrelatos postmodernos (Lyotard, 1987ª), donde impera la impronta neobarroca (Calabrese, 1987) a la vez que la invocación determinante al realismo estético (Lyotard, 1987b). No creo que sea exagerado decir que estamos ante el fin de la cultura de masas burguesa tal y como existió, es decir, basada en el *broadcasting,* en la difusión y en la disciplina industrial fordista (Carlón & Scolari, 2009; Scolari, 2014). Desde hace 30 años, asistimos, pues, a la desmembración del canon burgués en el cine postclásico, por más que el sistema de géneros, tan asentado como resiliente, sea el amortiguador de esa transgresión que coagula la subversión en las sociedades posfordistas (Virno, 2003ª)

El realismo que forja el cine: el grado cero de la escritura o la enunciación invisible

Transparencia enunciativa y contrato ontológico

Conviene ahora intentar dilucidar cuáles son las características específicas de ese realismo burgués del que hemos estado hablando. Quede claro que no hablamos de un estilo, sino de toda una *episteme* a la que el estilo se subordina: *el grado 0 ontológico disfrazado de grado 0 de la escritura*. Y nada más complejo que intentar la transparencia enunciativa, esto es, pretender que una supuesta narración natural nos traslada determinado contenido sin manipulación alguna. El único modo de hacer esto es, lógicamente, justo lo contrario: acometer la colosal tarea de conseguir que lo contemplado o escuchado sea considerado normal, habitual y consuetudinario.

El realismo es, pues, ante todo un contrato ontológico. Y como enseña la Historia de la Literatura, tiene al menos una doble dimensión: diegética y la mimética (Villanueva, 2004). Ello nos ratifica en la idea de que lo que trata el realismo burgués es de ocultar la densidad del discurso en la transparencia absoluta de la enunciación y esto implica la fidelidad a un modelo de verosimilitud sometido a la causalidad narrativa. Para ello, la obra de arte burguesa cuenta con un axioma esencial en su construcción y recepción: su absoluta autonomía respecto al mundo de la experiencia. Esta autonomía es, según Peter Burger (1987), lo que diferencia al arte burgués del arte de vanguardia porque, de hecho, la propia vanguardia sería ante todo una lucha contra esa distancia que impide la relación entre la vida cotidiana y el arte, su constitución en una praxis vital. Esa autonomía es muy evidente, por ejemplo, en la anisotopía inviolable entre el espacio en que habita el espectador y el espacio propio de la representación: la quinta pared teatral, la pantalla de cine o la clausura narrativa en la novela impiden que, en la experiencia estética, el arte se mezcle con la vida. Es el gran requisito de la obra de arte institucional: la vida a salvo y el universo de la ficción incontaminado e incontaminante.

En este contrato ontológico es esencial también la autonomía diegética de la ficción realista, como señalan Carrera y Talens (Carrera & Talens, 2018), que la contraponen a la relativa heteronomía del documental. De hecho, lo único que diferencia el texto histórico o informativo del texto de ficción es que este aspira a integrarse en el relato oficial en el espacio de la Esfera Pública, esto es, a ser legitimado por la opinión general como lo efectivamente acaecido en el mundo en el que el sujeto de esta opinión habita. Espacio público, aclaremos, cuyos atributos ontológicos varían para cada época. Lo que nos interesa indagar entonces son las junturas[26], los bordes, que separan la elaboración textual de la ficción del campo discursivo designado oficialmente *realidad*. *Oficial* significa aquí "intersubjetivo sancionado por la ontología hegemónica", y esa intersubjetividad, en las sociedades modernas, donde el *logos* se concibe consumado en el Estado (Hegel, 2009), lo oficial se inscribe, como hemos dicho, en la *esfera pública* (Habermas, 1994). La verdad histórica es el relato público oficialmente compartido. Ahora bien, cuando el poder deviene deslegitimado y cuestionada la autoridad, aún nos queda el fraude conspirativo (lo oculto que debería ser público) y la transparencia se transforma en ideal supremo pero asintótico. En esta llamada época de la *posverdad*, en la que la emancipación pasa por transformar las narrativas hegemónicas a través de la visibilidad y el empoderamiento, época de la ética de la denuncia, es donde mejor podemos observar los efectos de esta depresión de la legitimidad moderna e ilustrada que mantuvo, sobre la ontología de la propiedad privada, la distinción férrea entre lo público y lo privado como fundamento del liberalismo.[27]

26. Si se quiere vislumbrar un cierto eco derridiano en este enfoque, pues toda la razón.
27. Sobre esta dialéctica entre el neoliberalismo mediático y los discursos del activismo y los llamados movimientos sociales, hicimos una primera aproximación en (Palao-Errando, 2004) y algunas posteriores (Palao-Errando, 2015a, 2016; Palao-Errando, Molés Vilar, & Alberola Lorente, 2017).

La axiomática de la autonomía, entonces, es necesaria porque esta diferencia no viene dada de suyo. De ahí que, cuando en *De la Gramatología* (1986), Derrida llega a indagar en la obra de Rousseau, sin duda uno de los pilares de la Ilustración, al hacer referencia a sus avatares biográficos, acabe concluyendo que *no hay fuera de texto*, que el relato de la vida empírica de Rousseau es tan "texto" como su obra escrita. Debemos entender, pues, que no hay una diferencia irreductible entre la ficción y la realidad, que sus límites son traspasables y extensibles, pues son articulaciones discursivas puntualmente homologables y construidas según principios similares. Solo desde fuera del propio discurso se puede establecer la realidad o no, la veracidad o no, de una elaboración discursiva. Y en el momento en el que asumimos esta exterioridad al discurso juzgado, estamos de nuevo en el seno del discurso, por ello puede haber un fuera del enunciado –es el único modo de constituir un enunciado en texto– pero, en ningún caso, un fuera del acto de enunciar. Que no haya fuera de texto no implica que el texto lo sea todo, sino que el resto que el texto no absorbe no puede ser apaciblemente designado como un afuera, y aún menos como su exterior isomórfico.

Por tanto, más que una cuestión de iconicidad o mímesis, el realismo es una cuestión de "diferencia ontológica", de virtualidad frente a efectividad o realidad. Ya hemos hablado en este libro de la importancia del documental en el panorama audio-visual a partir de los años 90, en los que vive un *revival* bajo la poética del *making of*. Poética estrictamente postmoderna, en tanto que ha perdido la fe en que haya una realidad consistente que reflejar en el discurso y solamente aspira a rellenar los intersticios del discurso dominante, esto es, del discurso mediático oficial. En la tesitura postclásica, la cuestión del relato ficcional en relación a la Historia con mayúsculas, es decir, del relato de lo privado en relación al relato público aceptado colectivamente, cobra una importancia máxima.

De la ficción histórica literaria se han encargado algunos nombres eminentes (Bajtin, 1989; Jameson, 2006, 2018; Lukács, 1966, 1977) y el cine histórico también cuenta con una amplia nómina de estudiosos (Burgoyne, 2008; Cheshire, 2015; Greiner, 2021; Vidal, 2012). Pero en términos generales, no se ha llegado hasta la raíz de las condiciones ontológicas que permiten la relación y preservación de ambos discursos, que es en lo que aquí estaríamos más interesados. La autonomía diegética apuntala la inmanencia de mundo realista ficticio y connota la compacidad del mundo extradiegético. En efecto, cuando Lukács (Lukács, 2010) nos dice que la gran diferencia entre la antigua épica y la novela moderna es que esta busca el personaje promedio de la sociedad, está incidiendo en algo que viene está en el origen de la representación ficticia moderna: que la obra de arte solo puede acceder a la dignidad de lo metafórico si está legitimada sobre lo metonímico. No hay realismo sin ilusión mimética lograda, sin que la descripción haga sentir lo descrito como alguna vez existente porque se muestra parecido a lo que creemos de la realidad (vero-símil). Y nada más artificioso y laborioso que conseguir que algo parezca normal, insistimos.

Como sanciona Roland Barthes:

> Semióticamente, el «detalle concreto» está constituido por la connivencia *directa* de un referente y de un significante; el significado es expulsado del signo y con él, por cierto, la posibilidad de desarrollar una *forma del significado,* es decir, de hecho, la estructura narrativa misma (la literatura realista es, sin duda, narrativa, pero lo es porque el realismo es en ella solo parcelario, errático, confinado a los «detalles» y porque el relato más realista que se pueda imaginar se desarrolla según vías irrealistas). Aquí reside lo que se podría llamar la *ilusión referencial.* La verdad de esta ilusión es la siguiente: suprimido de la enunciación realista a título de significado de denotación, lo «real» reaparece a título de significado de connotación; pues en el momento mismo en que se considera que estos detalles denotan directamente lo real, no hacen otra cosa, sin decirlo, que significarlo: el barómetro de Flaubert, la pequeña puerta de Michelet no dicen finalmente sino esto: *nosotros somos lo real;* es la categoría de lo «real» (y no sus contenidos contingentes) la que es ahora significada; dicho de otro modo, la carencia misma de lo significado en provecho solo del referente llega a ser el significado mismo del realismo: se produce un *efecto de realidad* fundamento de ese verosímil inconfesado que constituye la estética de todas las obras corrientes de la modernidad (Barthes, 1972b).

De modo, que la novela realista forjó normas narrativas para no provocar el vértigo ni la angustia en su lector cuestionando el lecho ontológico de la acción. El precio a pagar por ser considerada *realista*, fidedigno reflejo de la realidad, era la autonomía absoluta del relato de ficción frente al relato considerado verídico. Para ello, la ficción novelesca debe organizar mundos consistentes que re-produzcan porciones del mundo oficialmente real, pero con una compacidad actancial, diegética y mimética propia que permitan al espectador asentir a la propuesta como sinécdoque. Y, para ello, necesita una axiomática, una construcción fantasmática incuestionable y que no, por parecernos obvia, es menos necesario que sea explicitada en alguno de sus pilares fundamentales.

El axioma realista y el relato histórico

Primer axioma: *Una trama de ficción (novelística o fílmica) puede interactuar con el relato de la Historia, siempre que la acción de ficción se extraiga del espacio público y, por tanto, no altere ni conculque ningún ítem del relato histórico oficial.* Es el modo en que la ficción burguesa establece su autonomía: la ficción presupone el relato público de la realidad para postularse como su sinécdoque. Pero ello implica que ignora (tanto el narrador, como los personajes) completamente cualquier otra trama de ficción en tanto que no alojada en la realidad. La ignora narrativamente, aclaremos, porque como ítem cultural o artístico, el texto, en tanto que unidad institucional –las obras de arte, vaya– pertenecen a lo real.

El axioma realista no solo prohíbe la interacción de la ficción con la omnisciencia Histórica, sino que proscribe cualquier noticia y conocimiento de otros orbes ficcionales. Pensemos por ejemplo en los *Los Rougon Macquart* de Zola, o en *La Comedia Humana* de Balzac. Algunos personajes pueden transitar por varias novelas, pero no tienen conciencia ni tematizan esos otros orbes de ficción. En todo caso, su pasado es reconocible en su carácter, no en su memoria.

De tal modo, que los contactos narrativos entre realidad y ficción, por antonomasia la novela (y en el siglo XX, el largometraje comercial-institucional), no alterarán nunca el relato público y *verídico* oficial. Un personaje de ficción, amparándose en la economía de la elipsis está autorizado a entrar en contacto con una personalidad histórica relevante, pero este encuentro no puede modificar en absoluto el relato oficial público de su biografía. Incluso, una novela histórica puede fantasear con hechos propios de un personaje públicamente aceptado como real –cualquier *biopic* de Hollywood lo hace, de hecho–, siempre que esta trama no altere la oficialmente aceptada, esto es, debe tener un carácter puramente *catalítico* (Barthes, 1972c), no puede alterar la narrativa públicamente aceptada, y no digamos ya, contradecirla.

Así pues, la novela histórica, *basada en hechos reales*, está obligada a ser fiel a la Historia oficial en el ámbito de los hechos o ser amparada por ella. Lo figurado, en cuanto no explícito en el relato, queda confinado al ámbito de lo privado, de lo elidido. La causalidad puede ser manipulada siempre que no conculque los hechos. Y lo mismo para la novela de ficción ambientada en el pasado histórico: esta puede hacer figurar a personajes tomados del relato público siempre y cuando sus acciones se sustraigan al mismo. Pensemos en *Los tres mosqueteros* de Alexandre Dumas, por convencional que sea la referencia. En definitivas cuentas, el Relato Histórico, en tanto perteneciente a la esfera pública, es inviolable.

Unicidad onto-psicológica del personaje

El personaje de ficción está implicado en la autonomía diegética del texto ficcional a través de su compacidad orgánica, psicológica y caracterológica. Esta compacidad implica que un personaje no puede atravesar varias ficciones, excepto que una norma genérica se lo permita. A tal efecto, en las artes escénicas realistas, el segundo axioma rezaría así: *Un actor no puede en ningún caso interpretar más de un papel en la misma obra fílmica o teatral porque su cuerpo físico está indisolublemente ligado al alma (unicidad psíquica) de su personaje. Y, viceversa, el personaje no puede ser interpretado por otro actor en el universo diegético, excepto donde el factor mimético –la verosimilitud visual– no se vea comprometida, cuyo caso por antonomasia es el de la representación de la niñez y la vida adulta de un personaje. Esto vale para las obras teatrales convencionales y para los largometrajes cinematográficos.*[28]

La interpretación es concebida, por tanto, como otra faceta más de la mímesis, totalmente subordinada a la compacidad diegética. Pensemos en la famosa "pistola de Chéjov" y en lo que Stanislavski (Stanislavski, 2010) denominaba la *supertarea* o *superobjetivo* (no muy alejado del *gesto semántico* de Mukarovsky (2000), dicho sea de paso). Si no andamos errados, uno al nivel del atrezo y el decorado, y el otro hablando del cuerpo y la técnica de la acción, ambos tratan la misma cuestión: la subordinación de lo visual a lo narrativo, de lo emocional al sentido.

Bajtin nos revela que en las artes populares esta dicotomía entre diégesis ficcional y vida no tenía razón de ser, porque no había compacidad alguna que salvaguardar.

> Los bufones y payasos, como por ejemplo el payaso Triboulet, que actuaba en la corte de Francisco 1 (y que figura también en la novela de Rabelais), no eran actores que desempeñaban su papel sobre el escenario (a semejanza de los cómicos que luego interpretarían Arlequín, Hans Wurst, etc.). Por el contrario, ellos seguían siendo bufones y payasos en todas las circunstancias de su vida. Como tales, encarnaban una forma especial de la vida, a la vez real e ideal. Se situaban en la frontera entre la vida y el arte (en una esfera intermedia), ni personajes excéntricos o estúpidos ni actores cómicos. (Bajtin, 2003: 14)

Evidentemente, la autonomía diegética de la ficción moderna tuvo su origen en la construcción del personaje como ente también compacto, integrado caracterológicamente en la narrativa culta. Como apunta acertadamente el profesor Darío Villanueva (Villanueva, 2004), en el origen de la novela moderna está el *Lazarillo de Tormes*, cuyo autor recoge historias y *facecias* provenientes de la cultura popular para integrarlas en

28. En más de una ocasión hemos visto, sin embargo, que un actor que ha tenido una aparición ocasional en una serie procedimental ha asumido luego el rol de un nuevo personaje protagonista. Es, pensamos, una casuística insignificante que se ampara en el olvido por parte del espectador.

una biografía bajo la égida de un punto de vista consistente (Rico, 1970). A diferencia del personaje de la anécdota popular (o del chiste), el personaje de la novela evoluciona y es consciente del mundo, aunque no de su ser ficticio.[29]

Por tanto, el arte burgués comienza por la sacralización de sus functores pragmáticos, la obra y el autor (Barthes, 1994b; Foucault, 1974), y continúa por la institucionalización de sus espacios, para que esa liturgia –elevada exponencialmente por el Romanticismo, y en las artes narrativas, por la novela realista– alcance sus momentos más auráticos en espacios donde la autonomía del arte –y su anisotopía respecto a la vida– quede recubierta por los máximos atributos posibles de distinción: el museo, el teatro con escenario de caja italiana, y por supuesto, la sala de cine. Esta auratización, cuyo máximo exponente fue el *Star System* hollywoodense, no implicó en ningún momento la desaparición del arte popular, que encontró su cobijo en la cultura de masas a través de un proteico y abigarrado sistema de géneros y subgéneros, en las artes escénicas y performativas (la industria cinematográfica, con su derivación televisiva, y la musical, sobre todo). El sistema de géneros es, pues, en tanto que programa pragmático de encauzamiento de la recepción, una norma de carácter inferior, casi diríamos una norma material (Mukarovsky, 2000), que permite excepciones como el *slapstick* o el musical con un abanico de variantes múltiple y extenso.

Evidentemente, la novela moderna posrealista (posterior al realismo literario como categoría historiográfica y estética) retoma, a través de la serialidad –inicialmente, una categoría de mercado– al personaje esclerotizado de las *facecie* o de los ciclos épicos, que no evoluciona, ni tiene pasado, y que tiene su mejor versión en la novela policíaca clásica (Holmes, Marple, Maigret, Poirot... hasta Marlowe, 007[30] o Adamsberg). De ahí, por reducción, se llega al personaje del cómic serial o del telefilme

29. Esta conciencia aparecerá con lo que la crítica anglosajona llama *modernism* en su afán de destituir las convenciones desgastadas de la estética burguesa, esto es, de ser más realista que el realismo. Pensemos en Pirandello, Brecht, Unamuno o Beckett. Vid. Más adelante.
30. Recuérdese el revuelo causado por Sam Mendes al tematizar la infancia de James Bond en *Skyfall* (2012).

(llamado también *serie procedimenta*l), incluidos los superhéroes y sus némesis correspondientes, cuya psicología aparece congelada por el trauma en un pretérito perfecto al cual está anclado su presente (la picadura de araña de Spiderman, la exposición de Hulk a los rayos gamma, etc.) En ese sentido, Leonard Shelby (Vid. Cap. 4) es el protagonista de un telefilme, o un superhéroe, de pleno derecho. O más bien su reverso.

El Star System

La institucionalización del cine como arte culto (y burgués) hubo de pasar no solo por la formalización narrativa, como ya hemos visto, sino también por la domesticación del registro fotográfico hacia el redil de la fotogenia, primero, y la academización de la interpretación, después. Con ello, el *Star System* de Hollywood queda totalmente sometido al imperativo de integración diegética, al tiempo que la vida privada –esto es, pública y secreta simultáneamente–, de las estrellas se convierte en lo que Gerard Genette (Genette, 1989b) llamaría su paratexto. En efecto, aparte del llamado encasillamiento tipológico, el sistema provee un andamiaje jerárquico y transversal conectado al sistema de géneros: Bogart puede hacer un papel con una indudable componente cómica, siempre que su personaje siga siendo un individualista descreído que acaba implicado en la deriva colectiva por la atracción de una mujer (en *Casablanca* [Michael Curtiz, 1941] y en *La reina de África* [*The African Queen*, John Huston, 1951]).

A su vez, el espectador puede saber qué relevancia cuantitativa tendrá un personaje en un filme desde que aparece en pantalla independientemente de su caracterización. Por ejemplo, en el fascinante y barroco inicio de *Sed de mal* (*Touch of Evil*, Orson Welles, 1958), un plano secuencia constituido por un acrobático *travelling*, la cámara está siguiendo a un coche en cuyo maletero sabemos que alguien ha introducido una bomba de relojería. La cámara, transportada por grúa, salva los tejados, los cruces de transeúntes, vehículos y ganado, siguiendo al automóvil, hasta que, inesperadamente lo abandona para centrarse por una pareja que pasea por la calle. Lo que nos interesa es que esa supuesta dejación de la integración diegética es fácilmente tolerada y entendida por el espectador, precisamente, porque los personajes aún no, pero los actores son fácilmente reconocibles por su índole estelar: Charlton Heston y Janet Leigh. No hay duda, la absorción de la mirada por la diégesis no se ha quebrado, porque ambas estrellas estarán encarnando con seguridad a dos personajes protagonistas que tendrán una incuestionable relevancia narrativa. Y ello, tanto en la época contemporánea del filme donde varios paratextos e intertextos le acompañan (desde la prensa en todas sus variantes, al cartel de la película), a la época actual en la que un espectador que no reconociera a la pareja de intérpretes tampoco dejaría de apostar por la relevancia diegética de sus personajes, lo cual avala nuestra tesis de que el mecanismo no es únicamente cultural, sino códico.

En fin, esta solidez códica de la relación cámara / intérprete está sustentada sobre el trabajo actoral en la trabajada cesión de su cuerpo y su carácter al "alma" del personaje, y nada la emblematiza mejor que la adopción del método realista de Konstantin Stanislavski por parte de la generación de estrellas que floreció en Hollywood a partir de los años cincuenta del siglo pasado.

> Lo importante no es que el puñal sea de cartón o de metal, sino que el sentimiento interior del actor que justifica el suicidio de Otelo sea veraz, sincero y auténtico. Es importante cómo procedería el mismo hombre-artista si las condiciones y circunstancias de la vida de Otelo fueran auténticas y el puñal que hunde en su cuerpo fuera verdadero. Sobre esta verdad del sentimiento hablamos en el teatro. Esta es la verdad escénica que necesita el actor en el momento de su creación. No hay verdadero arte sin ella (Stanislavski, 2010: 171).

Pese a que Stanislavski viró hacia la centralidad de la acción escénica, es importante recordar que Lee Strasberg, que dirigió el Actor's Studio en los Estados Unidos desde 1949, siguió asido al primer Stanislavski, haciendo del actor el centro de la práctica (Ruiz, 2008), y esta fue la vía fundamental de conseguir que el *Star System* se subordinara también al propósito realista del *genio del sistema:* el actor, como semblante de la verdad, implica la fusión con el personaje, la imposibilidad de ningún resquicio entre la corporalidad y la identidad (personalidad) del "*carachter*", pero también la elevación exponencial del valor de la estrella.

> Historically, top movie stars like Clark Gable, Gary Cooper, James Stewart, Spencer Tracy, Humphrey Bogart, and Edward G. Robinson had always been prized for their naturalness. Their work seemed instinctive, without apparent technique and devoid of the rhetorical flourishes or vocal sell consciousness that was traditionally associated with stage performance. They were at their best working a narrow, repetitive range, playing parts that seemed close to their own real life personalities. Ease on camera and the gift of creating the illusion of being real, for which Brando and Dean were praised, were in themselves nothing new; but Brando and Dean added qualities that gave their work a kinetic charge– a revolutionary intensity. They appeared to be more fully and interestingly alive on screen than any generation of actors before them[31] (Hirsch, 1984: 295).

Sabido es que este naturalismo es contestado desde tiempos inveterados (piénsese en Diderot (Diderot, 2006)), pero probablemente fue Bertolt Brecht quien más de frente se opuso al naturalismo actoral:

> En ocasiones se ha criticado esta manera de hacer teatro, que en nuestro tiempo *obtiene sus mayores éxitos en el cine*. Se ha definido como una especie de tráfico de estu-

31. Históricamente, las estrellas de cine más importantes como Clark Gable, Gary Cooper, James Stewart, Spencer Tracy, Humphrey Bogart y Edward G. Robinson siempre habían sido apreciadas por su naturalidad. Su trabajo parecía instintivo, sin técnica aparente y desprovisto de florituras retóricas o conciencia vocal que tradicionalmente se asociaba con la actuación escénica. Estaban en su mejor momento trabajando en un rango estrecho y repetitivo, interpretando papeles que parecían cercanos a sus propias personalidades de la vida real. La facilidad ante la cámara y el don de crear la ilusión de ser real, por lo que Brando y Dean fueron elogiados, no eran nada nuevo en sí mismos; pero Brando y Dean agregaron cualidades que dieron a su trabajo una carga cinética: una intensidad revolucionaria. Parecían estar más plena e interesantemente vivos en la pantalla que cualquier generación de actores anterior a ellos (Trad. del A.).

> pefacientes, y se ha comprobado que como signo de una época de decadencia ejerce una influencia nefasta sobre el público, al crear ilusiones sobre la vida real y las situaciones reales. Estas protestas no han incidido especialmente sobre esta manera de hacer teatro. Pues ¿de qué sirven las protestas si necesitamos todas las drogas, y cómo en una época de decadencia se van a poner señales para una época de construcción? (...)
> El contacto entre el público y el escenario se produce generalmente, como es sabido, sobre la base de la identificación. Los esfuerzos del actor convencional se concentran tan a fondo en la consecución de este acto psíquico que podemos decir que ve en ello exclusivamente el objetivo principal de su arte. Nuestras observaciones introductorias ya demuestran que la técnica que produce el efecto distanciador es diametralmente opuesta a la técnica que busca la identificación. El actor está obligado por ella a no provocar el acto de la identificación (Brecht, 2004: 130-132).

Compacidad narrativa y causal: el realismo de Hollywood

A partir de este punto vamos ya a abordar esta axiomática desde el ámbito más específicamente fílmico dado que, pensamos, el MRI con su epicentro en el Cine Clásico de Hollywood, constituye su auténtica culminación, no tanto óntica, estilística o estética como propiamente ontológica e ideológica, como un férreo sistema de creencias. De ahí que hayamos recurrido explícitamente al término *genio del sistema*, que nos ofrecía la ventaja de destacar que estábamos hablando de una *episteme* –que, como todas, posee una gramática que la vehicule– no simplemente de un estilo.

Desde un punto de vista puramente narrativo, el realismo se funda en la causalidad lineal e irreversibilidad del argumento, es decir, en una clara categorización de las acciones nucleares. En un universo mecanicista solo hay un argumento, una secuencia causal posible (y así se entiende la aseveración de Bertolt Brecht que hemos citado antes). Incluso en una ficción fantástica, esto es un dogma insoslayable, y toda la poética de los viajes en el tiempo, que veremos más adelante –pensemos en *Arrival* (Denis Villeneuve, 2016) o *Devs* (Alex Garland, 2020)– no se entiende sin tener en cuenta este axioma. La trama (*syuzhet*) puede ejercer una torsión sobre la *dispostio* del relato, pero el argumento (la *fabula*) (vid. para estos términos Bordwell, 1996) debe permanecer incólume en el MRI (Loriguillo-lópez, 2019; Loriguillo-López & Sorolla-Romero, 2014; Sorolla-Romero & García Catalán, 2013). Evidentemente, estamos tratando de un discurso artístico y, por tanto, ambiguo, polisémico y autorreferencial (Umberto Eco, 1986), y en él las normas están para ser forzadas y transgredidas porque en esa fricción se engendra el sentido.

El cine en su formato comercial, institucional, estándar añade a esta linealidad una voracidad narrativa evidente. Podemos ver un *flashback* o un sintagma alternado, pero cuando estemos con una parte del relato, el tiempo transcurrido en ella cuenta también para la parte elidida. Si nos centramos en la trama "a" cuando volvamos a la trama "b" el mismo tiempo habrá transcurrido en ella.

¿Cuáles son, pues, las características modélicas del relato clásico, con las que consigue este objetivo de prender al espectador sin defraudar sus expectativas? Bordwell (1996: 157 y ss.) las describe diáfanamente. Las expongo y las comento:

> El **personaje** es el medio **causal** para el desarrollo de la acción. Su funcionalidad narrativa prevalece sobre su entidad psicológica, dependiendo estrechamente de ella. Esta cualidad es, como todas las del modelo, biunívoca. El personaje existe para llevar a cabo la acción, pero, a su vez, encarna el *Principio de razón suficiente* (de plenitud óntica, por tanto), es decir, que no hay hecho narrativamente relevante que no esté causado por la acción de un personaje.
>
> A su vez, toda **acción** se orienta hacia un **objetivo** reconocible y, por ello, en última instancia, calculable.
>
> Todo ello sucede en un **plazo temporal** proporcionado a la acción.
>
> La trayectoria narrativa se dirige, por tanto, hacia un **clímax**. Es aquí, donde podemos decir que el relato se dirige a la anulación de su causa, a convertir la potencia (sujeto, **menos** objeto) en acto pleno.

Característica esencial del modelo es la **linealidad**. Debe producirse un avance temporal y narrativo tras cada secuencia. En una persecución, por ejemplo, los planos alternados de perseguidores y perseguidos deber representar momentos sucesivos.

En el final debe advenir un **saber absoluto**, es decir, idealmente, no debe quedar resquicio para la duda respecto a ninguno de los hilos que puedan conformar la trama.

En fin, y aunque solo hagamos en este momento una leve alusión (vid. Cap. 9), uno de los pilares –así como una de las más claras evidencias de su falsedad– del realismo hollywoodense y que más contribuyen a la continuidad diegética y narrativa es **la transparencia lingüística.** *El inglés se nos aparece como una lengua universal (quasi pentecostal).* Todos los personajes hablan y entienden el inglés. Los ejemplos son innumerables empezando por *Casablanca* (Michael Curtiz, 1941*)* hasta llegar a *Sense8* (J. Michael Straczynski –Lana Wachowski– Lilly Wachowski, 2015–2018). Excepto casos genéricos muy concretos y circunscritos, como el habla de los *negros* africanos o el balbuceo de los *indios* en el *western* (como vemos el componente racial es clave), la diferencia lingüística no es siquiera señalada. Evidentemente, en los doblajes, el inglés es reemplazado por la lengua de destino: "In English"!! es traducido por "¡En cristiano!" en muchos de ellos. Lo cual nos demuestra que el imperativo de transparencia es el vinculante, muy por encima de los valores simbólicos o alegóricos.

De esta manera, el cine dominante consiguió ser la plasmación canónica de la ontología mecanicista fundamentada en el *Principio de Identidad* y en el *Principio de Razón Suficiente* que son el fundamento de la Época Moderna), esto es, de la *Época de la imagen del mundo* (Vid. Heidegger, 1995; Leibniz, 1994; Palao Errando, 2004). Pero lo hubo de hacer con un borrado de las huellas de la enunciación que tornaran la puesta en escena absolutamente transparente, dicho de otro modo, con un modelo de dominancia metonímica y narrativa en el que el *discurso* quedara completamente sometido a la *historia* (utilizamos la terminología de Chatman, 1990).

Partiendo de ello, podemos acometer la apuesta más fuerte de nuestra reflexión: que e*l cine es la más secuencial de las artes* (entiéndase de los discursos artísticos) a causa de la hegemonía del modelo de producción clásico de Hollywood que lo concibió como una práctica predominantemente narrativa. Y, pese a que se convirtiera en la manifestación emblemática de lo que la teoría crítica denominó *industria cultural* (Theodor W Adorno & Horkheimer, 2007) y, por ello, en paradigma de las prácticas alienantes de la primera cultura de masas, es justo esta esencial vocación narrativa y secuencial la que convierte a la práctica fílmica dominante en el enclave idóneo para una reacción ética en la segunda, la del paradigma reticular, de la cual la interactividad, el desplazamiento hipertextual, la repetición lúdica adictiva (Carrera, 2020), son las señas dominantes. Pues, precisamente, porque la secuencialidad exige la función del sujeto articulando el discurso, ello le permite, en la escansión de los contenidos narrativos del argumento en la trama, mantener un punto oscuro en la economía de la información.

A lo que vamos a asistir en el itinerario de la ficción comercial postclásica es al hecho de que de forma “espontánea” parece haber socavado algunas de estas premisas del realismo de un modo más profundo, más arraigado en la visión del mundo de la mayoría social, que logró hacerlo la experimentación vanguardista, porque el *modernismo*, como lo llaman los anglosajones, nunca dejó de lado el imperativo realista, aunque se opusiera al realismo burgués (Morris, 2003) como estética efectivamente existente. Hayden White lo explicita con claridad:

> Visto de este modo, el modernismo efectúa el cierre de la brecha entre la historia y la versión pre-modemista de la literatura denominada ficción. La rígida oposición entre historia y ficción que autoriza la idea decimonónica e historicista de la historia, en la cual el término historia designa tanto a la realidad como al criterio mismo de realismo en las prácticas representacionales, es cancelada en la crítica implícita del modernismo a las nociones de realidad propias del siglo XIX y en su repudio de la concepción que tenía el realismo decimonónico acerca de qué es lo que constituye aúna representación realista como tal (White, 2010: 42).

Y, citando a Auerbach, en sus aseveraciones sobre Virginia Wolf:

> el empleo de técnicas tales como "discurso vivido", flujo de conciencia, "monologo interno" con "propósitos estéticos" capaces "de anegar y hasta de hacer desaparecer la impresión de una realidad objetiva, que el autor domina..." (p.52).

Esto es, el relato "modernista" literario, y nos permitimos aseverar que también el fílmico, obedecería al mismo impulso asintótico de captar lo real superando la deriva entrópica del realismo burgués institucionalizado. Si la subversión del realismo fue el imperativo ineludible de toda práctica emancipatoria o revolucionaria en el seno de las Vanguardias Históricas es porque el realismo es el sentido común de las sociedades capitalistas.

Principios compositivos del MRI exacerbados en el cine postclásico

El *thriller*

Si pasamos a considerar las particularidades del discurso fílmico postclásico en el *Paradigma Informativo* y la *Cultura Digital* nos resulta necesario poner sobre el tapete una tesis más: el *thriller* es el enclave genérico distintivo de nuestro tiempo, el signo estético de nuestra época. De hecho, creo que se puede constatar que bajo toda trama producida por Hollywood en los últimos treinta años hay una subtrama de *thriller*, incluso aunque su componente predominante sea melodramático o cómico y, no digamos ya, si el argumento es de acción, político, social o de denuncia. Puede ser una trama paralela o un simple catalizador de la trama dominante. En las TV movies o en las series de televisión el asunto es ya indiscutible, aparte del hecho de que el *thriller* propiamente dicho siga siendo sin duda el género estrella –el habitante natural del *prime time* y de las series más vistas en las plataformas– en las últimas cuatro décadas.[32] Es lógico si pensamos que la ontología dominante en nuestro tiempo es la del *Paradigma Informativo* y en la trama policíaca es una economía informativa la que se juega, una apuesta constante por parte del enunciatario por anticiparse al saber del narrador.

Toda trama policíaca promete reparar el desorden de una escena bajo la forma épica de la reparación de una injusticia. Para ello, propone la reducción del caos escénico al espacio-tiempo mecanicista por medio de un trayecto de restitución de la información, que es el que engancha al espectador al relato. Pero a su vez, en su versión contemporánea, el *thriller* de venganza promete junto con esta restitución de la escena del crimen al orden del castigo, la restitución de otra escena: la del trauma personal del protagonista, origen de su pasión y de su lucha justiciera, forma posmoderna de ligazón de lo colectivo al destino individual, que es uno de los motivos estético-narrativos clásicos del cine hollywoodense. El principio de identidad promete, pues, la reducción de cualquier alternativa narrativa a la linealidad causal de la verdad única (*adæquatio*).

En fin, que la compacidad del cine clásico no solo no ha desaparecido en el modelo postclásico pese a la problematización de su transparencia en los *mind game* y *puzzle films*, por ejemplo (W Buckland, 2014; Elsaesser, 2021; Sorolla-Romero, 2022; Sorolla-Romero et al., 2020), y a la complejidad de su narrativa (Loriguillo-lópez, 2019; Loriguillo-López, Palao-Errando, & Marzal-Felici, 2020; Sorolla-Romero & García Catalán, 2013) y la escasa fiabilidad de su aparato enunciativo (Schlickers, 2017b; Sorolla-Romero et al., 2020), sino que esto ha propiciado la "*intensified continuity*" (Bordwell, 2012), derivando en la idea de que precisamente esta problematización implica un mayor anclaje en (una nula transgresión o subversión de) el Modelo (Loriguillo-López & Sorolla-Romero, 2014; Palao-Errando, 2013ª). Veamos ahora cómo se ancla esta compacidad en dos conceptos clave del cine clásico: la *integración narrativa*, y la referencia al *plano reactivo* en el montaje.

32. Pensemos en las series estrictamente policíacas o de abogados. Pero aún más significativo resulta que en series cuya temática central no sea policíaca, una subtrama de este tipo sea el elemento catalizador o el *leitmotiv* unificador. Pienso por ejemplo en una serie entre satírica y costumbrista como *Mujeres desesperadas Desperate Housewives* (Marc Cherry, 2004–2012), en la que, sin embargo, el asesinato de la que, a partir de su muerte, se va a constituir en narradora de la serie, es el elemento recurrente de la estructura narrativa.

La integración narrativa

El genio del sistema (Bazin, 1990b; Schatz, 2015), pues, propicia que el postclasicismo fílmico no conlleve en absoluto un olvido o transgresión radical de los dos elementos nodales en que se fundamenta la confianza en la enunciación en el cine clásico y en el MRI. Estos son, por un lado, el rácord y la continuidad y, por otro, lo que se ha dado en llamar Cine de Integración Narrativa (Tom Gunning, 1994; J. J. Marzal Felici, 1998) como oposición al *cine de atracciones* primitivo (Tom Gunning, 2008). En el Modelo de Representación Primitivo (Company & Marzal Felici, 1999; Strauven, 2006), como en todas las artes populares, el relato no era más que un simple hilván para una serie de cuadros cómicos, acrobáticos o dramáticos que gozan de un autarquía patente. Esto fue evolucionando de varios modos hacia el Modelo de Narración Clásica, que se erigió como hegemónico a partir de los años 20.

Para ver la especificidad del MNC, veamos dos pequeños ejemplos, referidos a la interpretación metafórica del contenido fílmico, que creo que aclaran la situación. Primero el canónico ejemplo de la ascensión de Kerensky, metaforizada por su subida por las escaleras al encuentro del zar, en *Octubre* (Gregory Alexandrov, Sergei M. Eisenstein, 1928). Cuando este llega a la puerta del despacho imperial, Eisenstein inserta un plano de un pavo real para, por *montaje* (Bordwell, 1972), construir una metáfora que designe a Kerensky como un engreído y como un fatuo. Este plano tiene una pura funcionalidad poética, no pertenece a la diégesis ni a la acción, es simplemente un plano inserto que funciona por colisión con el anterior.

Veamos ahora otra secuencia de alto potencial metafórico, el final de *North by Northwest* (Alfred Hitchcock, 1959). La pareja protagonistas, encarnada por Cary Grant y Eve Marie Saint, huyen de sus perseguidores descendiendo por la superficie de los rostros presidenciales esculpidos en el Monte Rushmore. La alternancia de planos cercanos con planos generales muy lejanos connota con mucha eficacia la pequeñez y endeblez de los individuos frente a la potencia opresiva del poder. Lo importante es recalcar que esta presencia está perfectamente integrada y sostenida por la coherencia metonímica del relato, porque la acción transcurre precisamente allí. Pero aún resulta más diáfana la escena propiamente final del filme. En una situación extrema y a punto de despeñarse, Hitchcock resuelve la peripecia de los protagonistas con una genial elipsis: del plano de Eve Marie Saint colgada sobre el abismo pasamos al contraplano de Cary Grant, que la sostiene por la mano, pero ya no estamos en el Monte Rushmore, sino en la habitación de un vagón cama en el interior de un tren, arriba de una litera. Atrayéndola hacia sí, le dice, "Bienvenida Sra. Thornill", con lo cual sabemos que no solo se han salvado, sino que han contraído matrimonio y son una pareja legalizada. Por corte directo, tras haber subido ella a la cama, el filme acaba con un picado aéreo del tren entrando en un túnel perfectamente interpretable como una metáfora del coito de los protagonistas. Lo relevante es que aquí todos los vehículos metafóricos están perfectamente diegetizados, integrados en el relato, condición indispensable para que el espectador pueda asentir a ellos. Ese tren es en el que viajan ambos y ha tenido presencia a lo largo de otras secuencias del filme.

De tal modo, que esta tensión trágica de la imagen occidental en perspectiva (su pecado original, decía Bazin) se resuelve como una apuesta por el realismo: máxima verosimilitud combinada con máxima potencia simbólica, pero sin perder nunca este precario equilibrio. Primero la pintura y luego el cine halagan al espectador ofreciéndole siempre el mejor punto de vista posible, a través de la *estética de los instantes esenciales* (Aumont, 1997; Palao-Errando, 2004) y de la *fuerza centrípeta del encuadre* (Bazin, 1990ª; Palao Errando, 2004). Este alarde combinatorio de estabilidad metonímica y potencia metafórica propicia que el encuadre occidental modelice completamente la realidad y la repute de estar plena de sentido. Este imaginario fue conculcado por cada nueva tecnología escópica y de registro, desde el nacimiento de la fotografía, que hacía aparecer continuamente la sospecha de que habitamos un mundo asémico. Y cada una de estas sospechas fue suturada con un arsenal de procedimientos técnicos (discursivos, retóricos) y tecnológicos. El *cine*, partiendo del dispositivo de los Lumière, consiguió esto pergeñando un grado cero de la escritura (Barthes, 2005) que le permitió articular una semiótica de la transparencia (J.-L. Comolli, 2002; J. L. Comolli, 2016; Heath, 1980) basada en la gramática del rácord y en la Integración Narrativa. Y esta transparencia quedó adherida a las propiedades del dispositivo audiovisual hegemónico desde el discurso televisivo al videolúdico, pasando por todas las variedades de gestión de las interfaces digitales.

El engarce entre el encuadre y el relato: El plano reactivo, el meganarrador, el *flash-back*

Hace ya algunos años, interrogándonos por la vertiente institucional de la práctica fílmica de un cineasta cuyas propuestas diluyen muchas veces la frontera entre un terreno y otro como David Lynch, llegamos a la conclusión (Palao-Errando et al., 2018) de que lo que anclaba indudablemente *Inland Empire* (David Lynch. 2006) en el terreno de la institución cinematográfica, por muy transgresivo que fuera con ella, eran justamente los planos reactivos de Laura Dern (fijémonos que hablamos de una actriz, no de un personaje, pues encarna a dos en el filme, contra la preceptiva institucional) con su rostro de extrañeza. Era eso lo que mantenía, de algún modo, al espectador conectado a una propuesta multi-trama e *hipernuclear* (Vid. Cap. 4) de muy difícil comprensión, por decirlo con las palabras de Garroni, con una muy limitada *comunicabilidad material* (Garroni, 1975)

¿De dónde viene esta relevancia que le concedemos al *reaction shot* en el MRI y, por lo tanto, en el discurso fílmico dominante? Veamos. El cine de integración narrativa mantiene en su base la necesidad ineludible del borrado de las huellas de la enunciación como una forma de constituir la confianza del espectador respecto a lo enunciado, de hacer del montaje instrumento de fiabilidad de lo mostrado. Probablemente, partiendo del camino ya andado por la novela negra a través del *camera eye*, es el *film noir* (Serrano Orejuela, 2015) el que pone en pie los fundamentos de esta confianza, llevando a su máxima eficacia los procedimientos de focalización, *ocularización* y *auricularización* (Vid. para la definición de estos términos Marzal Felici & Gómez Tarín, 2015) que ya había puesto el cine hollywoodense desde los años 20.

El *flash-back* es un ejemplo claro de construcción de esta confianza en la instancia enunciativa del filme. Cuando asistimos a una secuencia completamente focalizada por el recuerdo de un personaje, llegamos a tal confianza en el meganarrador que podemos asentir a escenas incluidas en ese *flash-back* y que es imposible que el personaje recuerde porque simplemente no asistió a ellas. No hay que rebuscar los ejemplos, un filme como *Titanic* (James Cameron, 1997) está basado íntegramente en este procedimiento de relevos y suplencias entre la protagonista y el meganarrador. De hecho, podríamos afirmar que, como principio general, el *flash-back* no miente. Y, no solo no miente, sino que implica un progreso narrativo. *Ciudadano Kane* (*Citizen Kane,* Orson Welles, 1941) es el máximo exponente del relato progresivo de la vida de un personaje a través de *flash-backs* encadenados de múltiples personajes que no se solapan y entre los que se cuentan escenas de las que no ha sido testigo el personaje que focaliza la entera analepsis (J. J. Marzal Felici, 2004). Y, tal vez, sea Robert Siodmak en *Forajidos* (*The Killers,* 1946) quien más lejos lo llevó en el entorno del clasicismo. De hecho, una versión reducida de este procedimiento es la que implementa la serie de televisión *Cold Case* (Meredith Stiehm, 2003-2010): cada vez que se entrevista a un sospechoso, este narra un fragmento de la historia del que fue testigo, y el siguiente narra el suyo que, indefectiblemente, prosigue linealmente la acción. Ningún personaje miente: todo lo que cuentan es fiable. La trampa está en aquello que no cuentan, pero la voz narrativa nunca puede ser traicionada por la ocularización. *Rashomon* (Akira Kurosawa, 1950), por tanto –me anticipo a las posibles objeciones del lector–, es un juego de lenguaje y como tal lo asume el espectador. Las novelas *Contrapunto* de Aldous Huxley (1928) o *Manhattan Transfer* de John Dos Passos (1925) ya habían adelantado parte de ese trabajo en el discurso novelesco.

En fin, desde el experimento de Kuleshov y la teorización de su famoso *efecto* (Mariniello, 1992) el cine es perfectamente sabedor de la fuerza del montaje. Pero también es cierto que la fragmentación progresiva de la escena propiciada por la integración narrativa acentúa la contrapartida: a diferencia de lo que ocurría en el cine primitivo, donde primaba la autarquía del plano –y a diferencia de lo que sucede en el cine poético o experimental (Mitry, 1974) o de vanguardia (Bordwell, 1972)–, en el cine clásico y, por extensión en el cine *mainstream,* el plano en sí mismo, desencadenado, es completamente in-significante. El contenido visual del plano ni siquiera es apto para la metáfora sin pasar por su encadenamiento metonímico. El espectador clásico no ve los planos, sino las secuencias. Por el plano pasa como por una pura superficie deslizante. Solo repara en él si se extrae de la cadena metonímica, como un símbolo, un error o una transgresión al modo de representación hegemónico.

Es decir, que el espectador clásico puede ser perfectamente consciente del contenido de un plano, por ejemplo, si este despunta de la media de la economía de la secuencia. Precisamente, en la más banal *tv movie* sabemos que si la cámara se queda un segundo de más de lo necesario con un personaje (por ejemplo, cuando ya no está en el uso de la palabra en una secuencia plano-contraplano) o con un objeto (por ejemplo, cuando ya no está concernido por la acción de un personaje) es que van a tener una relevancia significativa en la trama. Lo mismo sucede con el plano de cierre de una secuencia: si la cámara se queda con un personaje suele ser el sospechoso. Si se queda con el protagonista, la información va a ser relevante. Si sigue al protagonista en plano general, no hay nada que temer, estamos ante una catálisis. En un interrogatorio policial, muy parecido. Si el *reaction shot* dura más de lo normativo, el encuadrado es el sospechoso. Se trata del *principio de la pistola* de Chéjov ("Si en el primer acto tienes una pistola colgada de la pared, entonces en el siguiente capítulo debe ser disparada. Si no, no la pongas ahí.") llevado a su más alta rentabilidad narrativa por el montaje analítico y la gramática del rácord.

Pues bien, el *plano de reacción*, teniendo en cuenta estos supuestos, es un elemento nodular en la gramática del cine hegemónico porque es el punto privilegiado de articulación de la gramática narrativa y la del montaje, de la continuidad y de la integración narrativa. Un plano reactivo no solo nos indica el sentido que tiene el contenido del plano visual que lo *antecede para el delegado narrativo del autor implícito en la diégesis. Nos dice qué tenemos que pensar y sentir, según la norma estética (Mukarovsky, 2000) instaurada por este y, por tanto, introduce lo percibido en la lógica del relato y en la del sintagma visual.*

El plano reactivo es, por consiguiente, un plano sujeto a las reglas del rácord de un modo absoluto. Es una mirada a contracampo que modula todo el espacio global de la secuencia fragmentada por el montaje. Por lo tanto, el plano reactivo se articula, precisamente, convirtiendo un plano meganarratorial en plano subjetivo, con lo que la identificación del espectador a la imago del protagonista capta definitivamente su mirada: tras un plano reactivo, lo visto es lo mirado desde la posición subjetiva a la que nos hemos identificado. El rostro del actor es el delegado del espectador modelo en la ficción, como los ojos de su personaje son la delegación del meganarrador. En esta mirada al espacio *off*, la angulación es altamente relevante: no es lo mismo mirar al espacio *off* tras la cámara que al espacio intermedio (por ejemplo, al suelo ante la cámara), que esto sería más propio del video arte; no es lo mismo la mirada enfocada (a la espera de un contraplano) que la mirada vacía hacia la cámara. El contraplano, al representar la mirada del espectador en la diégesis, precisamente por esta delegación en un personaje, en un ente intradiegético, le mantiene a salvo de ella. Ello tiene consecuencias hermenéuticas, de inteligibilidad y de comprensión, de asentimiento a la lógica causal del relato. El rostro transitivo del protagonista promete una lógica narrativa –causal, encadenada–, y así, la metáfora no se independiza de la metonimia de los planos. El gesto amargo, sorprendido o extrañado del actor convierte su rostro en signo. El plano reactivo mira a contracampo, pero jamás a cámara. Si el actor mira a cámara suele estar buscando un efecto cómico. Y el plano reactivo puro, vacío, no precedido o continuado por un plano subjetivo es esencialmente una proyección enunciativa hacia el exterior de la diégesis. Equivale al monólogo teatral, en términos narrativos: no tiene consecuencia en sí mismo, es catalítico.

Pero lo esencial, insistimos, no es solo la expresión, es la mirada: el plano reactivo está férreamente *racordado*, es un plano metonímico, no metafórico. No es revelador, sino orientador. Incluso aunque un plano reactivo reflejara que ha habido una revelación, no se produce en él, sino en el plano anterior. El plano reactivo señala la revelación, no la performa, no la realiza, no la produce. El plano reactivo es siempre *perlocutivo*, no *ilocutivo* (Searle, 1990). De este modo, el plano reactivo adiestra la mirada sustrayéndole su carácter siniestro, su a-significancia, su componente *real*. Es el látigo que el meganarrador chasquea para someter la mirada del espectador, de otro modo, en riesgo de asilvestramiento. Y el espectador goza de ello, pues sin su colaboración no sería posible ese anudamiento. En fin, el plano reactivo, como plano estrictamente *racordado*, es esencial para el trabajo de *sutura*, de invisibilizar el aparato enunciativo (Vid. el término *Sutura* en (J. J. Marzal Felici & Gómez Tarín, 2015)).

Que esto tiene una trascendencia que va más allá del espectáculo fílmico o de la industria cultural audiovisual de ficción, lo demuestra la proliferación del *talent show* en la actualidad. Es obvio por qué: la performatividad como espectáculo no es nada sin el juicio, que es donde reside la objetividad, es decir, el tratamiento del percepto como lo que se nos da, se ofrece ante nosotros (*ob-jectum)* lo que se pone delante (Corominas, 1967). Es la mirada la que convierte lo real en objeto. El principal cometido de los jurados en este tipo de espacios es reaccionar, poner caras, soltar broncas. Sus reacciones son los que los ponen en el lugar del modelo a imitar por el espectador, como se pone al protagonista de un filme.

La trama policíaca clásica y su deconstrucción: *Perdición* (*Double Indemnity*, Billy Wilder, 1944)

En un texto anterior, (Palao-Errando, 1994) pude indagar en el entorno del Cine Negro clásico para arribar a la conclusión de que en la trama policíaca no todo se jugaba en una economía de la información controlada desde la instancia enunciativa, sino que precisamente en esta estructura se colaba un efecto perverso –un efecto de *verdad*– imprescindible para explicarnos la pasión que el *lector modelo* (Umberto Eco, 1981) deposita sobre la trama textual, y que es el factor decisivo de su éxito. Sobre la economía informativa, en el relato detectivesco se despliega un juego desiderativo, una metáfora amorosa que impone su ley. Veamos cómo se gesta este proceso. En el relato realista occidental –tanto literario como cinematográfico– la omnisciencia narrativa es la que proporciona una estabilidad de la mirada narrativa, sustentada por una fiabilidad absoluta en el complejo espacio-tiempo que conlleva el reinado verbal del pretérito perfecto simple (Barthes, 2005) el cual garantiza, precisamente, la *perfección escénica* de lo narrado, su completud incuestionable e indubitable: espacio, tiempo, sujeto agente y sujeto paciente, claros y distintos. Por supuesto, este es el lecho de estabilidad ontológica sobre el que se fundan todos los juegos narrativos posteriores, de los que el paradigma policiaco tal vez sea el caso más evidente. Se puede jugar con la trama, con la *dispositio*, con la concatenación textual y con la sintaxis del relato, siempre que pensemos que en el limbo del espacio-tiempo mecanicista, el argumento –la linealidad historia *efectiva* con su urdimbre indubitable de causas y efectos– permanece incólume. De este modo, el juego que nos propone la trama policiaca clásica es el de una escena imperfecta que se presenta al lector modelo como rompecabezas. Todo a la vista, pero con una sintaxis alterada que impide formular un juicio, una composición lógica de sujeto y predicado.

Lo que nos propone la ficción policial, pues, es el juego –evidentemente, no exento de riesgos– de reconstruir la homeostasis que le suponemos al mundo y cuya clave se cifra en la identificación del agente del desorden, normalmente, del asesino. Y, todo ello, en competencia con el narrador. Una de las claves, lógicamente, es el juego de distribución informativa entre las distintas instancias enunciativas que, precisamente, tiene su concreción formal en la inserción de la primera persona narrativa en el ámbito del enunciado, lo que supone el primer desacople de la pareja trama / argumento. Se trata del recurso narrativo al *flash-back* que implica un *presente* de la enunciación para un *pretérito* del enunciado. Como vemos, en realidad, ello no supone una alteración esencial de la jerarquía de los saberes, puesto que la certeza se halla confinada, aherrojada, en la solidez ontológica del pasado (perfecto). Lo que sí conlleva es que el narratario, lector o espectador, pueda aceptar ese pacto de precariedad epistémica en el que radica el goce de la ficción, según el cual, en el relato policíaco en primera persona el narrador sabe menos que el asesino (en la trama) y más que el asesino (en el argumento). De esta manera, el testigo puede subjetivar la realidad, pero esta no depende de él. Este pasado es inamovible: es ontológicamente sólido.

De igual forma, la figura de *detective narrador* responde a la necesidad de introducir la contingencia subjetiva en la trama para horadar la certeza, esto es, para provocar una fisura narrativa en la que el *narratario* pueda alojar su pasión por saber. Es la fórmula necesaria para que el narrador pueda ser actante y omnisciente: confinar el relato en el pasado y ayudar a vadear el abismo de lo *real* en el goce del espectador, que se halla abocado con su pasión al horror de amar a quien posee ese *plus de goce* que persigue y cuyo poseedor no es otro que el máximo sapiente de toda ficción policiaca: el propio *asesino. Nos encontramos así que el principio poético de la ficción policiaca consiste en la proyección de la estructura actancial sobre la estructura enunciativa, activada por el amor como motor del impulso epistémico y a su vez –este es el dato clave– obstáculo insalvable para su identificación con él.* Es absolutamente consustancial con el desorden óntico –el rompecabezas– que supone el delito en el inicio de la trama, la identificación inconsciente del agente del desorden y el objeto de amor, lo que propicia con toda lógica que en un relato policiaco logrado el asesino sea el personaje *más insospechado.*

Este recurso a la metáfora amorosa podría parecer un delirio teórico puro y simple, sino fuera porque alguien muy autorizado llevó a cabo este análisis deconstructivo de la trama policíaca donde mejor puede hacerse: en una obra maestra del propio género. En *Perdición* (*Double Indemnity,* Billy Wilder, 1944), Wilder recurre, con toda lógica, al *flash-back* como punto de partida para la deconstrucción de la estructura del género. Recordemos que la película comienza con la confesión, por medio de un magnetófono, del agente de seguros Walter Neff, herido mortalmente, a Barton Keyes, inspector de seguros de la compañía, de algo que él no pudo descubrir por "tenerlo demasiado cerca": que él era el asesino de Dietrichson, y lo había matado "por dinero y por una mujer". En efecto, como el propio genérico demuestra, estampando los nombres de los tres protagonistas (Edward G. Robinson, Fred McMurray y Barbara Stanwyck) sobre la silueta en sombra de un hombre con muletas –que tanto podría ser la víctima como el asesino–, la coartada de Keyes se sustenta en su suplantación de Dietrichson a bordo de un tren, en el que él viajaba con una pierna fracturada. Estamos ante un auténtico triángulo amoroso entre Neff, su amante –a la vez esposa de la víctima– y el sagaz y obstinado inspector de siniestros que, sin embargo, esta vez es incapaz de dar con el autor del crimen pese a las continuas sospechas que se encarnan en ese hombrecillo que dice albergar en su estómago y que le provoca enormes dificultades digestivas cada vez que en uno de los casos que investiga –su rompecabezas– no cuadra milimétricamente y se presenta como una incoherencia narrativa que traiciona el relato que el culpable ofrece y que no es *su* verdad que, sin embargo, *él* conoce.

Hemos de dejar de lado la gran mayoría de elementos narrativos que conforman a *Perdición* como obra maestra (el proceder codicioso de Neff, el halo de fría vampiresa de Phyllis, la magistral puesta en escena) para concentrarnos exclusivamente en su planteamiento de la estructura actancial y de la economía del saber de la ficción policíaca, que pergeñan una reflexión extraordinariamente lúcida sobre la misma. En efecto, el filme no se presenta a sí mismo como un relato policiaco en sentido canónico pues es el propio culpable el que narra la peripecia y sabemos de su condición desde el comienzo. Precisamente, esta desvinculación del goce del desvelamiento es la que pone las condiciones para emprender la deconstrucción de las claves del género y una reflexión sobre el amor como obstáculo para el saber, sobre el trayecto amoroso que se instaura entre el asesino y el lector. Porque lo que sostiene la trama en su duración es precisamente la pasión menos obvia y más evidente en un filme que se constituye en una panoplia abigarrada de las pasiones más ilícitas: el amor de Keyes por Neff, que le impide darse cuenta de que tiene al culpable, no ya al otro lado de la mesa, como dice en el plano final el agente de seguros, sino en el mismo corazón, como se manifiesta al darle por fin el fuego a Walter, después de haber sido este quien se lo proporcionara a lo largo de toda la película, cada vez que Keyes no encontraba fósforos en sus bolsillos al ir a prender uno de sus habituales puros. Keyes ha ocupado por tanto el lugar del *lector* (amante) y del *detective* (desengañado) y, precisamente por ello, ha sido incapaz de acceder a la verdad que tenía ante los ojos y Neff ha sido el más insospechado de los culpables. La pasión del detective ha de estar más cerca de la lucidez del odio que de la ignorancia del amor. En el Cap. 4 veremos las nefastas consecuencias que puede llegar a tener esta intimidad sincopada en un solo sujeto.

CAP. 3. LA PANTALLA FÍLMICA COMO HUÉSPED

La época de la imagen del mundo

En este texto, que me atrevería a calificar de exacto y radical, Heidegger nos explica de dónde procede la fe en la imagen que la época de la cultura digital profesa:

> Imagen del mundo, comprendido esencialmente, no significa por lo tanto una imagen del mundo, sino concebir el mundo como imagen. (...) La imagen del mundo no pasa de ser medieval a ser moderna, sino que es el propio hecho de que el mundo pueda convertirse en imagen lo que caracteriza la esencia de la Edad Moderna (Martín Heidegger, 1995: 74).

Gracias a la representación fidedigna, el sujeto, amparado en su efigie humana, reina: toma sus disposiciones. Y ello porque, por mor de su "realismo", la imagen es digna de esa confianza que anida en el *dispositivo* (Jacques Aumont, 1997; Baudry, 2016; Oudart, 1971ª; Palao Errando, 2004): ser un reflejo fiel del mundo apto para imponer a ese mundo su dominio. Como el mapa borgiano, o el de Google, se superpone a lo real y equivale al territorio que representa. *Es por la imagen que la episteme moderna comienza a obsesionarse con poder unificar la representación con la certeza por medio de la evidencia.*

De lo que se trata en el audiovisual contemporáneo, desde el cine de acción hasta el videojuego, es de presuponer que esa evidencia está garantizada y podemos gozar del caos y la posterior salvación por el orden (Palao-Errando, 2004). Esto es, el fingimiento del caos y la confianza en un amparo (protección, patrocinio, refugio, custodia) superior al goce particular. *No olvidemos que en este trabajo lo que intentamos es indagar el modo en que se instala la pantalla fílmica respecto a las interfaces con las que compite, con la hipótesis de base de que su oferta diferencial es el sentido, frente a la información y el goce.* Y lo que convierte en realista a la pantalla fílmica es su inserción en un determinado paradigma epistémico, que vemos desplegarse en la genealogía de la iconicidad occidental (Palao-Errando, 2004). Creer en la compacidad del mundo es imprescindible para creer en la fidelidad de la pantalla y en la fiabilidad de quien nos narra el mundo, el sujeto de la enunciación que hemos aludido como *Meganarrador* o *Grand Imagier* (Gaudreault & Jost, 1995), la instancia compleja que organiza todos los aspectos del filme.

Por ello, hemos de comenzar tratando esta reputación, que el cine quiere para sí, a través de su componente icónico, amparándose en que la digitalización de la cultura y la pixelización del registro llevan aparejadas un goce de la exactitud, en tanto que implica dominio sobre lo registrado. La imagen registrada, sometida al procesamiento digital, parece ofrecer un goce hiperrealista en las llamadas sociedades de control (Deleuze, 2006) y de la vigilancia que trasmuta completamente el semblante del *thriller* policíaco contemporáneo implementando un nuevo tipo de trama, precisamente, escénica. Es lo que podríamos llamar *ficción forense* o *Modelo CSI*, como veremos en las páginas siguientes, que elimina del proceso de investigación la deducción (o abducción) clásica y el móvil para sustituirlos por la biyección entre la prueba (icónica, escénica) y su remisión a una base de datos, propiciando la elisión del sujeto en toda la operación de desvelamiento.

El hiperrealismo y la multiplicidad de las pantallas

De modo que, desde mediados de los 90 –momento tanto de la popularización masiva de Internet como del advenimiento del discurso informativo a la médula de la programación televisiva– se establece una contienda a tres bandas entre la pantalla cibernética, la televisiva y cinematográfica. Lo que vamos a explorar ahora es la re-flexión que la pantalla cinematográfica estándar ofrece de las potencialidades de la pantalla cibernética reticular, esto es, aquella que actúa como interfaz de los flujos informativos que circulan por las redes telemáticas y que acceden, en modo de *multiplexación*, a esa pantalla que los sustancializa en una imagen sistemática decodificable, portadora de sentido y de información para un sujeto. Ello convoca la cuestión de qué *sujeto* es este: para quién, para qué interprete o decodificador se sustancializan los flujos informacionales en una imagen. Y también la cuestión del método:

¿Qué podemos saber de ese sujeto a través del análisis de la imagen plástica y narrativa que se ofrece de los monitores digitales en el seno de las producciones fílmicas?

El mundo disponible en 3 D: la pantalla del ordenador y la geometrización del mundo

Un magnífico ejemplo con el que comenzar nuestra indagación es el inicio de *An Inconvenient Truth* (Davis Guggenheim, 2006), el filme con el que Al Gore introdujo en la *agenda* informativa el calentamiento global y de paso a sí mismo (García-Catalán, 2013b). Tras un *incipit* donde una voz *over* va describiendo sus placenteras sensaciones sobre una sucesión de bucólicos campos vacíos (un bosquecillo y una corriente fluvial), de repente, por fundido directo nos encontramos ante la pantalla de un ordenador portátil en el que vemos una foto de la tierra tomada desde el espacio exterior. Vuelve a fundir y, por rácord en el eje, vemos esa misma foto ocupando toda la pantalla cinematográfica. Es la propia voz de Al Gore la que nos informa ahora que es la primera foto del planeta tierra, tomada por el Apolo 8 en la nochebuena de 1968. A partir de aquí continúa con una semblanza del ex vicepresidente y con el relato de sus actividades en pro de la detención del cambio climático. Evidentemente, este gesto ilustra muy apropiadamente por qué Heidegger formuló que la concepción del mundo como imagen, y que esta es la fórmula destinada poner el ente a disposición el sujeto de la ciencia, que puede proyectar su praxis científica y técnica sobre esta certeza de la representación. La potencia del ordenador y de la digitalización parecen convertir esa disponibilidad en apropiación in-mediata. Pero no solo eso: en el imaginario de la inmediatez anida indefectiblemente el de la interactividad, que connota la automática facultad de operar sobre el mundo de la que es acreedor al usuario de esa interfaz. A continuación, vemos a Al Gore en el asiento trasero de coche con su portátil sobre el regazo, algo que siempre me ha recordado la famosa miniatura de la *Biblia de San Luis* que muestra al Pantocrátor como arquitecto del universo, al que sostiene en su regazo. La estructura es idéntica en ambas imágenes y nos hace preguntarnos si la cultura digital supone la *entronización* máxima del sujeto moderno, o bien, el retorno a la cultura medieval. Puede que ambas cosas vengan a ser lo mismo.

Ya hemos visto que todo comienza con la adopción de la *perspectiva artificialis* como modo de representación hegemónico por la cultura occidental en los albores de la Época Moderna. La posibilidad de la correspondencia biunívoca entre cada uno de los puntos de la representación bidimensional y el espacio perceptivo psicofisiológico (Panofsky, 2003), y la misma posibilidad de inscripción del punto de vista en la representación (Damisch, 1997), conllevaron la inducción metonímica de un fuera de campo homogéneo al encuadre que supuso una geometrización extensiva del cosmos y, en definitiva, una modelización del mundo según los parámetros proyectivos de la geometría euclidiana (Koyré, 1979). La reproducción mecánica de esta realidad a través de la fotografía no hizo más que aumentar esta ilusión de correspondencia exacta entre las representaciones icónicas y el mundo. Y el cine sumó al proceso la fuerza del montaje. En efecto, el rácord entre planos, la correspondencia óptica y geométrica entre tomas, robusteció el imaginario de un perfecto y exacto acople entre las imágenes registradas y los estados del mundo, del que incluso se benefició también la fotografía. La imagen electrónica primero, y la digital después, suman a ello la simultaneidad del registro y la transmisión, con lo que la docilidad a la demanda en tiempo real por parte del sujeto a la propia imagen acabó por consolidar el imaginario de su exactitud como doble perfecto del mundo. Todo contenido conceptual podría ser traducido en una imagen reconocible y exacta, y toda imagen es trasunto sin déficit de un contenido mundano. El ente, siempre capturado: no hay nada real que no pueda ser –que, de hecho, no esté o deba estar– encuadrado en una pantalla.[33] De ahí a que estos encuadres encuentren la correspondencia entre sus vértices a través de la geo-gramática del rácord no hay más que un paso: el que va del *Sofista* platónico (Platón, 1992) al *simulacro* baudrillardiano (Baudrillard, 1978).

33. Para una revisión más extensa y argumentada de esta genealogía de la iconicidad occidental, remitimos de nuevo a (Palao-Errando, 2004, 2009b).

La geometría del mundo y la geometría de la identidad: rácord y base de datos

Como hemos visto, la clave en el *thriller* de comienzo de este siglo es la sustitución de la trama deductiva, en la que toda evidencia era deudora de su ensamblaje actancial (móvil, oportunidad, estrategia criminal y de ocultación) por el reino de la prueba icónica irrefutable, al que se somete toda la estructura de la representación. Y ello no solo en su versión cinematográfica, sino en la televisiva, donde la temática forense se ha convertido en abrumadoramente presente. Hasta tal punto que se ha pasado a ser lo normal, en el sentido que hemos utilizado antes este adjetivo: con mucho trabajo e insistencia. No hay serie procedimental con una trama policial en la que no sean altamente relevantes las pruebas forenses, el equipo forense no sea parte del reparto estable y la sala de autopsias no sea un espacio completamente familiar, aunque la investigación científica no sea el centro del relato.

La pantalla fílmica lo ha tematizado desde principios de siglo, absorbiendo en la diégesis la lógica audiovisual digital –cuyos entresijos están al alance del público en general mucho más que lo estuvieron nunca las técnicas y principios retóricos del montaje mecánico clásico– de un modo disimuladamente metafílmico. En *Minority Report* (Steven Spielberg, 2002), John Anderton (Tom Cruise) vive traumatizado por la desaparición y muerte de su hijo a manos de un pederasta. Por ello, trabaja con el máximo entusiasmo en una brigada especial (*Precrime*) capaz de prevenir los actos delictivos a través de tres mutantes biológicos, los *precog,* que previsualizan los actos de los delincuentes en tiempo y espacio exactos, son capaces de transmitir visualmente su acto perceptivo *virtual* y supuestamente nunca se equivocan, con lo cual la detención de los criminales justo antes de la comisión de sus delitos consigue evitarlos. Ante esta predictibilidad de lo imaginario, es lo mismo que la escena no haya acaecido o que no sea recordada. En ambos casos la justicia es un suplemento de goce sobre la información. El descubrimiento del protagonista es, precisamente, que este consenso perceptivo entre los tres seres, necesario para su "veracidad", no siempre se produce: la más desarrollada de los tres *precog,* la única *hembra,* a veces disiente y esos *informes de la minoría* no son archivados, sino destruidos. La unanimidad se convierte en la contingencia de una mayoría y el *informe de la minoría* actúa como *fallo de* rácord, señalando a la imposibilidad del consenso, considerado como la *necesidad* del destino.

Pero lo más relevante es el procedimiento por el que estas visiones se convierten en acto jurídico. En la primera secuencia del filme vemos a Anderton llegando a *Precrime* y asistimos a su *modus operandi*. Cuando a los *precog* les acomete una visión, estas empiezan a conectarse lo que ellos llaman la *holosfera*. Inmediatamente, otro dispositivo emite dos bolas de madera que comienzan a tallarse: van a dar la información de la víctima y del asesino. Mientras tanto, Anderton detiene la imagen y la descompone en tres encuadres. Al mismo tiempo, su colaborador va buscando en las diversas bases de datos el posible lugar del crimen a través del nombre del asesino. Anderton sigue descomponiendo y recomponiendo la imagen por medios digitales para localizar el lugar donde acontece la secuencia mortífera inmerso él mismo en una escenografía de múltiples encuadres translúcidos superpuestos, entre los que su figura aparece erguida ejerciendo de maestro de ceremonias, a la par que de operador lógico, como único garante de un sentido coherente para el *puzle*. El espectacular abanico de la multiplexación[34] se extiende ante nosotros fragmentado, dividido, pero el sujeto que va a focalizar la acción narrativa del filme consigue convertir este batiburrillo de imágenes inconexas y datos en una imagen óptica figurativamente asentible y perfectamente sometida a una lógica actancial y diegética plausible. Anderton localiza el escenario del crimen forzando la gramática del rácord –una imagen repetida desde dos puntos de vista distintos, pero sin llegar al salto de eje– que indica un tiovivo en las cercanías de la escena del crimen, dato estrictamente audiovisual y estrictamente euclidiano, que permitirá su localización. Los microtiempos, pues, muestran todos la lógica del tiempo absoluto: solo hay que saber traducirlos poniendo la esencia de la puesta en escena clásica al servicio de la lógica narrativa. Gracias a este cotejo de imágenes, donde la metonimia es dogma, localizan el lugar. Esta es una de las formas fundamentales en las que el cine encarna el imaginario

34. "Técnica por la que un número variable de señales de información es transmitido a lo largo del mismo canal de transmisión" (Real Academia de Ingeniería).

tecnológico: la pregnancia de la pantalla que subordina a la coherencia del rácord y de la ley del eje toda casuística azarosa y le otorga el semblante de constituirse en un relato coherente

Cuatro cuestiones, por tanto, hemos de destacar en *Minority Report,* atinentes a la versión de las pantallas digitales –y el orbe icónico-informativo que estas encarnan– que ofrece la institución cinematográfica.

> La traducibilidad inmediata entre las visiones de los *precog* y el lenguaje audiovisual, la perfecta transmisibilidad de los actos perceptivos, incluso desde la virtualidad de su supuesta plasticidad neuronal. Supone una fe ontológica en la imagen y en el registro más allá de toda duda y –en absoluta concordancia con la Teoría del Reflejo de Lenin (Bonilla Bonilla, 2015; Groys, 2008; Lenin, 1974; Lukács, 1966)– donde la conciencia no es más que una leal servidora, transparente y diáfana, de la mediación entre la mente y la verdad ontológica y referencial.
>
> Los cauces de la multiplexación encuentran en la competencia semio-retórica de un sujeto, en este caso Anderton, un buen destino en el que asimilarse a la lógica clásica de la imagen narrativa que sutura toda la división informativa original.
>
> Pero el sustrato de esta multiplexación está en el principio de convergencia de la Base de Datos (Lev Manovich, 2005) y el rácord: la llegada milagrosa de los datos a la interfaz, al mismo tiempo que las imágenes *multiplexadas* (procedentes cada una de su escena y de su lógica generativa) coinciden en sus vértices en una sola secuencia sometida al imperio del rácord, sucedáneo digito-audiovisual del principio de tercio excluso.
>
> Todo el proceso de deducción policíaco (móvil, oportunidad, estrategia criminal y de ocultación) ha sido suplantado por la premonición, por la *Gestalt* del montaje y la exactitud geométrica.

Ahora bien, si esta primera secuencia del filme de Spielberg representa, pese a todas sus peculiaridades –esencialmente, su pertenencia al género de la ciencia ficción– la relación paradigmática entre el *thriller* postclásico y el componente digital de las imágenes, seríamos completamente injustos si no reconociéramos que el propio discurso fílmico hollywoodense nos provee de versiones que parodian y subvierten el modelo como es el filme de Michel Gondry *Olvídate de mí* (*Eternal sunshine of the spotless mind,* Michel Gondry, 2004), que además nos ratifica en la centralidad genérica del *thriller* contemporáneo, pues se trata de una comedia romántica que cabalga narrativamente sobre la estructura del *thriller* de persecución.

Esta historia de una pareja que, tras su ruptura, acude a un doctor que utiliza un método de intervención cibernética para borrar de cada uno el recuerdo del otro, además de plasmarse en una quiebra de la linealidad del argumento, propone una lectura de la traducción de los flujos neurales a los códigos del relato audiovisual completamente distinta de la del filme de Spielberg. Mientras el personal de la clínica sigue el rastro de cada recuerdo que habrá de borrar en las representaciones gráficas de su ordenador, el relato fílmico, constituido por estos *flash-backs* dislocados, es representado plásticamente al espectador de un modo predominantemente metafórico: edificios que se derruyen al ser borrada la escena que albergaron, saltos de un espacio a otro que denotan el cambio del régimen del *flash-back* al presente de la enunciación, cambio de apariencia y hasta tamaño de los personajes, etc.[35] Todo ello aderezado con la emoción persecutoria que supone el arrepentimiento del protagonista que, en su estado letárgico, decide intentar burlar la labor policial de los operarios bio-informáticos para preservar el recuerdo de su amada. De este modo, la traducción de las imágenes neuronales, cuyo primer reflejo se alberga en la pantalla del ordenador, no es automática, sino que pasa por el filtro de la subjetividad del protagonista y deviene metáfora visual del proceso, pregnantemente superpuesta al despliegue metonímico de la trama.

35. Vid. Más adelante lo que hemos denominado ***morphing metaléptico***.

Hiperencuadre
la pantalla cinematográfica como intérprete de las demás pantallas

Es el momento, tras esta incursión previa en el postclasicisismo policíaco y su concepción de la verdad como acople geométrico, de intentar categorizar los recursos expresivos y constructivos que el cine postclásico erige en que la pantalla cinematográfica actúa como ***pantalla huésped***[36] (en los discursos audiovisuales, la pantalla que ejerce de *interfaz* último con el espectador, en tanto recoge en su seno otras pantallas en una ***mise en abyme multimedia***) de todas las demás pantallas que pueblan nuestra iconosfera y lo hace proponiéndose como su factor de coordinación e integración. En esta época, caracterizada por la proliferación de los *pervasive media* (Dovey & Fleuriot, 2011), o denominada de la *pantalla global* (Lipovetsky & Serroy, 2009), evidentemente esos dispositivos han sido integrados en los relatos cinematográficos tanto como en nuestra vida cotidiana, y el cine ha tomado sus cartas en esa partida para preservar la cuota que le corresponde.

Evidentemente, la ***pantalla dividida*** (***split screen***) es un recurso muy antiguo (pensemos en el *Napoleon* de Abel Gance (1927) y omnipresente en los últimos estertores del llamado cine clásico y en el de los años 60 y 70. Pero, tanto este recurso, como la ***mise en abyme*** en general, responden, en este contexto multipantalla, a una ***ontología del rácord*** distinta y reforzada.

Filmes como *Timecode* (Mike Figgis, 2000), *The Rules of Attraction* (Roger Avary 2002) *The Tracey Fragments* (Bruce MacDonald, 2007), *Ocean's Thirteen* (Steven Sodergergh, 2007), *Scott Pilgrim vs. the World* (Edgar Wright, 2010), *127 hours* (Danny Boyle, 2010) o *Nymphomaniac. Volume 1* (Lars von Trier 2013) dan buena cuenta del uso postclásico del recurso. Pero pasemos a explorar otros procedimientos aún más generalizados en el cine actual.

36. Vamos a transcribir en ***negrita y cursiva*** todos los términos que proponemos como identificativos de los recursos integrados en el código retórico del cine postclásico. Si bien algunos son nomenclaturas tradicionales y perfectamente aceptadas por la narratología y la teoría fílmica, otros, como se verá, son de cosecha propia y pretenden ser una propuesta pública a esa misma comunidad. Para una primera versión de las siguientes páginas , vid. (Palao-Errando et al., 2018).

Rácord ontológico (u ontología del rácord, o rácord hipotético)

Nos referimos así a un recurso estructural básico tanto en el cine como en la ficción televisiva, sobre todo en el *género de acción* y el *policíaco.* Entendemos por ***ontología del rácord*** la trascendencia del punto de vista material (acotado por la geometría y la economía del rácord) hacia la dotación de sentido en la *megageometría* del texto, connotando la absoluta sumisión del espacio físico (hipotéticamente profílmico) al dispositivo audiovisual a través de su concepción euclidiana. *Se efectúa, pues, un desplazamiento punto de vista empírico material (la prótesis simbólica* (Bettetini, 1986)) *al meganarrativo (prótesis epistémica).* Esta trascendencia no es solo una condición implícita (y por lo tanto banal) para el asentimiento del *espectador modelo del Modo de Representación Institucional,* sino que, en función de la convocatoria intermediática de la pantalla del ordenador y de la connivencia con el espectador postclásico –mucho más familiarizado con los procedimientos de construcción de los enunciados audiovisuales que en épocas anteriores–, es constantemente tematizada como un recurso narrativo esencial en la trama y desplegada visualmente. Como veremos en el siguiente capítulo, este recurso está intrínsecamente ligado al recurso narrativo que hemos denominado ***hipernúcleo*** y ampliaremos la explicación en el momento de abordarlo. En buena medida, ambos son utilizados por la mecánica de los videojuegos para generar una ilusión de compacidad.

El fallo de rácord diegetizado como rasgo genérico

Con toda lógica, el *thriller* postclásico utiliza muy frecuentemente el procedimiento inverso: un ***fallo de rácord,*** descubierto normalmente por medio del análisis digital, denuncia un montaje fraudulento y orienta hacia la verdad policial (forense) más allá de la determinación subjetiva. Es decir, que mientras el rácord *ratifica la realidad* como *adaequatio,* el ***fallo de rácord*** *desvela la verdad como inadecuación* del enunciado fílmico a la escena real. Veamos algunos ejemplos.

La fe ontológica en la imagen –y en la lógica de los procesos diegéticos, consecuentemente– que el *thriller* postclásico profesa lleva al punto de considerar su misma falta como índice de verdad de lo narrado sobre la falsedad de lo visto. Un buen ejemplo de ello es también la propia *Minority Report*. Como hemos visto, el *informe de la minoría* es una escena (una "toma") que no admite el *racordamiento* con el resto del material disponible, ni en su montaje espacial ni en su congruencia temporal. De hecho, cuando Witwer (el inspector federal que ha sido enviado a fiscalizar el funcionamiento de *Precrime*) descubre que la imputación del crimen del asesinato de la madre de Agatha, verdadero origen de la conspiración, había sido trucada –la escena había sido ejecutada dos veces, una detectada por los *precog* y otra interpretada como un simple "eco" del asesinato anterior en las visiones de los mutantes– lo hace por la detección de un muy canónico fallo de rácord: en una de las "tomas" el viento mueve el agua del lago en una dirección y, en otra, en la dirección contraria. Evidentemente ha habido dos tiempos de "rodaje", dos escenas profílmicas, cuya disensión denuncia el montaje. "Frotar" –es el tecnicismo que usan en *Precrime* para designar esa labor– las imágenes como había hecho Anderton en la primera secuencia es ejercer de *realizador* en el sentido televisivo: acordar geométrica y temporalmente una diversidad de fuentes simultáneas cuya multiplexación coordina un sujeto sin deseo en la interfaz de una secuencia coherente. Lamar Burgess, sin embargo, ejerció una función *cinematográfica*: articular dos unidades de espacio tiempo distintas en una fraudulenta –ficcional– secuencia fílmica única. Su impostura es intolerable. Y fijémonos que esa nada, que esa elipsis –secuencia no iconizada, por tanto– es índice suficiente de la verdadera culpabilidad de Burgess.

Pero hay un ejemplo, unos años anterior, todavía más patente de este aspecto que comentamos. Nos referimos al filme de Robert Zemeckis, *Contact*[37] (1997). La doctora Eleanor Arroway lidera un proyecto científico para establecer contacto con una supuesta inteligencia extraterrestre (Vid. Català Doménech, 2005). Tras múltiples intentos de captar señales del espacio exterior y de enviar mensajes al espacio hay dos momentos de la trama que nos parecen especialmente significativos. El

37. Pensemos que un filme anterior de Zemeckis, *Forrest Gump* (1994) obtuvo su primera repercusión por lo novedoso de la imagen digital al servicio del programa espectacular del cine: las escenas en las que Forrest compartía plano con el auténtico Kennedy.

primero es el referido al primer mensaje que la civilización extraterrestre envía a la tierra ya en forma de imagen figurativa (había habido otros de tipo sonoro, etc.) Convocadas autoridades y prensa, va apareciendo una extraña forma geométrica en los monitores, que ante la sorpresa y la indignación de los presentes, acaba por ser una cruz gamada y, al ampliarse el plano, un discurso de Adolf Hitler. Nada más lejos de la realidad que suponer una intención política o moral en este mensaje alienígena: se trata de la inauguración de las Olimpiadas de Berlín en 1936, que fueron las primeras imágenes de la historia retransmitidas por televisión. La civilización extraterrestre simplemente pretende denotar que se encontraban a la escucha y habían captado esta primera muestra de actividad tecnológica terrícola enviada al espacio en forma de ondas hertzianas. Evidentemente, el problema semiótico que comporta la ontología de la imagen y de lo real y su articulación en un enunciado significante es puesto en juego por el filme.

Aún más interesante es el final de la peripecia de la doctora Arroway. Los extraterrestres envían unos planos para construir una especie de nave espacial. Así, se lleva a cabo en un proyecto internacional liderado por los Estados Unidos y la nave despega llevando a la doctora como única tripulante. En efecto, la vemos en un fantástico escenario galáctico dialogando con un interlocutor que ha tomado el semblante de su propio padre como muestra de buena voluntad. Tras la experiencia, la doctora emprende el viaje de vuelta, pero cuál no será su sorpresa, cuando al llegar, desorientada y preguntando en qué día están, desde la sala de control le indican que su vuelo ha fallado y que solo ha estado desconectada de la sala unos breves segundos y no ha ido a ninguna parte. Ella pide visionar las imágenes que ha grabado de su viaje, pero solo aparece "nieve", puro grano sin referente. La investigadora tiene la convicción sin embargo de que ha estado fuera 18 horas y lo explica como un viaje a través de dos puntos del espacio-tiempo por medio de un "puente de Einstein-Rosen". Lo curioso, y que conoceremos después a través de la videoconferencia –con lo que la proliferación de las interfaces digitales es patente en la plástica del filme– de dos de los políticos presentes, es que ha grabado, precisamente, "dieciocho horas de nieve": el grano electrónico sin icono es precisamente el mejor indicio de verdad de la imagen cinematográfica fantástica e interestelar que los espectadores hemos visto.

> aside from the flashbacks, however, the scenes are handled in insistent shot/revert shot. It's the the stable system of classical storytelling that allows such "avant-garde" devices to be selectively assimilated. (...) Spectators are most likely to lose track of time, space, or the casual chain during the progression from one scene to another. This is one reason why the establishing shot is so crucial for maintaining a clear sense of locale. The most basic source of temporal and causal clarity is the dangling cause.[39]

Como ya hemos visto, es en este nivel del microenunciado fílmico, donde queda garantizada la coherencia institucional, por enrevesada que pueda ser la trama del filme. E *Inland Empire* (David Lynch, 2006)[40] fue la película que nos llevó a pensar en ello e intentar teorizarlo como hemos hecho en el Cap. 2, porque, pese a lo intrincado de su trama, lo que la aleja de ser una propuesta al margen del MRI (es decir, "experimental" o "vanguardista", o puramente museística (De Felipe et al., 2012; Rodrĩguez Mattalĩa, 2011; Zunzunegui, 2001) y la convierte en una deconstrucción del modelo dominante son esos primeros planos de Laura Dern (encarnando a cualquiera de los personajes que interpreta en el filme) cuyo rostro de extrañeza le sugiere al espectador que la suya no es inmotivada.

Contraplano poético (Cine experimental)

Como dice Robert Bresson (Bresson, 1979: 16): "Es necesario que una imagen se transforme al contacto de otras imágenes como un color al contacto de otros colores. Un azul no es el mismo azul al lado de un

39. "Sin embargo, aparte de los *flash-backs*, las escenas se manejan en plano/contraplano insistente. Es el sistema estable de la narración clásica lo que permite que estos dispositivos "vanguardistas" sean asimilados selectivamente. (...) Los espectadores son más propensos a perder la noción del tiempo, del espacio o de la cadena casual durante el avance de una escena a otra. Esta es una de las razones por las que el plano de establecimiento es tan crucial para mantener un claro sentido del lugar. La fuente más básica de claridad temporal y causal es la *causa pendiente*" (Trad. del A.).
40. Véase el magnífico estudio de Cristina Álvarez (Álvarez, 2008).

verde, de un amarillo, de un rojo. No hay arte sin transformación". En el *cine experimental* (o en otras prácticas audiovisuales artísticas) la relación entre los planos es *poética* o *metafórica*, es decir, interpela directamente al contracampo espectatorial sin ofrecerle una presencia vicaria en el enunciado fílmico que lo absorba como narratario. Este pequeño gráfico explica la dicotomía de la que hemos dado cuenta.

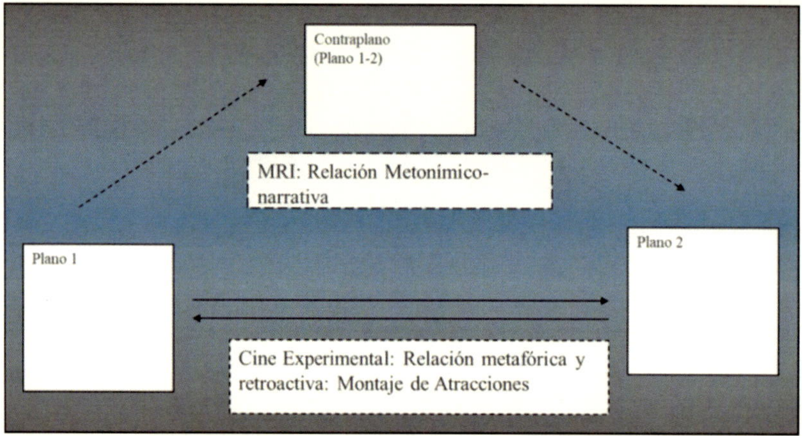

Contraplano analéptico

En la voracidad narrativa del cine postclásico nos podemos encontrar con que un contraplano representa un nivel diegético o enunciativo distinto del plano al que se yuxtapone y se incluye en la cadena sintagmática por corte directo, esto es, sin más marca enunciativa que la traslación del espacio profílmico que connota el salto temporal. Puede así evocarse un ***flash-back*** sin más aviso que el propio arbitrio *meganarrativo*. Ejemplo: *The Social Network* (David Fincher, 2010) recurre constantemente a estos saltos temporales. Y también, *Blue Valentine* (Derek Cianfrance, 2010). El procedimiento está perfectamente naturalizado, como demuestran los *flash-backs* de muchas series de televisión de esta década. Pienso en *Arcane: League of Legends* (Pascal Charrue-Arnaud Delord, 2021).

Contraplano proléptico (o hipotético)

Puede suceder también que un contraplano (que la normal prosecución de una secuencia) refiera un futuro hipotético no verificable hasta su contrastación posterior. Ejemplo: *Next* (Lee Tamahori, 2007) está íntegramente basada en este procedimiento tanto a nivel intrasecuencial como macronarrativo.

Morphing metaléptico

Como variante de la ***metalepsis*** (vid. siguiente capítulo) se puede dar el caso de que los pensamientos del narrador intradiegético (normalmente de carácter "subconsciente") se metaforicen a través de cambios visuales acometidos por medio tecnología digital (es decir, sin cambio de plano). Se puede dividir en dos tipos principales: en el ***Morphing escenográfico*** los cambios acometidos (normalmente espectaculares) tienen lugar en la propia escenografía del filme. En *Olvídate de mí* (*Eternal sunshine of the spotless mind,* Michel Gondry, 2005) el borrado de los recuerdos del protagonista se metaforiza por medio del cambio escenográfico: ruina de edificios, apagado de luces, cambios repentinos de decorado, etc. En *Inception* (Christopher Nolan, 2010), la manipulación de los sueños por parte de los protagonistas se sustancia en espectaculares cambios del escenario urbano. Toda la trilogía *Matrix* está plagada de cambios escénicos de origen metaléptico; el llamado *bullet time* es su caso más emblemático. Otra variante de ***morphing metaléptico*** sería el simple ***trucaje fotográfico*** para insertar una figura ausente del registro en un plano o fotografía como veremos, por ejemplo, en *Forrest Gump* (Robert Zemeckis, 1994) y *En la línea de fuego* (*In the line of fire,* Wolfgang Petersen, 1993).

La *mise en abyme* postclásica

Mise en abyme[41]

En este libro entendemos por ***mise en abyme*** cualquier reencuadre en el interior de un enunciado fílmico al que este sirva de marco externo de referencia. Podemos establecer, pues, dos grandes tipos: 1) *Encuadre dentro del encuadre* (siempre que el segundo sea anisotópico): no hace falta que pertenezca a otro nivel diegético (ejemplo, ***persecución multimedia***); 2) *Relato dentro del relato.* Tendremos por tanto las siguientes tipologías de ***Mise en abyme.***

Mise en abyme icónica: el reencuadre se produce plásticamente en el interior de la pantalla fílmica, que denominaremos ***pantalla huésped***.

Mise en abyme narrativa (historias enmarcadas): el reencuadre se puede producir por varias marcas enunciativas, no necesariamente por un reencuadre físico.

Mise en abyme diegetizada: El ejemplo más típico sería el de la cita de un encuadre pictórico, fotográfico o fílmico que haya prestado su fisonomía plástica a un plano naturalizado en la urdimbre diegética de un filme.

Mise en abyme estática: la imagen reencuadrada es una imagen que no alberga movimiento en su interior (cuadro, fotografía).

Mise en abyme dinámica. La imagen reencuadrada es una imagen en movimiento (cine, tv., infografía).

Mise en abyme integrada diegéticamente: La imagen reencuadrada está en relación narrativa con la línea diegética del filme. El ejemplo más evidente es el cine de acción contemporáneo y más concretamente el ***sintagma (o persecución) multimedia***.

41. Doy una serie de notas mínima, Vid. (Dällenbach, 1991; Ron, 1987).

Mise en abyme integrada discursivamente: Un ejemplo podría ser la *integración metafórica*: en *Azul* (Krzysztof Kieslowski, 1993), aparecen en el receptor de televisión que está viendo la madre de Julie unos ancianos haciendo *puenting*. Otro, la *integración histórica o metanarrativa*. El ejemplo más logrado probablemente sea *Forrest Gump* (Robert Zemeckis, 1994) donde todos los eventos históricos o colectivos a los que se hace referencia aparecen en el interior de la pantalla televisiva (Vid. Cap. 7).

De la *mise en abyme* clásica a la *mise en abyme* intermediática

La ***mise en abyme intermediática*** es la más genuina aportación del cine postclásico a las variedades de la *mise en abyme*. Implica la mezcla de texturas y granos diversos en la pantalla fílmica, pudiendo esta ser la única huella del reencuadre, si la imagen reencuadrada en movimiento llega a ocupar la totalidad de la ***pantalla huésped***; de hecho, el llamado *found footage* sería una de sus variantes. Podemos establecer una clasificación de los reencuadres: Cine: Fotografía; Cine: Cine; Cine: Videovigilancia; Cine: Ordenador. La diferencia fundamental con la ***mise en abyme clásica*** radica en que la meta-representación no es ya necesariamente concernida por un gesto semántico, sino por la transparencia (presuntamente inocua) del utilitarismo comunicativo. La casuística puede ser infinita en el cine postclásico, comenzando por los ya comentados trucajes digitales de filmes como *En la línea de fuego* (*In the line of fire*, Wolfgang Petersen, 1993) o *Forrest Gump* (Robert Zemeckis, 1994) que hacen advenir a personajes a espacios del pasado donde es imposible ubicar físicamente el cuerpo del actor.

Persecución multimedia (o Sintagma alternado multimedia)

Sería un caso especial de *myse en abyme* diegetizada. Es ya inconcebible encontrar una serie o película de acción policial en el que las tecnologías visuales no tenga un lugar predominante en la trama que se proyecta en el argumento. No hay telefilm procedimental[42] que no las incluya en su carácter ubicuo, como *pervasive media*. Los gadgets eliminan la distancia física como ese pinganillo-micrófono que portan todos los personajes del bando protagonista y les permite conversar y oír a kilómetros de distancia entre sí. Su fallo accidental es un gran dinamizador del relato, de hecho. Y no digamos ya los *smart phones* con todas sus potencias, de la oral a la fotográfica, que implica la generalización *intensificada* (volvemos a Bordwell, 2012) de la *auricularización* y de la *focalización* (Gómez Tarín, 2011; J. J. Marzal Felici & Gómez Tarín, 2015). O el *pendrive* que es el *MacGuffin* por excelencia de la trama postclásica.

En esta categoría entraría esta figura esencial del relato postclásico: Entendemos por ***Persecución multimedia*** (o ***Sintagma alternado multimedia***) aquella secuencia en la que, normalmente aplicada a uno de los tópicos favoritos del cine de acción postclásico como son la persecuciones, se integran *racordadas* (***rácord in abyme***) y montadas, imágenes (planos) provenientes de diversas interfaces reencuadradas en la pantalla fílmica (infografía, imagen documental, electrónica, de satélite, de cámaras de video-vigilancia, etc.) provocando un efecto de multiplexación restituida y sintetizada en la ***pantalla huésped***, que ejerce de coordinadora de todas estas fuentes, ajustándolas según las reglas del montaje institucional e independientemente del nivel actancial y enunciativo del que provengan. El centro de operaciones se convierte en un *shifter* narrativo y escópico a la par. Ejemplos hay miles pero son muy ilustrativos los que aparecen en l*a Trilogía de Bourne (El Caso Bourrne.(The Bourne Identity, Doug Liman, 2002); El mito de Bourne (The Bourne Supremacy, Paul Greengrass, 2004); El Ultimátum de Bourne (The Bourne Ultimatimatum,* Paul Greengrass, 2007). *Redacted* (Brian de Palma, 2007) y la serie de televisión *Modern family* (Levitan Steven; Lloyd, Christopher, 2001) son de hecho íntegros ***sintagmas multimedia***.

Por consiguiente, donde más claramente puede observarse el papel –y la rivalidad– que la pantalla cinematográfica contemporánea adjudica a la pantalla digital en el seno de la representación, tanto escenográfica como narrativa, es en el *thriller de persecución tecnoescópica.* El argumento tipo de este género es el de un intrépido héroe individual

42. Hay centenares, pero como ejemplo me bastan dos series *mainstream*: *Hawaii Five-0* . (Peter M. Lenkov, Alex Kurtzman, Leonard Freeman 2010–2020) y toda la franquicia *NCIS*.

–aunque se encuentre en esa posición por puro azar– que se opone a una poderosa Agencia estatal norteamericana que actúa movida por oscuros y fanáticos intereses al margen de cualquier control del poder legislativo y de la opinión pública. Probablemente, el filme más logrado de este género en los años 90 –y pionero en muchos de sus hallazgos escenográficos, narrativos y de montaje– sea *Enemy of the State* de Tony Scott (1998), que nos narra todas las peripecias a las que se ve sometido un abogado por los derechos civiles, Robert C. Dean (Will Smith), al encontrarse en posesión, por pura casualidad, de una grabación que ha registrado la muerte de un congresista a manos de ASN (Agencia de Seguridad Nacional) por negarse a votar a favor de la *Ley de Seguridad y Privacidad en las Comunicaciones* que, al parecer, daría a las agencias gubernamentales amplios poderes para intervenir las comunicaciones privadas y, en general, vigilar a los ciudadanos.

En el genérico aparecen presentadas ya todas las claves del filme. Este consiste en un *collage* de imágenes con *travelling* digitales, planos cenitales, procedentes de cámaras de vigilancia y tomados desde satélites. Esta proliferación de encuadres continúa con imágenes tomadas con visión nocturna, teleobjetivos, salas de monitorización. Las imágenes captan antenas, detenciones policiales, instalaciones espiadas. La mirada diseminada por el mundo actualiza su esencia escénica. Se produce, además, una aceleración de la imagen típica de la infografía o del tratamiento digital, pero el grano cinematográfico se hace coincidir con las tomas a velocidad normal, naturalizada. Subliminalmente, el cine se propone como mirada no alienada, antropomórfica, frente a los demás medios audiovisuales.

El *thriller* postclásico en el Paradigma Informativo

La escena perfecta

Si queremos entender esa nueva textura que la narración fílmica ha ido urdiendo en las dos primeras décadas del Siglo XXI, hemos de tener en cuenta que el sistema tradicional de géneros narrativos cinematográficos ha sufrido una reestructuración, tanto por la aparición de nuevos canales de distribución digital como, sobre todo, por la apertura a una nueva *episteme*. Así se comprende cómo el *thriller* se ha convertido en el género hegemónico, y ha pasado a ser uno los rasgos definitorios de la cultura audiovisual digital. Hasta tal punto que, como hemos adelantado, prácticamente no encontramos ninguna trama romántica, histórica, política que para generar su imago de interfaz del sentido no se sustente en una subtrama de género.

Si recordamos cómo fue evolucionando entre ambos siglos la serie procedimental policíaca nos encontraremos con que en cada década tenemos una figura dominante en la producción. En los 80, Steven Bochco, (*Canción Triste de Hill Street* (*Hill Street Blues,* 1981–1987). *La ley de los Ángeles* (*L.A. Law* 1986-1994). En los 90, Chris Carter y su sus *Expedientes X* (*The X Files,* 1993-2002) (Vid. Apéndice 2). Y ya en la primera década de este siglo, las diversas franquicias *CSI* (Las Vegas, Miami, New York, Cyber...) de Jerry Bruckheimer. Pero lo significativo de verdad viene de los sucesivos lemas que cada una empleó como su santo y seña: "Tengan cuidado ahí fuera" era la frase con la que el Sargento Phil Esterhaus en *Hill Street Blues,* tras repartir las tareas a primera hora, despedía a los miembros de su comisaría. "La verdad está ahí fuera" y "Quiero creer", eran los lemas de Fox Mulder en *X files* (vid. Apéndice 2) y "Concentrate on what cannot lie: The evidence..." o "Evidence never lie" son las máximas que Gil Grissom inculca a sus criminalistas.

Vemos, pues, que vamos de la certeza de un mundo hostil hasta a la escena perfecta, pasando por la constatación de una revelación imposible. Y para esa exacerbación de la continuidad que está en la base del cine postclásico, ello se traduce en que la geometría del rácord (*continuity*, en inglés). El asesinato, como se afirmaba en *Minority Report*, es antes una violación ontológica que un mal ético, un ataque a la *perfección* del mundo. Por ese motivo, la ontología del crimen es radicalmente consustancial al imaginario judicial en la posmodernidad –o sea, en la sociedad de la información– y la axiomática de la perfección ontológica es su fundamento (*ground*). La *performance* infográfica del escenario del crimen y del cadáver la asientan en la epistemología mecanicista, que es el sentido aún común.

La desubjetivación

Como apuesta mental y simbólica, el género policíaco proponía un desorden en el mundo que debía ser restituido por un proceso narrativo. Este proceso, si pretendía un pacto epistémico y emocional con el espectador, debía estar sometido a procesos lógico-simbólicos perfectamente compartibles, que daban al móvil y a la ocasión un papel de fundamento para el asentimiento del espectador, radicado este esencialmente en el aspecto intelectual. A su vez, como hemos visto en el capítulo anterior, un rasgo estructural esencial en la trama policíaca clásica era la figura del detective como protagonista y focalizador del punto de vista narrativo en la diégesis. Dupin, Holmes, Poirot, Miss Marple, pero también Sam Spade, Phillip Marlowe y todos los detectives de la serie negra.

Ahora bien, como muestran Eco y Sebeok (Umberto Eco & Sebeok, 1989) –y el resto de autores que les acompañan en este volumen–, el esfuerzo de los pioneros de la ficción policíaca fue introducir en su método la racionalidad científica. Pero la operación fundamental en la que se basa su método no es tanto la *deducción* o la *inducción*, sino del muy peirceano mecanismo de la *abducción*. Esto es esencial para entender lo que nos proponemos explicar, porque el razonamiento *abductivo*, en tanto que operación lógica, no presenta un trayecto homogéneo y límpidamente intelectivo, sino que, como se demuestra en el trabajo de Holmes, necesita de la apuesta (*guess*) subjetiva para suturar y sostener las discontinuidades de la cadena lógica, que debe contar con que en su decurso aparecerá inevitablemente la *contingencia*.

De esto es de lo que reniega la *ficción forense*, en congruencia con el *Paradigma Informativo,* al que pertenece y uno de cuyos principales síntomas es, al menos en el ámbito mediático. Basándose en la falacia de que la trama del mundo es perfectamente consistente y, por tanto, reconstruible desde sus fragmentos y apresable en sus representaciones, remite todo el proceso de investigación al principio de exactitud de las *evidencias* conjugado con la fiabilidad del *archivo.* El papel de la *tecnología* en ese proceso de databilidad absoluta de la escena pretérita es la clave. En efecto, la implementación de las tecnologías escópicas digitales (fundamentalmente de registro audio-visual), de identificación (biogenéticas, con la tecnología del ADN a la cabeza) y de transmisión de datos (bancos y redes telemáticas) han trastocado totalmente el imaginario policial y han modificado los relatos basados en él. En este contexto, la única función del investigador es recolectar *pruebas* (imágenes, trazas, rastros de ADN, huellas dactilares...) y cotejarlos con la *base de datos* adecuada. Hemos visto el procedimiento deconstruido en su esencia fílmica en la primera secuencia de *Minority Report,* culminada por el acoplamiento sin fisuras entre la imagen y red de datos, su perfecta correspondencia y concatenación. Así funciona pues la cosa: Escena perfecta = crimen imperfecto.

Resumiendo, diremos que la certidumbre del mundo sustituye a la deducción clásica y supone, a su vez, la muerte de la inocencia del espectador, en todo caso, reemplazada por la ingenuidad de su creencia en una certeza indubitable, en una correspondencia sin fisuras entre registro (icónico y pericial) e identificación (la identidad reducida a dato digital). El dato objetivo y las redes de transmisión de la información sustituyen al sujeto. Tanto la capacidad deductiva del detective, como la asunción de la culpa por el criminal. Y la justicia deviene pura capacidad homeostática basada en la exactitud de una medición.

Ahora bien, esta co-incidencia necesita de un complemento que vincule ambos extremos del proceso y que no es otro que la fiabilidad reticular de la información. Cada prueba ha de ser remitida a un código: las bases de datos en las que la identidad material indudable se une a una indudable identidad civil. Jamás hay aquí un error de introducción, jamás una falla en el principio de identidad. Esto proporciona *exactitud* (*proporción del saber al objeto*) a través de la experimentación –o de ese sucedáneo reiterativo que es la medición– pero no la *certeza,* que es la *proporción del sujeto al saber.* En el imaginario jurídico contemporáneo, digitalizado e informacional, el asunto narrativo no es el detective que apuesta su subjetividad mítica (toda ella, racionalismo apasionado) sino el juez –o el fiscal, o el jurado– que ha de validar las pruebas (su ensamblaje hipertextual y transmedia) más allá de cualquier duda razonable.[43]

El trauma y la venganza

Una constatación que se nos ha impuesto en la investigación que origina estas páginas es que la continuidad *aumentada* del cine postclásico lleva aparejada una superior exigencia de compacidad narrativa. Una de las pruebas de ello es *que la enunciación ha de ser tematizada en la propia diégesis.* Ya hemos visto que la función heurística, de motor de la trama, tiende a ser soslayada ¿Qué lugar queda entonces para el sujeto en el argumento postclásico?'

El cine negro y la novela negra estadounidenses, como hemos visto en *Perdición*, explicitan en la figura del detective deseante, tan distinto a sus asexuados precedentes.[44] El detective de la serie negra es ante todo un tipo desengañado por la vida que arrastra el dolor de una pérdida genérica emparentada, sin duda, con esa herida lacerante que tienen los personajes del melodrama. Este desengaño es precisamente el que le hace apto para desenmascarar al culpable. Sin embargo, el protagonista tipo del *thriller* posmoderno es un personaje no genéricamente desengañado, sino afectado por *un trauma personal concreto y datable:* la pérdida de un ser querido o, incluso, de su familia entera. Los ejemplos serían infinitos, comenzando por los abominables personajes encarnados por Charles Bronson en los años 70, siguiendo por los monstruosos en-

43. Necesariamente, pensamos, hay que contemplar la influencia de las teorías comunicativas más en voga en las dos primeras décadas del siglo XXI, en cuyo centro están las relaciones coordinadas entre los canales de transmisión de estos "contenidos" ficcionales o de entretenimiento. Solo como muestra, véanse estos trabajos esenciales (Jenkins, 2008; Scolari, 2008, 2013).

44. Pensemos en los personajes clásicos de Poe, Conan Doyle o Agatha Christie.

carnados por Steven Segal, o –en películas más apreciables– el personaje de Tom Cruise en *Minority Report* (el detective Anderson, que ha perdido a su hijo a manos de un pederasta) o, en uno de los casos más espurios, el personaje de Will Smith en *Yo Robot* y, por supuesto, caso televisivo del agente Mulder en *Expediente X*, cuya hermana fue abducida por extraterrestres.

Esto es, a la escena "desencadenada", privada de su secuencia de causas y efectos, pero subordinada, hipotéticamente ligada, al Principio de Razón Suficiente que constituye el inicio genérico de toda ficción policial, ahora se suma otra escena, perteneciente a la particular biografía del detective y que se constituye en el germen de su pasión depredadora. Lo que nos ofrece la ficción, normalmente, es la confluencia entre la resolución del enigma propuesto por la escena del crimen, con la captura o liquidación del culpable, y la automática superación del trauma por el protagonista. Si se quiere prolongar el ciclo ficcional (en el caso de una serie televisiva o, en el de la producción cinematográfica, de futuras secuelas de una saga) lo que hay que dejar sin resolver es precisamente el trauma emocional del protagonista, que garantiza su pasión rapaz sin tregua, hasta extremos en que su lucha por la supervivencia en su misión llega más allá de cualquier límite instaurado sobre el Principio del Placer. O, en el caso más maduro –más controlado por la producción– de la franquicia *Mission: Imposible,* la reproducción de la pérdida de Ethan Hunt, que deja por el camino una compañera tras otra. Pensemos, dicho sea de paso, en lo ventajoso que hubiese sido para sí mismo –y, por supuesto, para los espectadores– la muerte del protagonista de un *thriller* bélico como *Rambo*, en vez de su supervivencia a cualquier precio y más allá de cualquier sufrimiento. En J*ohn Wick: Chapter 3 –Parabellum*, (Chad Stahelski, 2019), el protagonista mantiene esta conversación[45] con The Elder, la máxima autoridad de la organización mundial de asesinos, a la que que ha osado abandonar y traicionar, y quien ha ido a buscar al mismo desierto del Sahara:

45. Ya podemos decir que en el capítulo 4 (*John Wick: Chapter 4*, Chad Stahelski, 2023) de recentísimo estreno cuando escribimos estas líneas, no mantiene ninguna. La minimalización del personaje es radical y absoluta.

T.E: My son, how have you come to be so lost?

J.W: Not lost. Looking for you.

T.E: You think I speak of your location? Never seen a man fight so hard to end up back where he started. So tell me, Jonathan. Why do you wish to live?

J.W: My wife, Helen. To remember her. To remember us.

T.E: So you seek to live for the memory of love?

T.E: At least a chance to earn it.

T.E: I can give you one last chance to earn a life.[46]

El trauma es, pues, el origen del vínculo entre el sujeto y el mundo y la venganza es el cauce adecuado para narrar la restitución de la perfección. El sujeto asiente a lo *real*, a lo *fuera de sentido*, gracias a su escenificación traumática. El problema es que en el modelo CSI hasta el trauma le había sido robado al sujeto, había desaparecido con la extrema funcionalidad, casi conceptista, de las series procedimentales forenses. No había desaparecido como tema, pero sí como núcleo narrativo (Horatio Cane (*CSI Miami*, 2002-2012: Ann Donahue; Carol Mendelsohn; Anthony E. Zuiker), por ejemplo, tiene un hermano asesinado). Es un recurso transepisódico como, por ejemplo, la recurrencia a asesinos en serie obsesionados con el personaje protagonista y cuyo máximo objetivo es desafiarlo y convertirese en su némesis. La historia de Patrick Jane, el gran héroe del cognitivismo predictivo, en *El Mentalista* (*The Mentalist*, 2008-2015: Bruno Heller) es aún más explícita, con su mujer y su hija asesinadas por el asesino en serie Red John.

46. T.E: Hijo mío, ¿cómo te perdiste tanto? J.W: No estoy perdido. Vine a buscarlo. T.E: ¿Crees que me refiero a tu ubicación? Nunca vi a un hombre luchar tanto por terminar donde comenzó. Así que dime, Jonathan. ¿Por qué deseas vivir? J.W: Por mi esposa. Helen. Para recordarla. Para recordarnos.T.E:¿Quieres vivir por el recuerdo del amor? T.E: Al menos por la oportunidad de merecerlo. T.E: Puedo darte una última oportunidad de ganarte una vida (Trad. del A.).

En definitiva, la economía narrativa y epistémica del *thriller* contemporáneo es esencialmente la de la venganza. Puede haber varias versiones: desde la habitual persecución de un criminal, a la demostración de la inocencia del protagonista; así como diversos grados de implicación entre el hecho nuclear de la historia y el trauma subjetivo, que van desde la identificación entre ambas, a la evocación del segundo por el primero. El asunto es que la venganza o la resolución de un caso policial suplantan la función subjetiva. Uno de los ejemplos más claros de esto es el caso de una amnesia total o parcial (Sorolla-Romero, 2022), en la que no hay más que un recuerdo fragmentario de la víctima o el testigo. La indagación policial suple la coherencia mnémica y la *escena perfecta*, completada ante los ojos, suple la lógica del recuerdo. Y tanto en el caso de la escena del crimen, como de la escena traumática, hemos pasado realizado el trayecto entre una escena desgarradora a una escena apaciguadora. *La venganza es el puente entre la pulsión (de muerte) y el sentido.* Es una especie de *Fort-Da* adulto, violento y mortífero.[47]

En cualquier caso, el *thriller* implica siempre una domesticación de la trama. Convertir una trama política en un *thriller* lo reconduce, inevitablemente, a una teoría de la conspiración. Esto es, al molde institucional en el que la causa de una acción (*la razón suficiente*) solo puede estar encarnada por un personaje, que era una condición implícita en el Cine Clásico y sigue siéndolo en el *thriller* postclásico. El *thriller*, pues, es un factor clave en el aumento de la continuidad y de la absorción por la diégesis de todos los elementos del texto fílmico, aún más determinante en las ficciones "basadas en hechos reales"(Carrera, 2020), donde la dimensión existencial o política queda banalizada tras un semblante de misterio, tras un juego mental (*mind game film*) (Elsaesser, 2018, 2021; Sorolla-Romero, 2022; Sorolla-Romero & García Catalán, 2013) Más que hambre de realidad, la etiqueta *based in a true story* puede indicar un hambre de transgresión de la autonomía diegética que convierte a la realidad (narrada) en fuente de goce. Porque ¿qué son los *hechos reales* en el Paradigma Informativo sino su reflejo en los media? El filme de acción se convierte en un *reality show* con-sentido.

47. Véase, claro, "Más allá del principio del placer" en (Freud, 1992c).

Por ello, establecer un paródico semblante de *thriller* implica la deconstrucción de la experiencia masiva, cuyo ejemplo más evidente es, David Lynch, que ha entendido perfectamente que en un entorno de experiencias mediadas no se trata de intentar ser auténtico, sino de provocar grietas en la red del "making of", de la remitencia interna, claustrofóbica, del sistema mediático a sí mismo (Ferrer García & Palao-Errando, 2024). Y también Quentin Tarantino.

Memento (Christopher Nolan, 2000), reverso del *thriller* contemporáneo

El argumento

Si *Perdición* establecía una *mise en abyme* respecto al *thriller* clásico, *Memento* hace lo propio con el *thriller* contemporáneo. Uno de los vectores esenciales de la fuerza narrativa y de la capacidad de fascinación de un filme como *Memento* es que se ofrece plenamente incluida en un molde genérico perfectamente habitual para el espectador: justamente, el *thriller* de persecución y venganza. Toda su innovación procede de la torsión a la que la *dispositio* (la trama) somete a la *inventio* (el argumento). Comencemos, pues, por el argumento que, sin ser absolutamente banal, no tendría el interés que le confiere su tratamiento narrativo. *Memento* nos cuenta las peripecias de un sujeto, Leonard Shelby, que a causa de una traumática agresión en la que muere su esposa y él es brutalmente golpeado, ha perdido su memoria reciente, su capacidad elaborar recuerdos nuevos a partir del momento del trauma. Todo lo que hace y le sucede, toda la gente con la que se encuentra, es para él como si fuera por primera vez. Por este motivo ha de recurrir tatuajes, notas y fotos a los que va añadiendo pies informativos. Él está absolutamente convencido de que estos instrumentos de anotación y registro suplirán perfectamente su memoria natural. La película narra la *supuesta* búsqueda del asesino de su mujer para vengarla. A lo largo la peripecia principal del filme, Leonard trata especialmente con dos personajes. El primero es Teddy, un tipo ambiguo que pretende ayudarle y que aparece en los momentos menos esperados. Nuestra (del espectador y de Leonard) opinión sobre él oscilará entre que es el policía encargado de su caso y el mismo asesino de su esposa. De alimentar esta última hipótesis se encarga Natalie, mujer con la que Leonard traba conocimiento y que le pide que le defienda del asesino de su novio que ahora la persigue a ella, y a cambio le ofrece su ayuda en la búsqueda de John G., supuestamente, el asesino de su esposa. Ambos, de una u otra manera, se están aprovechando de él de manera sangrante, asunto que tiene una importancia menor si consideramos que el mayor embaucador ante sí mismo es el propio Leonard.

Esta trama principal se compone de veintidós secuencias en color entre las que se intercalan otros tantos interludios en blanco y negro. En ellos, vemos al protagonista en la habitación de un Motel manteniendo una conversación telefónica cuyo tema principal es Sammy Jenkis. Leonard era inspector de seguros y Sammy fue uno de sus casos, que casualmente presentaba exactamente el mismo síndrome que él. Estos interludios son imprescindibles para poder ir comprendiendo la propuesta textual de la trama, porque en ellos se nos informa del estado mental de Leonard. O, más exactamente, de lo que él cree su estado mental. Y, de paso, de los saberes estándar en la pisco-medicina dominante sobre la naturaleza neuronal y las capacidades de aprendizaje de los sujetos frente a la conciencia de los actos y el tiempo. En términos generales, se opone la incapacidad de Sammy de crear recuerdos, supuestamente con base física y neuronal, a su incapacidad de generar reacciones instintivas a ciertos estímulos, presuntamente psicológica. Leonard consigue "demostrar" que Sammy tiene un problema psicológico –no logra tampoco generar respuestas instintivas nuevas– y por ello su compañía se libra de pagar la indemnización. En realidad, estamos ante una reflexión de hondo calado ético sobre el trauma y la responsabilidad subjetiva. La esposa de Sammy, destrozada por la duda, llega a pensar que "si yo dijera lo adecuado, todo volvería a ser normal". Ella cree que *psíquico* equivale a *imaginario,* y todo trauma sin base orgánica demostrable es simplemente reversible. Hasta tal punto, que llega hacerse inyectar insulina repetidas veces por Sammy, con la intención de ver si este reacciona al ver su vida en peligro, y consigue hacerse matar por él.

La historia de Sammy es perfecto contrapunto para las ideas sobre sí mismo, su estado y su misión que tiene Leonard. Él está seguro de que puede suplir la memoria con el instinto porque su daño es neurológico, no psicológico. Y que vive como Sammy no pudo vivir, gracias al instinto, al método y a la rutina, que suplen sin fisuras su incapacidad para crear recuerdos auténticos, esto es, para encarnar en un contenido mnémico y vital las informaciones que va recopilando. Leonard está convencido, como veremos, de su absoluta prescindibilidad como sujeto de operación simbólica alguna y cree poderlo fiar todo a la pura instrumentalidad del instinto y del dato, no se cree en la necesidad de sostener simbólicamente sus actos, que considera sostenidos por la pura fisiología de su organismo y de la información que recopila y anota. Estamos asistiendo a la génesis de la concepción del trauma como origen de una pasión.

La trama

Ya hemos dicho que la película consta de 22 secuencias puntuadas por sus correspondientes interludios. Pero lo que impacta tremendamente a cualquier espectador es que el relato *va hacia atrás, secuencia a secuencia,* y las secuencias en b/n, con recuerdos "anteriores" al accidente y explicaciones al estado psíquico de Leonard, le van dando un sentido y apuntalando la posición del espectador que está siempre en frenético riesgo de caer en un vértigo narrativo absoluto. De hecho, los interludios conforman una secuencia única habitada por *flash-backs* alusivos tanto a la vida de Leonard con su esposa, como al caso de Sammy. Por lo tanto, constituye una sub-trama perfectamente acoplada a las leyes narrativas y enunciativas del relato policiaco. Hasta que al final del filme descubramos, con una escenificación que se amolda al punto de torsión de una *banda de Moebius,* que se trata *de la primera secuencia del argumento y la última de la trama.* Nolan consigue este efecto haciendo que la aparición de la imagen del amante de Natalie, que Leonard acaba de matar –y del que ha tomado una foto para "tener conciencia" de que ha cumplido su misión, convencido como está de que es el asesino de su esposa– transforme la escena de blanco y negro a color y, por lo tanto, integre la trama paralela de los interludios a la trama principal. Ello rima con la foto de Teddy "ejecutado", con la misma convicción y el mismo ritual, que hemos visto al principio de la película. La realidad *co-incide* con el fantasma particular de Leonard en ese punto, y lo hace en forma de repetición inconsciente, esto es, de manera decididamente siniestra.

La trama principal por su parte, como hemos dicho, desguaza la linealidad del argumento narrativo "avanzando hacia atrás" de tal manera que *cada secuencia termina donde comenzaba la anterior*, con lo cual, cuando asistimos a cada una de ellas, no sabemos nada de la que temporalmente le precede y que será desplegada ante nuestros ojos a continuación. Es un *flash-back inconsciente* (*metaléptico*, fuera de toda homogeneidad narrativa, Vid. más abajo) puesto que el narrador no está diegetizado: ningún personaje sostiene la historia como su testigo y esta se cuenta sola, como si lo hiciera un narrador omnisciente, buscando un imposible *flash-forward* desde el momento de la muerte de la esposa. Es, pues, una trama policíaca *real*, puesto que toda trama policíaca consiste en una narración hacia atrás –la reconstrucción de los hechos que dote de sentido a la escena desestructurada del crimen– sobre un relato en progreso hacia la verdad. Esto último es precisamente lo que falta en *Memento*, donde solo contamos con el retroceso del argumento. ¿Qué significa todo esto?: simplemente que, con todo su efecto siniestro, el propio Leonard y el propio espectador, totalmente identificados en su ignorancia –y por obra de la competencia genérica, en *la ignorancia de la ignorancia*, esto es, en su creencia de que dominan la lógica de los hechos–, son los encargados de destituir de su lugar al objeto de amor, al culpable que engaña de la trama policiaca clásica. Y el espectador y Leonard habrían de caer en la cuenta de la subsunción identificatoria entre su posición y la del asesino. Esta sería su determinación ética, imposible calcular anticipadamente por medio de ningún *a priori* lógico, de ningún juicio sintético autónomo del propio sujeto que lo formule.

Esta identificación del espectador con Leonard y, por lo tanto, con la pasión ignorante del culpable, auténtico agente inconsciente del relato, es la que la *trama*, invirtiendo en el orden de su exposición la lógica de la peripecia, consigue transmitir al espectador al crear en él la misma sensación de inopia que padece el protagonista. Las fotos, las notas y los tatuajes que Leonard utiliza como recordatorios nos acompañan desde el principio y a lo largo del filme vamos descubriendo las secuencias narrativas que van induciendo cada una de esas huellas. Así, nos encontramos al final con toda una trama por la que el sujeto no puede verse concernido: sin un sujeto que se haga cargo, todo el saber de la evidencia, de los hechos, se convierte en manipulable.[48]

Lo más importante es que esta estructura enunciativa de Leonard consigo mismo implica el abismo de la ausencia de un sujeto para la secuencia de los actos. Leonard tiene la información que le dan sus anotaciones y las fotos, pero ninguna de sus acciones estará investida de certidumbre: la exactitud ocupa su lugar, puesto que la red de datos (foto más pie) suplanta a la certeza. Como el espectador, va teniendo piezas de un *puzzle,* pero no tiene las claves para encajarlas. Esta ausencia de la certeza subjetiva es la tragedia de Leonard puesto que no solo no puede recordar, sino que tampoco puede olvidar: "¿cómo puedo cicatrizar si no siento el paso del tiempo?", llega a decir. Y respecto a su mujer: "No me acuerdo de olvidarte". No puede elaborar un duelo, inscribir una falta. Leonard es el hombre archivo: almacena lo que no puede ni recordar, ni olvidar. ¿Hay alguna metáfora más lograda del discurrir del flujo mediático e informativo en la época de la globalidad?

En efecto, la película despliega de forma acertadísima la relación del sujeto contemporáneo con el saber autónomo que es la *información.* Huellas en la carne, fotos y leyendas que nada significan fuera de un engarce narrativo sustentado por una subjetividad. *La objetividad se muestra más que nunca, no como disponibilidad del objeto, sino como sustracción del sujeto.* Y todo, en el molde genérico del *thriller* que, además, en su deconstrucción, da la clave ética del proceso de autonomía objetiva del mundo físico y de la vida en el que acto se ejecuta al margen del actante. El cuerpo lleno de tatuajes muestra el completo delirio del *thriller* de venganza. Además, los tatuajes están escritos al revés, de tal manera que solo son legibles ante un espejo, en la ficción de una imagen

48. Es el reverso de *Atrapado en el tiempo* (*Groundhog Day,* Harold Ramis,1993) donde el protagonista, precisamente, es el único que está al corriente de los hechos y al final *decide* hacerse cargo de esa responsabilidad por medio de un acto de amor que ha tomado su distancia respecto a la pulsión mortífera (de repetición) que habitaba sus actos. Dos años posterior es *Irreversible* (Gaspar Noé, 2002) que está justo en el otro extremo. Lo que nos muestra es una pulsión tan mortífera que ni siquiera puede acceder a un relato. Si no la traemos a este libro es porque, sencillamente, lo que nos muestra no puede ser incluido en "interfaz del sentido" alguna. No es *mind,* ni *game,* ni *puzzle film.* Lo cognitivo, como epistemología, no puede en ningún caso darle caza.

enmarcada. ¿Qué propósito puede tener la vida de Leonard tras cumplir su objetivo con un cuerpo lleno de monumentos al olvido? Toda la película es una explicitación de lo absurdo de la trama del *thriller* postmoderno, cuya plasmación más irónica, tal vez, esté en la décima secuencia en la que vemos a Leonard corriendo mientras suena una alarma. Se supone que va persiguiendo a alguien, pero no sabe qué está haciendo. En la secuencia siguiente sabremos que era él el perseguido, tanto da.

El núcleo ético de la proyección de la trama sobre el argumento

Creemos que queda claro ahora, que la posible acusación a *Memento* de consistir en un puro barroquismo vacuo y artificial, de ser una simple complicación de la *trama* sobre un argumento manido, queda contestada con las claves de revelación ética que hemos ido desgranando en el filme. La primera distorsión que observamos es que en *Memento* puede parecer que la relación amorosa del espectador con el asesino –que hemos considerado elemento esencial del género– ha desaparecido, justo hasta que sabemos que el auténtico asesino es el propio Leonard, que está confundiendo su historia y la de Sammy, que ha repetido en numerosas ocasiones su acto, porque la dotación de sentido (en realidad, el goce mortífero que ocupa su lugar) para su vida es su único y verdadero motor. Lo aleccionador proviene del hecho de que es el propio amor por sí mismo de Leonard el que se convierte en pasión de ignorancia, a través de la fe en la estabilidad ontológica del mundo que le sirve de coartada para que su pasión pueda repetirse *ad infinitum*, ignorando que es su goce singular el que mantiene la trama de la venganza interminable. Es la absoluta fe informativa en la lógica autónoma de los hechos, la que le permite seguir su destino de "alma bella". Se trata de la exclusión del sujeto[49] del pacto mortífero entre el Yo y el Mundo.

Es, sin duda, una gran revelación sobre las aporías éticas en la época del mundo global dominado por la información, que concibe al

49. Obviamente, esta distinción entre el *sujeto* (*Je*) y el Yo (*Moi*) procede de Lacan y es una de los primeros pasos que lo alejará del postfreudianismo dominante y de la IPA. (Jacques Lacan, 1983).

sujeto como absolutamente prescindible. Concepción que tiene su alcurnia genealógica, pues se trata nada menos que del proyecto del universo cartesiano que resultó fundante para la Modernidad occidental. En efecto, la fe en que el Universo funciona completamente al margen de nuestro *cuidado*, que es el fundamento del discurso de la ciencia, es el requisito de la *epoché* cartesiana –el recurso metódico al repliegue dubitativo del sujeto sobre sí– en que se funda toda posible certeza moderna. Descartes lo expresa diáfanamente:

> A partir de que Dios [causa primera del movimiento uniforme] no está sujeto en modo alguno a cambio *y a partir de que Dios siempre actúa de la misma forma*, podemos llegar al conocimiento de ciertas reglas a las *que denomino* leyes de la naturaleza y que son las causas segundas de los diversos movimientos que nosotros observamos en todos los cuerpos (...)De acuerdo con la primera de ellas, cada cosa en particular se mantiene en el mismo estado en tanto que es posible y solo lo modifica en razón del *encuentro con otras* causas exteriores (Descartes, 2002: 98).

Pues bien, donde estaba Dios, la Modernidad *posteísta* (más que atea), coloca la tecnología. Y así, cambiamos la imposible certeza de los ojos cerrados, por la exactitud de la medición, del acuerdo *racordado* entre los datos. Y uno de los méritos indudables de *Memento*, es precisamente no buscar el recurso a las *tecnologías digitales* para poner de manifiesto este engaño de la imagen a los ojos, si el sujeto la considera absolutamente autónoma. La fe en el mundo y en su imagen de Leonard se satisface con la tradicional ontología fotográfica. Entre la 4ª y 5ª secuencia del filme, este supuesto queda decididamente de manifiesto. En la 4ª, mantiene una conversación con Natalie –los espectadores aún no sabemos que es una *femme fatale*, en toda regla– que cuestiona sus certezas y sus métodos. Ella le dice: "todos necesitamos recuerdos para saber quiénes somos". Y él contesta con toda su soberbia epistémica: "Mi mujer merece venganza. No cambia nada que yo lo sepa. Solo porque no recuerde ciertas cosas no quita sentido a mis actos. El mundo no desaparece cuando cierras los ojos ¿verdad?" Cartesianismo a machamartillo, como vemos. Pero entonces, Natalie le pide que le hable de su mujer: "No digas las palabras sin más... cierra los ojos y recuérdala". Y entonces él recuerda precisamente todo lo que no son palabras. Estos sí son recuerdos subjetivados en contraste con sus notas, fotos y tatuajes. Tenemos, en fin, a un sujeto que cree que el sentido del mundo y de las acciones se sostiene solo, sin necesidad de responder de él como sujeto con la sutura, el abroche, la religación sobre los hechos y los signos que ejerce la memoria para construir la razón que cobija a las cosas. Es la mismísima esencia de la ontología cartesiana. Nadie puede acometer el repliegue desde el mundo y su percepción en busca de una certeza inapelable, si en el fondo no está convencido de que esa *epoché,* esa aventura ascética del conocimiento no tendrá consecuencia alguna sobre el mundo abandonado, al que debe suponerle una consistencia indubitable. Se puede dudar de *todo*, solo si creemos que ese *todo* no nos necesita para existir.

En la secuencia siguiente, es Teddy quien le advierte sobre la posibilidad de equivocarse: "no puedes confiar tu vida a unas notas y unas fotos". Leonard insiste en que él tiene los hechos y que son mucho mejores que la memoria, que es menos de fiar. Leonard concibe la memoria como un soporte para el registro: igual que una foto sobre soporte neuronal. Debaten sobre los procedimientos policiales y cómo estos no se fían de los testigos. Leonard: "El recuerdo es una interpretación, no un registro". "Los recuerdos desvirtúan, son una interpretación, no un registro. Y no importan si tienes los hechos". Leonard no quiere saber nada sobre la articulación subjetiva de la "información mnémica", de hecho, la ve como un obstáculo para su fiabilidad. Como veremos a lo largo del filme, Teddy –que sabe lo que ignora Leonard (y el espectador)– es epistémicamente el asesino. Estamos en una posición deconstruida del espectador policíaco, porque hemos visto a Natalie con la foto de Teddy: no amamos al culpable, odiamos al inocente, porque tenemos sobre él el falso saber que ha construido Natalie, para inducir a Leonard a creer que es John G. En la última secuencia, cuando descubramos el (auto, entre otros) engaño en que ha consistido la trama, veremos cómo Leonard quema las fotos, cuando Teddy le habla de que su caso fue una desgraciada casualidad, no una trama conspirativa que obedezca a la lógica de la información. Leonard opta así por el *goce* contra la *verdad,* en una de sus peores versiones, la vida con(-)sentido: cumplida la misión que se lo otorgaba, la vida con su vacío perduraría intolerable, sin épica alguna que la sostenga. Toda esta secuencia final enfrenta la falacia de la venganza como superación del trauma y demuestra que el autoengaño y la ignorancia del deseo –motor inconsciente de los actos– no son suplidos por la pasión individual con su simulación adrenalínica del sentido. Catarsis y tecnología: ambas, promesas de rescisión de la división subjetiva, del amortiguamiento final del deseo, y promesas ambas de la cosmología mecanicista que permite, en un mundo disponible, la creencia de que la raíz del malestar habita en una escena. Por ello, la película acaba con una última profesión de fe cartesiana, cuando vemos por fin cómo Leonard ha conquistado la apariencia con que lo hemos visto a lo largo de todo el filme (el coche, el traje, el arañazo de la cara): "Debo creer que existe un mundo exterior a mi mente. Un mundo en el que mis actos tengan sentido, aunque no los recuerde. Que, aunque cierre los ojos, el mundo aún sigue ahí". Tras ello, vemos que llega al establecimiento de *Tattoo*: ya lo ha olvidado todo.

Con este mundo disponible, lo que vemos desaparecer de verdad es *al sujeto como respuesta de lo real* (Lacan, 2012: 473-522). Y así entendemos por qué el trauma es rasgo esencial del *thriller*, género por antonomasia de nuestra época, en su versión contemporánea: porque el trauma reduce el malestar a la *adæquatio* e impide la *αλήθεια*. En la época de la hegemonía absoluta de la ciencia, la reducción del saber a información implica la reducción proporcional del malestar a su componente escénico –donde el que mira no incurre en responsabilidad alguna por hecho de mirar–, esto es, a un ámbito perfectamente traducible al juicio: sujeto (del enunciado) y predicado, agente y acción, hecho y agonista. *Memento* propone una trama insoslayable, una forma de fruición del relato que solo se puede tomar o dejar. La propuesta de la torsión implica un sujeto de la enunciación en sentido fuerte y, por tanto, también un espectador en sentido fuerte. Y la subversión de la visión dominante del mundo, que es el sustento ontológico del *thriller* (o este su vehículo privilegiado en la industria cultural cinematográfica dominante, tanto da) solo puede hacerse concibiendo a la trama como interpretación que abre el mundo.

El relato complejo

Como ya hemos indicado en las primeras páginas de este libro, este es el principal rasgo del postclasicismo cinematográfico en su mutación con el inicio del nuevo siglo. Ha recibido muchos nombres: Narración perturbadora (Schlickers, 2017ª), *Mind game film* (Elsaesser, 2021), *Puzzle film* (W. Buckland, 2014; Warren Buckland, 2009; Sorolla-Romero, 2022), narrativas complejas (Loriguillo-López, 2022; Mittell, 2015), y puede que haya alguna etiqueta más. En efecto, uno de los fenómenos más llamativos en todo el ámbito del llamado *cine-mundo* es la complejización de las estructuras narrativas, tanto en la plasmación de relatos en que la trama sobredetermina el argumento (la proliferación de narrativas no lineales es su aspecto más llamativo, ya lo hemos visto) como en la presentación de universos heterogéneos entre sí en el interior de la ficción. Thomas Elsaesser lo explone claramente (Elsaesser, 2009: 19):

> There is clear evidence that cinematic storytelling has in general become more intricate, complex, unsettling, and this not only in the traditionally difficult categories of European auteur and art films, but right across the spectrum of mainstream cinema, event-movies/blockbusters, indie-films, not forgetting (HBO-financed) television. Several of the features named as typical of the mind-game film are grist to the mill of professionally trained (literary) narratologists: single or multiple diegesis, unreliable narration and missing or unclaimed point-of-view shots, episodic or multi-stranded narratives, embedded or "nested" (story-within-story/film-within-film) narratives, and frame-tales that reverse what is inside the frame (going back to The Cabinet of Dr Caligari [1919]).[50]

50. "Hay pruebas claras de que la narración cinematográfica se ha vuelto, en general, más intrincada, compleja e inquietante, y esto no solo en las categorías tradicionalmente difíciles de las películas europeas de autor y arte, sino en todo el espectro del cine convencional,

Poco antes había anotado como principales características de ese cambio,

> concentrating on the unreliable narrators, the multiple time-lines, unusual point of view structures, unmarked flashbacks, problems in focalization and perspectivism, unexpected causal reversals and narrative loops[51] (Elsaesser, 2009: 18) .

Con estos términos se está aludiendo, no solo a la dislocación de la trama, sino al cortocircuito en la relación entre el meganarrador y el personaje en la focalización del relato: el narrador no confiable. No es algo inédito –el propio Elsaesser alude a *El gabinete del Dr. Caligari* (*Das Cabinet des Dr. Caligari*, Robert Wiene, 1920)–, pero sí es lo suficientemente frecuente para que entendamos que se trata de un rasgo de época.

Probablemente, el pionero en la conversión en tendencia de este desmembramiento del argumento por la trama sea el propio Quentin Tarantino en *Pulp Fiction* (1994). Enunciamos de otro modo la tesis que venimos reiterando a lo largo de este libro: *la quiebra de la linealidad y la complejidad narrativa son un dispositivo anti-ergódico*. En efecto, Aarseth (Aarseth, 1997) al acuñar este neologismo nos dice que un texto er-

películas de eventos/superproducciones, películas independientes, sin olvidar la televisión (financiada por HBO). Varias de las características mencionadas como típicas de los *mind game films* son materia prima para los narratólogos (literarios) profesionalmente capacitados: diégesis única o múltiple, narración poco confiable y tomas de puntos de vista faltantes o no reclamadas, narrativas episódicas o de múltiples hilos, narrativas incrustadas o "anidadas" (historia dentro de historia/película dentro de película) y cuentos marco que invierten lo que está dentro del marco (remontándonos a El gabinete del Dr. Caligari [1919])" (Trad. del A.).

51. "Concentrándose en los narradores poco fiables, las múltiples líneas de tiempo, las estructuras inusuales de los puntos de vista, los *flash-backs* no marcados, los problemas de focalización y el perspectivismo, las inversiones causales inesperadas y los bucles narrativos" (Trad. del A.).

gódico (para él sinónimo de *Cibertexto*, aunque otros autores como Mari-Laure Ryan (M.-L. Ryan, 2004) establece gradaciones y distinciones entre la interactividad y la estructura ergódica) nos dice que:

> During the cybertextual process, the user will have effectuated a semiotic sequence, and this selective movement is a work of physical construction that the various concepts of "reading" do not account for. This phenomenon I call *ergodic,* using a term appropriated from physics that derives from the Greek words *ergon* and *hodos,* meaning "work" and "path." *In ergodic literature, nontrivial effort is required to allow the reader to traverse the text. If ergodic literature is to make sense as a concept, there must also be nonergodic literature, where the effort to traverse the text is trivial, with no extranoematic responsibilities placed on the reader except (for example) eye movement and the periodic or arbitrary turning of pages* (1-2).[52]

Subrayamos "no trivial". Y deja bien claro que la lectura, esto es, la interpretación y la comprensión son actividades triviales. De ello se deduce que la interactividad, la posibilidad de modificación del texto por parte del *usuario* excluye la producción de sentido o bien la deja en segundo término. De ahí a que un texto ergódico acabe derivando en una actividad pulsional, –esto es, gozante y adictiva, que satisface la pulsión excluyendo al sujeto como sostén del discurso– no hay más que un paso.

52. "Durante el proceso cibertextual, el usuario habrá efectuado una secuencia semiótica, y este movimiento selectivo es un trabajo de construcción física que los diversos conceptos de "lectura" no dan cuenta. A este fenómeno lo llamo ergódico, usando un término apropiado de la física que deriva de las palabras griegas ergon y hodos, que significan "trabajo" y "camino". *En la literatura ergódica, se requiere un esfuerzo no trivial para permitir al lector recorrer el texto. Para que la literatura ergódica tenga sentido como concepto, también debe haber literatura no ergódica, donde el esfuerzo por recorrer el texto sea trivial, sin responsabilidades extranoemáticas impuestas al lector excepto (por ejemplo) el movimiento de los ojos y el giro periódico o arbitrario de los ojos*" (Trad. del A.).

Sabemos que las versiones integradas de la tecnología promulgaron el carácter emancipador del *hipertexto* en consonancia, incluso con las propuestas más libertarias y postmetafísicas que enunciaron el postestructuralismo francés y la teoría crítica alemana. Todo ello, en el ámbito algo más ingenuo de los estudios culturales (Landow, 1995). De hecho, genealógicamente, la idea de *hipertexto* deriva del estudio de las potencialidades del pensamiento asociativo (Bush, 1996), transgrediendo las jerarquías del conocimiento que lo han enclaustrado tradicionalmente en la cultura occidental y favoreciendo la destrucción de una linealidad discursiva represora en cuanto impuesta por factores extragnoseológicos (Landow, 1995). De esta manera, se posibilita el acceso a la mente del productor del texto, con lo cual se cuela subrepticiamente un efecto de profundo calado: *el sujeto deja de ser límite del intercambio simbólico.*

Recordemos que la noción de *interactividad*, asociada en ese momento a la de *hipertexto*, parece un concepto acuñado, en su formulación digital, hace poco tiempo pero el gran defensor de la persistencia de la Modernidad frente a la Posmodernidad, Jürgen Habermas, ya lo vinculó a su *Teoría de la Acción Comunicativa*, definiendo la competencia interactiva como capacidad universal, *id est*, garantizando que ninguna particularidad desiderativa tiene por qué contaminar el mundo a través de la libre capacidad puesta en acto por los individuos, en este afán de la Teoría Crítica de última generación por cauterizar cualquier tentación revolucionaria (Habermas, 1998; Palao-Errando, 2001ª). De ahí, que, como apostilla Marie-Laure Ryan (M.-L. Ryan, 2004), hayamos pasado de una concepción del *texto como mundo* a otra de *texto como juego*. Porque, en efecto, la autoría múltiple y el fin de la secuencialidad, esto es, la destrucción de las nociones de límite y fijación (Lotman, 1982) y, por ende, de la noción de autor y de responsabilidad simbólica en sentido fuerte, han traído como primera consecuencia la ausencia de un alojamiento simbólico para la muerte, para la transformación del mundo por medio de la incidencia discursiva, acompañando a la disolución de la posibilidad de lectura (producción de sentido) secuencial y lineal, en los términos hasta ahora dominantes, y de todo *dialogismo*, sepultado en una polifonía inarmónica (no orientada por un "sentido tutor" (González Requena, 2006)). Es la posibilidad de la muerte, el punto de exterioridad de la referencia, lo que es "impunemente" sacrificado en este proceso.[53]

Por todo ello, creemos que conviene una exploración del *hipertexto* y sus consecuencias discursivas distinta de las que normalmente se suelen aplicar. En efecto, lo que no se suele tematizar cuando hablamos de *hipertexto*, tal y como si esta fuera una tecnología puramente cognoscitiva, es que está asociada al *http* y, por ende, a la noción de pantalla, a la ventana. Y que la ventana cibernética es la heredera de los atributos del encuadre en perspectiva, del cuadro como ventana (*window*) abierta al mundo, en palabras de Leon Battista Alberti. Cada *link*, abre un encuadre (Palao-Errando, 2008).

Por tanto, esta insoslayable imposición de la trama en los *puzzle* y *mind game films* impide tanto la interactividad, como la navegación (Verhoeff, 2012) y la apertura de ventanas al exterior. De hecho, la navegación y el factor hipertextual son los que le restan, a nuestro entender, a la propia imagen-interfaz, su espesor semántico pese a su complejidad visual y cognitiva, tan bien teorizadas por Josep Maria Català (Català Doménech, 2010). Sabemos que la literatura tuvo menos problemas para encarar la interactividad y que ya la narrativa novelesca había estado manejando sus fórmulas, de Cortázar a Italo Calvino, por no hablar la poesía visual y de la experimentación poética en general. Sin embargo, el cine *mainstream hollywodense* decidió optar por la resistencia, esto es, por salvaguardar el orden de lectura como una propiedad inalienable del texto fílmico. Retorcer el argumento, desordenar la linealidad del modelo clásico hegemónico fue una buena fórmula. Sabemos bien que la linealidad siempre es falsa, es una violencia de la comunicación al pensamiento, de ahí que la narrativa *modernista* optara por el monólogo interior o la fragmentación enunciativa, en su afán por ser *más realista que el realismo* (Villanueva, 2004). Pero el cine, al quebrar la linealidad del argumento en su presentación expositiva no hizo sino reforzar el texto fílmico frente a toda tentación hipertextual y ergódica. Si la fruición fílmica –con el vídeo magnético primero que solo admitía avanzar o retroceder, con mayor razón el DVD, el Blue-Ray y más

53. He podido reflexionar por extenso sobre todas estas cuestiones. Cf. (Palao-Errando, 2004). La mayoría de lo que en este espacio son inevitablemente pre-supuestos teóricos, están allí explícitamente desarrollados.

aún las plataformas de *streaming*–, se traslada al ámbito privado, el placer sigue siendo el *placer del texto* (Barthes, 1993), donde sí hay desplazamientos de un texto a otro, pero son desplazamientos propiamente intervenidos por el sujeto.

De tal modo que, en el molde del *thriller*, el *cine* erige un modo (un estilo) de representación en el que *el verdadero trayecto narrativo es el que va del saber del meganarrador al saber del espectador.* No olvidemos que la secuencialidad, la linealidad del mensaje, la causalidad, han sido la manera en la que lo simbólico ha incidido sobre la realidad en la Época Moderna, sea en la ficción narrativa, sea en la ficción especulativa y deductiva, teórica, filosófica o política. No otra cosa es un libro. Por tanto, no es de extrañar que en un momento de tantas promesas de mercado como emancipatorias de las, a veces aún llamadas Nuevas Tecnologías, el arte número siete haya optado, en la búsqueda de la especificidad entendida como rasgo distinto y ventaja competitiva, por convertirse en la *interfaz del sentido* y haya investido a la propia secuencialidad de la relevancia de un factor diferencial insoslayable.

Ello viene reforzado por el componente ético que acompaña a los *puzzle films* desde su origen. *Memento* nos ha mostrado que la relación entre la historia que un filme narrativo cuenta (el *argumento*) y su articulación textual (la *trama*) tiene una dimensión ética insoslayable, abordándola desde el punto de vista de la postura del sujeto frente al saber, que es la que sostiene de la articulación entre una materia narrativa y su plasmación textual. Lo veremos igualmente en la trilogía de Iñárritu y Arriaga en el capítulo 6. El entusiasmo epistémico del investigador postclásico se nos presenta, así, como un velo que guarece su goce pulsional y su pasión por la ignorancia. Si Jean-Luc Godard pensaba que un *travelling* era una cuestión moral, nosotros podemos decir, a nuestra vez, exactamente lo mismo de la escansión de la información narrativa en su presentación fílmica.

En el *cine*, la trama se muestra insumisa al argumento, pero no por la vía de la interactividad, sino por la vía de un esquema simbólico que rinde su tributo a una instancia narrativa (enunciativa) fuerte. La historia mantiene su pregnancia, su componente de *real*, como un agujero negro del sentido. El *discurso* toma las riendas y somete a la *historia* (Chatman, 1990), pero sin disolverla, sin eludir la necesidad, la propia invocación del relato por ser contado. Y ello de una manera completamente distinta a como lo han hecho las escrituras "tradicionalmente vanguardistas", puesto que lo real del argumento no puede en ningún momento ser soslayado por una sumisión completa de la articulación textual a los designios de la enunciación. Esta dialéctica entre el *discurso* y la *historia* (Chatman, 1990), entre la *trama* y el *argumento*, o *fábula* y *sjuzet* (François Albéra, 1998; Bordwell, 1996ª; Todorov, 1978), lo que se está planteando es la posición del sujeto en la textura en que se organiza el mundo. Pero no del sujeto del enunciado, sino del propio *sujeto de la enunciación* en tanto que *prótesis simbólica* (Bettetini, 1986) del espectador cinematográfico. Lynch o Nolan articulan en la torsión (en sentido topológico) del espacio narrativo un vínculo catastrófico entre superficies que se ignoran mutuamente. De este modo, mantener un punto oscuro en la economía de la información, cerrar una ventana a la hipertextualidad, es abrir una puerta a la *verdad*.[54]

Figuras de la Hipernarrativa postclásica

Como antes hemos hecho con los recursos visuales, pasamos, pues, a hacernos cargo de los aspectos macroestructurales del filme postclásico a través de la descripción de algunos de sus rasgos diferenciales más conspicuos en forma de una batería narratológica.

Dialéctica Núcleo / Catálisis (o acción satélite, para Chatman, 1990)

Como establece la narratología clásica a partir de Roland Barthes (1972c), todas las acciones que componen un relato pueden ser divididas en dos tipos principales:

54. Por supuesto, no a la verdad como *adaequatio*, sino a la verdad como *Αληθεια* en el sentido que Heidegger le da a este término (Martin Heidegger, 2007) y por lo tanto a la *parresia* (Barros, 2017; Foucault, 2014; Foucault et al., 2019) foucaultiana y la verdad que "solo puede decirse a medias" de Lacan (Jacques Lacan, 1989a; Palao-Errando, 2001a; Suzunaga Quintana, 2016).

Núcleos. Son las acciones que ensamblan la columna vertebral del relato. Se caracterizan por que abren y cierran expectativas y, por lo tanto, constituyen nódulos irreversibles en la trama.

Catálisis. Son acciones subsidiarias y periféricas que no varían definitivamente el curso del relato ni lo anclan en trayectorias irreversibles. Pueden servir para analizar un ambiente, caracterizar un personaje, etc. La gran relevancia hermenéutica de las catálisis es que son el enclave en el que se naturaliza y legitima el mundo diegético.

El *cine postclásico*, donde la dislocación y la *no linealidad* del relato adquiere tintes realmente barrocos, y donde la *elipsis* y la *voracidad narrativa* (la necesidad de una rapidísima exposición y naturalización de los rasgos del universo diegético propuesto) y la continuidad intensificada exigen una economía milimétrica de todos los recursos narrativos, ha ido erigiendo nuevas formas y categorías en el seno de la *dialéctica núcleo-catálisis*. Podemos designar como centro generador de todas ellas estas dos: la aparición de *tramas paralelas* que se entrecruzan sin ninguna vinculación metonímica –es decir, causalmente justificada– por el relato (lo que Azcona Montoliu (Azcona, 2010) denomina *multi-protagonist films*) y *la alteración del orden temporal* del argumento narrativo en su escansión en la trama. Es decir, que la motivación causal que proporcionan, tanto la integración diegética, como la secuencialidad y progresividad temporales, se van difuminando y la línea jerárquica –evidente en los relatos lineales– que discrimina núcleos de catálisis va adelgazando.

A ello se suma la falta de fiabilidad de los narradores, tanto intradiegéticos como heterodiegéticos (Gómez Tarín, 2011), también conculcada por la deflación de la causalidad como fundamento de la verosimilitud narrativa: pensemos en los múltiples casos en los que el cine postclásico nos propone protagonistas amnésicos, de *Memento* (Christopher Nolan, 2000) a la trilogía de *Bourne* (*El Caso Bourne* [The Bourne Identity, Doug Liman, 2002], *El mito de Bourne* [The Bourne Supremacy, Paul Greengrass, 2004], *El Ultimátum de Bourne* [The Bourne Ultimatimatum, Paul Greengrass, 2007]), por citar solo los filmes más conocidos y comerciales (Vid. Sorolla-Romero, 2022 para un estudio mucho más completo y profundo...). De ahí que veamos necesaria metodológicamente la figura narrativa del *hipernúcleo*, que es *nuclear*, precisamente, porque vincula varias tramas narrativas. Y también que haya que realizar en el filme postclásico una apelación al meganarrador como garante del relato, precisamente porque todos los demás amarres de la confianza narrativa en la diégesis quedan en una posición de veracidad suspendida, en una especie de *epoché* narrativa.

Hipernúcleo: espacios de contacto entre tramas

Las acciones ***satélite*** (Chatman, 1990) no existen si la sintaxis fílmica está quebrada en su linealidad, porque, precisamente, su pregnancia discursiva les da toda su relevancia en la *trama* (por la secuencialidad del significante fílmico procedente de la deconstrucción exacta del argumento lineal), que aquí queda privilegiada en su proyección sobre el *argumento*. Si a ello sumamos la proliferación de *universos paralelos*, donde las líneas narrativas se suceden en planos distintos y heterogéneos, la canónica distinción queda completamente opacada para el espectador.

Surgen así nuevas figuras en la retórica narrativa de los filmes postclásicos. La más llamativa ellas es el ***Hipernúcleo***: llamaremos ***Hipernúcleo*** al punto espacio-temporal en el que coinciden todas las líneas argumentales de un filme hipernarrativo (lineal o no). Es un núcleo hipernarrativo[55] porque es nuclear a varias tramas: tiene valencia narrativa múltiple. Es hiper porque es vincular: vincula estas tramas y tiene, potencialmente, un efecto semántico y metanarrativo, un efecto de discurso. El ***hipernúcleo*** es un punto de catástrofe o de torsión en la trama que vincula discursivamente varios hilos argumentales *homodiegéticos* (pertenecientes al mismo mundo de ficción (los filmes de González Iñárritu y Arriaga) o *heterodiegéticos* (los filmes de David Lynch o *Inception* [Christopher Nolan, 2010]). Evidentemente, en estos casos, el efecto de discurso tiene lugar si este *hipernúcleo* se mantiene como una protube-

55. Alissa Quart popularizó en término "hyperlink cinema" (Quart, 2005).

rancia del relato, con su efecto de desfamiliarización (la *ostranenie* de los formalistas rusos (François Albéra, 1998; Sklovski, 1978; Todorov, 1978; van den Oever, 2010). Obviamente, en las franquicias procedentes del cómic, como las de Marvel o DC (Revert, 2023), producen tal grado de reabsorción diegética que la connaturalidad de los universos paralelos en el metaverso o pluriverso los vuelve a *refamiliarizar*.

El *hipernúcleo* es, entonces, un enclave de condensación y coincidencia de todas las tramas de un filme. Pero para que podamos hablar propiamente de función hipernuclear lo fundamental es que estas tramas estén en relación *paratáctica*, no hipotáctica: no se trata de varias subtramas de una trama principal que coinciden en un punto, sino de tramas al mismo nivel, simplemente yuxtapuestas más que verdaderamente coordinadas. De este modo, el hipernúcleo es tanto una unidad temporal (narrativa) como espacial (de puesta en escena), pues establece un *hiperrácord* entre mundos y tramas distintas y heterogéneas en el seno de una entidad meganarrativa (por ello, en cuanto unidad narrativa, está vinculado directamente con el *rácord ontológico* como figura de la puesta en escena).

Por lo que respecta a su articulación fílmica, el hipernúcleo puede presentarse con marcas que lo hagan reconocible, o bien de forma inadvertida. De hecho, el hipernúcleo narrativo puede consistir en un accidente. Es decir, que el centro de gravedad del relato en los filmes hipernucleares no lineales no está premotivado diegéticamente, a diferencia de la perfecta motivación diegética de cualquier acción nuclear en el filme estándar. Ello conlleva que su tratamiento fílmico sea muy peculiar y muy relevante, sobre todo cuando es presentado (rodado) diversas veces. En esos casos, tanto la trascendencia del punto de vista material (acotado por la geometría y la economía del rácord) en dirección a la dotación de sentido en la megageometría del texto, como el cambio de punto de vista, suponen una variación en la economía de la información que, además, confiere consistencia textual a estos filmes.

Podemos llamar, pues, ***espacio o secuencia hipernarrativa*** al ámbito fílmico en el que entran en contacto dos o más tramas heterogéneas entre sí. No son metanarrativas: no se trata de indagar o explicitar su propia ficcionalidad como en el seno del *cine de arte y ensayo* o en las diversas propuestas de la *modernidad cinematográfica,* sino de lo insoslayable de un núcleo narrativo que exige ser contado (narrado, relatado).

En ese sentido, el concepto de ***hipernúcleo*** estaría íntimamente relacionado con el de *punto de catástrofe* o de *torsión* propio de la topología. El cine de David Lynch es paradigmático del uso de estos ***espacios hipernarrativos***. Ejemplos: el cambio de personaje / actor en *Lost Highway* (1997); el paso de los espacios de contacto entre los dos universos paralelos que pergeña la frustración Diane/Betty en *Mulholland Drive* (2001); o todos de todos los intercambios entre ficciones que se dan en *Inland Empire* (2006). Pero también entraría en esta categoría ese magistral macro-*travelling* que dinamita la propia estructura narrativa de un filme como *Expiación. Más allá de la pasión (Atonement,* Joe Wright, 2007*).* En definitiva, el síntoma más claro de naturalización del ***hipernúcleo*** y la narrativa audiovisual postclásica es que sobre esta figura se erigen series de televisión punteras de las últimas décadas como *Lost* (J. J. Abrams, Jeffrey Lieber, Damon Lindelof, 2004-2010) o *Flash-forward* (Brannon Braga, David S. Goyer, 2009-2010) o *The Leftovers* (Damon Lindelof y Tom Perrotta, 2014-2017) donde "la isla" o el incidente mundial que origina la trama, respectivamente, son espacio-tiempos ***hipernucleares*** de pleno derecho. Ejemplos:

> La llamada de teléfono entre Marruecos y San Diego que abre y cierra *Babel* (Alejandro González-Iñárritu, 2006), ofrecida en cada caso de un lado del hilo telefónico.
>
> Las diversas proyecciones del accidente que reúne a todos los protagonistas en *Amores Perros.*
>
> Las diversas proyecciones de los objetos y nombres entre los dos mundos en *Mulholland Dr.*
>
> Las distintas tomas la lectura del guión en *Inland Empire,* donde vemos diversas perspectivas de la escena desde los ojos de Laura Dern, según esté encarnando a uno u otro personaje.
>
> La secuencia de asesinato de Melquiades *Los tres entierros de Melquiades Estrada.* (Tommy Lee Jones, 2005).

De tal modo, que las diversas perspectivas del ***hipernúcleo*** no constituyen una óptica cubista porque desarrollan líneas diegéticas distintas y no diversos puntos de vista sobre la misma trama. Piénsese en un tratamiento completamente distinto de este tipo de reiteraciones y desmentidos que propicia una concepción diferente de la acción fílmica, que impide que podamos llamar a estas secuencias ***hipernúcleos*** de pleno derecho:

> En *La mujer del puerto* (Arturo Ripstein, 1991), cada punto de vista distinto, no supone una distinta angulación rácord*able* con las anteriores, sino un radical cambio del argumento. Lo mismo sucedía en *Rashomon* (Akira Kurosawa, 1950).
>
> En *Atrapado en el tiempo* (*Grounhog day*, Harold Ramis, 1993) o *Source code* (Ben Ripley, 2011) la reiteración del *núcleo* supone modificaciones en el mismo debido a que el protagonista guarda memoria y ha aprendido de los acaecimientos anteriores.
>
> En *Next,* sin embargo, estamos siempre bajo la ambigüedad de si asistimos a un hecho efectivo o a una visión proléptica del protagonista, así como en *Expiación* las reiteraciones sobre los hechos suelen denunciar las tendenciosas visiones de la protagonista, en su diferencia con la mirada fílmica verdadera, esto es, meganarratorial.

Evidentemente en los dos casos tipo que acabamos de ver, los efectos semánticos de este volver sobre una unidad narrativa cuando el espectador ya conoce el desenlace tienen efectos narrativos, porque parecen conculcar la nuclearidad de estas unidades y confinarlas en la subsidiaridad, al restarles su pregnante irreversibilidad. Sin embargo, pensamos, el espectador ya le da valor de *núcleo* pues sabe las expectativas que se han cerrado tras esa acción. ¿Qué efecto semántico tiene esto?: sin duda, el desvío de la economía del relato hacia la economía del sentido, hacia la petición de un acto hermenéutico, más allá de la decodificación metonímico-narrativa, que trataremos después bajo el concepto de ***metalepsis***.

Subsidiariamente, nos encontramos también con otras dos figuras narrativas en el ámbito de lo hipernarrativo:

> Llamaremos *subhipernúcleo* a la secuencia que reúne dos o más líneas narrativas, del total de las que componen un *filme hiper-*

narrativo. Es una categoría narrativa temporal y espacial (topológica) porque tiene su plasmación tanto en *la plástica del plano* (espacio profílmico, grano, iluminación, etc.) como en la del *montaje*. El subhipernúcleo puede ser:

> *Monodiegético.* Las dos líneas narrativas pertenecen al mismo universo diegético. Es el caso de una trama que comprende dos (o más) subtramas narradas en paralelo. Ejemplos: Los filmes de González-Iñárritu, los *Tres colores* de Krzysztof Kieslowski, *o Pulp Fiction* (Quentin Tarantino, 1994). En general, muchas secuencias de persecución postclásicas pueden no ser simplemente núcleos sino *hipernúcleos* o *subhipernúcleos.* La casuística es variada.
>
> *Polidiegético*: Los mundos diegéticos de los que proceden ambas líneas son heterogéneos entre sí. Podemos hablar, por tanto, de un espacio (secuencia) *interdiegético* o *hipernarrativo.* Ejemplos: *Lost Highway, Mulholland Dr., Inland Empire* (David Lynch). Que estas tramas provenientes de universos paralelos no son una simple anécdota en las narrativas audiovisuales actuales puede constatarse en los estudios de Esteve Riambau (Riambau, 2011) y Marie-Laure Ryan (M.-L. Ryan, 2006). O, simplemente siguiendo series televisivas como *Fringe* (J.J. Abrams, Alex Kurtzman, Roberto Orci, Fox: 2008-) o *Lost* (J.J. Abrams, Jeffrey Lieber, Damon Lindelof, ABC: 2004-2010)

No deben confundirse con hipernúcleos los espacios genéricos en las series procedimentales de TV (comisarías, casas familiares, laboratorios forenses, etc.). Sobre todo, porque las acciones acontecidas en ellos no suelen ser núcleos sino de catálisis, aunque reúnan todas las subtramas. Por ejemplo, los varios casos de que consta un capítulo de CSI (Anthony E. Zulker, CBS: 2000-) pueden coincidir en la comisaría y el laboratorio, pero no entran en relación nuclear entre sí.

Otro recurso muy propio del cine postclásico en relación con las dinámicas *polidiegéticas* e *hipernucleares*, sería lo que podríamos denominar ***sintagma paralelo-alternado inclusivo***, procedimiento muy habitual en los *filmes hipernarrativos* en los que se dan varios niveles del relato en relación de *inclusión jerárquica*: los distintos niveles oníricos en *Inception* (Christopher Nolan, 2010); o los dos mundos de *Matrix*.

Pronúcleo

Proponemos el término ***Pronúcleo*** para nombrar una figura narrativa generalizadísima en el *thriller* postclásico como es esa secuencia desencadenada del relato y que, en muchas ocasiones, aunque no exclusivamente, representa una *escena traumática,* típica de los filmes basados en el argumento de la amnesia del protagonista, tan abundantes en los últimos años. Suele tratarse de núcleos presentados fragmentariamente: *Los amantes del círculo polar* (Julio Médem, 1998), *Crash* (Paul Haggis, 2004), *Olvídate de mí* (*Eternal sunshine of the spotless mind,* Michel Gondry, 2004) para convocar al espectador a su contextualización como estrategia de desciframiento.

La casuística es variada y puede ir desde un recuerdo fantasmático como el reiterativo plano de la llama en *Corazón salvaje* (*Wild at heart,* David Lynch, 1990), hasta esos retazos subacuáticos de una película tan espuria como *Yo Robot (*Alex Proyas,2004), pasando por esa maleta sobre una cinta transportadora que abre *Blanco* (*Trois coleurs Blanc,* Krzysztof Kieslowski, 1994) o la escena traumática de la *Trilogía de Bourne,* a raíz de la cual el protagonista pierde la memoria. Se trata de unas imágenes, puesto que normalmente son fragmentos desencuadernados de una supuesta secuencia incompleta, que aparecen inmotivadas, pero a las que hemos de suponerles –es una convención del género– un carácter fuertemente *motivante.* La apuesta de estos filmes, el desafío al espectador, consiste en la búsqueda de su motivación diegética, es decir, del origen *nuclear* del estado actual, presentado *in medias res.*

El *pronúcleo* puede ser subjetivo (*flash-back diegetizado*) o no (*flash-back metaléptico*, vid. más adelante). El caso es que, paradójicamente, cuanto más objetivo, más subjetivo: en el caso del *flash-back* diegetizado empatizamos con el protagonista porque le suponemos en nuestra misma inopia. Sin embargo, si el *flash-back* es metaléptico, consideramos el pro-núcleo como fragmentos del saber que el personaje comparte con el meganarrador, que nos los va dosificando en busca de producir efectos de sentido. Un excelente ejemplo sería, de nuevo, la serie *Flash-forward* (Brannon Braga; David S. Goyer, 2009–2010) que combina el ***hipernúcleo*** (el desmayo generalizado, en el que todo el mundo ha tenido una visión profética) con el ***pronúcleo,*** que sería el particular *flash-forward* de Mark Bendford, el protagonista de la serie, ya que toda esta consiste en ir componiendo el mosaico del tablón de su despacho, tal y como él lo vio durante su desmayo. Lo curioso son los micro-mosaicos: todas las visiones coinciden con perfecto rácord entre quienes se veían juntos en sus *flash-forward.* Es la mítica del plano contra-plano y la indubitable ***ontología del rácord.*** Dos filmes emblemáticos como *Irreversible* y *Memento*, de hecho, convierten el desenlace de la trama en un pro-núcleo. *Irreversible* utiliza para los cambios de secuencia los estilemas del *flash-back* clásico: cámara errática y descentrada que se eleva.

Si en *Lost* nos encontramos un hipernúcleo distribuido, cuya acción queda diseminada, en una serie posterior como *Sense8* (J. Michael Straczynski –Lana Wachowski– Lilly Wachowski, 2015–2018), el hipernúcleo está concentrado por la acción focalizada de cada uno de los protagonistas. Ello muestra que el recurso tiene una relevancia estructural y no puramente coyuntural.

Hipercatálisis (o catálisis pro-nuclear)

Igual que hemos hablado de ***hipernúcleo***, se puede hablar de ***hipercatálisis***, es decir de la función que adquiere la catálisis en el cine postclásico. Es lo que propongo denominar ***catálisis pronuclear*** (o ***proléptica***). Roland Barthes (Barthes, 1972: 21) caracteriza así las ***catálisis***:

> Desde el punto de vista de la historia, hay que repetirlo, la catálisis puede tener una funcionalidad débil pero nunca nula: aunque fuera puramente redundante (en relación con su núcleo), no por ello participaría menos en la economía del mensaje; pero no es este el caso: una notación, en apariencia expletiva, siempre tiene una función discursiva: acelera, retarda, da nuevo impulso al discurso, resume, anticipa a veces incluso despista: puesto que lo anotado aparece siempre como notable, la catálisis despierta sin cesar la ten-

> sión semántica del discurso, dice sin cesar: ha habido, va a haber sentido.

Ya hemos dicho que las *catálisis* tienen una función de naturalización y legitimación del universo diegético propuesto por el filme. Pero una nueva fórmula, si bien no inédita, reiterada hasta la saciedad en el *cine postclásico* es el uso propiamente anticipador (*proléptico*) de un rasgo de la ficción a través de su *presentación catalítica* con el fin de que este resulte plenamente verosímil en su posterior ***aparición nuclear***. Kristin Thompson (Thompson, 1999: 10-12) nos ofrece el fundamento de este procedimiento habitual en el cine de Hollywood:

> Hollywood favors unified narratives, which means most fundamentally that a cause should lead to an effect and that effect in turn should become a cause for another effect, in an unbroken chain. This is not to say that each effect follows immediately from its cause. On the contrary, one of the main sources of clarity and forward impetus in a plot is the "dangling cause," information or action which leads to no effect or resolution until later in the film" (...) The lack of such justification is commonly referred to by Hollywood practitioners as a 'hole'.[56]

Sabemos que en el MRI la focalización óptica en el encuadre implica la relevancia narrativa. En el nivel del relato, las cosas funcionan de modo parecido: las cosas aparecen una primera vez como catálisis para que estén naturalizadas cuando hayan de aparecer como núcleo.

56. "Hollywood favorece las narrativas unificadas, lo que significa fundamentalmente que una causa debe conducir a un efecto y ese efecto, a su vez, debe convertirse en causa de otro efecto, en una cadena ininterrumpida. Esto no quiere decir que cada efecto se derive inmediatamente de su causa. Por el contrario, una de las principales fuentes de claridad e impulso hacia adelante en una trama es la "causa pendiente", información o acción que no conduce a ningún efecto o resolución hasta más adelante en la película" (...) La falta de tal justificación es comúnmente referido por los profesionales de Hollywood como un "agujero" (de guion)" (Trad. del A.).

Un muy buen ejemplo clásico de este principio es *El hombre que sabía demasiado* (*The Man Who Knew Too Much*, Alfred Hitchcock, 1956). La orquesta que aparece en el genérico del filme como una anticipación puramente ornamental acabará siendo incoativa del núcleo del relato. También la canción *Che Será*, presentada de forma catalítica y como simple indicio caracteriológico de los personajes en su primera noche en el Hotel en Marrakech, desempeñará un papel nuclear en la secuencia de la embajada. Incluso, el error del taxidermista es una ironía (espectacularizante) de la relación núcleo-catálisis y de la linealidad del relato.

Ahora bien, si el recurso es clásico en origen, su presencia es abrumadora en todo el cine de acción comercial postclásico. Algunos simples ejemplos, cuya banalidad demuestra la enorme generalización del procedimiento:

> *Matrix*: la primera persecución de la nave rebelde, en la que está solamente implicado el mundo físico real y que no tiene ninguna consecuencia narrativa nuclear y la segunda que ya tiene un carácter *hipernuclear polidiegético*, en la que están comprendidos el espacio físico y el virtual (Neo está en la nave y el procedimiento de desconexión para huir de las naves perseguidoras lo mataría en Matrix) y que es esencial para el desenlace de la trama.
>
> *Match Point* (Woody Allen, 20059: Los atracos en el edificio al que se ha mudado Scarlet Johanson aparecen de manera completamente trivial en una conversación con su amante. De este modo, no hará falta más explicación cuando se conviertan en el elemento clave para ocultar la autoría de su asesinato a manos de este.
>
> *Next*: se nos muestra una conversación de dos agentes del FBI mientras la que va a llevar la investigación (Julianne Moore) realiza un ejercicio de tiro. La gran puntería de la que allí hace gala vuelve a aparecer y ser determinante en el desenlace de la historia.
>
> Y de hecho, una película como *El efecto mariposa* (*The butterfly effect*, Eric Bress & John Mckye Gruber, 2004), en la que el protagonista tiene la capacidad de cambiar el pasado a voluntad, lo cual tiene sus consecuencias en el presente, está toda ella basada en la familiaridad del espectador con este recurso.

También se puede dar un uso más simbólico o metafórico de la *catálisis proléptica* que demuestra la implantación del procedimiento en el cine postclásico más allá del filme de acción, que parece su entorno natural. En *Elegy* (Isabel Coixet, 2008), cuando el maduro profesor de arte (Ben Kingsley) intenta seducir a su joven alumna (Penélope Cruz) lo hace mostrándole una ilustración de *La maja desnuda* de Goya. La elección parece completamente banal hasta que descubrimos su valor anticipatorio al final del filme cuando su antigua alumna y amante le pide que le haga una foto en la misma postura, justo antes de que le vaya a ser amputado un pecho a causa de un tumor.

En última instancia los videojuegos suelen usar este recurso al presentarnos una mecánica banal y en versión reducida en un puzle, para después dar una versión mucho más decisiva en otro tramo del juego.

Del *flash-back* clásico (homodiegético) al *flash-back* postclásico (metaléptico)

Por tanto, ante la inconsistencia del enunciado autónomo (el MRI nos acostumbró a contemplar las historias cinematográficas como si se contaran solas), la apelación a una figura que garantice no ya el sentido —como se apelaría al sujeto poético en un texto lírico—, sino la consistencia diegética del mundo representado, se convierte en la reacción lógica del espectador. Un buen ejemplo de esta casuística es el tratamiento del *flash-back* en ambos modelos. Si bien el *Modelo de Narración Clásico* (término que preferimos al de *MRI,* en este contexto, por referirse más específicamente al discurso cinematográfico [Bordwell, 1996b]) –y más concretamente el llamado cine negro, que es el que más lo utilizó– siempre incardinaba el *flash-back* en el enunciado a través de su focalización por medio de un personaje –como su recuerdo, ensoñación, etc.– para conferirle su estatuto diegético y enunciativo y, con ello, habilitaba marcas para aislar el sintagma rememorativo de un tiempo cero de la ficción, el *flash-back* postclásico tiende a ser no marcado, no vinculado con una focalización interna, y por tanto nos lleva directamente a buscar una motivación extradiegética, extraña a la lógica causal del relato y sus actantes, esto es, atribuible al *gesto semántico* del texto. El salto temporal no diegetizado implica la proyección arbitraria (la intencionalidad semántica) de la trama sobre el argumento, con lo cual atribuimos su responsabilidad al meganarrador o autor implícito del filme.

La consecuencia es que el espectador no sabe de entrada cuál es el tiempo cero de la diégesis porque los saltos temporales no dependen de la focalización de un personaje. Y al no ser determinante el punto de vista tampoco lo es la causalidad. El *meganarrador*, pues, se convierte en indiscutible responsable de la trama, y la disolución *in medias res*, de la diferencia entre el ***flash-forward*** y el ***flash-back*** en el filme, suele quedar resuelta, por mor del MRI, en el final de las tramas postclásicas, al menos en el *mainstream cinema.* Sírvannos como ejemplo la gran mayoría de las películas de González Iñárritu o Tarantino, o filmes como *Olvídate de mí* (*Eternal sunshine of the spotless mind*, Michel Gondry, 2004) y alguna aún mucho más comerciales, como *Duplicity* (Tony Gilroy, 2009). En resumen, es evidente que el salto temporal no diegetizado implica la *proyección arbitraria* (la intencionalidad semántica) de la trama sobre el argumento, con lo cual atribuimos su responsabilidad al *meganarrador* o *autor implícito* del filme en una demanda hermenéutica, de ahí que hayamos adjetivado estos saltos temporales como ***metalépticos.***

Metalepsis

Como explica Gérard Genette (Genette, 2004) la ***metalepsis***, en principio, no sería sino una variante de la metonimia en la que se explica lo que sigue por lo que precede o viceversa. Pero en una acepción más técnica y restringida ha venido usándose para implicar la figura del autor en la causalidad de la ficción, es decir, nombrando al autor como ejecutor de los actos o acontecimientos que narra. Por ejemplo: "Shakespeare mata a Romeo y a Julieta al final de su drama". Esta figura es particularmente útil en *las narrativas (postclásicas) no lineales* puesto que la reordenación no causal de los acontecimientos narrados plantea una especial referencia al **Meganarrador / Autor implícito** como específico responsable del ordenamiento discursivo del relato frente a la absorción diegética.

Precisamente es la metáfora la que propende a buscar el sustento enunciativo que la sostiene. Y la dislocación narrativa nos invita a pensar el texto, en tanto que espectadores, poéticamente antes que narrativamente. De tal modo, que la distribución de los saberes quedaría así:

Personaje: Saber 0
Espectador: Saber -1
Meganarrador: Saber +1 (plus de saber).

De hecho, al ser el MRI un modelo tendencialmente prosaico (que sobredetermina el eje paradigmático por el sintagmático, es decir, que reduce la capacidad de dicción y de elección) el sujeto de la enunciación queda velado por la fluidez mostrativa de la historia. El sistema de la narración metonímico-realista queda como modelizador, no como un proceso hermenéutico de interpretación del mundo. De ahí, que la obcecación de un núcleo real en el relato dislocado suponga una propensión a la poeticidad, esto es, a la cuestión por el sujeto que da forma al enunciado más allá de la diégesis. Por eso hablamos de poeticidad (*poiesis*) y pro-ducción, el que trae ante el espectador el relato (pro-ducere).

De manera general, podemos definir dos grandes opciones. Una, en principio más clásica –y decimos en principio, porque el resultado puede alejarse mucho del estándar clásico–, que implica una identificación en la diégesis a través de un narrador intradiegético o de la focalización narrativa a través del protagonista. Ahora bien, esta identificación suele implicar en el filme postclásico que la transformación de la trama lleve aparejada la modificación del argumento y, como sucede también en los filmes de amnesia, que la relación entre el narrador intradiegético y el espectador sea habitualmente más cognitiva –referida a los automatismos mentales preconscientes e instintivos– que intelectual –en el sentido de lo asumido crítica y reflexivamente, esto es, a conciencia. Esta inconsistencia ontológica del argumento (del universo de la diégesis) es normalmente la que exige esta presencia vicaria, este «contraplano reactivo», para evitar que haya un desmoronamiento absoluto de los principios del MRI en estos filmes. Pensemos en filmes como *Premonition* (Mennan Yapo, 2007), *Atrapado en el tiempo* (*Grounhog Day*, Harold Ramis, 1993) o *Source Code* (Ben Ripley, 2011), las películas de David Lynch, y hasta los filmes en los que la amnesia del protagonista es un recurso clave (Bourne). Además, tenemos otra opción estilísticamente más postclásica –aparte de todas las hibridaciones y grados intermedios entre ellas– que implica una relación directa entre el meganarrador y el espectador: los filmes de Alejandro González-Iñárritu (con Guillermo Arriaga) pero también filmes como *Memento*, *Irreversible* (Gaspar Noé, 2002), *Pulp Fiction* (Quentin Tarantino, 1994), o *The Social Network* (David Fincher, 2010), entrarían en la categoría. Las acrobacias en la *dispositio* son mayores, pero, a cambio, la solidez clásica del argumento es irrefutable. En otras palabras, la película puede ser reordenada cronológicamente, pero a su vez se produce un desvío desde la economía narrativa a la economía del sentido, que demanda un acto hermenéutico más allá de la pura inferencia metonímico-narrativa.

CAP. 5. EL POSTCLASICISMO EN SU GÉNEROS: EL HIPERNÚCLEO DESBOCADO

La amnesia: El argumento perforado y la continuidad intensificada

La amnesia postclásica

En los capítulos anteriores nos hemos detenido sobre todo en cómo la trama alteraba la superficie del texto narrativo, pero ya hemos advertido que la dinámica hipernuclear horadaba el mismo universo de diégesis, conculcando su autonomía. En las páginas siguientes nos detendremos en tres de los fenómenos más conspicuos en esta deconstrucción del modelo hegemónico de la diégesis fílmica *mainstream*, que, como hemos dicho, se sustenta en el paradigma realista clásico: los filmes de amnesia, los de viajes en el tiempo y los universos múltiples. El barroquismo extremo al que se fuerzan las ficciones fílmicas en continua competencia, en y con las plataformas de *streaming,* nos ha llevado a unificar los tres géneros bajo el epígrafe del *hipernúcleo desbocado.*

En efecto, la amnesia es el recurso más socorrido para, literalmente, intrigar al espectador, puesto que propone un recorrido similar al de la trama policíaca clásica, pero con el agravante de que el detective es uno con el criminal. Tenemos actualizada la trama de *Edipo Rey*: Edipo está buscando al asesino de Layos sin saber que es él mismo y que, buscando a ese asesino, dará con su propia y ominosa identidad. Esta es la trama más canónica del filme de amnésicos. El caso de Jason Bourne es paradigmático: lo único que sabe el protagonista es que no sabe quién es y, por ende, tampoco sabe qué puede haber hecho que lo haya llevado a ese estado en el que se encuentra al principio de la saga, recogido del mar por un buque pesquero. Es un caos en el que habrá que poner orden recorriendo un relato previo al principio de la diégesis, esto es, exactamente el mismo proceder del detective clásico con la diferencia de que esa identidad encierra el misterio en la propia biografía: el cuerpo del amnésico se convierte en hipernúcleo. Como la propia identidad y biografía resultan hipernucleares en la trama de viajes en el tiempo postclásica pues son el único horizonte narrativo y la identidad acaba siendo un nuevo MacGuffin.

Esta sucinta filmografía, elaborada hace unos quince años, da perfecta cuenta de la relevancia del filme de amnésicos para el período, desde los mismos años 90, aunque los títulos más memorables pertenecen a la primera década del siglo XXI:

Abre los ojos (Alejandro Amenábar, 1997) / *Vanilla Sky* (Cameron Crove, 2001);
Blind horizon (Michel Haussman, 2003);
Código 46 (Code 46. Michael Winterbottom, 2003);
Dark City (Alex Proyas, 1998);
Déjà vu. (Tony Scott, 2006);
Desafío total. (*Total Recall*, Paul Verhoeven,990);
Días extraños (*Strange days*, Kathryn Bigelow, 1995);
El caso Bourrne.(*The Bourne Identity*, Doug Liman, 2002);
El despertar (*The I inside*, Roland Suso Richter, 2003);
El efecto mariposa (*The butterfly effect*, Eric Bress & John Mckye Gruber, 2004);
El maquinista (*The machinist*, Brad Anderson, 2004);
El mito Bourne (*The Bourne Supremacy*, Paul Greengrass, 2004);
El Ultimátum de Bourne (*The Bourne Ultimatimatum*, Paul Greengrass, 2007);
eXistenZ (David Cronenberg, 1999);
Johnny Mnemonic (Robert Longo, 1995);
La celda (*The Cell*, Tarsem Sigh, 2000);
La memoria de los muertos (*Final Cut,* Omar Naim) (2004);
Laberintos (*Dédales*, René Manzor, 2003);
Memento (Christofer Nolan, 2000);
Minority Report, (Steven Spielberg, 2002);
Misteriosa obsesión, (The forgotten, Joseph Ruben, 2004);
Mullholland Drive (David Lynch, 2001);
Next (Lee Tamahori, 2007).
Unknown (Jaume Collet-Serra, 2011)
Atrapado en el tiempo (*Groundhog day*, Harold Ramis, 1993);
Olvídate de mí (*Eternal sunshine of the spotless mind*, Michel Gondry, 2004);

Sé quién eres (Patricia Ferreira, 2000);
The Majestic (Frank Darabont, 2001);
Yo, Robot (*I, Robot,* Alex Proyas, 2004);

Evidentemente, a los fines de este libro, no creemos necesario actualizar por nuestra cuenta esta nómina, sobre todo, porque hay quien la ha actualizado con el máximo rigor (Sorolla-Romero, 2022), pero sí, al menos. señalar algunos rasgos distintivos de la amnesia postclásica:

> Es inherente al relato de las peripecias narrativas protagonizadas por un amnésico lo que hemos llamado *pro-núcleo*. Es una escena desencadenada del sintagma narrativo en la que se ancla una promesa de nuclearidad. Sabemos que es no solo esencial, sino el auténtico origen del relato que propicia el desorden de la trama. La nómina de ejemplos es vasta como ya hemos visto en el capítulo 3.
>
> Insistimos en que la amnesia propicia la re-unificación de la figura del detective y el delincuente. Esta auto-trama policíaca, sería algo así como un Complejo de Edipo concebido cognitivamente, un Edipo sin falta, que se contenta con su imagen en el espejo, esto es, con saber de sí lo que el otro (el semejante), y no el Otro (del lenguaje), sabe. Por tanto, un Edipo sin (complejo de) Edipo. Los poderes de los superhéroes son un síntoma de esta hegemonía cognitiva porque son siempre el residuo de un episodio traumático, que en caso del amnésico se sustancia en un enigma narrativo, nunca en un misterio vital. Esto es, como si se tratara de cualquier otro objeto robado, cuando hayan recobrado su identidad civil objetiva se habrá restablecido la homeostasis ontológica y psicológica. Si se pretende reanudar una saga, no hay más que dejar algunos cabos sueltos.
>
> Los narradores no confiables no se resuelven en una opción poética sino en un jeroglífico, por naturaleza, íntegramente descifrable. La explicación y la decodificación, de algún modo, cierran la puerta a cualquier aproximación hermenéutica por parte del espectador.

En fin, bajo la égida del *Paradigma Informativo* y de la cultura digital, y en el molde del *thriller*, observamos que la traducción automática de los contenidos cognitivos en imagen se presenta como aproblmática e inmediata. En *Paycheck*. (John Woo, 2003), los recuerdos del protagonista se materializan en perfectas secuencias audiovisuales recogidas en la pantalla del ordenador y otro tanto sucede en *Olvídate de mí (Eternal sunshine of the spotless mind,* Michel Gondry, 2004), aunque de un modo poéticamente distanciado. El borrado digital de los recuerdos es pues. a priori, perfectamente factible. Y la mente es accesible actancialmente para la estrategia terapéutica, como vemos en *Mindscape* (*Anna*, Jorge Dorado, 2013), o en *La celda* (*The Cell*, Tarsem Sigh, 2000) donde el cerebro se concibe como un espacio tridimensional y narrativamente transitable.

De este modo, el trauma y la venganza, junto con la mortífera *(más allá del principio del placer*) pasión por sobrevivir propia del cine de acción desde los años 80, como muestran Rambo o John McClane (en *La jungla de cristal*), quedan reformulados al ser dominados por la pasión por la identidad y la memoria, que enclaustran la acción en una trama biográfica. La identidad llega a ser un auténtico MacGuffin, cuyo mejor ejemplo sea tal vez *Sin identidad* (*Unknown*, Jaume Collet-Serra. 2011).

El paradigma cognitivo

En este punto creemos que una mínima incursión el cognitivismo, cuyo paradigma anda copando los estudios fílmicos, a la par que el campo *psi* (Laurent, 2005) y la comunicación política (Lakoff, 2007), es imprescindible para entender la trama postclásica. Veamos. La dimensión espiritual del ser humano nace con él. Desde que el ser humano puede hablar y, por lo tanto, pensar simbólicamente, significar, convivir con la ausencia como motor de su relación con sus congéneres, la patencia de que hay un más allá del ente material sensible perceptiva y conscientemente es incuestionable. La humanidad pronto necesitó de las drogas y de la religión para poder ampliar el campo de la experiencia sensible consciente.

La capacidad de alterar el reino de lo percibido, de multiplicar los entes más allá de la necesidad, es esencial para convertir al hombre en hombre. La asunción laica de esta patencia vino con la asimilación de lo espiritual a lo psíquico, que excluía la necesidad de una trascendencia crédula para poder hacerse cargo del fenómeno. Freud es crucial en este sentido. Lo mental, como concepto específico en el campo de la psicología, aparece en la cultura occidental, yo lo dataría en el que los franceses llaman Siglo de la Ciencia, el XVII, en la querella entre racionalistas y empiristas. Si hacemos caso de ciertas influencias orientales en nuestra cultura, parece que por allá apareció antes.

Lo cognitivo es mucho más tardío todavía. No aparece en el Corominas (ni el breve, ni en el completo (Corominas, 1967, 1984)) por lo que nos hemos de ir al inglés, que es de donde procede el término en su acepción "científica" contemporánea. Según *Etymonline* (Harper, n.d. https://www.etymonline.com/word/cognitive#etymonline_v_28279)

> cognitive (adv.)
>
> 1580s, "pertaining to cognition," with –ive + Latin cognit–, past participle stem of cognoscere "to get to know, recognize," from assimilated form of com "together" (see co-) + gnoscere "to know" (from PIE root *gno- "to know").
>
> Taken over by psychologists and sociologists after c. 1940. **Cognitive dissonance** "psychological distress cause by holding contradictory beliefs or values" (1957) apparently was coined by U.S. social psychologist Leon Festinger, who developed the concept. Related: Cognitively.[57]

57. cognitivo (adv.).
o 1580, "perteneciente a la cognición", con –ive + latín cognit–, raíz de participio pasado de cognoscere "llegar a conocer, reconocer", de la forma asimilada de com "juntos" (ver co-) + gnoscere "saber" (de la raíz PIE *gno- "saber").
o Asumido por psicólogos y sociólogos después del c. 1940. La disonancia cognitiva "angustia psicológica causada por tener creencias o valores contradictorios" (1957) aparentemente fue acuñada por el psicólogo social estadounidense Leon Festinger, quien desarrolló el concepto. Relacionado: Cognitivamente. (Trad. del A.).

Vemos que, en su actual acepción. el término y toma clara carta de naturaleza en las sociedades industriales masivas, bajo el paradigma fordista. Ya no bastaba lo mental, como separado de lo físico, ni lo psíquico como separado del sensibilidad material. Ahora hacía falta que las capacidades "intelectuales" se pudieran medir, cuantificar como fuerza de trabajo. Esto sigue la impronta cartesiano/kantiana: separación de las facultades productivas y lógicas del aparato psíquico para privilegiarlas como fundamento de todas las demás (emociones, sensaciones, pasiones), que dejan de tener otra función que subordinarse a lo racional. Hay que tener en cuenta que, para el filósofo o epistemólogo ilustrado, racional viene de razón. Pero el utilitarista y sus descendientes invierten el proceso y la razón se convierte en pura *ratio*, es decir, se reduce a la *racionalidad* a la *razón instrumental* (Horkheimer, 1973), al cálculo de la división del esfuerzo por el tiempo, dando como único cociente de la operación el beneficio. El paradigma cognitivo-conductual, pues, queda como reinante en el mundo de la psicología desde hace décadas.

Y la psicología deviene terapia precisamente porque la psique se concibe exclusivamente como una anomalía de lo cognitivo, invirtiendo técnicamente el orden metafísico. En un entorno capitalista, queda excluido el deseo y el único *pathos* del sujeto es su afán de ser reconocido por el otro, elidiendo su intento de *hacerse falta en el Otro*. El psicoanálisis freudiano, pues, queda en este entorno como una rareza clínica, porque su fin no es devolver al sujeto con problemas (*emergencias*, en el doble sentido de la palabra) psíquicos al tejido productivo afilando sus competencias mentales y corrigiendo sus desmanes conductuales, sino despejar el camino al deseo, indudablemente entorpecido por ese acuerdo entre lo *real* y la libido que es el síntoma. Por eso se trata de psico-análisis y no de psico-síntesis. No hay posibilidad de completud (*Gestalt*) ni de medición (temporal o energética) si se es consecuente con el gesto freudiano, aunque bajo la especie de la genitalidad o la madurez los posfreudianos intentaron devolver al psicoanálisis al redil. La peculiaridad de Freud no es otra que, producto de su técnica, haberse encontrado el amor en su clínica y, en lugar de arredrarse como un hubiera hecho un buen médico, decidió darle su valor como motor de la cura. La clínica bajo transferencia, de este modo, se distancia de todos los ideales normativos de la modernidad iluminista.

El paradigma consumista y posfordista supone otra mutación, porque al buen chico fordista, con sus capacidades de cálculo, eficiencia y gestión bien encauzadas, el modo productivo ha decidido sustituirlo por un sujeto vocinglero e hiperactivo, que hace de su sociabilidad y capacidad empática su virtud más valorada por el mercado de trabajo (Virno, 2003ª). La consecuencia más obvia es, no ya que lo cognitivo adelante o margine a lo psíquico, sino que ha conseguido suplantarlo. El sujeto posfordista no tiene derecho a sufrir sin ser diagnosticado, tratado y, normalmente, medicado, porque toda emergencia psíquica, todo *pathos*, todo sentimiento no rentable social y cognitivamente, toda muestra de sentimentalidad y o espiritualidad, se considera enfermiza, literalmente *pato*lógica. Como asevera Eric Laurent, el cognitivismo carece de un estatuto epistemológico para la falta y, por ende, para el deseo del cual esta es causa (Laurent, 2005). Por ello, la psicología deriva en el *coaching* y la autoayuda: todo el espectro semántico de la autoestima y del éxito muestra de esta suplantación.

Pero el máximo exponente de este ideal medicalizado de exclusión de toda diferencia subjetiva es, sin duda, la emergencia de la neurociencia, que concibe al sujeto como un cerebro al que se identifica, presuntamente, sin resto, ocultando que toda perspectiva científica no es más que una modelización de la realidad validada por una serie de datos obtenidos de un modo en absoluto aleatorio, sino perfectamente prefijado: la "realidad" responde según le preguntemos, sin ninguna clase de inmanencia propia. Es cuestión del modelo que proyectamos y qué clase de datos recibimos. Y si presuponemos que no hay en el ser humano, en el ser que habla y simboliza, nada más allá de su conducta y sus capacidades cognitivas, es imposible que encontremos otra cosa que datos numéricos, conductas prefijadas y colorines en una pantalla. De ahí, que uno de los máximos exponentes de la política neoliberal norteamericana, George W. Bush, declarara 2004 como el año del cerebro. Y, claro, el paradigma cognitivo, que considera al cerebro como una computadora en la todos los datos son idénticos, reductibles a bits y sin posibilidad alguna de imaginarles un exterior no regido por la e-videncia sumisa al cálculo. Esto es, como un *puzzle* al que no le falta ninguna pieza; con otras palabras, concibiendo lo mental como un juego en el que se permite el engaño, pero no la trampa. Palabra del *meganarrador*. Esta idea de una subjetividad completamente calculable y predecible ha convertido al neuro-cognitivismo en el paradigma no ya hegemónico, sino exclusivo, en las teorías del discurso, en las ciencias sociales y en la psico-política del Siglo XXI, desde el *progressism* (Lakoff, 2007) a la *alt-right* (Peterson & González, 2020; Pinker, 2012, 2018). Es por este camino, que la subjetividad se confunde con la *agencia* y esta se traduce en identidad calculable; y la indecibilidad, en docilidad estadística primero y algorítmica después.

Algunos filmes

El cine contemporáneo, postclásico, da buena cuenta de esta problemática, haciendo de la amnesia traumática uno de sus argumentos tipo fundamentales. Ya hemos visto en, *Memento* esta suplantación de lo psíquico por lo cognitivo: el protagonista está convencido de que la información objetivada puede sustituir a su memoria. Veamos cómo tratan la cuestión otros tres filmes de las dos décadas entre siglos.

Johnny Mnemonic (Robert Longo, 1995)

Johnny Mnemonic, es un buen ejemplo del ciberpunk apocalíptico, que tras el fin de la era nuclear mezcla el pánico a lo digital con el temor a lo infecciosos en tiempos del SIDA en un contexto distópico. Detectamos también, de este modo, una especie de clamor por lo subjetivo en la ficción frente a la voracidad sin rostro del paradigma reticular del conocimiento, pues estamos asomándonos a filmes que patentizan ese elemento clave del *Paradigma Informativo*: la total independencia del saber respecto a un sujeto y la prescindibilidad de este respecto de aquél. Y sus dramáticas consecuencias. Por ejemplo, esta:

> Yo llevaba cientos de megabytes guardados en la cabeza, en una base informática del tipo idiota sabio, a la que no tenía acceso consciente (Gibson, 1994: 16).

Magnífica metáfora de una relación con el Inconsciente, en absoluto ética, sino radicalmente óntica: de extraer ese saber, que en nada le atañe pero que está almacenado en su organismo, depende la vida de Johnny Mnemonic. Veamos ver cómo ha llegado Johnny a esta situación.

Segunda década del siglo XXI.[58] Gobiernan las corporaciones. El NAS (*Nerve Attenuation Syndrome)* conocido como *temblor negro* es una enfermedad epidémica. Dos grupos marginales, los *Lotex* y *hackers*, resisten contra el poder, mientras las mafias *Yakuza* –auténtico estilema de la novelística de Gibson– intentan hacer su agosto con el tráfico ilegal de datos. Las corporaciones utilizan el *Hielo negro*: virus letales para preservar sus datos que solo pueden circular a través de correos mnemotécnicos, agentes de élite que transportan datos en implantes cerebrales de cable húmedo. La película comienza en un paisaje intracibernético: Internet 2021. Vemos una pantalla de ordenador dentro del ojo del protagonista, que con su mando a distancia maneja una pantalla única para televisión, Internet y teléfono. Johnny recibe un encargo, ha de viajar a Pekín para recoger la información. Necesita realizar una operación de duplicación de memoria. Su implante admite 160 Gigabytes, pero tiene que cargar 320, almacenamiento inmenso para la última década del siglo pasado. Ello supone un peligro la filtración sináptica que puede significar su muerte.

Precisamente, cuando está cargando la información nos encontramos con un toque irónico que nos da la pauta de interpretación de la película como crítica de lo mediático: el código de desciframiento de la información que se "mete en la cabeza" está constituido por tres fragmentos aleatorios de la emisión televisiva que, por supuesto, él desconoce y que son enviados por fax al receptor del envío. Esto es, asistimos al despliegue de los abismos del que denominamos en su momento (Palao-Errando, 2004) *efecto multimedia*: televisión, carga digital y fax. La peripecia está servida. Evidentemente, cuando Johnny Mnemonic va a entregar el cargamento los yakuza intervienen prorrumpiendo a tiros en la estancia, el envío por fax se interrumpe y las imágenes televisivas se destruyen. Consecuencia: tenemos un tipo con una cantidad de información muy superior a la que su implante cerebral puede absorber, completamente ajena a él y que pone en peligro inminente su vida. La película consistirá en la búsqueda de la clave para decodificar esa información y así poder expulsarla de sí, o bien, un procedimiento alternativo para extraérsela. En este periplo, Johnny nos llevará por todo un apocalíptico paisaje *ciberpunk*, abarrotado de personajes con implantes

58. O sea, en la que estamos componiendo estos párrafos.

orgánicos en la ciudad libre de Newark y acompañado por una guardaespaldas, auténtico engendro (cyborg, diría Donna Haraway (1995) –que además padece del temblor negro– y de la cual acaba enamorándose. En fin, un sujeto que posee una información de la que depende su vida, pero sobre la que tiene ningún saber, ninguna incidencia como sujeto en esta orgía de promiscuidad orgánica entre lo biológico y lo informático. Es un puro medio de transporte, puesto que la información –*saber ya, desde siempre, saber*– no precisa quien la sostenga ni procese y de la que solo le incumbe su urgente evacuación.

En esta trama, que en la estela de la mitología *ciberpunk* construye un género muy contemporáneo que podríamos llamar *thriller épico* –al final resulta que la peripecia de Johnny tiene una valor colectivo, puesto que la información que transporta *inconscientemente,* es la vacuna del *temblor negro*– vamos peregrinando por un paisaje que ilustra de muchísimos aspectos de la circunstancia subjetiva en el entorno de *Paradigma Informativo.* Por ejemplo, la imaginería ciberpunk de los implantes, que se constituyen en una opacidad del saber en forma de la tecnología incrustada en el cuerpo, pero ajena a él. El *ciborg* parece testimoniar prescindibilidad del encuadre que conlleva la percepción ultra(in)sensible, a-estética, que implica la asfixia del espacio –de la distancia– subjetivo. Ello queda simbolizado con toda ironía: para conseguir su implante de cable húmedo hubo de perder la memoria de su infancia. Es pues, el sujeto sin *Edipo,* sin trama familiar. Cuando Jane, le pregunta por sus padres, él le responde que necesita un ordenador para salvar su vida y que además no quiere saber nada sobre la información que trasporta. Es impresionante verlo navegar por la Realidad Virtual en 3D de Internet –ha de encontrar información externa sobre lo que contiene su cabeza– buscando la forma de piratearse a sí mismo. Ha cambiado su historia personal por un saber que no le incumbe y de cuya deyección depende su vida. La película culmina, en fin, con otro alarde épico multimediático. Los *Lotex* luchan contra el sistema emitiendo en banda ancha desde su guarida y burlando así el control sobre la propiedad. En una astucia subversiva, el *Modelo Difusión* es aquí el que se opone al *Modelo Reticular* (Palao-Errando, 2004, 2009b), controlado por las Corporaciones para su beneficio. De hecho, tras descubrirse que es la vacuna lo que transporta Johnny, cuando aparece el tercer fotograma y la información puede ser extraída, esta es volcada directamente en el limbo de la difusión, puesta a disposición de la opinión pública. Esto es, se le atribuye la facultad absoluta de la auto-operatividad: del implante a la difusión, de nuevo, sin concurso alguno de un particular que sostenga ese saber. El cociente de la operación deja además un resto, cual mano invisible: Johnny recupera los recuerdos de su infancia.

Esta fe progresista en la opinión pública y su capacidad sancionadora, que ha desaparecido en las películas del Siglo XXI como relato, sigue estando, sin embargo, presente como víctima del secreto. La ontología de la conspiración ha relevado a la ética de la denuncia, propia del siglo XX y que solo perdura en la Fe de cierta izquierda en el "realismo Social", pero acaba encontrándose con la poética del *Making of*. Aceptemos, pues, que se puedan implantar o borrar recuerdos, pero ¿se podrían implantar o suprimir las cargas de experiencia que los acompañan con su particular e irrepetible contingencia?

Jason Bourne

Ya hemos avanzado que, si hay un ejemplo emblemáticamente postclásico de filme de amnesia y más esencialmente desprovisto de otros aditamentos probablemente sea la primera trilogía de *Bourne*: *El Caso Bourrne.*(*The Bourne Identity*, Doug Liman, 2002); *El mito de Bourne* (*The Bourne Supremacy*, Paul Greengrass, 2004) y *El Ultimátum de Bourne (The Bourne Ultimatimatum,* Paul Greengrass, 2007). El protagonista, ha perdido su identidad y memoria, pero todas sus capacidades cognitivas, producto de su entrenamiento, siguen intactas y se constituyen en un enigma que se superpone a todo su ser. El que luego sabremos que es Jason Bourne, agente y asesino profesional para la CIA, aparece en el mar y es salvado por unos pescadores. Al volver en sí, descubre que carece de cualquier noticia de su pasado y de su identidad. La trilogía consistirá en ir recomponiendo ambos como un dato externo, en el que las bases de datos y los fragmentos de sus recuerdos usurpan el rol de la sintagmática de la existencia. El recuerdo traumático o la propia identidad son objetos con función, pero sin sentido, esto es, *MacGuffins* en el pleno sentido del término.

Lo curioso –para el espectador no avezado, pues se trata de un rasgo genérico de pleno derecho– es que lo que ha perdido es su memoria histórica, pero su memoria cognitiva está intacta –esto es, justo el caso contrario al de Leonard Shelby– por cuya razón se halla con un sinfín de habilidades (la memoria muscular, en el caso de una pelea, o el *habitus* cognitivo, cuando se descubre calculando todas las posibilidades de fuga al entrar a un local) que serán el instrumento de su cometido diegético y que le sorprenden porque no hay relato que las explique. Se trata de un yo sin metáfora que busca una identidad puntual, sin grosor ni dimensiones. Como prolongación de estas habilidades corporales, usa además numerosos *gadgets*. Es portentoso el uso que sabe hacer del móvil, o de cualquier "NTIC" para escapar o despistar a sus perseguidores. Pero los *gadgets* de Bourne –a diferencia de los de James Bond, por ejemplo– son absolutamente banales, bienes accesibles en el mercado: no hay ciencia ficción. Y, por eso mismo, son impersonales, no pertenecen a la esfera identitaria del sujeto sino a su competencia cognitiva completamente *desidentificada*, de usuario extremadamente competente pero estándar, ya no es el agente secreto de la Guerra Fría (esto es, del paradigma fordista y del modelo difusión) sino un avezadísimo *prosumidor*.

No se ha perdido la conciencia de ser uno, pues, sino la información de cómo se es reconocido por los otros. Esta pérdida de la identidad no lleva a la melancolía, a la introyección de la pérdida (vid. "Duelo y melancolía", Freud, 1992: 235-257), sino a un vehemente paso al acto, a una extroversión de la permanencia de sí que se traduce en una pasión de averiguar indisoluble de la pasión de sobrevivir, más allá de toda duda razonable. Se trata de averiguar, no de saber.... Averiguar qué se es para los otros, es condición de supervivencia, porque los otros quieren matar en mí algo que ignoro pero soy. Esta búsqueda de información está habitada por la pasión de la ignorancia. Ahora bien, en esta deriva de la ignorancia, del fallo en la memoria, no queda ningún resquicio para una apertura del enigma por la existencia, para una pregunta por qué soy –en cuanto pienso y existo– más allá de mi sujeción al enunciado que la voz del Otro puede proferir. El amnésico es un resto, un desecho, de su identidad especular, que sin embargo sobrevive.

Paycheck

El protagonista de *Paycheck* (John Woo, 2003) –basada en el cuento homónimo de Pilip K. Dick, de los años 50–, Michael Jennings es un ingeniero especializado en "ingeniería inversa", es decir, un avezado espía industrial que puede hacerse con cualquier objeto tecnológicamente sofisticado y copiarlo a partir de su apariencia exterior. Como parte de todos sus contratos, se estipula que tras su trabajo, llevado a cabo en el más absoluto enclaustramiento, le serán borrados todos los recuerdos del periodo para evitar que se los pueda vender a la competencia. El núcleo de la trama consiste en el ofrecimiento a Jennings de trabajar en un proyecto de unos tres años, duración muy superior a sus trabajos habituales, y también remunerado de forma proporcional. Tras este periodo, y borrados todos sus recuerdos, Jennings vuelve a su domicilio y comprueba, por vía telemática, que ha ganado más de 90 millones de dólares con el proyecto. El problema es que, cuando se acerca al banco a retirar el dinero, le informan que unos días antes él mismo había renunciado a este dinero y únicamente había dejado a su nombre un sobre con un heteróclito conjunto de objetos (un reloj, dos llaves, cajas de cerillas, una tarjeta de la empresa, un encendedor, un reloj de pulsera, un anillo de compromiso, un crucigrama a medio hacer, una arcana lista de números y así hasta una veintena de objetos, incluido un sello de más en el sobre...). Jennings se sorprende y se indigna. Pero, al volver del banco a su casa, es detenido por el FBI y, comenzando por el paquete de cigarrillos, vamos descubriendo con él que todos los elementos del sobre le sirven para ir escapando de los peligros y progresando en la acción. Así, hasta que descubre que la lista de números corresponde a la combinación de la Bono Loto de ese mismo día, lo que le lleva a deducir que ha estado trabajando sobre un método de predicción del futuro y que ha renunciado a todo para poder recuperar por vía deductiva –todos los objetos son pistas del rompecabezas diegético previsto por él durante su investigación– lo que le ha sido borrado de la memoria. De modo, que toda la película es un juego de la narración con el *raccord*. Los vértices de la acción y los de la toma están perfectamente calculados y medidos. Y así se da cuenta cumplida de que todo lo que es capaz de predecir el futuro: jugar con el tiempo es jugar con la ontología de los objetos en cuanto encuadrados e integrados en la diégesis en un alarde virtuosista del montaje, absolutamente sometido a la acción focalizada.

Al comienzo del filme Jennings se enfrenta a una tecnología informática tridimensional. De entrada, pensemos qué concepción del objeto ofrece esta idea de la ingeniería inversa: *el objeto sin secretos*. Su fascinación aurática es totalmente imaginaria porque el secreto del objeto es puramente informativo, no ontológico. La idea principal que se nos ofrece es que, por muy espectaculares que sean, los objetos técnicos pueden otorgar una fantasmagórica impresión de vida, pero jamás sentido. Sin embargo, lo que se convierte en auténtica línea medular, en auténtico enjambre de *MacGuffins*, es el *sobre* que va a acompañar a Jennings todo el filme y que, pese a su nulo valor intrínseco, va a hacer girar a su alrededor toda la trama y va a ser preservado por los protagonistas como un tesoro, de los malvados que intentarán arrebatárselo para desbaratar la urdimbre temporal y deductiva que se ha convertido en sucedáneo de su memoria. De hecho, en el planteamiento de Dick, este era el nódulo esencial de la ficción.

> ¿Cuál es el valor de una llave para el encargado de cerrar un autobús? Un día cuesta veinticinco centavos, y al día siguiente miles de dólares. En este cuento, me puse a pensar en que hay momentos de nuestra vida en que llevar una moneda encima para hacer una llamada telefónica significa la diferencia entre la vida y la muerte. Unas llaves, calderilla, quizá la entrada de un cine... ¿y la tarjeta del aparcamiento en el que hemos dejado un Jaguar? Me limité a enlazar esta idea con la de los viajes en el tiempo para observar cómo lo pequeño, lo innecesario, a los ojos expertos de un viajero temporal, puede llegar a significar algo decisivo. Sabría en qué momento esa moneda salvaría su vida. Y, de regreso al pasado, preferiría esa moneda a cualquier suma de dinero, por grande que fuera.[59]

Todos los objetos, que Jennings llega a disponer sobre la cama formando un signo de interrogación, carecen de cualquier valor autónomo: el anillo, por ejemplo, podría hacer pensar al espectador en un valor simbólico, pero va a ser solo funcional y narrativo. Su única utilidad es la de desencadenar la siguiente acción.

Ahora bien, las diferencias entre el cuento y la película de John Woo son evidentes, más allá de los patrones de verosimilitud tecnológica

59. *Imagination*, junio de 1953. Incluido en (Dick, 1989).

que pudieran regir en la sexta década del siglo XX y la primera del XXI. En el cuento hay Historia: tras su vuelta a su vida cotidiana Jennings se encuentra con cambios políticos y de actualidad. Sin embargo, en el filme el protagonista se reincorpora a su vida sin que observemos el más mínimo cambio, no solo en la actualidad, sino en las mismas tecnologías, con la rapidez con las que estas cambian, precisamente en nuestro tiempo. Pero aún más: Jennings no echa de menos ni en su vida ni en su progreso profesional toda la experiencia que le ha sido borrada, lo que convierte también a su existencia y a su memoria en un puro *MacGuffin*. Más puro que los de Hitchcock porque este no importa ni al narrador, ni al personaje, ni al espectador. Sin embargo, es esencial para la trama. Para el *thriller* postclásico no hay memoria, sino la pura facticidad diegética del recuerdo.

Olvídate de mí

Olvídate de mí (*Eternal sunshine of the spotless mind*, Michel Gondry, 2004), finalmente, representa el caso más consumado de la sinergia entre la fractura del argumento y su apropiación por la trama, propia del *puzzle film*, y el filme de amnesia en su variante de borrado digital de los recuerdos. Y por ello, la dimensión que enhebra el texto fílmico es la ética. La película de Gondry desgrana el ideal médico de una vida sin dolor (moral). Se trata, en el seno de la cultura digital telemática (aún no realizadamente ubicua (Dovey & Fleuriot, 2011, 2012; Ekman, 2013; Stenton et al., 2008), de los peligros de la demanda sin deseo.

La película narra la extraña historia, que solo comprenderemos al final, de una ruptura sentimental, tras la cual, ambos protagonistas deciden recurrir a una empresa que ofrece el servicio de borrado selectivo de los recuerdos que causan dolor. Gondry recurre a un *pronúcleo* canónico: la secuencia final colocada al principio de tal modo que el genérico provoca un corte en la homogeneidad narrativa. Como es habitual, la planificación de esta secuencia se nos presenta irregular: planos muy cercanos o desenfocados para los usos la narración institucional estándar. De este modo, se connota una subjetividad intra– (que no homo–) diegética (J. J. Marzal Felici & Gómez Tarín, 2015) de la que el espectador se halla excluido pues hay una mirada interpuesta entre él y la *fábula*, que está inserta en la diégesis sin pertenecer a ella.

Gondry fusiona la metáfora visual, con el imaginario audiovisual del ***morphing metaléptico***, mediante la economía epistémica las narrativas fracturadas. Es una cuestión de focalización y punto de vista: el espectador no sabe nada y, sin embargo, comparte con el personaje esta inopia. Se trata deu n híbrido de la economía epistémica del suspense y del relato policíaco típico del filme de amnésicos: un saber que el protagonista ignora, que el espectador ignora y que, sin embargo, está o ha estado "en la mente del protagonista". Pero la especificidad del filme la da la explicitación subversiva del recurso. al provocar un expreso efecto meta-ignorancia: un saber que el personaje ignora que ignora, esto es, que ignora que ha sabido. Este rasgo genérico en una "comedia sentimental" demuestra que el *thriller* es el gesto estético dominante en nuestra época. La sintaxis (la trama, la *dispositio*) está subordinada a la economía de la información. No es que cada vez sepamos más, eso se podría postular del avance de cualquier trama, es que cada vez estaremos más angustiados por la falta de información, esto es, cada vez ansiaremos más la coherencia apaciguadora de la trama narrativa causal, sometida íntegramente al Principio de Razón Suficiente.

La narración imposible: Los Viajes en el Tiempo

El viaje por la biografía: nada más importa

Las narrativas *mind game* y, en general las narrativas puzle o perturbadoras, implican a la trama (*sjuzhet*) pero no al argumento (*fabula*) (para estos dos términos procedentes del formalismo ruso vid. Bordwell, 1996), es decir, mantienen intacta la compacidad y continuidad –incluso *intensificada* (Bordwell, 2012)– de la diégesis, que es la propiedad esencial del realismo como dispositivo narrativo. Sin embargo, con los *viajes en el tiempo* la propia compacidad diegética, los principios mecanicistas de Identidad y de Razón Suficiente, clave del sometimiento de un universo a sus reglas, parecen peligrar al hacerlo todos los supuestos de la verosimilitud en los que se ancla la lógica narrativa del MRI. En la Ciencia Ficción, la ciencia es el campo del anclaje ontológico y de la suspensión de incredulidad, como en la novela realista, y más en su variante social, lo es la concepción dominante del mundo (mecanicista, positivista, burguesa e individualista), y en la novela histórica lo es la Historia Oficial. La dislocación ontológica, pues, es un riesgo porque la dislocación de la diégesis implica el derrumbamiento del mundo[60], la emergencia de lo *real* como lo imposible de concebir.

El caso de los viajes en el tiempo representa una variante singular en el panorama narratológico postclásico, pues. En principio, es un tema muy tratado y con una estirpe alargada. Entroncando con la narrativa utópica, toma un vuelo mucho más considerable en el siglo XX debido a la popularización de algunos supuestos de la Teoría de la Relatividad. Es un género muy estudiado (Alber, 2016; Elsaesser, 2018; Jones & Ormrod, 2015; Pezzota, 2011; Wittenberg, 2013) porque se convierte en un auténtico laboratorio narrativo (Wittenberg, 2013) para la ficción fílmica y serial. Ahora bien, a diferencia de la narrativa de amnesia, la relación de focalización puede ser mucho más compleja, pues se trata de gestionar una superioridad en el saber del protagonista que la encaja en una ontología del secreto, no del enigma, aunque este no tenga por qué estar excluido. De este modo, el planteamiento metaléptico propio del *puzzle film* queda reabsorbido en la diégesis, en una especie de integración al cuadrado que dinamita la compacidad ontológica del universo ficcional desde la continuidad intensificada del propio relato.

En efecto, los viajes en el tiempo han supuesto siempre un desafío (y un aliciente) para el mismo arte de narrar por la esencia de las propias paradojas que la dislocación temporal causaba en la cadena de la causalidad. Si ello es así en la época clásica del género, donde la dimensión temporal se ceñía a la Historia, es decir, seguía las pautas de la ficción histórica jugueteando con sus límites al ponerse en posición de perturbar la cadena causal[61], o bien, se trataba de provocar un puro asombro distópico (vid H. G. Welles), cuánto más, si la característica más conspicua del del viaje en el tiempo postclásico es lo que podríamos denominar el *enclaustramiento biográfico.*[62] Porque como en el caso de la novela rea-

60. Vid una interesante especulación sobre todo ello en (Meillassoux, 2015).
61. Esa es la idea central del *Ministerio del Tiempo*, que luego con facilidad se desliza hacia el planteamiento postclásico en forma de tentación de cambiar la propia biografía por parte de los protagonistas.
62. Wittemberg prefirió hablar de la trama edípica a partir de *Regreso al futuro* (Wittenberg, 2013).

lista y del largometraje clásico, la peripecia de un protagonista se convierte en el núcleo del relato, pero en su versión postclásica, con su máxima carga de absorción de todos los componentes del texto fílmico. La paradoja es tanto más amenazante cuanto no compete a la abstracción matemática sino a la bio-grafía de un sujeto, que es el caso.

Es lógico que los viajes en el tiempo se enclaustren en la peripecia del protagonista y no sean un vagar por épocas extrañas, ajenas, puramente pertenecientes al ámbito de lo Histórico / Oficial, que sabemos que está esencialmente desacreditado debido a la crisis de los metarrelatos (Lyotard, 1987ª) y el descrédito de la verdad como operador discursivo. La ficción cinematográfica *mainstream* actual ha decidido sustituir la Historia por el espíritu *vintage*, porque ello se aviene mucho mejor con su concepción hipostatizada e intensificada de la continuidad y, así, la biografía adviene a la categoría de *hipernúcleo* en la trama, pues es enclave de coincidencia de varias líneas narrativas alternativas e incompatibles, convirtiendo la obligación de preservar el azar que garantice la ignorancia en un deber sagrado. Podría pensarse que la cuestión del tiempo –pasado en la novela, futuro en la ciencia ficción– marca una diferencia con la novela histórica, pero eso es solo una abstracción especulativa. En la práctica, la conciencia focalizada del sujeto protagonista (del enunciado y delegado de la enunciación) convierte el futuro colectivo en pasado biográfico. Los viajes en el tiempo suponen la abolición del tiempo: no hay antes y después excepto en la consciencia del personaje focalizador. El sujeto cartesiano se nos aparece en los viajes en el tiempo como un resto arqueológico de la episteme moderna: lo no acaecido existe porque la conciencia insiste, convertida en puro vehículo de una falta, como hemos visto ya que sucedía en el *thriller* de supervivencia.

El rasgo más notorio, pues, en la variante postclásica del viaje temporal, es la propensión a dar consigo, con el sí mismo de otro tiempo, debido al juego en la focalización narrativa en la distribución del saber del relato. Lo pretendido por las narrativas de masas posmodernas es convertir este proceso en agonístico, esto es, antropomorfizarlo. Y enclaustrar este proceso en un relato que deviene biográfico, que deviene vida fijada en una grafía, deriva en una textualidad que tematiza explícitamente el sentido, al someter la lógica narrativa a su paso por la paradoja. La integración narrativa lleva necesariamente a la tensión extrema del mundo diegético como *mundo posible* (Albaladejo Mayordomo,

1998; Bell & Ryan, 2019; M.-L. Ryan, 2009) provocando su estallido intensional y extensional.

Esta fórmula narrativa da lugar a lo que podríamos denominar un *hipernúcleo desbocado*: la deflación de la cadena causal pone en continuo riesgo el propio Principio de identidad. De ahí, que la gran obsesión del Viaje en el Tiempo postclásico sea mantener el pasado intacto, al menos en lo nuclear. La misión es que el pasado no cambie, esto es, repetir los actos escrupulosa y obsesivamente para preservar el "presente". *El Ministerio del Tiempo* (Javier Olivares / Pablo Olivares, 2015–) no tiene otra función, pero ese es también el tema de *Dark* (Baran bo – Odar-Jantje Friese, 2017-2020) y *11.22.63.* (Bridget Carpenter, 2016), y de toda la ficción *Time Travel* postclásica, deudora por supuesto, de *Regreso al futuro* (*Back to the future,* Robert Zemeckis, 1985). De este modo, se dan la mano, en el seno del viaje intertemporal, la narrativa histórica, la prolepsis distópica y la trama amnésica, dado que este reduplicarse en yoes intempestivos de la identidad protagónica lleva a la disolución de la focalización y al fraccionamiento identitario. De ahí, la *relevancia en la decisión por uno entre los múltiples yoes* como focalizador de la acción. Piénsese, por ejemplo, en *Los Cronocrímenes* (Nacho Vigalondo, 2007), donde tras mucho indagar llegamos a la conclusión de nos hemos identificado al tercer Héctor.

Casuística

Tenemos, pues que la misma crisis de los grandes relatos (Lyotard, 1987ª) trajo consigo el desplazamiento del foco principal de la narrativa fílmica desde la aventura espacial, predominante durante toda la Guerra Fría, hacia los viajes en el tiempo, acercándola además a la estructura del *thriller*. De hecho, algunos de los mayores éxitos de la ficción espacial de los últimos años, en los que parece haberse producido un revival del género, son una combinación de ambos tipos, como *Interestellar* (Christopher Nolan, 2014) o *La llegada* (*Arrival,* Denis Villeneuve, 2016)

Los temas, subtipos y argumentos son variadísimos dada la facilidad para la hibridación, alimentada además por las narrativas transmedia (Jenkins, 2008; Scolari, 2013) y la *remediación* (Bolter & Grusin, 2000) a las que es tan proclive la complejidad narrativa postclásica. Así, con la distopía *cyberpunk* o *steampunk*, alimentada también por la iconografía videolúdica. Y, claro está, la globalización del *mainstream* cinematográfico, propiciado además por las plataformas de *streaming*, que ha permitido una expansión al público en general del cine asiático, sobre todo coreano y japonés, tanto convencional como *anime*. Una tipología menos que mínima dará una cierta idea del panorama haciendo hincapié en su precariedad dada la multitud de hibridaciones y mixturas.

Máquinas del tiempo:

Es, probablemente, la versión más clásica: el viaje al futuro o al pasado a través de algún tipo de artefacto técnico.

Déjà vu. Cambiando el pasado (*Deja Vu*, Tony Scott, 2006)

Los cronocrímenes (Nacho Vigalondo, 2007)

Regreso al futuro (*Back to the future*, Robert Zemeckis, 1985)

Regreso al futuro. Parte II (*Back to the Future Part 2,* Robert Zemeckis, 1989)

Regreso al futuro. Parte III (*Back to the Future Part 3*, Robert Zemeckis, 1990)

Predestination (Michael Spierig y Peter Spierig, 2014)

Primer (Shane Carruth, 2004)

La llegada (*Arrival,* Denis Villeneuve, 2016)

Paycheck (John Woo, 2003)

Seguridad no garantizada (*Safety not guaranteed,* Colin Trevorrow, 2012)

Saltos espontáneos en el tiempo

El salto temporal es una rediegetización del *flash-back* metaléptico que produce una esquicia entre la conciencia pública y la conciencia particular del personaje. El protagonista sabe más que sus compañeros en la diégesis porque sabe algo que saben el espectador y el meganarrador, aunque desconoce su sentido, que solo está prometido y no dado.

La chica que saltaba a través del tiempo (*Toki o kakeru shôjo*, Mamoru Hosoda, 2006)

Coherence (James Ward Byrkit, 2013)

Donnie Darko (Richard Kelly, 2001)

Lugares que conectan universos temporales paralelos.
Durante la tormenta (Oriol Paulo, 2018)

Time Trap (Mark DennisBen Foster, 2017)

El Ministerio del Tiempo (Javier OlivaresPablo Olivares, 2015-)

La casa del tiempo (*House of Time*, Jonathan Helpert, 2014)

Dark (Baran bo - OdarJantje Friese, 2017-2020

Congelación (disritmia) temporal
Vanishing Time A Boy Who Returned (Tae-hwa Eom, 2016)

A Ghost Story (David Lowery, 2017)

Bucles

Es también un recurso antiguo, presente en el cine clásico de Hollywood. La gran diferencia consiste de la consciencia en el bucle postclásico frente a la inconsciencia del que se haya atrapado en él en el cine clásico. En cualquier caso, el bucle podría considerarse como una repleción del tiempo del progreso vacío y homogéneo[63] y, por tanto, transitable e isó-

63. Walter Benjamin define así la concepción del tiempo en la socialdemocracia, en sus "Tesis de Filosofía de la Historia:

> La representación de un progreso del género humano en la historia es inseparable de la representación de la prosecución de esta a lo largo de un tiempo homogéneo y vacío. La crítica a la representación de dicha prosecución deberá constituir la base de la crítica a tal representación del progreso. (Benjamin, 1989: 187).

tropo. En el Cine Clásico y en la llamada Modernidad Cinematográfica, el bucle tiende a ser concebido como tragedia, como la catástrofe existencial de un sujeto que está atrapado en un destino ininteligible. O incluso, en el que solo el espectador lo conoce. Al asimilar la mirada del espectador a la meganarrativa, el protagonista pierde su papel focalizador, es desposeído de cualquier privilegio en la economía epistémica del relato y cae como un desecho. El resto de identificación que aún queda en el espectador le hace sentir un auténtico estremecimiento de horror. Es lo que sucede en *Al morir la noche* (*Dead of Night*, Cavalcanti, C. Crichton, B. Dearden y R. Hamer, 1945). Pero también está presente presente en la llamada *Modernidad Cinematográfica*: piénsese en *La Jetée* (Chris Marker, 1962)[64] y en su *remake* postclásico *12 monos* (*12 Monkeys,* Terry Gilliam, 1995). Evidentemente, cada cual, con su sabor de época formal, de estilo y de relato. Mientras la primera ofrece una clara muestra de escritura experimental a través de la foto fija, y una contextualización en la Guerra Fría que le lleva a representar un futuro posnuclear, en la segunda se opta por el homenaje (a Marker, por supuesto, pero también a la escenografía de *El Gabinete del Doctor Caligari* (*Das Cabinet des Dr. Caligari,* Robert Wiene, 2020) y por la amenaza biológica en tiempos del SIDA y, cómo no, por ampararse en el *thriller* policíaco.

Bucle cómico

Pero el caso es que lo que aquí más nos interesa es señalar que en la estructura narrativa de bucle lo que se juega es una cuestión de focalización, de distribución de los saberes. Es el factor esencial en el contexto postclásico, como hemos podido ver en el *puzzle* y el *mind game film*. En efecto, la comparativa de saberes respecto al personaje que sustenta nuestra visión y los demás es la clave de la atracción y el desentrañamiento del filme. Solamente desde este puede emerger, con la fuerza que lo hace, el bucle cómico, en vez del bucle trágico. La película señera en esta dimensión es *Atrapado en el tiempo* (*Groundhog day,* Harold Ramis, 1993). Lo que le da su aire de comedia y la aleja de la trage-

64. Y véase el magnífico análisis de Javier Marzal (J. Marzal Felici, 2011).

dia del personaje atrapado es, precisamente, que su protagonista sabe y recuerda, mientras que el resto de los personajes no son conscientes en absoluto de que están atrapados en el día de la marmota. Súmese a esta lista *Al filo del mañana* (*The Edge of Tomorrow*, Doug Liman, 2014), una película apreciable por su frescura tanto como por su precisión. Y también *Una cuestión de tiempo* (*About time*, Richard Curtis, 2013), o una serie de televisión reciente, *Muñeca Rusa* (*The Russian doll,* Leslye Headland Natasha Lyonne Amy Poehler, 2018-)

Bucle romántico

Este desconocimiento puede ser el del propio protagonista, que al volver a su tiempo 0 no recuerda su viaje, pero sí lo hacen otros personajes, en buena parte de los casos, una mujer con la que mantuvo un acercamiento amoroso, lo cual acerca el género al filme romántico. Pensemos en dos películas como

Asesino en el tiempo (*L'autre vie de Richard Kemp*, Germinal Alvarez, 2013)

Más allá del tiempo (*The Time Traveler's Wife*, Robert Schwentke, 2009)

y por supuesto, *Déjà vu* (Tony Scott, 2006)

Bucle trágico postclásico

En el que el reencuentro consigo del protagonista resulta siniestro, o bien, el destino se muestra insoslayable más allá de que se pueda intervenir en la cadena causal que parece haberlo propiciado.

Looper (Ryan Johnson, 2012)

Moon (Duncan Jones 2009

Bucle Metaléptico (o meganarratorial)

Esencialmente, aquel en el que los personajes no saben la causa de sus desplazamientos.

Ahora sí, antes no (Hong Sang-soo, 2016)

La chica que saltaba a través del tiempo (Toki o kakeru shôjo, Mamoru Hosoda, 2006)

Premonition (Mennan Yapo, 2007)

Salto en el tiempo

Dark (Baran bo - OdarJantje Friese, 2017-2020

Interstellar (Christopher Nolan, 2014)

Visión anticipadora (Prolepsis)

El efecto mariposa (*The Butterfly Effect*, Eric Bress y J. Mackye Gruber, 2004)

Las vidas posibles de Mr. Nobody (*Mr. Nobody*, Jaco Van Dormael, 2009)

Next (Lee Tamahori, 2007)

Everything Everywhere All at Once (Daniel Kwan / Daniel Scheinert, 2022)

Reinicio Voluntario

Que es una influencia clara de la narrativa videolúdica (Navarro-Remesal & García-Catalán, 2015; Navarro Remesal, 2016; Navarro Remesal, 2019), donde los tonos y juegos de focalización narrativa pueden ser de lo más variados, del tono épico-trágico (*Arq*) al tono épico cómico *(Al filo del mañana)* pasando por la reflexión existencial, el juego de espías o el drama:

Arq (Tony Elliott, 2016)

Código fuente (*Source code*, Duncan Jones, 2011)

11.22.63. (Bridget Carpenter, 2016)

Looper (Ryan Johnson, 2012)

La chica que saltaba a través del tiempo (*Toki o kakeru shôjo, Mamoru Hosoda*, 2006)

Más allá de los dos minutos infinitos (*Droste no hate de bokura*, Junta Yamaguchi, 2020)

Tenet (Christoper Nolan, 2020)

Dar consigo no es ser: *La insólita reunión de los nueve Ricardo Zacarías*

Dada esta proliferación de mixturas entre tipologías y temas, paradójicamente, donde hemos encontrado de manera más cumplida todos los rasgos esenciales del viaje en el tiempo postclásico no ha sido en un filme, sino en una obra literaria del Colectivo Juan de Madre: *La insólita reunión de los nueve Ricardo Zacarías* (Colectivo Juan de Madre, 2012). La nervadura central del texto está compuesta por las nueve entradas de diario del científico toledano residente en Barcelona Ricardo Zacarías, que narran su viaje en el tiempo, cada 15 de febrero, a partir de 1905, hasta el mismo día de 1921 a la habitación 202 del Hotel Chelsea de Nueva York, con la intención de acudir a una cita con alguien llamado Jacob. Pero con quien se encuentra allí sistemáticamente es con las otras ocho versiones de sí mismo que también han realizado el viaje. El relato en sí es una magistral mezcla –con una prosa exquisita– del género policíaco, el folletín y la ciencia ficción, a la vez que juega con la prolepsis y la analepsis, tanto como la elipsis (Genette, 1989ª) calculada en la escansión de la trama. La narración, además, se encuentra enmarcada por una serie de textos, en los que el *autor implícito* se construye como tal al explicitarnos las influencias de las que procede o las remisiones culturales que sugiere la peripecia narrada. De tal modo, la reflexión sobre el sustento subjetivo de la trama textual es doble. Por un lado, en el relato, el propio Ricardo Zacarías va dando consigo escandido en sus nueve clones marcados por el destino. Por otro, las referencias *intertextuales* y *paratextuales* (Genette, 1989b), acercándose a la poética transmediática del *fanzine* y del *collage*, nos glosan la contingencia de que todas esas influencias se hayan confabulado para construir esa ficción *concreta* y no cualquier otra textualidad.

Tenemos, pues, un dispositivo enormemente complejo donde se produce un *doble desdoblamiento enunciativo*: entre el narrador de la historia novelesca y el autor de los intertextos, sí; pero también entre el Ricardo Zacarías privilegiado como focalizador del relato y los otros ocho en los que se va encarnando sucesivamente, en la eternidad del encuentro en el Hotel Chelsea. Además, existe el desdoblamiento estilístico entre el grano novelesco realista de la novela y el grano erudito *afterpop* de los intertextos, lo cual supone un *puzzle* de voces realmente apabullante pero con un sólido anclaje en su gravitación alrededor de la voz trágica, torturada y decimonónicamente grave del diario.

Los intersticios: el parauniverso

Para hacernos una idea del dispositivo, impostoramente hipertextual, vale la pena citar por extenso el texto que oficia como prólogo del libro (pp. 13 y 14):

Instrucciones para servirse de una máquina del tiempo

> Este libro trata de la desaparición, el 15 de febrero de 1916, de un denostado científico en la ciudad de Barcelona[a]. También trata de un crimen que se cometió en una de las habitaciones del Hotel Chelsea, en Manhattan, el 15 de febrero de 1921[b]. Ninguna de las dos cuestiones fue resuelta entonces. Las siguientes páginas relacionarán ambos hechos y propondrán una única solución; la respuesta no pretende ser verdadera ni realista, pero es perfectamente coherente con lo se encuentran en las hemerotecas. El método utilizado para exponer la resolución de ambos casos consiste en la escritura de un ficticio diario personal, cuyo autor sería aquel científico barcelonés, desaparecido en extrañas circunstancias a principios del siglo xx. Cada capítulo de este libro representa un día de su diario de nueve años distintos."
>
> Cabe repetir aquí, para que la lectura futura no resulte confusa, que, aunque las nueve entradas del diario son una invención, los hechos más importantes que estas páginas relatan pueden ser corroborados en el registro bibliográfico. Así, al final de algunos capítulos se incluye una trascripción de aquellas noticias o entradas enciclopédicas o epístolas que demuestran la veracidad de los hechos a los que se hace referencia. Como ejemplo del funcionamiento del libro; el primer parágrafo de esta introducción contiene dos reseñas. Solo hay que buscar, tras volver la última página de estas instrucciones, la entrada *á* y la *b,* para poder leer las dos primeras crónicas periodísticas que sobre ambos casos se publicaron cien años atrás.
>
> Aún se intercalan otro tipo de textos que se trenzan con la

> trama. Estos enlaces vendrán señalados por un número. En muchos casos dichos ensayos, a su vez enlazarán con otros textos que vendrán incluidos en algún punto del libro. Así este volumen aspira a ser una red. Su lectura ideal consistiría en una lectura totalizadora, leyendo todas sus páginas a la vez, sin jerarquías ni pirámides; comprendemos que es una aspiración imposible, ya que leer es un acto secuencial. Por lo que, finalmente, cada lector deberá decidir el recorrido por dicha red: trazar una trayectoria según sus deseos, priorizar unos nodos, saltar sobre otros o regresar a los que dejó atrás, y de tal manera ensamblar su propio libro, su propia máquina del tiempo.

O sea, que también hay una especie de subversión deconstructiva del tópico "basado en hechos reales" como derivación de la novela histórica. Solo el análisis de este textito, sus implicaciones, sus imposturas y sus silencios darían para un análisis completo aparte. Nos centramos primero en las referencias que parten del cuerpo principal y que, como notas y comentarios, se avendrían a la categoría que Genette (1989) llama *paratextos*. Ahora bien, el rasgo más visible que guardan con el vínculo digital es precisamente su arbitrariedad –qué se glose o referencie queda al arbitrio del *autor implícito*– y su reiteración, pues la repetición de las notas en diversos enclaves es un recurso más para ensamblar la compacidad del *mundo modelo denotado Colectivo Juan de Madre*.

Pero claro, en esta idea de *puzzle*, son la elipsis y la falsedad los principales ejes de una subversión generalizada del hipertexto enciclopédico y de su función referencial. Sí, se nos habla de que el diario es ficticio. Pero también se nos dice que encaja perfectamente con las referencias en letra minúscula, que serían textos cuyo *denotatum* sería el mundo generalmente acordado como real, mientras que las numeradas remitirían a un mundo de referencia también objetiva, como sería el académico (o, al menos, el institucionalmente cultural). Y entre las primeras encontramos una supuesta carta de Ricardo Zacarías (d) y una referencia a una obra de Gastón Leroux *El misterio del cuarto cerrado* completamente inexistente (a no confundir con *El misterio del cuarto amarillo*). Por otro lado, la concepción del texto como enteramente disponible es un engaño al cubo. Primero, porque la trama novelesca es tan pregnante que realmente impide ir por ella a saltos. Pero, también, porque evoca metafóricamente una concepción del tiempo como cuarta dimensión enteramente disponible, que está claramente tematizada en el Diario de Ricardo Zacarías, pero cuya principal influencia literaria me consta que es *La historia de tu vida*, Ted Chiang (Chiang, 2004), autor que no aparece citado ni una sola vez en todo el texto. Y que, sirva como muestra de la proximidad estética y epistémica entre el universo fílmico postclásico y la novelística de Juan de Madre, Denis Villeneuve adaptó con pericia en *La llegada* (*Arrival,* 2016)

Así, nos encontramos que, si no hay un apoyo en un mundo acordado consensualmente como campo de referencia, todo *mundo posible* (Umberto Eco, 1981; M.-L. Ryan, 2006) queda remitido al *meganarrador* como único garante discursivo del sentido final del texto. En efecto, no hay autor más omnipotente y omnisciente que el apócrifo Juan de Madre, cifra última de cada significación, relector de la historia y de todo un universo cultural semi-apócrifo en el que la mezcla de realidad y ficción socava enciclopédicamente la autonomía de ambas. De hecho, y parece que vamos desvelando el secreto, *la forma que tiene el autor de ser es, precisamente, no dar nunca consigo*, en paralelo al protagonista que no cesa de mantener encuentros consigo que no consiguen darle cifra, escritura, alguna de sí.

Efectivamente, la casuística de las notas es variadísima y radicalmente impredecible en el cálculo connotativo. Precisamente, su explicitación, su orientación embozada hacia la referencia, las constituye en algo completamente distinto de una glosa, de una *lexía* al estilo barthesiano (Barthes, 1981). Aún más, lo que se constituye es una trama reticular que recorta el perfil (gustos, influencias, obsesiones, intereses, placeres...) del sujeto autoral y convierten a toda la peripecia de Roberto Zacarías en un don ficcional del autor al lector. "Dar lo que no se tiene", un radical acto de amor.

Pensemos en la nota 3, por ejemplo, un tremendo excurso sobre el mundo del circo, ampliado por la nota 4 (sobre el cine de Tod Browning) que parecen tener un puro carácter catalítico (Todorov, 1972), de expansión enciclopédica ornamental a cuenta de un personaje muy secundario que ha aparecido en la primera entrada del diario. Sin embargo, la siguiente, "5. Historia de las amistades" tiene un carácter de histerización (en el sentido de excitación del ansia de saber) debido a su carácter *pronuclear* que anticipa un tema esencial como el de la pederastia.

Otro caso emblemático es el de Michelle Dummont, así como el de Francisco Ojos Negros. Ambos personajes, esenciales en la trama del Diario, son mantenidos en un estatuto de semificción, por su relación con el ambiente de Vanguardia, que no acabamos de captar hasta que en la nota 28 nos percatamos de la importancia que Marcel Duchamp tiene desde un punto de vista metaficcional, pues se nos viene a decir que su obra "El gran vidrio dentro de una caja verde" (29) es en realidad un trasunto de la máquina del tiempo ideada por Ricardo Zacarías. Este es el sentido también de los excursos sobre Truman Capote, Tristán Tzara, Dante, William Blake, Masaru Emoto o hasta Silvio Cuello. Y luego vienen las de corte científico o filosófico: la alquimia, el vudú, William James, el gato de Schrödinger, el cubo Hinton, etc.

Pero probablemente, lo más espinoso para el lector sean aquellas marcadas con letras minúsculas y que atienden a un supuesto ámbito de actualidad histórica y son continuamente invadidas por personajes de la ficción que aparecen en ellas (Francisco Ojos Negros interrogado por la policía neoyorquina, Ricardo Zacarías en el sumario del juicio a la Vampira de Barcelona[65]) a la vez que, al contrario, que sería el único camino natural en un entorno de erudición hipertextual. Aquí la autonomía de la ficción –su no contaminación, su posibilidad de inclusión pura y no causativa en el esquema de la realidad como mundo posible–, que es un imperativo realista, hace aguas. Esencial todo este punto, para dimensión pragmática del texto, en la que el mundo referencial queda reputado, en buena medida, como una estafa.

65. Sobre la ficcionalidad absoluta o no de textos y personajes, en su momento, intenté infructuosamente interrogar a los autores, sin recibir más que un gesto de calculada ambigüedad. Me parece perfecto. Ello les refuerza en su autonomía autoral, pero a la vez legitima la mía como crítico. Hay referencias objetivas y datables, como Enriqueta Martí. Otras, que son de dominio público cultural. Pero sobre la existencia civil de un tal Ricardo Zacarías o sobre *El misterio del cuarto cerrado* de Gastón Leroux, sobre el portero del Hotel Chelsea no tengo más que mis conjeturas. Poco importa: en la narrativa de Juan de Madre todo queda absorbido por la potencia del discurso ficcional, tanto referencial como narrativo. Por eso he preferido hablar de universo "semi-apócrifo".

El diario de Ricardo Zacarías

Probablemente el concepto de *cronotopo* (Bajtin, 1989), en cuanto articulación específica del espacio-tiempo, se nos antoja insuficiente cuando se trata de explorar un entramado narrativo como el del Diario de Ricardo Zacarías, basado en la posibilidad de viajar en el tiempo, producto de esa misma dislocación causal.

En efecto, como señala Wittenberg, la narrativa de viajes en el tiempo es un auténtico "laboratorio narratológico" (Wittenberg, 2013) que está en la base de todas las acrobacias narrativas, de todas las torsiones y fracturas argumentales que hemos estudiado en el cine postclásico hollywoodense. De entre toda la batería de recursos que hemos aislado en los capítulos anteriores, creemos que el concepto de *hipernúcleo* es el adecuado para referirnos a la trama de *RZ*. Aquí, en el abordaje de las 9 visitas de Ricardo Zacarías en nueve quinces de febrero de 1921 no nos vamos a interesar tanto por una cuestión narratológica como por un enfoque trágico y psíquico (que no psicológico o cognitivo). Nos van a importar menos los bucles y paradojas temporales (Vid. Nahin, 1993; Ryan, 2009; Wittenberg, 2013) que la cuestión de la perspectiva escindida del yo frente a sí mismo y el desdoble moral ante el *fatum* y la línea del tiempo. La ontología desplegada en *RZ* es una ontología subjetiva, no objetiva: la cuestión es la culpa y el libre albedrío, un misterio a la altura del dogma cristiano de la justificación y la Gracia.

El diario en sí mismo es, pues, una pieza novelística de una envergadura sobresaliente, donde la textura de la prosa se impone como una voz sólida e intensa más allá de la consistencia psíquica y narrativa del personaje, mostrando una compacidad meganarrativa a prueba de bucles, paradojas y delirios. Es ante todo un *estilo* el que nos hace confiar, suspender la incredulidad, ante una voz inesperadamente estentórea, fluida y compacta en medio de lo que en principio podría presentársenos como un experimento editorial y literario en la estela de la enciclopedia *pulp* y del fenómeno *fanzine*. No podríamos esperar, tras el prólogo, una voz así, semejante envite autoral sólidamente fundamentado. Es precisamente esta seriedad literaria encarnada en una compacidad estilística que hace uso de todos los estilemas propios del relato realista clásico (Barthes, 1981): analepsis, prolepsis y, en última instancia, también metalepsis. El que porta, paradójicamente, la carga más subversivamente irónica sobre las pretensiones de la *hipertextualidad interactiva* de la *narrativa ergódica*, porque exige la evocación de un autor en sentido fuerte, más allá de la posibilidad de cualquier abarcamiento cognitivo (Mendoza Fillola, 2012). Es esa figura *meganarrativa* (Gaudreault & Jost, 1995), fundamento de todo el universo de la ficción, la única que puede guiarnos en el océano de incertidumbres en el que naufraga el narrador en primera persona, un Ricardo Zacarías que se desintegra como unidad psíquica –su desmaterialización final es una magnífica metáfora para resumir todo el proceso– en su intento de darse alcance en los encuentros con sus ocho clones y que convierte la proyección de la *syuzhet* sobre la *fábula* (Vid. Bordwell, 1996; Kindt & Müller, 2006) en un balbuceo de la escansión informativa que clama por un garante de la ficción, por un grado "no cero" de la escritura (Barthes, 2005), por una omnisciencia fantasmática pero insoslayable, por –permítaseme esta veleidad psicoanalítica– un "sujeto supuesto al saber" de la historia.

Como sucedáneo de un análisis del relato, que para ser justo debería ser meticulosamente *obsesivo* (en sentido etimológico: sitiando, cercando el enigma del texto), en el espacio del que aquí disponemos no podemos sino ofrecer un leve punteo, en absoluto exhaustivo, sobre las entradas del Diario de Ricardo Zacarías.

1905, 15 de febrero

Aquí se nos narra el primer viaje (convencional) a Nueva York con la intención de construir el otro de los artefactos gemelos en los que ha de consistir la máquina del tiempo y se nos anuncia que el objetivo de todo el proceso no es otro que encontrarse con Jacob en otro espacio y en otro tiempo. Podríamos decir, que su textura es analéptica, de *flash-back* diegetizado, en el que se nos presenta a los personajes principales (Michelle Dummont y Francisco Ojos Negros). Toda la entrada tiene una función "histerizante" (excitante de la pulsión epistémica) de *pronúcleo*, pues el espectador no sabrá en absoluto quién es Jacob, el personaje con el que pretende reunirse el protagonista, hasta mucho más adelante y se verá librado, indefectiblemente, a *fingir* una hipótesis tras otra. Todo este *flash-back* diegetizado es un procedimiento realista que le confiere en gran medida su textura de prosa novelesca al texto central.

1906, 15 de febrero

Aquí nos encontramos con el primer relato extrañado de su encuentro con sus ocho clones. Veremos pues, que la focalización narrativa se va escandiendo, vertiendo sin dejar poso, de un Ricardo Zacarías a otro. El intento de fundamentación subjetiva se nos presenta, pues, como un *punto de catástrofe hipernuclear.*

> El problema me acecha cuando en nueve ocasiones, a lo largo de mi vida, decido viajar a un mismo instante, donde se encuentran nueve Ricardo Zacarías, llegados de nueve años distintos. Y el lenguaje se convierte en una trampa para explicar sin trabas lo sucedido (p.59).

Evidentemente, el viaje al futuro se convierte en un accidente (como suele suceder en todo acontecimiento hipernuclear), en el reino de una contingencia subjetiva, que Ricardo Zacarías se enconará en convertir en necesidad. Cada viaje es un intento de ver si el futuro puede haber sido modificado o está fijado para siempre (pp. 55-56) Como se dice en la transcripción posterior de una supuesta carta de Ricardo Zacarías:

> Todos estos dilemas quedan borrados y solucionados de un solo plumazo al aceptar que el Tiempo está desplegado, igual que lo está la geografía. Por ello, creo que deberíamos, de una vez por todas, empezar a estudiar la realidad temporal como una dimensión más, idéntica a las tres dimensiones espaciales (p.64).

A partir de la p. 53 se nos narra el primer relato del encuentro: todos sus clones llevan el año de su procedencia en la frente, menos el último. Él se lo irá pintando como una especie de gesto piadoso para el sí mismo ignorante de los años anteriores.

1907, 15 de febrero

Volvemos al *flash-back*, a otra de esas analepsis que le dan a al diario auténtica textura de narración novelesca realista. Se introduce aquí la infancia en Toledo y la trágica muerte de su hermano Guillermo. Y, por supuesto, la historia del autómata (pp.84-85) y de la casa de la Plaza de

Zocodover, que nos remite a la historia de "Isaac el padre", recogida en *El libro de los vivos* (Colectivo Juan de Madre, 2011: 93-111) Como vemos, el plan de autoconstrucción autoral de Juan de Madre es potentísimo, y muy similar al que veremos más adelante en Quentin Tarantino. En este capítulo es el que se plantea toda la fuerza del *hipernúcleo* y de la *ontología del* rácord en el esfuerzo hercúleo de someter la cuarta dimensión al imperio de las otras tres a través de la potencia euclidiana del punto de vista, de absorber la dimensión epistémica del tiempo a la dimensión escópica del espacio.

> Al ver [en un espejo] mi imagen y observar el número de mi propia frente, he atendido a las cifras de los otros.
> Los números iban desde 1907 hasta 1912, como queda dicho antes, aquel Ricardo Zacarías de cabellera blanca no tiene el año escrito, pero resultaba imposible que provenga de 1913.
> El último Ricardo caminaba torcido, las arrugas de su rostro eran profundas y constantes. El porte del de 1912 tampoco era heroico, más bien parecía triste y costoso, pero su cabello aún era en parte castaño y el rostro, aunque con desánimo, era el de una persona sensata y viva. En cualquier caso, al contabilizar las procedencias de cada uno de aquellos acompañantes, me estalló una incógnita; un misterio que era evidente pero que no vislumbré hasta ese mismo instante: ¿qué hace que, tras tantos años de saltar hasta ese día, haya un momento que deje de hacerlo? ¿Qué hay de los otros Ricardos, que van desde 1912 hasta 1921? ¿Abandonaré la máquina? ¿La destruiré, simplemente? ¿Me ocurrirá algo que me impedirá, en contra de mi voluntad hacer ese viaje anual?, Todas estas cuestiones y tantas otras se han mezclado en mi meditación y he creído que el que debía estar más cerca de conocer las respuestas era aquel Ricardo que ya había vivido 10 de todos los otros y quién sabe cuánto más (p.89).

Como en el *mind game film, el verdadero trayecto narrativo es el que va del saber del meganarrador al saber del lector*. Y en *RZ*, sabremos pronto que esa consumación, que se producirá por la identificación de los nueve ejemplares del protagonista, no puede consistir en otra cosa que la abyección encarnada en ese último Ricardo.

> Maldito sea aquel que no lleva marcada la frente, pero sí la carne con una cicatriz brutal, que perdió un ojo y una mano, y parece que toda moralidad. Aquel que se asemeja más a un lobo que a un hombre. Ahora conozco de qué año viene, pero otras incógnitas se me revelan insoportables; me aterroriza desconocer cómo. Quise interrogarle al respecto, pero no pude. Me temo que hasta dentro de mucho no podré resolver esta inquietud que me secuestra los nervios (p.87).

Es en esta entrega donde se puede calibrar pues la extrema complejidad narrativa y enunciativa de este relato novelesco. Como vemos (p.87), se pinta el año en la frente: ¿mensaje para quién?, ¿quién es el enunciatario del acto perlocutivo de la mera presencia? *Dar consigo no es ser...*

1908, 15 de febrero

Aquí se despliega la noción del futuro como hecho consumado: si se ha vivido, es irreversible. El tiempo es la subjetividad. Y la obsesión por que todo cuadre, por que la escena se repita con total fidelidad al guion: se afeita porque se recuerda afeitado en el futuro (p. 121) Un gato (la alusión paródica a Schrödinger es evidente) impide el funcionamiento de la máquina.

1909, 15 de febrero

Ricardo nos narra por primera vez sus viajes al pasado, sus aventuras con la muchacha del espejo. Pero recordemos que todo esto sucede porque su Yo de este año se lo sugirió al del año anterior. El bucle entre voluntades, premoniciones e identidades es infernal. Su yo del año siguiente, por ejemplo, le da una pista falsa –interpretada por él erróneamente–, acto que él vuelve a repetir maquinalmente cuando le toca. Aquí el embrollo ya es mayúsculo: mensajes y contramensajes, hechos y deberes, necesidad u obligación. ¿Necesita lo real nuestra lealtad? Toda la repetición de su viaje consiste en pretender un saber que se anticipe a la escritura de la vida (a la *bio-grafía*) que está sometida al discurso del tiempo. Y, sin embargo, él se empeña una y otra vez, en reescribir la escena, como si esta fuera un engranaje, un bucle mecánico, suspendido en la eternidad:

> Ahora te señalé ahí", me dijo señalando al Ricardo que recogía un libro sobre la mesita de noche, aquel que se sentaría luego a leer bajo la ventana. Ese Ricardo, venido desde 1911, ha abierto el libro sin demasiada sorpresa. Ha mirado entre sus páginas y las ha agitado, en busca de algo; entonces una nota ha caído, sobrevolando el aire con demasiada lentitud hasta caer bajo la cama. Ahí estaba la nota que yo iba a leer. He ido a recogerla, pero recordé la vez pasada; entonces he decidido esperar de pie unos instantes, los que ha tardado el Ricardo del pasado en abandonar el habitáculo donde se encuentra la máquina. Aquel ha observado detenidamente a cada uno de los presentes –la curiosidad por conocer el contenido del escrito me empujaba los pies, pero tenía que esperar, y *no era un deber, era un hecho–,* hasta que por fin el recién llegado ha fijado sus ojos en los míos. Ahora era cuando yo debía dirigirme a la cama, agacharme y recoger la nota. La he desplegado de espaldas a él y he podido leerla (p.151). El subrayado es nuestro.

1910, 15 de febrero

En esta entrada comienza a contarse la historia de Jacob, por fin. La serie de bucles y remisiones temporales se convierte en una auténtica tortura para el entendimiento. Y también se nos narra la Semana Trágica barcelonesa, que Ricardo cree que ha salido literalmente de su cabeza, ironizando sobre esa cámara de descompresión referencial que es la contextualización de la *historia* en la *Historia* y que es una de las señas de identidad, de los estilemas clave, del *cronotopo* realista (Bajtin, 1989).

1911, 15 de febrero

En la entrada anterior prácticamente no habla de la visita, sino que toda se va en la analepsis de la historia de Jacob. Ahora habla sobre todo de él, de su plan de viajar al pasado para verlo antes de que trabaran conocimiento. Por ello, los saltos temporales y causales en este capítulo son muy locos. La conciencia interpuesta del personaje, la primera persona, convierte el bucle en vertiginoso.

Sin embargo, este Ricardo Zacarías de 1911 parece el más genuino representante de la conciencia transtemporal del personaje. Él es quien lee el diario encargado a Michelle Dummont y Francisco Ojos Negros y a él se dirige el de 1916 (el de 1912 ha desaparecido, aún no sabemos por qué):

> La voz del otro ha sonado metálica, idéntica a la que yo siempre le supuse al autómata fantasmal de Toledo, cuando ha anunciado sin claridad su inminente crimen: lo que ahora te voy a hacer, hará que te sientas humillado, Pero debo advertirte que no mostrarás resistencia. Tal vez porque así te lo advierto..., aunque da igual la razón. Es algo que ya deberías haber aprendido, tras todos estos años. Las razones, los motivos, las causas y sus consecuencias, son estúpidas ideologías humanas. ¿Cuál es la palabra mil cuatro cientos sesenta? ¿Qué sentido tiene esta diatriba? Ninguno, simplemente estoy repitiendo lo que hace cinco años escuché con los ojos abiertos como los de una res a punto de ser sacrificada (p.227).

1912, 15 de febrero

Aquí vienen los recuerdos de su padre, que luego le recordará 1916, a la vez que predice la su muerte a manos de 1912, a consecuencia de que le revela la terrible explicación de su estado y el porqué de su ausencia en los tres años posteriores.[66] Por primera vez se ocupa de que algo "no cese de no escribirse" (Lacan, 1989b: 74), de inscribir una imposibilidad en el trayecto de lo inevitable, de escribirse en libertad y convertirse, valga la frase, en Pierre Menard de sí mismo. Como vemos, la consumación del destino vendrá de la mano de la *metalepsis*, pues Ri-

66. Somos conscientes de lo enrevesado de la frase, trasunto de la trama. Excusas.

cardo Zacarías culmina su búsqueda epistémica asumiendo el rol de autor final de su vida

Pero *dar consigo no es ser*. Ya podemos asegurar a estas alturas que todos los personajes son reflejos de otros personajes: la muchacha del pasado es una representación de la imposible Michelle, Jacob del difunto Guillermo, el Ricardo Zacarías de 1916 de su propio padre... La identidad, la individuación, por mor de la proyección libidinal se hace imposible. Amarse a sí mismo es amar a otro, "cuidar de sí" –diríamos al modo foucaultiano– es indefectiblemente cuidar de otro, odiarse a sí mismo es odiar a otro[67].... El caso es que el despliegue enunciativo y las identificaciones se complejizan al máximo y ahora pasamos de una estructura policíaca a una estructura de suspense: de querer saber qué a querer saber cómo conseguirá evitarlo. Todo el empeño de 1912 consistirá en no ser 1916.

1916, 15 de febrero

Muy poco podemos contar de este último día de Ricardo Zacarías, más allá del hecho de su muerte, que conocemos nada más abrir el libro, sin desvelar detalles argumentales que al lector no le conviene *saber antes de tiempo*. Solo, cómo todos los intentos de evitar su destino...

> Durante todos los años pasados, en realidad, me dejé convencer como un borrego, nunca intenté de veras contradecir el futuro que suponía pétreo. Me afeitaba antes de partir a la habitación, por la pura inercia de haber contemplado aquellos Ricardos con el rostro limpio, encargué ocho trajes a Francisco por el mismo motivo, dibujé espirales sin sentido. Ahora, por fin, había dispuesto del coraje de hombre valeroso" (p.274).

... no le impiden acabar siendo quien ha de ser...

67. Imposible no evocar aquí el poema "Contra Jaime Gil de Biedma", del propio poeta.

> Acepté sin drama que mi ojo derecho se arrugara como las manos de un pescador y dejara de ver con él los ojos de los gatos, los limones y después los limoneros, los badajos de las campanas, las piedras de la playa, y, poco a poco, el pueblo y el mar entero. Era fácil darse cuenta de que, con lentitud, mi cuerpo buscaba plagiar al último de los Ricardos" (p.285).

Ricardo Zacarías se convierte en lector y en autor de sí mismo. Con su viaje a Toledo al encuentro de su padre, con su viaje a la isla de berkeliana de Ischia, con sus visiones proféticas y su empeño perlocutivo en recrear pasionalmente los goces pasados sobre el cuerpo de una niña indefensa, se ha consumado un cierre intradiegético, sí; pero también *hiperdiegético*, porque todos estos paisajes no solo consuman al Ricardo Zacarías autor de sí mismo, sino que, en su carácter transtexual, erigen el mito, también autográfico, de Juan de Madre:

> Me apura cometer algún error y que todo se agite en mi contra; por ello, en Amalfi estudié con cuidado los pasajes de este diario, creo haber concretado todos los detalles, el círculo debe quedar sellado (p.296).

Dos series

11.22.63. (Bridget Carpenter, 2016)

Para entender la enorme funcionalidad de la novela de Juan de Madre en este periplo sobre el viaje en el tiempo postclásico, nada mejor que detenernos, siquiera sea someramente, en dos series en *streaming* de los últimos años: la miniserie *11.22.63.* (Bridget Carpenter, 2016) y la serie de culto alemana *Dark* (Baran bo Odar, Jantje Friese 2017-2020).

Evidentemente, la primera de ellas, basada en un *bestseller* de Stephen King, lleva por título la fecha exacta del asesinato de JFK, matriz de todas las teorías de la conspiración norteamericanas (Palao-Errando, 2004). La teoría de la conspiración se alimenta de la misma estructura epistémica que la ficción realista y que los viajes en el tiempo, esto es, una ontología del secreto donde la oposición privado-público no es un simple esquema espacial ni actancial, al estilo de los que formulara tan eficazmente Greimas (Algirdas Julien Greimas, 1987, 1989) a partir del legado del formalismo ruso y el estructuralismo praguense –y que son historia viva de la semiótica– sino el campo en el que se juega el ser y el no-ser, la creencia en su articulación con el saber.

La serie se plantea del siguiente modo: Jake Epping, un profesor de secundaria de vida anodina en un entorno rural, es conducido por el dueño de la cafetería de la que es parroquiano habitual, Al Templeton, a la trastienda de su negocio. Allí nos encontramos un espacio que nos hemos ganado el derecho a adjetivar como *hipernuclear*: un portal del tiempo que te lleva justo a las 11:58 del 21 de octubre de 1960. Cuando cruza el umbral, a visión que se encuentra Jake es la unos Estados Unidos en tecnicolor pastel chillón, es decir, la imagen que da de la época de JFK la década de los 90 y cuya muestra más autoconsciente la tenemos en *Pleasantville* (Gary Ross, 1998) que nos muestra cómo son los 90 digitales los que pueden insuflarle color al B/N de los 60. La intención de Al es aprovechar este "agujero de gusano" para evitar el asesinato de Kennedy.

Como todo espacio hipernuclear, al igual que la habitación la habitación 202 del Hotel Chelsea de Nueva York, este túnel entre épocas tiene una serie de propiedades invariables. Siempre que se atraviesa en dirección al pasado se accede a ese mismo punto temporal y se esté el tiempo que se esté del otro lado, en el presente han transcurrido dos minutos, de ahí, la sorpresa de Jake al ver volver a la barra a Al, tras dos minutos de ausencia, visiblemente desmejorado y envejecido. Si se sale, los cambios introducidos en el pasado son permanentes, pero si se vuelve a 1960 todos esos cambios quedan borrados al reiniciarse el bucle.

Al ha contraído, pues, un cáncer en el pasado y tiene que delegar su misión en Jake, ante la inminencia de su muerte. Este es un detalle, el de la contaminación incontrolada y los desmanes nucleares que se suma al abuso del tabaco y al machismo, estructural como imagen arquetípica en el siglo XXI de la década de los 60. Piénsese en el universo visual y narrativo de *Mad men* (Matthew Weiner, 2007-2015). Y el imaginario JFK puesto en marcha durante la década de los 90, como vemos en el propio grano paleodigital y en el juego de geometrías trazadas con hilo rojo para calcular las trayectorias de las balas en el atentado de Dallas. En fin, la serie se sostiene sobre una serie de moldes genéricos e iconográficos que permiten el rápido reconocimiento por parte del espectador. Podríamos decir que se trata de esa poética que es el negativo de la del *making of*, y que hemos llamado *poética del retablo*, valga el término. Se trata de que el relato de Jake Epping intentando salvar JFK sea fácilmente asimilable sin obstáculos ajenos a la trama. Para ello se pone en pie solo una estrategia de puntuación del relato biográfico del propio Epping sobre el trasfondo de la historia pública oficial conocida, como veremos también en el caso de la denuncia de la artificiosidad de la oficialidad televisiva en el capítulo siguiente.

De modo perfectamente congruente con lo que hemos explicado en los párrafos anteriores, la propia biografía de Epping se mezcla con los avatares de la peripecia JFK y aparecen personajes sobradamente conocidos, como Lee Harve Oswald, al lado de otros ficticios. El primero de ellos es un alumno adulto de Epping, Harry Dunning, que en una clase de escritura creativa cuenta una experiencia muy traumática de maltratos por parte de su padre, en la misma época a la que viaja Epping. Ni corto ni perezoso, este se presentará en la casa infantil de este alumno para eliminar al padre maltratador. El caso es que durante este episodio ha de alojarse como huésped en casa de un matrimonio mayor muy puritano. Cuando el marido le pregunta si ha "servido", él contesta que lo ha hecho en Corea, y cuando le inquiere en qué unidad estuvo, contesta nada menos MASH 4077 haciendo alusión serie de televisión de los años 70 *M*A*S*H* (Larry Gelbart, 1972–1983), *spin off* de la película de Robert Altman de 1970. Es un guiño al espectador, que concibe la televisión como el espacio público histórico compartido por excelencia.

Aparte de eso hay toda una serie de elementos que hemos visto también en *Ricardo Zacarías*: la resistencia del propio pasado como sujeto agente a ser cambiado es una de las moralejas más evidentes siempre en las tramas de viajes en el tiempo, para evitar las consecuencias que tengan en el presente los actos del viajero en el pasado. Pero en la trama postclásica ello deriva en la obsesión de que nada suceda de otra manera. Ya nos hemos referido a en una serie como el *Ministerio del tiempo* en España y lo mismo podríamos decir de *Dark* la serie que nos interesa glosar a continuación. Pero la clave es siempre la prevalencia narrativa de la memoria personal frente la memoria colectiva, el ámbito es autobiográfico y no antropológico. De algún modo, estamos tan cerca del *mal de archivo* (Derrida, 1997b) como de ciertas políticas sobre la *memoria histórica*. Y dejamos la recensión de la serie aquí para no generar *spoilers*, precisamente porque conocer el final de la Historia no implica conocer el final de la *historia* (Vid. Cap 9).

Dark (*Baran bo Odar*, Jantje Friese 2017-2020)

Dark lleva todas las características de la ficción transtemporal postclásica hasta el confín de sus límites, con unos ribetes de barroquismo realmente extremos. Se trata de una serie de tres temporadas (26 capítulos) que se desarrolla en, Winden, una pequeña ciudad alemana cuya vida gira en torno a una central nuclear. La trama comienza con una excursión nocturna de unos adolescentes en la que el hermano de uno de ellos desaparece al entrar en una cueva. Empieza la trama, pero no el argumento. En efecto, esta desaparición es producto de una entrada a otras dimensiones temporales que acaba desembocando en una auténtica catarata de promiscuidades e incestos, donde según la época un personaje puede ser hermano/a o m/padre de otro, donde uno pueden encontrarse con sus ancestros de niños, o consigo mismo de bebé y de anciano, hasta el punto que los "sí mismos" no es ya que no se reconozcan en cada viaje, sino que pueden encarnar personalidades distintas en una trama en bucles que se abren y cierran en periodos de 30 años. Peor aún, si un yo no reconoce a su otro yo y este puede engañarlo o manipularlo para cambiar el pasado o el futuro.

El MRI tolera a varios actores cuando se trata de la diferencia de edad, siempre que la labor de *casting* propicie entre ambos cierto parecido. Y en la ficción serial puede ser tolerable un cambio de actor para un personaje, posibilidad que una serie como *Doctor Who* (Donald B. Wilson, Sydney Newman 1963–1989 / Sydney Newman 2005-) ha llevado al extremo. Pero en *Dark* se dan varios patrones distintos: parecido en unos casos, radical disimilitud en otros. Con lo cual, como ya hemos visto en el *Diario de Ricardo Zacarías,* a veces solo sabemos de qué yo del personaje se trata por las cicatrices y marca corporales. Pero lo que no toleraría jamás el cine clásico sería a los dos actores o actrices que encarnan al mismo personaje encontrándose en la misma escena. En el caso de Martha, la principal co-protagonista, se reconoce en algún momento a sí misma por una cicatriz, pese a estar representada por dos actrices distintas. Pero el caso de Adam, encarnado por al menos tres actores distintos, es antológico: tanto traspasar las fronteras temporales le ha dejado una cantidad tal de cicatrices que su yo más antiguo es un monstruo irreconocible. Las tramas de bucle en los Viajes en el Tiempo conculcan el axioma la unicidad indisoluble entre actor y personaje. Y *Dark* tensa este axioma hasta el límite.

Pero este desdoble no solo es de focalización, sino de identificación: en el lapso temporal tampoco hay continuidad entre el yo del actor-personaje y el del espectador. Jonas es engañado continuamente por Adam y Martha (Eva), cuyo semblante sabio oculta su estrategia. Las marcas en el cuerpo de los personajes (corte de Martha, soga en el cuello de Jonas) funcionan como deícticos intradiegéticos: por ellos sabemos tras quién se oculta el meganarrador... y a dónde nos ha llevado *Dark* como parodia de la autoayuda, el coaching y la vida del feligrés: uno dándose consejos y orientaciones a sí mismo, y engañándose continuamente.

Como en los demás casos, la obsesión de los tres reflejos del meganarrador (Eva, Adán y Claudia) es que todo suceda como ha sucedido siempre (¡y de este modo deje de suceder!). Si las diatribas onto-cosmológicas son el aderezo del relato, las reflexiones sobre los hechos funcionan como metaficción: las series son así, interminables y circulares. Y las paradojas habituales rezuman absurdo. El Extraño llega a decirle a Jonas (que es él mismo) "No te puedes quitar la vida porque tu yo futuro ya existe". Es la tensión entre el tiempo del relato biográfico, el tiempo del relato colectivo (público) y lo imposible. Se puede viajar atrás o adelante en el tiempo, pero no se puede ser otro que sí mismo en la conciencia y la memoria. Puedo ir a un momento de mi pasado, pero nunca ser ese que entonces fui y al que solo puedo contemplar desde su exterior. Se nos puede objetar entonces que, en el fondo, aunque se obstinen en ser el mismo o la misma, el espectador está considerando a Adam, El Extraño y Jonas, y a Marta, Marta con una cicatriz y Marta anciana como tres personajes distintos porque son tres actores distintos y tres psicologías distintas pues al tener cadenas experienciales distintas. Para el realismo novelístico y para el cine clásico, la psicología del personaje es la máxima expresión del Principio de Razón Suficiente. Y el carácter la esencia de la resistencia de la identidad individual a los vaivenes de la Fortuna y el mundo. La misión del Actor's Studio fue convertir este dogma burgués y liberal en método y el *star-system* fue su codificación más estable. Pues bien, *Dark* subvierte todo este entramado, hasta su fin. El de la serie, queremos decir...

Esta trama de bucles con ignorancias en intersección lleva también a que en *Dark* se dé una *pronuclearidad* asfixiante. *Dark* está llena de detalles que parecen catalíticos y se acaban revelando totalmente nucleares. Un ejemplo: el encuentro de Hannah con la niña en la antesala de la abortista. Es trascendental porque es la madre de Katherina y, si no caes en ello, no entiendes la relación que mantienen y que la madre mate a su hija del futuro en 1986 cuando esta pretendía robarle la tarjeta para rescatar al Ulrich anciano.

En fin, vemos que, producto de su tensión cognitiva, el *genio del sistema* se deconstruye a sí mismo. Y procede, de esta manera, al atropello de los valores del realismo burgués y hollywoodense. Desde el encuentro consigo y la disolución del vínculo personaje-cuerpo del actor, hasta la inversión de la causalidad. Si una experiencia (relato) se entiende, no es una experiencia psíquica, sino cognitiva. La proliferación de mundos más allá del tiempo en *Dark* testimonia de lo imposible de la inmanencia ontológica. Podría decirse que es el problema filosófico por excelencia de la Modernidad: ¿se basta el mundo (el ente) a sí mismo? La proliferación de metaversos y plurivesos da que pensar.

Los universos paralelos

Vamos viendo, pues, por qué hemos llamado a este capítulo el *hipernúcleo desbocado*. El hipernúcleo testimonia antes que nada de la imposibilidad de la unicidad, del principio de identidad que organiza el pensamiento moderno y la metafísica postescolástica (Martin Heidegger, 1990; Leibniz, 1994) en la ontología estética postclásica. La imposibilidad de la diégesis para ser una, del sujeto para ser uno. La diégesis –el tiempo, el espacio, el actante– no puede con-tenerse, auto-incluirse: un universo que puede contener un mundo, una diégesis para la que un mundo es insuficiente. Eso, frente a la enorme paradoja de que el relato busque su impostar su cohesión a toda costa a través de lo que hemos llamado continuidad intensificada. El texto fílmico da fe y luego intenta suturar esa gran grieta, restaurar.

Sin embargo, el *hipernúcleo* es antagónico del *raccord ontológico*, excepto por la vía del metalenguaje (Tarski, 1999), que dota de completud a lo incompleto a cambio de extraerse de ello, de cerrar el campo de lo enunciado desde un nivel jerárquicamente superior de enunciación. Esto es, convirtiendo al enunciado en lenguaje objeto. De ahí, el continuo recurso a la *mise en abyme*, es decir, la revocación de la inmanencia y la autonomía diegéticas. Pero, y he ahí la paradoja, integrando diegéticamente esta revocación a través de la *continuidad aumentada*. Y a ello colabora el proceso constante de retextualización controlada, es decir, de salvaguardar la verosimilitud coagulando la *intertextualidad* clásica (Kristeva, 1981; Stam, Burgoyne, & Flitterman-Lewis, 1999: 2010 y ss) por la *transmedialidad* dirigida (M.-L. Ryan, 2013; Scolari et al., 2014). Y, si bien tradicionalmente Hollywood ha controlado la verosimilitud a través del sistema de géneros, en la cultura digital este se ha manifestado como insuficiente porque las fronteras de los discursos ficcionales se han diluido, incluidos los canales de difusión. El canal editorial (literatura y cómic), el cinematográfico, el televisivo, el internáutico, el videolúdico, etc. confluyen y divergen a una velocidad incontrolable por las instancias institucionales que garantizaban el pacto ontológico en el Modelo Difusión (Editoriales, Estudios y productoras, Emisoras...) y se ha impuesto como necesario un nuevo concepto modulador de lo *vero*símil. Y qué mejor que el de *Universo*, al que se pueden añadir un amplio abanico de prefijos (hiper-, pluri-, multi-, meta-, etc.). Cuando Martin Scorsese, por ejemplo, como referente autoral indiscutible del Cine dice que las películas de Marvel no lo son, porque no son arte (Scorsese, 2019):

> En las películas de Marvel están presentes muchos de los elementos que definen el cine para mí. Lo que no hay es revelación, misterio ni auténtico peligro emocional. No hay ningún riesgo. Están hechas para satisfacer unas demandas concretas y son variaciones sobre unos temas determinados.

Nos parece que lo que echa en falta es, precisamente, esa autonomía diegética del texto cinematográfico institucional, que es la que lo convierte en Arte, en el sentido que la cultura burguesa ha dado siempre al término. En el discurso fílmico postclásico se ha producido una conculcación de la autonomía textual por la sectorialización *hiperversal.* Lo cual, creemos, ha puesto al descubierto una fantasía, puesto que esa autonomía nunca fue tal en la cultura de masas en difusión, donde los horizontes hermenéuticos, la previsión de expectativas, la garantizaba el género y normas extratextuales de fuerza coercitiva patente, entre los cuales merece un lugar de máxima relevancia en *Código Hays.* Lo que otorgaba su carácter aurático a la obra de arte (Benjamin, 2012) tradicional era precisamente que no era reproductible, y menos aún, desde el campo de la recepción. Tampoco la obra cinematográfica, que mantenía esa distancia con la demanda compulsiva del espectador desde la *pantalla de plata* hacia el patio de butacas. Perfectamente válido en la era de la reproducción analógica pero inoperante en la era digital.

Del mismo modo que los viajes en el tiempo son una derivación de un hallazgo de la Teoría de la Relatividad, los universos paralelos lo son de un hallazgo de la Física Cuántica y de la Teoría de Cuerdas (Kaku, 2010) . En ambos casos, son un indicio palmario de que el viejo Universo infinito y homogéneo del mecanicismo está derrumbándose como lo hizo ante él el Cosmos geocéntrico del Ptolomeo y Aristóteles. En fin, esa compacidad del ser contra el cual podía asentarse el metarrelato del progreso y la emancipación que recorre la Época Moderna ha dejado de ser un lecho ontológico fiable. Y si hemos visto que en la pragmática del discurso fílmico ello tenía su reflejo, también lo tiene en los textos fílmicos mismos. Hemos pasado de una teoría de los mundos posibles, como virtualidades excluyentes de un relato (Albaladejo Mayordomo, 1998; Bell & Ryan, 2019; Umberto Eco, 1981; M.-L. Ryan, 2006) a la a alegre proliferación de universos paralelos, simultáneos y no excluyentes. O, con otras palabras, de un relato escandido por sus núcleos, como apertura y cierre de expectativas, a un relato hilvanado por hipernúcleos, que comunican estados no alternativos sino igualmente efectivos. Pensemos en cuán significativo es que la gran triunfadora de los Oscars en 2023 fuera *Everything Everywhere All at Once*, una auténtica sátira de la hipernuclearidad desbocada.

El caso es que, una vez disuelta la sacralidad del límite onto-referencial, cualquier elemento narrativo, espacio, tiempo o actantes es candidato a ser escindido, a albergar en un seno lo ontológicamente ajeno (*alien).* En su versión canónica, se trata de dos puzles potencialmente idénticos pero con algunas piezas que faltan o difieren. Probablemente, la serie *Fringe* (J.J. Abrams, Alex Kurtzman, Roberto Orci, Fox: 2008-2013) esté plasmada en el molde más habitual de la ficción de Universos paralelos. No es un pluriverso con leyes distintas para cada uno de sus universos, sino con cadenas causales divergentes. Emblemática resultaba la vista de las Torres Gemelas perfectamente erguidas en el universo alternativo. A su vez, todos los personajes están desdoblados en el otro universo, con el mismo semblante corporal pero con personalidades completamente distintas. En realidad, como vemos, se trata de dos *mundos posibles* coexistentes, y por tanto de una narrativa emparentada con la de los viajes en el tiempo, los relatos en bucle o los que experimentan con prolepsis, que provocan líneas narrativas divergentes debidas a la implementación de núcleos diversos (*Next, The Butterfly Effect*).

Pero la casuística es muy amplia. En el ámbito espacial:

Espacios co-lindantes que entran en comunicación: *Durante la tormenta, The lake house* (Alejandro Agresti, 2006), *Frequency* (Gregory Hoblit, 2000), etc.

Espacios co-incidentes y simultáneos: la miniserie *The City and the City* (Tom Shankland, 2018) es un *thriller* policíaco que se desarrolla entre las ciudades de Beszel, una ciudad que parece anclada en los años 60-70 del siglo pasado, y Ul Qoman, una ciudad moderna, higiénica y funcional. La cuestión es que ambas ciudades comparten exactamente el mismo espacio físico, pero son imposibles de percibir la una desde la otra, se encuentran en diferentes dimensiones. Es un modo distinto del viejo tópico de la ciudad rica y la ciudad de los excluidos, del *arriba* y *abajo* que desarrollan en el género histórico series como la clásica *Upstairs, Downstairs* (Eileen Atkins, 1971-1975) o *Downton Abbey* (Julian Fellowes, 2010-2015), pero que en el género de la fantaciencia tiene una gran presencia. En el *Anime*, en la serie *Arcane: Arcane: League of Legends* (Christian Linke, Alex Yee, 2021-) con una estética steampunk y basada en un exitoso videojuego, que nos representa los conflictos entre la ciudad utópica de Piltover y la ciudad barriobajera de Zaun. O *Cyberpunk: Edgerunners* (Rafal Jaki, 2022) que también se desarrolla entre el barrio alto y barrio bajo de una ciudad distópica.

También es necesario que destaquemos las series que insisten en la unión existencial más allá del cuerpo y del espacio. *Sense8* es el caso más notable. La serie de las hermanas Wachowski nos narra las peripecias de 8 personajes unidos supra-sensorialmente. En realidad, son miembros de una especie, el *homo sensorius*, alternativa a la evolución del *homo sapiens* y mantienen una conexión por haber sido engendrados en el mismo "*cluster*". El caso es que la serie es un abanico de razas, orígenes geográficos e identidades sexuales. Lo más interesante desde el punto de vista fílmico son todas las innovaciones de rodaje y montaje implementadas para visualizar estas bilocaciones y conexiones, esto es, en la plástica del *hipernúcleo*.

En fin, en este brevísimo recorrido, no podemos olvidar a la duplicidad espacio digital / espacio fílmico. En *Devs* (Alex Garland, 2020), tras una estructura de *thriller* (una joven programadora investiga la muerte de su novio en Amaya, la empresa en que ambos trabajan) lo que se esconde es la obsesión de gurú y magnate de Sillicon Valley por poder controlar el tiempo, debido a la muerte accidental de su propia hija. En la empresa hay una división custodiada con el máximo secreto llamada DEVS que está implementando la tecnología para ello, y el magnate monta en cólera cuando uno de sus ingenieros parece haber resuelto el problema porque lo ha hecho con un afinadísimo cálculo de probabilidades (dado el Principio de Incertidumbre, es así como funciona la física de partículas y la mecánica cuántica) y no con una certeza absoluta basada en una exactitud completa. Como vemos, la propia dinámica entre universos paralelos y mundos posibles es la que pretende abolir con una certeza mecanicista.

Y, por supuesto, *Westworld* (Lisa Joy, Jonathan Nolan, 2016-2022). Decía Scorsese, como hemos visto, que las películas de Marvel no eran cine sino parques temáticos. Pues aquí tenemos la diegetización del problema. En efecto, *Westworld* es un parque temático inspirado en el Oeste Americano, en el que unas y unos androides, con total apariencia hu mana, pero sin memoria se dejan ultrajar, violar, matar y golpear por cualquier turista que haya pagado el acceso. Su funcionamiento está regulado por bucles narrativos, como cualquier trayecto videolúdico. Dado que son idénticos a los humanos exteriormente, el gran problema emerge cuando empiezan a tomar conciencia de sí y ya no sabemos, ni saben ellos ni ellas, si un determinado personaje es un host o un humano, incluidos los técnicos y guardianes del parque, encargados de controlar y reparar a los humanoides. En la primera temporada, el juego enunciativo es clave. Los anfitriones son inconscientes en un juego similar a *The Truman Show,* (Peter Weir, 1998.) *En el centro del universo, el espectáculo del hombre verdadero*, pero sin pantalla que les proteja de los espectadores. Hay violencia, asalto y violación pero no venganza, pues sus cuerpos son pura interfaz, interactiva pero reversible y reparable. Es pues, el mercado de la experiencia, tan propio del marketing en la era digital al que la pantalla fílmica de la HBO se apresta a problematizar a cuenta del sentido, cuando el amor romántico surge en un territorio exclusivo de la experiencia intransitiva.

El concepto de *universo,* pues, se ha ido popularizando rápidamente a partir de la *economía de la experiencia* (Pine & Gilmore, 2019), como refuerzo de la imagen de marca. Cada línea de productos generaba una gama de experiencias que constituían un universo. Las viejas franquicias de cómics (Brode, 2022; Peaslee & Weiner, 2015; Revert, 2023; Wetzel & Wetzel, 2020) de superhéroes se acogieron a esta estrategia creando universos transmedia (Jenkins, 2008; Scolari, 2013) en los que la pantalla fílmica tiene un muy destacado papel. En fin, tal vez la incipiente franquicia de animación *Spider-Verse* sea la nos muestre de modo más cumplido cómo funciona esta idea de multiverso, aplicada en el discurso fílmico. En *Spider-Man: Un nuevo universo* (*Spider-Man: Into the Spider-Verse*, Bob Persichetti, Peter Ramsey, Rodney Rothman, 2018) muere Peter Parker/Spiderman. En esa misma Nueva York, un joven adolescent afro-latino-americano llamado Miles Morales es picado por una araña y se convierte en el nuevo Spiderman. "Sin embargo, cuando el líder mafioso Wilson Fisk (a.k.a Kingpin) construye el "Super Colisionador" trae a una versión alternativa de Peter Parker que tratará de enseñarle a Miles como ser un mejor Spider-Man. Pero no será el único Spiderman en entrar a este universo, 4 versiones alternas de Spidey aparecerán y buscarán regresar a su universo antes de que toda la realidad colapse".[68] El filme tiene un altísimo grado de autoconsciencia (Lorigui-

68. Lo que va entre comillas procede de la sinopsis de FilmAffinity. https://www.filmaffinity.com/es/film773389.html

llo-lópez, 2019; Loriguillo-López, 2022; Thanouli, 2009) y de hipermediacidad (Bolter & Grusin, 2000). Pero también de filmicidad. La propia narración ldeja claro cómo el discurso fílmico institucional consigue domeñar este desbocamieno. El *Spider-Verso* subsume todos los unniversos paralelos en un solo *mundo posible* (Bell & Ryan, 2019; M. L. Ryan & Thon, 2014), en una sola diégesis que los absorbe a todos y el hipervínculo queda banalizado, reducido a un recurso codificado más. Vana ilusión. En la siguiente entrega, *Spider-Man: Cruzando el multiverso (Spider-Man: Across the Spider-Verse*, Joaquim Dos Santos, Kemp Powers, Justin K. Thompson, 2023) vemos que el problema se ha agravado, más si cabe. De resultas de sus actos contra el colisionador, todo el multiverso que comprende todos los universos en los que habitan todos los Spidermans. De hecho, ello a propiciado la existencia de un nuevo ser conocido como Spot, cuyo supepoder consiste en esparcir agujeros de nada en los confines del multiverso arácnido. Nada menos. Spot, que se autoproclama némesis de Miles Morales, está derruyendo, carcomiendo desde dentro, esa compacidad que al *cine* tanto le costó construir.

De ahí que se haya formado un equipo de Spidermans de élite para intentar evitarlo, liderado por un fanático Miguel que le explica a Morales qué es lo que ha propiciado esta situación crítica que ha comprometido todo "El Destino del multiverso". La causa es que él ha interrumpido un "*canon event*". Y le muestra un gran croquis holográfico de nódulos interconectados.

> [Miles] What's this?
> [Miguel] This is everything. (...) This is all of us. All of our lives woven together in a beautiful web of life and destiny.
> [Miles] The Spider-Verse.
> [Miguel] Spider-Verse. That's stupid. It's called the Arachnohumanoid Polymultiverse. Which sounds stupid too, I guess.
> [Miles]And these nodes where the lines converge?
> [Miguel] They are the canon. Chapters that are a part of every Spider's story every time. Some good. Some bad. Some very bad. Just keep going. (...) That's how the story is supposed to go. Canon events are the connections that bind

> our lives together. But those connections can be broken. That's why anomalies are so dangerous.[69]

Evidentemente, la cadena de eventos canónicos se ha desbocado y ello ha dado pie a la devastadora acción de Spot en la dimensión de Pavitr (otro de los Spiderman) en la que ha intervenido Miles salvando la vida del padre de su novia, capitán de policía, se está desmoronando. El multiverso se agrieta y perfora y para evitarlo Miles ha de dejar morir a su propio padre. Para que no intente evitarlo, los demás Spiderman lo encierran en una jaula. No hay mejor sinónimo de *hipernúcleo*, pues, que este de *evento canónico.* Ni ejemplo más cosumado de héroe y de viajero en el tiempo postclásico.

69. [Miles] ¿Qué es esto?
[Miguel] Esto es todo. (...) Estos somos todos nosotros. Todas nuestras vidas entrelazadas en una hermosa red de vida y destino.
[Miles] El Spider-Verso.
[Miguel] Spider-Verso. Eso es estúpido. Se llama Polimultiverso Aracnohumanoide. Lo cual también suena estúpido, supongo.
[Miles] ¿Y estos nodos donde convergen las líneas?
[Miguel] Ellos son el canon. Capítulos que son parte de la historia de cada Spider en todo momento. Algo bueno. Algo malo. Algunas muy malas. Simplemente siguiendo su marcha. (...)
[Miguel] Así es como se supone que debe ser la historia. Los eventos canónicos son las conexiones que unen nuestras vidas. Pero esas conexiones pueden romperse. Por eso las anomalías son tan peligrosas.

Segunda parte

LOS CASOS

CAP. 6. LA TRAMA FRACTURADA: LOS FILMES DE ALEJANDRO GONZÁLEZ IÑARRITU Y GUILLERMO ARRIAGA

El desorden y su responsable

Las poéticas narrativas no lineales, pues, acometen una proyección de la trama sobre el argumento que dificulta el goce de la transparencia narrativa del cine clásico y de las propuestas afines al llamado Modo de Representación Institucional. Este es el factor más conspicuo en la construcción del prestigio de la pantalla fílmica como enclave de sentido. Ya hemos visto también que esta textura de la que se dotan deliberadamente las propuestas fílmicas postclásicas es una reacción del *cine*, en su autoconciencia semiótica e institucional, contra las tendencias hipertextuales e interactivas que dominaban el panorama narrativo digital, como las narrativas colaborativas en línea, los videojuegos, etc. Impostando la trama lo que se consigue es librar a la propuesta fílmica del capricho compulsivo del espectador, al que se emplaza en su función hermenéutica, fortaleciendo el gesto semántico y propiciando la interpretación simbólica, al presentar la estructura narrativa como un semblante insoslayable que hay que atravesar, puesto que se impone como una propuesta formal en sentido fuerte: el filme es así, se presenta bajo ese orden secuencial y como tal exige ser descifrado (veremos si, finalmente, interpretado[70]) con las asociaciones y efectos metafóri-

70. Para esta diferencia entre *interpretación* y *decodificación* (o desciframiento), vid (Palao-Errando, 2009a).

cos que su disposición secuencial indica. Todo ello da lugar una figura clave en este cine postclásico: el *rácord ontológico,* denominación con la que hemos querido señalar que el rácord, como procedimiento basilar de la articulación discursiva audiovisual, ejerce una función especial en el cine actual que no se limita a construir la compacidad espacio-temporal de la secuencia, sino que remite a la geometría meganarrativa del filme, al establecer la correspondencia entre diversas secuencias distantes en el interior del enunciado fílmico y connotar, por tanto, una consistencia ontológica del mundo profílmico. Por el otro lado, el recurso más característico de estas narrativas no lineales y con una estructura actancial multiprotagonista es lo que hemos dado en llamar *hipernúcleo.* Es un recurso esencial en la narrativa fílmica postclásica porque unifica textualmente el mundo dislocado del relato y restituye al mundo de la diégesis una compacidad, está siempre en riesgo por las acrobacias narrativas en las que se ve escandido.

Pero, la mutación más explícita, por tener lugar respecto a un recurso narrativo muy naturalizado en el cine clásico, es la producida en la plástica y funcionalidad del *flash-back.* En las propuestas fílmicas clásicas, el *flash-back* aparecía diegetizado, focalizado como evocación narrativa de la memoria de un personaje, y siempre marcado en su inicio y su final, por medio de variadas fórmulas visuales, como disrupción de la línea narrativa principal para evitar cualquier tipo de desorientación en el espectador. Sin embargo, la narratividad postclásica, precisamente porque busca el goce cognitivo de la recomposición, no se siente obligada a marcar los *flash-backs* en el enunciado ni tampoco, lógicamente, a insertarlos en la trama por medio de la focalización intradiegética.

Ello conlleva, pues, una textura extrañada respecto al hábito narrativo estándar porque, de una estructura narrativa basada en la hipotaxis (una trama principal en la que las secuencias rememorativas se insertan como complemento del relato), pasamos a una composición paratáctica, basada en la yuxtaposición de elementos secuenciales al margen de la causalidad, de la transparencia, narrativa. De una secuencia a otra puede haber habido un salto adelante o atrás sin que la competencia diegética de un personaje, en tanto que narrador intradiegético, la autorice y naturalice. Además, estas inserciones que desnaturalizan la trama pueden estar sujetas, no solo a saltos y dislocaciones, sino incluso a su reiteración *hipernuclear* o *pronuclear,* conculcando un principio básico del cine clásico como es la linealidad narrativa, el avance irreversible de la acción a través de la trama (Bordwell 1997).

La consecuencia es la intransitividad y opacidad del enunciado narrativo, que se resuelve en una insoslayable advocación hermenéutica. Cuando el espectador advierte que la trama no es un simple vehículo del argumento y de su incuestionable lógica causal, es inevitable que se interrogue por la responsabilidad enunciativa como causa del discurso, ya que este no se presenta como una apacible traslación de la compacidad diegética. Es decir, que la disyuntiva del espectador es: ¿debo asentir y descifrar el mensaje fílmico como un relato o como una propuesta poetizante y metafórica?, ¿debo aceptar la predominancia relativa del *discurso* y captar el sentido de las unidades en tanto colisiones por su yuxtaposición paratáctica, o bien debo aceptar la propuesta como un simple juego cognitivo (*puzzle / mind game* filme) y quedarme con la predominancia absoluta de la *historia*, y la trama es un simple juego formal? El dilema es si, en el lugar de la lógica (ficcionalmente) autoconsistente de la diégesis, debemos apelar a una intención enunciativa en el sentido de la *metalepsis* (Genette, 2004). Creemos que el asunto no es baladí y por ello una de las preocupaciones principales de la primera parte de este libro ha sido cernir la especificidad de los modelos de representación postclásicos, con todas sus acrobacias formales, en su diferencia con el cine poético, experimental o de vanguardia. Su asimilación o no ha de tener consecuencias semio-hermenéuticas, sí, pero también políticas.

La poética Iñárritu[71] / Arriaga

Un espacio muy adecuado para el análisis de esta neoemergencia de la figura del *Meganarrador* o *Autor Implícito* (Booth, 1974; Kindt & Müller, 2006) son tanto las propuestas narrativas del tándem Iñárritu / Arriaga, en los casos en los que colaboran como director y guionista (*Amores perros, 21 Gramos, Babel*) como en los casos en que Arriaga di-

71. Para un abordaje más amplio de la obra de Alejandro González Iñárritu cf. (Deleyto & Azcona, 2010).

rige él mismo (*Lejos de la tierra quemada)* o en colaboración con directores como Tommy Lee Jones (*Los tres entierros de Melquiades Estrada).* Hay una poética fácilmente reconocible cimentada en la trilogía y certificada por el éxito incuestionable de crítica y público, que rápidamente reconoció sus estilemas, siendo la dislocación narrativa el rasgo formal más patente y exclusivo del modelo. Pero, si se nos permite, creo que podemos añadir una característica más a la propuesta: su invitación a la hermenéutica *ready made*. En efecto, no solo entre la crítica, donde las lecturas *estudioculturalistas,* desde la perspectiva de género o postcolonial, han proliferado, sino que estos filmes se presentaron siempre con el marchamo de una profunda reflexión existencial (sobre el amor y la pasión en los tiempos de la cólera, la dimensión metafísica del amor y del alma y la profunda incomunicación humana en tiempos de globalización, respectivamente) cuya crudeza en la puesta en escena no hacía sino refrendar. Con ello, la invocación autoral se hacía aún más perentoria y explícita. Examinemos, siquiera sea someramente, los filmes para ver si estas apreciaciones gozan de algún fundamento.

Amores perros (Alejandro González Iñárritu, 2000)

La película está dividida en tres capítulos perfectamente demarcados y reconocibles, titulados por un nombre masculino y otro femenino en cada caso:

> *Octavio y Susana*. Dos cuñados pertenecientes al umbral inferior de la clase obrera. El mal trato que Susana recibe de su marido y hermano de Octavio propicia el acercamiento entre ambos, situación a la que Octavio le concede una trascendencia mucho mayor que Susana. Octavio decide implicarse en peleas ilegales de pe rros con su rottweiler Cofi con el fin de conseguir dinero para que puedan huir juntos.
>
> *Daniel y Valeria*. Dos amantes de clase acomodada, ella actriz y él productor audiovisual. Llegamos a su historia justo en el momento en que él decide abandonar a su esposa para irse a vivir con ella. El accidente que constituye el *hipernúcleo* del filme, y en el que

Valeria resulta gravemente herida, truncará sus planes de una vida despreocupada y feliz.

El Chivo y Maru. El Chivo es una especie de indigente que comparte su vida con una variopinta jauría. Al avanzar la trama, sabremos que en realidad se gana la vida como sicario y que fue guerrillero, motivo por el cual abandonó a su familia y su acomodada vida de profesor universitario. Maru es la hija que abandonó y cuyo recuerdo persiste obsesivamente en él.

El punto en el que se reúnen las tres tramas, que no tienen ningún otro en común, aunque a veces el meganarrador nos ofrezca pistas falsas en ese sentido, es el *hipernúcleo*: un violento accidente de automóvil entre el coche de Octavio y el de Valeria, al que El Chivo asiste como simple espectador. El tratamiento que esta secuencia va a recibir es significativo, pues se nos va a presentar en tres ocasiones subvirtiendo el imperativo de linealidad narrativa propio del modelo hegemónico. Las presentaciones suponen tres rodajes o montajes distintos, pero el propio filme se encarga de dejarnos claro que están perfectamente *racordadas* entre sí, ofreciendo un semblante de compacidad diegética (lo que hemos llamado «rácord ontológico») al mostrarnos partes de los otros montajes en cada una de ellas. Además, al ofrecérsenos cada vez desde el punto de vista narrativo –que no, visual– de uno de los personajes, se implementa la fuerza cohesiva de la *ontología del* rácord: es evidente la morosidad y el subrayado con el que se nos ofrecen los mismos contenidos icónicos desde perspectivas distintas en cada uno de los tres despliegues del accidente en el seno del filme. La primera vez que se nos presenta el accidente es como *pronúcleo.* En el comienzo del filme asistimos *in medias res* a una frenética persecución en coche, desde el punto de vista de Octavio, que viaja con un amigo y Cofi malherido, sin que tengamos dato alguno para ubicar la acción y a los personajes. La segunda vez, vemos el accidente cuando ya estamos introducidos en la historia de Valeria y de Daniel, luego ya conocemos los antecedentes de los dos personajes directamente implicados en el choque. En esta ocasión, la versión es reducida y elíptica, dando por conocidos planos y fragmentos de secuencia. De hecho, se limita a presentarnos el choque como fin de la secuencia en la que Valeria sale a comprar vino para la cena, subrayando su carácter azaroso.

Sin embargo, en su tercera presentación el despliegue de acciones y puntos de vista se amplía. Al no estar El Chivo directamente implicado en el accidente, su posición de espectador se (con)funde en el montaje con la del *meganarrador* y así se refuerza el *rácord ontológico*. El caso es que esta presentación del *hipernúcleo* nos indica ya algo esencial: con esta ampliación del campo gobernada por la perfecta correspondencia entre puntos de vista en la materialidad de los planos, se nos sugiere que todo lo que se nos ha presentado hasta ahora como un enigma en la trama va a ser tratado como un secreto. Con otras palabras, que lo que se ofrecía al desciframiento (narrativo) y a la interpretación (poético-hermenéutica) del espectador es un saber que existe previamente a estas operaciones y que está en poder –¿de quién si no?– del *autor implícito*. El meganarrador, pues, ya no es tanto el responsable de un sentido que el espectador habrá de articular, sino de un saber sobre la coherencia –la lógica causa-efecto– del relato. De hecho, durante todo el filme hemos ido viendo salpicadas pequeñas secuencias insertas de las otras tramas del relato en el cuerpo principal de la que ocupaba el enunciado fílmico en cada momento. En la trama 1, sin que sepamos por qué, es decir, con una dimensión metaléptica, hemos visto referencias a las otras dos. Estas desaparecen completamente cuando la trama 2 ocupa el cuerpo del filme. Pero al llegar la historia de El Chivo, volvemos a ver referencias a las otras dos. No solo por corte metaléptico directo, sino porque, aprovechándose de la fragmentación y dislocación temporal que el filme muestra en todo su recorrido, se nos vuelven a mostrar acciones y planos que en su primera aparición fueron enigmáticos, pero que ahora se muestran encadenados, en plena coherencia sintagmática. Además, El Chivo pasa por espacios y lugares que hemos visto habitados por los personajes de las dos historias anteriores, con lo que el efecto de compacidad ontológica de la diégesis queda reforzado. En definitiva, el meganarrador cede en sus prerrogativas metafóricas, poéticas, para apoyarse en el andamiaje narrativo, metonímico, del Modo de Representación Institucional y no desasosegar radicalmente al espectador.

21 grams (Alejandro González Iñárritu, 2003)

Aunque los estilemas del tándem Iñárritu /Arriaga permanecen perfectamente reconocibles en *21 gramos*, el procedimiento en esta película es sutilmente distinto del de *Amores Perros*. Aquí, el recurso esencial que activa el desorden temporal del argumento en su escansión en la trama es el *flash-forward* en dirección al *hipernúcleo* (recordemos, la acción en la cual se reúnen todas las tramas del filme) que en este caso sí está motivado diegéticamente. Los protagonistas son tres:

> *Paul*: Un hombre gravemente enfermo del corazón y cuyo matrimonio está en franca decadencia.
>
> *Cris*: Una feliz madre ama de casa de clase acomodada, aunque con un turbulento pasado de adicciones.
>
> *Jack*: Un expresidiario de clase baja que parece haber encontrado su camino en un cristianismo apologético y fanático.

La película comienza con un *pronúcleo*: un plano de Paul y Cristina en la cama que se va a repetir varias veces hasta que quede contextualizado como el precedente del intento de venganza de Paul, que constituirá el segundo hipernúcleo del filme. Es un *flash-forward* ininteligible para el espectador hasta que consiga implicarlo en la lógica sintagmática del filme. Tras esta presentación, el principio de la película está constituido por fragmentos muy cortos y completamente descontextualizados que tienen una consistencia puramente catalítica y que constituyen un *collage* para ir presentándonos a los personajes. Las piezas no se concatenan según un criterio causal narrativo, sino por una causación semántico-discursiva: un tema suscitado en una, llama a la que se va a exponer a continuación. La historia narrada es la siguiente: Jack atropella y mata a toda la familia, marido y dos hijas, de Cris. Paul recibe en trasplante el corazón del marido muerto y desarrolla una irresistible curiosidad primero y atracción después por la viuda. En esta trama nos encontramos con un doble *hipernúcleo*. Primero, el atropello, ocurrido en fuera de campo. Están todas las tramas representadas, dado que ese corazón del marido de Cris va a ser después el de Paul. Y, después, el encuentro de los tres protagonistas en un motel, al final de la película, tras el conato de asesinato de Jack, que Paul no se atreve a culminar, en venganza por el mal hecho a su amada y al primer propietario de su corazón. Pues bien, todos los *flash-forward* corresponden a esa última acción: Paul en la cama fumando, Cris esnifando cocaína en el baño, ambos frente a una piscina vacía... Visualmente, el incremento de información narrativa va acompañado de una ampliación progresiva de la escala de los planos donde la mayor cantidad de elementos mostrados en campo va sintagmatizando los contenidos icónicos y narrativos. Además, las dos imágenes de Paul, tanto fumando en la cama del motel, como completamente intubado en el hospital (es aquí donde se recogen con su voz las reflexiones sobre la muerte y los "21 gramos" que pesaría el alma) y acompañado de un vuelo de pájaros en el firmamento urbano, van flotando por el enunciado fílmico como un leitmotiv.

Ahora bien, un detalle que puede pasar casi inadvertido, nos indica la patencia del gesto autoral en *21 grams*. El filme acaba con un *collage* intersecuencial al que se superponen la música extradiegética y la voz en *off* de Paul con sus últimas reflexiones antes de la muerte. Son imágenes que muestran tanto hechos del pasado (el padre con las dos niñas...) como del futuro (Cris entrando en la habitación vacía de sus hijas, la piscina del motel nevada...). Pero hay una especialmente significativa. Se trata de una secuencia en la que Cris estaba con su hermana en la piscina. Hemos visto que al irse se volvía hacia ella, pero ahora vemos además el contraplano que provocó esa sonrisa y que antes no se mostró: su hermana le muestra el puño con el dedo anular erguido. Hay pues un poder meganarrativo que decide cómo y cuándo puede ver y saber el espectador. De hecho, con su atmósfera entre mística y esotérica, probablemente sea este el filme de todos los que aquí examinamos en el que la significancia metafórica se imponga con más evidencia a la propia simbólica metonímica del relato.

Babel **(Alejandro González Iñárritu, 2006)**

Babel es la película que encumbra definitivamente al tándem Iñárritu-Arriaga en el panorama internacional. No deja de tener influencia en este hecho el éxito de *Crash* (Paul Haggis, 2004), Oscar a la mejor película en 2005, que naturaliza en Hollywood la narrativa no lineal y el *flash-back* metaléptico y que redunda en que *Babel* gane en 2007 el Oscar a la mejor película extranjera. El filme nos narra cuatro tramas:

> *Marruecos.* Trata de la vida de una familia marroquí perteneciente a un paupérrimo ámbito rural, que se ve alterada por la compra que el padre hace de un rifle de caza.
>
> *Marruecos / USA.* Un matrimonio norteamericano, en evidente crisis de pareja, que hace turismo por Marruecos. Ella resulta gravemente herida al recibir un disparo por parte de uno de los hijos de la familia marroquí con su nuevo rifle.
>
> *México / USA.* La historia de la sirvienta del matrimonio anterior que, ante esta situación, que provoca el retraso en la vuelta de sus empleadores, se ve impedida de asistir a la boda de su hijo, al otro lado de la frontera mexicana. La drástica decisión que toma es llevarse a los niños que cuida, hijos del matrimonio, con ella.
>
> *Japón.* Las desventuras de una adolescente japonesa sordomuda y la conflictiva relación con su padre.

Tres de ellas, la mexicano-estadounidense, la estadounidense-marroquí y la propiamente marroquí, están unidas por el parentesco y por la acción. Pero de la relación de todas estas tramas con la japonesa nada sabremos hasta el final del filme. Dentro de cada trama la historia se nos presenta linealmente, pero en su alternancia entre ellas hay enormes saltos temporales que hacen que no conozcamos hasta el final de la película, en *après coup*, sus temporalidades relativas. *Babel* es la única de todas las películas que abordamos en este capítulo que no comienza con un *pronúcleo* y/o *hipernúcleo*. La secuencia marroquí dura 8'38'', desde la compra del rifle –auténtico objeto *macguffin*– hasta que el niño realiza el disparo al autobús de turistas. Este es el auténtico *hipernúcleo* del filme: *núcleo* porque es el origen de todas las acciones relevantes; *híper*, porque en él están presentes todas las tramas y es el hecho que las vincula, incluida la japonesa, pues de allí procede el rifle, cosa que no sabremos hasta el final de la película.

Tras ello, se conecta, por corte directo, con San Diego. Richard Jones, el marido de la turista herida llama a su casa: vemos en campo a su familia y a la empleada que cuida de los niños. Jones, en Marruecos, es el contraplano de esta escena que será la que cierre el filme. De tal modo, el desorden temporal entre las tres escenas es patente, aunque dentro de cada trama la progresión es lineal (a diferencia de *21 gramos*). Pero, en realidad, este corte no tiene solo una función narrativa, sino también simbólica porque pretende mostrarnos el contraste entre la vida infantil marroquí y la estadounidense. El momento de conexión, que es anterior a toda la peripecia de mexicana, es justo el final de la estadounidense-marroquí, como veremos en la penúltima secuencia de la película. Es decir, es una secuencia (sub)hipernuclear que se presenta dos veces en dialéctica campo-contracampo. Como ya hemos visto, pese al desorden temporal en la alternancia de las tres tramas, cada trama sigue linealmente su orden temporal. Y, aún más, en el lapso que va desde el cese en la puesta en escena de un hilo narrativo, no transcurre el tiempo, se lo retoma justo en el mismo momento en que se dejó. Se consigue así un efecto de corte en la trama, de absoluto autismo de unas con otras, puesto que no se influyen ni interfieren. Efecto que queda totalmente volatilizado e invertido cuando sabemos el vínculo de la trama japonesa con el rifle: globalidad, efecto mariposa. Además, la indagación sobre el padre de Chieko se aprovecha por la enunciación para erguir un muy postclásico "semblante de *thriller*" haciéndonos creer que se está investigando la muerte de su madre –un suicidio– cuando al final sabremos que se le busca para verificar cómo llegó su rifle de caza a Marruecos.

Que el filme no comience con un *pronúcleo* lo convierte, tal vez, en especialmente proclive a que el espectador busque un amparo meganarrativo, es decir, un sentido implícito más allá de la concatenación metonímica de las unidades narrativas y su suplementación connotativa. De ahí, la facilidad hermenéutica: la incomunicación, la globalidad, la distancia de lo próximo, la interacción con lo lejano... Pero el caso es que el propio desorden narrativo tiende a un cierre absoluto que sella la trama por la coherencia contundente del argumento. En el final del filme, tenemos el contraplano de la conversación telefónica entre el padre en Marruecos y los niños en San Diego, que tiene un valor definitivo para la comprensión del filme. Al repetirse la secuencia, pero desde el punto de vista opuesto, la sensación que se transmite al espectador es la de que ahora conoce un secreto, que ahora toda cuadra en el *puzzle* temporal que ha sido la trama, y que, a través de este entre San Diego y Marruecos, el argumento queda completamente maridado con ella a través, evidentemente, de la *ontología del rácord*. O, con otras palabras, que el *Modo de Representación Institucional* ha tomado definitivamente el lugar del *Autor Implícito* garantizando a su vez el sentido narrativo y la compacidad del universo diegético.

Los tres entierros de Melquiades Estrada (Tommy Lee Jones, 2005)

Abordaremos ahora dos proyectos en cuya elaboración solo intervino Guillermo Arriaga. En *The three burials of Melquiades Estrada*, se nos narran los esfuerzos del vaquero Peter Perkins por dar sepultura en su lugar de origen a su amigo Melquiades, abatido por un disparo. La película se convierte en un viaje delirante con el cadáver y el policía de frontera Mike Norton que, tras mucho indagar, resulta ser el accidental asesino de Melquíades. Accidental, porque el *hipernúcleo*, que es el tiroteo en el que Melquiades muere, tiene varios protagonistas casualmente coincidentes: unos cazadores que por allí pasaban y que disparan contra un chacal, pero al ir a acercarse a su presa abatida, que permanece en fuera de campo, lanzan una imprecación que nos indica que en realidad han disparado a otra cosa; el propio Melquíades, que es quien realmente abate al chacal para defender a sus cabras; y Mike Norton, que ha ido al paraje a masturbarse y al oír los disparos cree que Melquíades, inmigrante ilegal, le está disparando y es él quien realmente le abate. La acción se nos presenta tres veces a lo largo del filme, desde el punto de vista de los tres tiradores jugando con el enfoque y el *rácord ontológico* en el eje para ir ampliando la información del espectador.

Los saltos temporales se han convertido aquí en puro estilema, pues su uso, a diferencia de los filmes de Iñárritu es puramente banal: se trata de estos dos *flash-backs* metalépticos (no focalizados en un personaje) en los que consisten las dos re-presentaciones del *hipernúcleo*, y después de recuerdos diegetizados que Perkins evoca de su amigo muerto y que, si no están claramente marcados en el enunciado fílmico, es para salvaguardar la marca de fábrica de la que Arriaga, en este caso, es depositario. Además, el concepto de *hipernúcleo*, hacia el que anuncia el *pronúcleo*, es aquí muy débil, porque tenemos dos tramas que convergen, pero no colisionan.

Lejos de la tierra quemada (Guillermo Arriaga, 2008)

Tras lo que parece ser la ruptura del tándem, por motivos que en absoluto nos incumben, Arriaga decide en este filme ponerse tras la cámara y asumir la responsabilidad íntegra de mantener en pie el modelo que entre ambos erigieron. La película nos narra la historia de una mujer que regenta un restaurante, Sylvia, con un sino marcado por la promiscuidad y el vacío existencial. El origen está en un nefando recuerdo traumático que la mantiene en un estado constante de irredenta culpabilidad. El filme, de hecho, comienza con un *pronúcleo* que es ese mismo recuerdo traumático: una edificación ardiendo en medio de una pradera. Es decir, que el *pronúcleo* es aquí del orden del *flash-back* como en la poética convencional del *thriller* postclásico y más concretamente del sobreexplotado *thriller* de amnesia. En este último caso, por ejemplo, la ignorancia del espectador está diegetizada en la focalización del protagonista, que busca el contexto para una secuencia de la que solo posee fragmentos. Pero aquí la cosa cambia ligeramente, para hacer honor al modelo profesado. Los saltos temporales, que se producen continuamente, no están marcados por la focalización en Sylvia, sino que obedecen al arbitrio del meganarrador, es decir, que este viste todos los atributos del narrador omnisciente que bucea en el pasado en busca de la explicación, de la motivación, de las acciones del presente. De tal modo, que el rácord en el eje es la mejor plasmación plástica de esa omnisciencia, y del auténtico trayecto narrativo del *thriller* postclásico, que no es otro que el camino (*methodos*) del espectador para lograr el saber que posee el meganarrador. Con un rácord *en el eje*, pues, comienza la película: un plano lejano del incendio que pasa por corte directo a un plano cercano con el refuerzo del rácord sonoro.

El filme, en fin, se nos presenta como un enjambre de sintagmas alternados que van acercándose al desvelamiento de un secreto. Partiendo del tiempo 0 que es el presente de Sylvia, vamos cambiando, sin saber en principio qué relación pueda haber entre ambas tramas, al presente de Santiago y su hijita. De ahí al pasado de Mariana (nombre auténtico de Sylvia), que a su vez se compone también de dos subtemporalidades: antes del incendio, donde el protagonismo lo tienen la madre de Mariana y el padre de Santiago, y después de este, donde los dos adolescentes encarnan la acción principal. El auténtico núcleo del relato es el plano de Mariana llorando ante el imprevisto resultado de su acción. Es un *flash-back* metaléptico porque, si bien está focalizado en el espionaje a que Mariana somete a su madre en los encuentros con su amante, el meganarrador nos ofrece la escena en el interior del remolque que ni ella, ni ningún otro personaje de la historia, pueden conocer. El tema de la conversación de los amantes es precisamente el pecho amputado de ella, que es el emblema de su deseo y de su demanda de amor. Es la castración femenina, pues, lo que se escapa a la focalización de Mariana: nada quiere saber del deseo de su madre, que es lo que la hace mujer. Por eso, a su vez, rechaza la maternidad cuando le llega y se libra al desenfreno de ser objeto sucesivo de los hombres. Pero desde nuestro punto de vista, la pregunta es ¿qué autoriza al meganarrador a estar en el secreto de la madre (que no es otro que el ser también mujer)? ¿Qué consecuencias narrativas puede tener este puente entre la enunciación y el espectador, sin contacto con la trama de Mariana/Sylvia?

¿El autor o el modelo?

Como hemos podido ir comprobando, es parte del éxito y clave del asentimiento espectatorial que los filmes de Iñárritu y Arriaga prometan una lección moral a partir de un mensaje metafórico que se superpondría a las peripecias narradas. Se trataría de una moraleja, poco clara en su formulación, si se quiere, pero evidente en su presencia, a la vez efectiva y fantasmática. Y, por supuesto, el desorden de la trama es el principal gesto semántico en esa dirección, porque al violentar la ilación causal del argumento parece proponer un sentido para el filme distinto de la pura concatenación metonímica de las unidades narrativas. Por ejemplo, la propia yuxtaposición de las secuencias parecería invitar a su desciframiento semántico, casi diríamos en la estela del *montaje de atracciones* (Aumont, 2020; Bordwell, 1999; Sánchez-Biosca, 1996), antes que a su comprensión narrativa. Sirva como ejemplo la presentación contigua de unas familias y otras en *Babel* (la vida de los niños marroquíes huyendo de la policía frente a la que llevan los norteamericanos correteando en sus juegos por la casa) o en *21 grams* (la relación paterno-filial que establecen Cris por un lado y Jack por el otro con sus vástagos, de amor y complicidad en el primer caso y de cruel severidad en el segundo). Es decir, ¿el mensaje es de tipo poético-metafórico o predomina la simbólica connotativa del relato?[72]

La gran dicotomía de la que pretendemos dar cuenta es la que existe entre el Modelo de Representación hegemónico y el autor implícito: o la historia se explica a sí misma (es autoconsistente) o es vehículo metafórico sometido a una *intentio auctoris*, aunque esta sea implícita. Precisamente, la segunda opción es la subversiva, aunque ello pueda chocar desde un planteamiento emancipador clásico (marxista) (Jameson, 1989). Ya la modernidad cinematográfica reivindicó la figura del autor frente a la masificación industrial del cine de Hollywood: reivindicación del cine como arte, como praxis significante, frente al *show business*; como producción enunciativa y puesta en escena, no como reduplicación (reafirmación del estado presente) del mundo (de Baecque, 2003).

La cuestión es que hemos ido viendo que, si bien el *autor* se proclama en principio como sede del sentido, *acaba resultando el gestor de la compacidad, de la completud, del mundo*. El lector sabe que hay una promesa de orden, pues la deconstrucción del argumento por la trama no deja de prometer la recomposición, el maridaje definitivo de ambos, sobre la base de un mundo completamente sometido al Principio de Razón Suficiente y sus cadenas inferenciales y de un sujeto sólidamente posicionado en él: en un buen *puzzle* no faltan piezas, a pesar del semblante de fragmentación y sinsentido que pueda mostrar en un principio. *Es la ley de oro del Hollywood postclásico: el juego cognitivo, perfectamente sometido al principio del placer, ejerce como sucedáneo, como simulacro, de la actividad hermenéutica.* Esta estaría del lado del despertar, del desvelamiento del sujeto como sostén del mundo y de la contingencia de su deseo y sus mociones pulsionales. Pero lo hermenéutico anclado en lo cognitivo se convierte en moraleja ideológica, no en subversión auténtica. El estilo de Iñárritu y Arriaga no conculca jamás las leyes sagradas del Modelo de Representación Institucional. Tanto las leyes del rácord y del montaje, como las del relato, si bien son llevadas al límite, jamás descubren lo *real* de su sustento enunciativo.

72. Precisamente, se trata de establecer la distancia entre el *sujeto poético* y el *meganarrador* como semblantes del *autor implícito*.

CAP. 7. RETÍCULA Y DIFUSIÓN: EL *BROADCASTING*, EL *POSTBROADCASTING* Y LA DIALÉCTICA DE LA DENUNCIA

El telediario en el cine: una ventana abierta a un mundo cerrado

El objetivo: demarcar la posición sujeto de la recepción televisiva

En buena medida, lo que pretendemos en este libro es dibujar algunas transformaciones en la ecología de los medios en un momento, como el del cambio del paradigma desde el *broadcasting* (al que hemos denominado habitualmente *Modelo Difusión* (Palao-Errando, 2004, 2009b)) al paradigma digital (o *Modelo Reticular*). Como hemos venido a señalar en los primeros capítulos, cada medio se recoloca y retrata a sus competidores, con un incuestionable espíritu depredador. Si en ellos nos hemos enfocado en describir las estrategias de la pantalla fílmica para sobrevivir, lo que nos proponemos en este capítulo es recalar en algunos enclaves especialmente sutiles en los que el discurso fílmico enjaula en su pantalla a una de sus más inveteradas rivales. Pretendemos con ello demarcar la posición de la recepción televisiva y aislar el papel que la televisión tiene en nuestro imaginario cultural, lo que implica darle su papel en la economía epistémica y libidinal del sujeto.

Y pretendemos hacerlo en este capítulo cerniendo el lugar asignado para el enunciatario televisivo en el cine comercial, en tanto utiliza la pantalla de televisión como elemento circunstancial y no nuclear. En *el cine* el espectador está todavía en la posición del sujeto (de la sutura) es lugar privilegiado para el análisis de los impasses de la cultura de masas[73] En ese sentido, dilucidar por qué razón, en un filme, un ítem perceptivo o narrativo ejerce el papel de simple indicio contextual, de simple correa de transmisión de la acción o sostén ocasional de la

73. Para el concepto de Sutura nos permitimos remitir a la entrada de (J. J. Marzal Felici & Gómez Tarín, 2015: 508-512) Para la diferenciación entre la posición subjetiva del espectador y la de la audiencia vid. (Palao-Errando, 2004).

verosimilitud de la trama, puede esclarecer todo el sistema de expectativas sobre las que el texto fílmico fía el asentimiento espectatorial, pues como esamos insistiendo en este libro, *nada accede a la categoría de signo denotativo sin una compleja subtrama cultural que garantice su desambiguación códica.*

El objeto: La información televisiva en la pantalla cinematográfica

Al estudio de estas relaciones entre los diversos medios y canales de comunicación y representación por afianzar su identidad y eliminar las amenazas de captación de su público por parte de los competidores, se ha dedicado toda una línea de investigación en la estela de los *cultural studies* anglosajones a la que se ha dado el nombre de *intermedia studies* (Vid. Brillenburg Wurth, 2006; Elleström, 2021ª, 2021b; Pethő, 2012; y para la relación entre cine y tv. Uricchio, 1998). Pero es evidente, por tradición y por escritura, que el cine ha sido el contendiente –y, a su vez, el campo de batalla– central en esta lucha por la identidad mediática y el dominio público y su enemigo más asediado ha sido, primero, la televisión y, despué,s la pantalla del ordenador, hasta la convergencia (Jenkins, 2008) defininitivamente auspiciada, en este caso, por las plataformas de *streaming.*

La historia de la reacción del cine ante el espectáculo televisivo es extensa y se inicia con la misma popularización de la televisión como medio de comunicación de masas, pero aquí nos vamos a circunscribir a la última década del siglo XX y la primera de nuestro siglo, porque en ellas la información se convierte en el eje medular de la programación televisiva, y a partir de esta mutación se produce también un cambio radical en la posición de la pantalla cinematográfica frente a su pantalla rival. Al ocuparse de (y con) la imagen de lo global y el flujo de los acontecimientos en la esfera pública, la televisión comienza a ocupar el lugar de la verdad instituida. No estamos hablando de una verdad última e indiscutible, sino de que la televisión se postula como el canal de difusión aún puede condensar la cristalización de la opinión pública en una unidad de discurso pragmática y operativa, sobre todo frente a las pantallas reticulares entre las que también circula la información.

De esta forma, la pantalla televisiva aparece como la sustanciación de lo colectivo, como el espacio de la Historia frente a la diégesis, de la urdimbre de los acontecimientos colectivos, frente a la peripecia agónica de la ficción. Pero, por ello mismo, siendo el lugar de la certeza fáctica, la televisión la constituye como otredad inaccesible para su espectador. Con otras palabras, el cine comienza a presentar a la televisión como un espacio esclerotizado, pasivo, de nula interactividad y, por ende, de una opaca redundancia. En la televisión aparece lo que *se* sabe, pero nada más. La televisión representa la Historia en su versión mítica: el espacio sin acción, el lugar de los hechos consumados, la galería iconográfica de la narrativa hegemónica.

Y, en contrapartida, el espectáculo cinematográfico postula para sí (sobre todo en el documental más comercial y en las ficcionalizaciones de supuestos *hechos reales*) lo que hemos denominado una *poética del making of*: la gran pantalla muestra el fuera de campo (*el off the record)* de la información compartida por todos y alojada en la pantalla pequeña. Pero por este mismo camino, en términos generales y como tono medio en la producción cinematográfica comercial, a partir de los años 90. Pero en el principio de siglo, la televisión pasa a ser cada vez menos un tema explícito y nuclear de las ficciones cinematográficas para convertirse en su atrezzo, en puro utillaje diegético. La mayoría de las veces, el receptor de televisión funciona con la docilidad imprescindible de un *establishing shot.* De este modo, el advenimiento de la información al centro del discurso televisivo parece haber constituido una especie de *pax global* intermediática en la que se ha pasado de la lucha por la identidad (Uricchio, 1998ª) a la atribución estable de funciones. Por ello, *no nos interesan en este capítulo películas cuyo tema central es la televisión, sino que indagaremos en la representación que el cine de ficción (principalmente) hollywoodense hace de la difusión informativa televisiva,* con el fin de inquirir explícitamente la función que la difusión televisiva ocupa en el contexto de nuestra cultura global.

La dimensión ontológica

La primera dimensión que hemos de tener en cuenta en este retrato que el cine hace de su rival jfjmediática es, propiamente, la dimensión ontológica del dispositivo, porque es la que está en la base de todos los demás usos significantes y narrativos. Para ello, vamos a dar un pequeño salto a dos películas ya aludidas y que, precisamente por su carácter cercano a lo fantástico, son particularmente explícitas en esta cuestión: *Paycheck* (John Woo, 2003) y *Next* (Lee Tamahori, 2007). En ambas, la clave argumental es la capacidad predecir el futuro y en estas acrobacias narrativas y plásticas la televisión funciona como garantía de la continuidad causal del Espacio-Tiempo, nada menos.

Como hemos señalado, en *Paycheck* Jennings es un avezado ingeniero especialista en "ingeniería inversa". No hay que más que ponerle un artefacto tecnológico delante y él es capaz de reconstruir todo su proceso de producción y ponerlo a disposición del mejor postor, que es una compañía rival de la propietaria del primer diseño. Para seguridad de sus clientes, en todos sus contratos aparece una cláusula según la cual trabajará por un período prefijado (normalmente, uno o dos meses) completamente aislado del mundo y, tras este periodo, se borrarán todos sus recuerdos relativos a él. El encargado de este borrado es su amigo y entrenador personal Shorty, y durante el proceso vemos cómo la tecnología le permite visionar en una pantalla el contenido de las cargas mnémicas neuronales en un perfecto encuadre escénico. Este hecho, que no es en absoluto extraño en el cine hollywoodense actual, nos sugiere que no hay más que un paso entre la traducibilidad de la memoria al discurso audiovisual y la apacibilidad ontológica del mundo que veremos posteriormente encuadrada en la televisión. La trama propia del filme se desencadena cuando Jennings acepta un encargo distinto de los habituales, tanto por su duración –tres años– como por lo elevado de su retribución y por el hecho de que el borrado de memoria se va a producir por medio de un proceso diferente en el que Shorty no interviene. Acabado el trabajo y borrados sus recuerdos, la sorpresa de Jennings se produce cuando al ir a retirar en metálico parte de su fabulosa cifra de beneficios le comunican que ha renunciado a ellos y en su lugar solo se ha "legado" un sobre con una serie de objetos absolutamente heterogéneos. Estos se revelan como una serie enloquecida de *MacGuffins* que se demostrarán impredeciblemente útiles en el proceso de persecución que se va a producir a partir de ese momento.

Efectivamente, entre las pistas que Jennings se ha dejado en el sobre está una pequeña tira de papel con unos números anotados que no ha conseguido descifrar. Mientras está comentando con Shorty en una cafetería todo lo que le ha pasado, una televisión –como atrezzo, como puro ruido de fondo– captará la atención narrativa justo cuando desde ella se empiecen a enunciar y mostrar encuadrados los números que Jennings lleva anotados. Se trata de la combinación ganadora de la lotería. Es la pista definitiva: durante esos tres años ha estado trabajando en un proyecto capaz de predecir y, lógicamente, alterar el futuro. La cosa tiene su relevancia para nuestro tema, indudablemente. Fijémonos que, en toda una trama de saltos temporales, de predicciones y modificaciones del futuro y borrados de memoria, lo real colectivo en su plasmación televisiva aparece estable, inmarcesiblemente, fijado. La televisión es lugar donde la realidad aparece como esclerotizada e inmodificable. El potencial ontológico de la televisión le permite poner el ser a salvo de la trama: hay Historia, devenir colectivo, más allá de la cadena causal diegética. Al ver la serie de números en televisión todo lo que hay en el sobre y la cadena de acontecimientos en la que los objetos han intervenido cobra sentido. Precisamente, porque el mundo cerrado de la televisión, inalterable e impermeable a la intervención subjetiva, garantiza la lógica causal de la diégesis.

El planeamiento de *Next* es similar al de *Paycheck.* Chris Johnson trabaja como mentalista en Las Vegas, pero –trucos aparte– tiene un poder real para ver lo que va a suceder a un par de minutos vista (y no más allá, excepto en una visión que le obsesiona, pero que no nos incumbe a los efectos de la argumentación actual). Esto le permite ganarse un sobresueldo en los casinos y es, precisamente, a través de los dispositivos de seguridad que los vigilan donde el FBI lo detecta e intenta hacerse con sus servicios para localizar a unos terroristas que pretenden hacer estallar una bomba nuclear. El planteamiento de la película recala, pues, sobre lo virtual, el saber y su incidencia en la causalidad narrativa. De hecho, como sabremos al final, toda la película es un falso *flash-forward.* Y ello es posible porque el tratamiento plástico y fílmico de las anticipaciones virtuales y de los hechos efectivamente diegéticos es exactamente el mismo, y solo a posteriori vamos sabiendo en cuál de los dos casos se encuadraba en contenido narrativo que nos ha sido mostrado.

Lo curioso, bajo esta paridad entre lo virtual y lo efectivo, es que, cuando se ve en la necesidad de convencer a Liz, la coprotagonista, de que posee la facultad de prever el futuro, el método utilizado es decir un par de frases e ir haciendo *zapping* en la televisión para demostrar que lo que va a ser enunciado en cada canal coincide con lo que él ha predicho. Es decir, que para la instancia enunciativa del filme –y con perfecta convicción de que ello va a ser completamente asentido por los espectadores–, la televisión tiene las mismas propiedades ontológicas que el mundo de los hechos / datos (*facts*). La causalidad del mundo es información. Aún más, cuando el propio FBI lo retiene para que adivine el paradero de los terroristas le sujetan extremidades y párpados (en diáfana cita de *La naranja mecánica* (*A Clockwork Orange*, Stanley Kubrick, 1971*)* frente al televisor para que visione *los telediarios futuros* y de este modo, previsionando la noticia de su explosión, localice la bomba. Barrido por el flujo televisivo que recibe su plasmación plástica en un zoom espacial y temporal, según el cual su mirada explora el futuro a través de la emisión y encuentra a Liz secuestrada por los terroristas y amordazada en una azotea sobre una silla de ruedas y con una bomba pegada a su cuerpo. Es en la *profundidad* de la pantalla de la televisión, más allá de su superficie icónica, donde el protagonista es capaz de introducirse para explorar las potencialidades del mundo. Con ello se está connotando –e, insistimos, de forma puramente indicial, como un recurso narrativo-metonímico perfectamente leal a la trama y sin ningún subrayado discursivo– que, efectivamente, las propiedades del mundo y sus cadenas causales están perfectamente albergadas sin más distorsión en el flujo televisivo. Por tanto, si con la puesta en escena se indica –como hemos anticipado– que el estatuto ontológico de las premoniciones es el mismo que el de los hechos efectivos, se está afirmando que la televisión tiene claramente el estatuto de *una ventana abierta a un mundo cerrado*: la pantalla de televisión aloja la causalidad inalterable y enteramente calculable del mundo a salvo de las interferencias diegéticas. Heisenberg se hubiera llevado las manos a la cabeza. Walter White, probablemente no.

La diégesis y la Historia: la clausura de un mundo global

Es evidente –tanto, que sonrojaría poner ejemplos explícitos– que, en la industria hollywoodense, al menos desde la consolidación del Modelo Clásico, bien sea a través del *biopic* o de los géneros históricos, ha optado siempre por representar la Historia colectiva como trasfondo de una peripecia individual. Pues bien, en el cine de los últimos 30 años el punto de conexión privilegiado entre la una y la otra ha sido –al menos cuando el ámbito de esta representación son épocas cercanas– el receptor de televisión. Y si no andamos errados, el momento de consolidación de este procedimiento coincide con el *revival* Kennedy que se produjo en la era Clinton (Palao-Errando, 2004). El primer ejemplo de ello es *JFK* (Oliver Stone, 1991). Recordemos que la trama del filme nos narra la aparición de la famosa toma de Zapruder y cómo a partir de ella el fiscal Garrison (Kevin Costner) reabre el caso. La película comienza con un genérico compuesto a base de imágenes documentales de la época articuladas por una voz en *off*. Con ellas, se van mezclando algunas propias de la ficción diegética. Cuando aparece ya la toma de Zapruder el disparo se oye en *off* sobre una imagen del depósito de libros de Tejas (desde donde partió): miles de palomas alzan el vuelo y se establece una conexión directa con las noticias de la CBS. Tras ello, las últimas imágenes de Zapruder: el impacto ha sido elidido, remitido a la incógnita, a la vez que el proceso se le ha hurtado al pueblo (protagonista de las imágenes "fílmicas" anteriores, en el encuadre con los Kennedy) y se ha confinado en la televisión. Pasamos a la oficina del fiscal Garrison del distrito de New Orleans: Costner y el cine retoman el caso. Le dan la noticia y van a buscar una televisión a un bar. Y aquí se produce una *mise en abyme* que convierte al filme en metarrelato sobre las verdades ocultadas al pueblo norteamericano. Vemos a la gente congregada en torno a la pantalla recibiendo la noticia de la muerte en directo. Asistimos, pues, al espectáculo de una trama conspirativa engañosa, de una campaña mediática controlada por el poder. Pero el cine re-enmarca al espectáculo y a los espectadores y recupera el auténtico sentir popular, en contra del engaño televisivo. Eso sí, con el concurso de un individuo que toma la tarea de la justicia y la denuncia sobre sus hombros. A partir de aquí, todos los accesos a la Historia (oficial) se dan por la televisión comenzando por la detención de Oswald. Lo que se connota es una crítica al *broadcasting*, modelo *difusión*, al que se acusa de albergar las versiones auspiciadas por el poder.[74] La mirada hipnotizada del espectador queda confinada fuera de la ventana, relegada a la imposible interactividad –entre sus manifestaciones, la crítica en forma de sospecha– en la cual radica la posibilidad de producir la verdad.

Pero donde la cuestión toma auténtica carta de naturaleza es en *Forrest Gump* (Robert Zemeckis, 1994) en cuyo enunciado fílmico ya se produce el cruce de las tres pantallas contemporáneas: la cinematográfica, la digital y la televisiva. Lo curioso es que lo que fue tematizado por la publicidad del filme fueron los alardes digitales que permitían la copresencia en el encuadre del actor Tom Hanks con la "auténtica imagen" de varios personajes históricos, Kennedy a la cabeza, pero lo que no está en absoluto explicitado es que todos estos puntos de contacto entre historia e Historia también suceden en –o alrededor de– un televisor. Y sucede de este modo desde su primera inserción "intraplanaria *auténtica*" durante los disturbios raciales que originó la aceptación de los negros en la Universidad de Alabama. El hilo conductor del filme, de hecho, son las copresencias "afortunadas" –Forrest se encuentra con Kennedy, con Elvis, con Johnson, con Nixon, con *Apple,* con Vietnam, con el Sida...– que le otorgan un indudable sabor de época, con la inserción del protagonista en los momentos clave de la historia sentimental reciente de los Estados Unidos concretada en sus hitos esenciales, concebidos como eventos mediáticos. *Forrest Gump*, pasa por todo ello habitando un tiempo homogéneo y lineal, vacío, no incumbido en absoluto por la Historia, tangencial a su biografía, lo cual convierte al tema del "correr" del protagonista en *leitmotiv*: encontrar*se* sin conciencia de ello. Este "sin conciencia" de la Historia es emblematizado por la televisión. Veamos hasta qué punto: su adorada, Jenny ha vuelto y vive con él como en la infancia, en la que su voz *over* define como "la época más feliz de su vida". Es el 4 de julio y se ve entonces un castillo de fuegos artificiales. Pero la cámara en retroceso nos muestra que está en el interior de la televisión y se acaba viendo la Estatua de la Libertad. De nuevo, contacto biografía

74. Sobre estas críticas a la paleotelevisión, no solo por parte del cine, sino de la propia neotelevisión vid. (Palao-Errando, 1999). Recuérdese también el famoso eslogan: "It's not tv, it's HBO".

– historia: es la conmemoración del segundo centenario de la independencia americana. La Historia –lo colectivo– sucede en el encuadre televisivo. Y como vemos en el caso de los fuegos artificiales esta distinción Historia/Diégesis es escrupulosamente llevada hasta sus últimos términos, pues estos podrían haberse visto representados sin ningún problema de modo homodiegético y no en la *mise en abyme* de la pantalla del televisor. Evidentemente, se hubiera perdido un plus de sentido, que es *insight* fílmico por excelencia.

El mundo como ruido de fondo y la fantasía de la intervención

Vamos a recalar en tres filmes para observar la evolución del tópico que estamos estudiando en esta primera década del siglo XXI.[75] El primero de ellos, *The Assassination of Richard Nixon* (Niels Mueller, 2004), se nos antoja como la contrafigura patética de *Forrest Gump.* Samuel J. Bicke, un anodino personaje, frustrado, fracasado, moralista, mezquino y mendaz ve derrumbarse sus aspiraciones a alcanzar el sueño americano en paralelo al proceso de caída de Richard Nixon.[76] Su frustración le llevará a planear el asesinato del presidente corrupto como solución al declive moral colectivo en el que subsume sin fisuras el fiasco de su peripecia personal. Evidentemente, las imágenes de la televisión en el seno de su hogar salpican los avatares de su vida en paralelo con las comparecencias y alocuciones del presidente, y otros problemas propios del periodo como el racismo y la emergencia de los *Panteras Negras.* Pero nos interesa sobre todo resaltar aquellas ocasiones en las que la televisión aparece en lugares públicos, como escenografía insertada en la diégesis. Por ejemplo, mientras Bicke le propone a su ex-mujer asistir juntos a una cena de su empresa para poder seguir ocultando a sus jefes

75. No pasará inadvertido al lector que, tanto por un imperativo de espacio, como por ceñirnos exclusivamente al cine de Hollywood, ¡dejamos fuera un filme europeo realmente relevante para nuestro tema como Good Bye Lenin! (Wolfgang Becker, 2003), cuya trama y puesta en escena está plagada de referencias televisivas.

76. Excluimos de nuestra argumentación el filme *Frost/Nixon* (Ron Howard, 2008) por ser su temática explícitamente televisiva.

que es divorciado, en el restaurante en el que ella trabaja se oye de fondo la declaración de Nixon por televisión negando el Watergate. También sucede así en muchos planos en el interior de su lugar de trabajo –una tienda de muebles– en el que constantemente las múltiples pantallas de los receptores a la venta van reflejando diversos canales. La imagen multiplicada, a diferencia de la cinematográfica, centrada en su encuadre, indica el flujo asémico de lo real. Esta imagen, además, aparece siempre reencuadrada. Solo una vez la pantalla de la tele copa la del cine mostrando un bombardeo aéreo de Vietnam. Llegado un punto, Bicke se subleva en la oficina y comienza a subir el volumen de todos los televisores, cada uno con canales distintos que nos muestran la agobiante presencia de la actualidad como un ruido ambiente. Su jefe, indignado y alarmado, apaga todas menos las dos que están dando el discurso de renuncia de Nixon. Evidentemente, parece que se trata en todo el filme de establecer un paralelismo entre la vida pública y la privada: la mentira política y la mentira laboral y mercantil. Pero el efecto es fallido porque ambas esferas no se corresponden ni estructural ni puntualmente. Al final de la secuencia Bicke se enfrenta con el Nixon televisivo. Nixon dice: "nunca fui un ladrón". Y Bicke le contesta: "solo importa el dinero, Dick".

Y este último término es el que nos interesa como distintivo de esta primera década del siglo XXI: la fantasía de la interactividad desafiando incluso el mismo recinto cerrado e inaccesible de la (paleo)televisión. Bicke decide pasar a la acción en intervenir en lo que ha visto por televisión, asesinando al presidente. Y en el estrepitoso fracaso de su tentativa –la película está basada en *hechos reales*, ¿cómo no?– lo único que consigue es acceder, como terrorista abatido, él mismo a ese mundo cerrado que contemplamos desde una ventana. Con toda ironía –todo el filme es un *flash-back* registrado en una grabadora que el protagonista piensa enviar a su idolatrado Leonard Bernstein– la voz *over* de Bicke enuncia: "Podrán reconstruir la Casa Blanca, pero a mí jamás me olvidarán. Yo estuve aquí, maestro. Y a un hombre solamente se le recuerda por sus obras", mientras vemos como se suicida en la cabina del avión disparándose en la frente. Vuelta a la televisión. Vemos la noticia del intento de secuestro en la televisión del taller de su amigo Bonnie (al que utilizó y engañó) y en los múltiples televisores en la tienda de muebles. Vuelve al taller: Bonnie pasa ante la televisión sin ni siquiera mirarla. Leve *zoom* hacia la tele. Sigue la narración en el bar de su ex-esposa Marie: ella también pasa sin mirar. Lo que sucede en la tele no atañe a la vida de los particulare. Los canales van cambiando, pero la narración sigue en progresión lineal. La televisión se muestra más que nunca como una ventana abierta a un mundo cerrado.

Entre los muchos ejemplos que podríamos citar de aparición del receptor televisivo en la ficción cinematográfica mostrándola como un espacio mítico de esclerotización de lo colectivo bajo la forma de la Historia o de la información oficial, merece destacarse el comienzo de *Munich* (Steven Spielberg, 2005). La película narra las tentativas de venganza por parte del Mossad de los atentados de la organización terrorista palestina Septiembre Negro contra los deportistas olímpicos israelíes en las Olimpiadas de 1972. Toda la trama consiste en el intento de mostrar una tentativa diegética (peripecia individual) por cambiar una realidad esclerotizada en la pantalla de televisión. De hecho, la película comienza con el propio atentado que, desde el plano de la representación diegética, pasa en pocas secuencias a ser enclaustrado en la emisión televisiva, compartida como un tótem global por todas las audiencias implicadas (árabes, israelíes, norteamericanos – que son la audiencia modelo del filme– y alemanes) culminando en las propias estancias privadas de Golda Meir donde se urde el plan de venganza. En este caso, las pantallas curvas de la paleotelevisión albergan un relato, el del atentado, puesto en escena con una sintaxis perfectamente lineal en la que se sigue la acción reencuadrando los monitores, a la vez que con ello se indica la ubicación espacio-temporal de cada acto de recepción. No se trata, pues, de la televisión como tema argumental, sino como simple indicio conducente a colocar al espectador cinematográfico en la posición de espectador globalizado pero que, por mor de la representación fílmica, está accediendo a privilegios que no tiene el espectador televisivo. Asistimos, incluso, a rácords magistrales entre los planos fílmicos diegéticos y su reencuadre televisivo, porque hasta los propios terroristas –y los secuestrados– están siguiendo su acción a través de la televisión

En fin, la mejor metáfora espilberiana sobre ese mundo cerrado no es *Munich*, sino su filme del año anterior, *The Terminal* (2004). Todos los estilemas codificados en el tratamiento de nuestro tópico están aquí desplegados. Un extranjero proveniente de un país del antiguo bloque soviético, la fantástica república de Krakhozia, se halla atrapado como apátrida en el aeropuerto JFK de Nueva York a causa de un golpe de Estado en su país. Y atrapado también entre dos redes de pantallas: las que reflejan el interior del aeropuerto ante el personal de seguridad y los propios receptores de televisión que son su único contacto, su única ventana –en una lengua que no entiende y completamente inaccesible a cualquier tipo de interactividad por estar en un espacio público– con el orbe clausurado que es su convulso país. Es realmente patético y emotivo verle buscando un televisor tras otro por la terminal mientras el canal va escapando: la información es fragmentaria, él no es el espectador modelo de la emisión pero está convencido de que el flujo informativo sigue más allá de lo que él puede ver en cada aparato, como el director del seguridad del aeropuerto está convencido de la consistencia de su pequeño mundo que controla por medio de cámaras y monitores que, estos sí, obedecen al menor estímulo de su parte.

La globalidad como clausura del mundo

A medida que nos aproximamos a un cine más contemporáneo hemos visto que en él la televisión se muestra como ventana a un mundo cuya transformación es imposible: no hay lugar para la integración de la peripecia personal en una épica colectiva y el mundo, sus lógicas actuantes y narrativas, no aparece como telón –como un trasfondo consistente con el devenir protagónico– sino como ruido de fondo. Del evento frente al mundo de la que hablaba Cavell en los 80 (Cavell, 1982) a la mostración de la catástrofe tan típica de la "reality tv." de los 90 (Doane, 1990; Mellencamp, 1990), el cine pasó a ofrecer una imagen de la televisión como sarcófago de los hechos fosilizados e inamovibles. Hemos pasado de la intervención moderna, como el mismo Stanley Cavell nos indica, a la pura contemplación postmoderna. Lo emitido en la pantalla de televisión, concebida como un medio de almacenamiento más que como un medio de comunicación (Wagner & MacLean, 2008), queda atrapado de forma irreversible en el limbo de la historia.

Wagner y MacLean hablan de la naturaleza nostálgica de la televisión misma y entre los diversos tipos de nostalgia aluden a la de las antiguas tecnologías televisivas (lo que hemos denominado *paleotelevisión*). Pero el mundo cerrado del que hablamos nosotros no está determinado primordialmente por la nostalgia, aunque así pudiera parecerlo por las películas de este trasvase de milenios ambientadas en los años 60 y 70, donde la televisión evoca un cierto aire de época y donde aún era la única pantalla en el hogar y aún conservaba su carácter totémico y familiar. Pero, en la mayoría de los casos que hemos visto, no deja de ser significativo el creciente número de ocasiones en las que el cine representa la pantalla de televisión en espacios públicos. Pero no solo eso. Filmes como *Next* o *Paycheck* nos muestran, en un género próximo a la *fantaciencia*, un valor de la televisión el que prevalece como hábitat de natural de la concatenación causal, del tiempo mecánico, irreversible y absoluto en el que no cabe el azar del cálculo erróneo ni la consecuencia de su revocabilidad. Lo que vemos en televisión ha tenido que suceder según la lógica realista irrebatible del modo indicativo, del aspecto perfecto y del tiempo pretérito, es decir, en términos barthesianos, de *grado cero de escritura*. De ahí su valor de verificación. Y la Historia es una modalidad de esta irrevocabilidad. Aún más, si pensamos que en ambas la televisión se opone en su certeza al borrado de memoria –el pasado soslayable– o a la premonición, al modo subjuntivo de la temporalidad individual. Frente a ello, la televisión asume la lógica causal y objetiva, la lógica del mundo cerrado, de un juego de posibilidades finitas sin espacio para la interpretación. Algunos llamaban a eso *pensamiento único* o *realismo capitalista* (Fisher, 2016).

Ahora bien, ¿el cine ofrece esta imagen de la televisión como denuncia o como subterfugio ideológico? ¿Le sirve la imagen de la televisión como modo para postular la esencial inalterabilidad del mundo o bien para denunciarla y proponer una transformación de la posición del sujeto frente a los avatares colectivos? Para intentar responder a esta pregunta, que no es otra que la posibilidad de un espacio de apertura en las escrituras fílmicas postclásicas para la relación del sujeto con el mundo, nada mejor que acercarnos a la oscarizada *Slumdog Millionaire* (Danny Boyle, 2008). El filme se nos antoja como una inversión paródica del dispositivo que hemos venido analizando, pues en ella el cine, la trama diegética, se muestra como el lugar de la historicidad colectiva que solo emerge como fragmentación enciclopédica y enajenada de su trama causal en la pantalla de televisión. Si recordamos el dispositivo narrativo del filme, todas las acciones de la trama se convierten en preparación del concurso y la realidad aparece sosteniendo en *off* el espectáculo televisivo, como su secreto. *Slumdog Millionaire* es el reverso del dispositivo de *Forrest Gump* porque hace del cine, de la diégesis, el espacio de vivencia de la Historia. Con la emergencia estrictamente ficcional e inverosímil (la casualidad de que todas las preguntas remitan a episodios biográficos del protagonista) se está conquistando el espacio de la diégesis para la simbolización (para la escritura) de una verdad de la estructura social que, como decía Adorno[77], media directamente sobre el hecho concreto. Justamente al contrario de lo que hemos visto en las películas anteriores: la negación de la estructura que suponía considerar lo social como ruido (o telón de fondo). De ahí, que la posibilidad de cambiar el propio destino a través de la televisión no remita a mensaje neoliberal alguno ni reedite la vieja receta hollywoodense del individuo encarnando la trama de la historia: es la propia ficcionalidad explicitada –de lo inverosímil de la congruencia entre el concurso y la biografía del protagonista, al final tipo *bollywood*– lo que pone en primer plano la estructura y evita el carácter modelizante (y moralizante) de la peripecia narrada. Incluso su nulo valor como denuncia, (la forma postmoderna de aislar los hechos de su estructura para remitirlos a la *globalidad virtual*), pese a la violencia policial y la corrupción televisiva representadas, redunda en su valor como análisis social y existencial. En *Slumdog Millionaire* el cine (y la creencia en el destino singular), incluso contra el peso de la realidad colectiva, son representados como espacio de la ficción, de la inverosimilitud y de la verdad. Y la televisión aparece, no como una ventana abierta al mundo, sino como su máscara.

77. "Porque de igual modo a como ningún particular es 'verdadero', sino que en virtud de su estar-mediado es siempre su propio otro, tampoco el todo es verdadero. El hecho de que permanezca irreconciliado con lo particular no es sino la expresión de su propia negatividad. La verdad es la articulación de esta relación". (Adorno & et alii, 1973: 46).

El goce en directo, la interpretación en diferido: el modelo difusión en tiempos reticulares a través de la primera temporada de *Black Mirror* (Charlie Brooker, 2011-)

Probablemente, con *Black Mirror* se muestra consumado el paso del discurso fílmico y su particular textura a la pantalla televisiva. Entendiendo por textura fílmica una panoplia conceptual que abarca la densidad del discurso, la autorreflexividad, la capacidad metafílmica que tensa al máximo la integración narrativa exigiendo la interpretación simbólica más allá del seguimiento de la continuidad metonímica y narrativa que compete esencialmente a las capacidades neurocognitivas del espectador. La textura fílmica es una variante de la textualidad estética y esta primera temporada es una puesta en acto de este gesto semántico (Mukarovsky, 2000; Palao Errando, 2009ª)

La serie pasó por ser una *rara avis* en nuestra era mediática. Su tema: la crítica de la televisión como espectáculo. Su género: la miniserie, documental unas veces, de ficción otras. Charlie Brooker se nos presentaba más como un autor a la europea, es decir, preocupado por ir pergeñando una obra y una propuesta de sentido, que en la estela de sus precedentes norteamericanos (de J.J. Abrahams a Steven Bochco pasando Chris Carter) preocupados por la confección de un producto y la estabilización de una marca. Para un autor, en la primera acepción, importan la interpretación, la visión del mundo, la interpelación al espectador en su molicie pasiva y cómplice; para un productor, en la segunda, lo importante es el enganche cognitivo a la trama y la peripecia, los índices de audiencia y la relevancia social. Desde entonces, ambas figuras han confluido en la figura del *Creador* de series, que es un híbrido de ambos.

Black Mirror (2011-) es probablemente el producto audiovisual que más relevancia ha dado a la figura de Brooker. Se trata de una serie antológica cuya primera temporada se presentó como una miniserie en tres capítulos. En conclusión, lo único que unifica la serie es un título y una marca autoral. Con otras palabras, una *instrucción interpretativa* a un espectador que deberá, si quiere ocupar el lugar que la serie le destina, afanarse en construir el vínculo entre los capítulos en modo de hipótesis sobre una supuesta intención significante implícita. Construir el sentido, más allá de la fruición/decodificación cognitiva de la trama es asentir a la efectividad simbólica, ética, estética de una propuesta textual.

¿Cuál es la nuestra? Que la primera temporada de *Black Mirror* –que es el objeto de nuestro análisis– es una reflexión sobre la posición ética del espectador en el *Paradigma Informativo* llevada a cabo por medio de *una proyección del Modelo Reticular sobre el Modelo Difusión*: si bien los *Media Difusión* parecen el tema central de la miniserie, es *su combinación y su uso como Medios Reticulares lo que les confieres su carácter perverso de globalidad en intensión.* Todo ello a través de la puesta en práctica de una poética que podríamos calificar de fílmica en el sentido de que la *pantalla huésped* se propone como *interfaz del sentido*, más allá del goce y la información que son atribuidas a las pantallas hospedadas. Trataremos, pues, los tres episodios de modo similar: una breve sinopsis, una enumeración de los ítems principales que tematiza el capítulo y un intento de cernir del recurso formal en el que se sustancializa su *gesto semántico,* para proceder posteriormente a su análisis detallado.

Todo este plan de representación, a su vez, decidió acogerse a una estética alegórica que pretendía describir una posible, por más que delirante, situación contemporánea. Y lo hacía basándose en un recurso perfectamente naturalizado por el cine postclásico como es el sintagma alternado orientado a la convergencia en la pantalla de televisión, concebida como ágora y destino de la realidad. El viejo adagio de que algo no existe si no sale en televisión está mucho menos pasado de moda de lo que parece. Enunciativamente, además, en los tres capítulos se opta por una focalización fílmica omnisciente, por más que se privilegie el punto de vista de alguno de los personajes. La clave de la invitación hermenéutica es la diferencia, mínima pero insoslayable (inconmensurable), entre el espectador de *Black Mirror*, concebido como enunciatario, y la audiencia televisiva en general.

The National anthelm

El tiempo se parece sospechosamente al presente. El primer ministro británico, Michael Callow, es despertado en la madrugada por una llamada de teléfono. Baja en ropa de cama a su despacho, donde es informado por su gabinete de una emergencia: la princesa Susana, prometida del heredero al trono (fácilmente asimilable a las figuras mediáticas de Kate Middleton, Meghan Markle y sus predecesoras) ha sido secuestrada y la condición que se pone para su liberación es que el primer ministro fornique con un cerdo (la ausencia de género gramatical en inglés da su juego) ante las cámaras de televisión y que el acto sea retransmitido en directo por todas las cadenas de televisión antes de las 4 de la tarde, o la princesa será ejecutada. El secuestro y las condiciones son enviadas por medio de un vídeo que ha estado unos minutos colgado en *Youtube* y, por lo tanto, ha trascendido a la opinión pública. La trama consiste en la lucha contrarreloj por encontrar a la princesa y evitar la enorme vergüenza a Callow, en paralelo con incursiones en el espacio de los espectadores de la noticia y con las redacciones televisivas encargadas de su construcción y difusión.

La temática es, pues, la constelación del *Modelo Difusión* con la televisión en su centro, pero en interacción continua con los medios digitales, reticulares e interactivos. A partir de aquí, se despliegan varios temas propios de la agenda de la comunicología moral. Antes que nada, la clásica antinomia entre lo privado y lo público. Y a continuación, la política concebida como comunicación y como intermedialidad. El político, en tanto objeto del espectáculo, es sometido por la opinión pública tiránica e inaccesible a cualquier cambio, porque ello significaría renunciar al goce del dominio sobre lo emitido, que es la gran coartada para su *servidumbre voluntaria* (Étienne de La Boétie, 1548) y su clientelismo. Hasta tal punto, que el secuestrador, que pretende despertar conciencias, se ha de acabar suicidando ante la inercia que toma su plan.

Una segunda línea temática es la competencia audiovisual del espectador, que le aleja cada vez más de cualquier presunción de inocencia. Empezando por el secuestrador y siguiendo por todos los representantes diegéticos de la audiencia, que se ofrecen al espectador como su reflejo especular, todos ostentan su competencia audiovisual. Y el *MRI* se nos aparece como dictadura férrea a la que el secuestrador se acoge. Solo una fisura en todo este edificio que pretende erigir la épica del heroísmo desde el goce más abyecto: la postura femenina. La esposa de Callow se opone radicalmente a la homogeneidad de la opinión pública hegemónica.

Todos los episodios de la miniserie están a su vez divididos en *partes* de cuya transición nos van informando carteles al estilo del cine mudo, lo que refuerza, como instrucción interpretativa, el carácter de fábula de la serie. Muy propio de ello es que el apellido del protagonista tenga un significado semántico propio: Callow, inexperto, ingenuo, incauto, casi diríamos que pardillo. Es el primer personaje que vamos a conocer y el mayor focalizador narrativo de la trama. Para reforzar su carácter durante toda esta primera secuencia lo vamos a ver en batín mientras todo el equipo que lo rodea va perfectamente trajeado. Baja a su despacho y le muestran el vídeo enviado en que la princesa enuncia, entre llantos, las condiciones de su liberación. La escenografía es abiertamente multimedia: monitor de tv, ordenador portátil, todas las pantallas en relación hipermediática. El vídeo es claro: si Callow no sigue las instrucciones, la princesa será ejecutada a las 4 p.m. Pese a que no hay tiempo material para ninguna otra opción, obviamente, Callow se niega a fornicar en directo con un cerdo ante un público inconmensurable. Ahora bien, para dificultar las cosas, los otros *media* entran en interacción con el dominio de la prensa, perfectamente subsumible en el *Modelo Difusión*. Primero, no hay canal de negociación al haber llegado el video por vía telemática y anónima. Cuando Callow advierte de que no haya ninguna filtración sobre el vídeo y el secuestro, el *Modelo Reticular* hace su funesta aparición: el video ha estado en YouTube nueve minutos y, por lo tanto, es de dominio público, pues se ha extendido al margen de los mucho más manejables medios de difusión. Se calcula que ya lo habrán visto 50000 personas y es *trending topic* en Twitter. Callow exclama: ¡Fucking Internet! Cuando pregunta a sus asesores cuál es el protocolo (*play book*) a seguir, estos le informan de que no hay tal, de que están ante un territorio virgen...

A partir de la segunda parte, ya llegamos al grano narrativo que conformará el resto del episodio: tiempo acelerado, muy televisivo y frenético, y sintagma alternado entre los diversos espacios.

> La residencia del primer ministro, que a su vez se divide en los siguientes subespacios:
>
> El despacho de Callow
>
> La oficina de sus asesores.
>
> La vivienda privada, en la que reina su esposa.
>
> El estudio de la UKN:
>
> Plató de grabación y controles.
>
> Sala de redacción.

Espacios de la audiencia. Los más reiterados son:

El hogar de un matrimonio interétnico: anglosajona e indostaní.

El hospital donde ella trabaja.

Un pub.

Un hogar familiar.

E, incluso, aunque el paso por él es muy leve, el taller del secuestrador.

El plató en el que se realizan los preparativos para la retransmisión en directo del acto de Callow.

Un campus abandonado donde se cree haber localizado el origen del mensaje del secuestrador...

La reflexión sobre el dispositivo audiovisual va en paralelo con la escenificación del morbo de la audiencia. En la redacción de UKN comienzan dudando si emitir la noticia, al parecer, por criterios éticos. Es la noticia de que la CNN y otras emisoras lo han hecho la que desencadena la emisión y la frenética actividad de la redacción. Tenemos además a Malaika, una periodista ambiciosa que está dispuesta a lo que sea por una exclusiva relacionada con el caso. Y de este modo entran en escena las relaciones entre particulares mantenidas a través de los llamados medios ubicuos (*pervasive media* (Dovey & Fleuriot, 2011, 2012). En efecto, Malaika no deja de intercambiar mensajes con un miembro joven del equipo de Callow al que ofrece sexo a cambio de información, llegando a enviarle fotos desnuda. Así consigue saber que se ha localizado el lugar de envío del vídeo en un campus abandonado, donde ella se presenta, ni corta ni perezosa, dispuesta a llevarse la exclusiva. Allá está un pelotón de asalto enviado por el gobierno que lleva cámaras en los cascos por las que están retransmitiendo al despacho de Callow el asalto, que resulta ser una trampa del secuestrador, pues solo hallan un maniquí atado a una silla en el recinto. Malaika, a su vez, está transmitiendo en directo a la UKN a través de la cámara de su móvil. Una llamada de estos alertará a los asaltantes que no solo la hieren, sino que destrozan su móvil para que no pueda difundir ninguna de las imágenes captadas con él.

También es una foto, del actor porno contratado para suplantar a Callow captada por el móvil de uno de los operarios que está preparando la retransmisión a circular, la que alerta al secuestrador de que está perpetrándose un *fake*, al comenzar a circular por las redes sociales. Para advertir contra ello, envía a la UKN un supuesto dedo de la princesa acompañado de un vídeo en un *pendrive* en el que se muestra la escena de la amputación. Como vemos, la textura de la trama es completamente multimediática y el *Modelo Difusión* y el *Modelo Reticular* no dejan de interactuar e interferirse. Los medios ubicuos, aún nuevos en el espacio público, no son solo catalizadores, sino auténticos desencadenantes de la acción nuclear. A ello se suma el despliegue de saberes alrededor del discurso audiovisual, comenzando por las propias condiciones de realización impuestas por el secuestrador, que un espectador no duda en asimilar a la poética de Dogma 95, y por los preparativos de la transmisión, dirigidos por una especie de geniecillo del audiovisual que parece haber trabajado para la HBO. Es muy relevante observar cómo, en la baudrillardiana cultura del simulacro (Baudrillard, 1978), *es el* fake *lo que se vuelve imposible: lo real registrado se ha convertido en una especie de fetiche insoslayable en el discurso audiovisual, como el grano de arena en la ostra.* Lo que sí es radicalmente un simulacro es la perla que sirve para neutralizarlo: desde las falsas pretensiones del propio secuestrador, maestro de la secuencia audiovisual, hasta las estrategias de comunicación política implementadas desde el entorno de Callow.

En efecto, en tiempos en los que el Paradigma Informativo se ha convertido en campo único de enunciación (García-Catalán, 2013ª; García Catalán, 2012; Palao Errando, 2016), la política no es otra cosa que comunicación política. Y las encuestas, que son el *feedback* que el político recibe de la soberana opinión pública, son el molde en que se desarrolla toda la acción alrededor de Callow y las que le llevan a tener que consumar el acto si no quiere ver terminada su carrera política. En ese sentido, la propia metáfora que lleva a que el clímax mediático del líder político consista en "follarse una cerda" (la ausencia de género de "pig" en inglés, insistimos, lleva a curiosos malentendidos y apuestas por parte de la audiencia) en directo, con todos los parámetros medidos al milímetro como se hace en la retransmisión de un debate electoral, es lógicamente potentísima. De hecho, son impagables los consejos comunicológico-maternales que recibe Callow de su asesora Alex Cairns, que parece ser su jefa de prensa y a la que en un momento llega a atacar agarrándola del cuello, enfurecido por la decisión de trucar la emisión sin su conocimiento, provocando de este modo la mutilación de la princesa. Baste como muestra la advertencia de que no vaya demasiado rápido en su acto fornicador porque esto podría ser interpretado por esa audiencia dictatorial como un goce excesivo e ilegítimo. Esa audiencia, a la que vemos gozando con un sarcasmo guarecido e irresponsable del infortunio del político, cuya imagen es, en las sociedades occidentales, el vertedero de toda abyección.

Al final, sabremos que lo único que pretendía el secuestrador era dar una lección moral a la nación y que no estuvo nunca entre sus intenciones ejecutar a la princesa: todo era mentira. Se había dictado una orden gubernamental por la cual quedaba terminantemente prohibido grabar y distribuir el acto nefando del primer ministro, pero lo peor es que el secuestrador libera a la princesa media hora antes de la hora estipulada y además se suicida, al darse cuenta, miembro él de la audiencia, que la lección moral que pretende es imposible en una cultura del simulacro donde lo real y lo simbólico son incapaces de influirse y modificarse en un ámbito de interactividad comunicativa generalizada. El equipo gubernamental lleva buen tiento de que no se sepa la radical gratuidad del acto que se ha obligado a perpetrar a su líder, esclavo del imperativo comunicacional. Vienen los títulos de crédito, y tras ellos, como propina narrativa, un reportaje de UKN un año después de los hechos. Callow ha consolidado su imagen y ha mejorado en las encuestas: lo vemos en una visita a un centro escolar, simpático, campechano y desenvuelto, acompañado de su esposa, solícita y sonriente. Pero al volver a su residencia se nos muestra la verdad, en forma de una posición femenina que es una fisura irreparable en la compacidad de la opinión pública: en privado, su esposa, a la que hemos visto en casa horrorizada mientras leía en su *tablet* los tuits sobre el *affaire*, llena de miedo y vergüenza, se siente traicionada y ni siquiera le dirige la palabra. Es una mujer la única que deja un espacio para el amor en el seno de la comunicología mediática capitalista y liberal. Aunque sea por odio contra el marido, cuyo acto considera una infidelidad: el amor en forma de su reverso, el odio, y la cerda elevada a la altura de una rival, de la Otra. Es algo que no puede deglutir la infinita capacidad de reciclaje mercantil e informativo del discurso capitalista.

Fifteen Million Merits

En un futuro distópico, los seres humanos viven en celdas unipersonales completamente aislados y a solas. Su entorno doméstico es puramente virtual y todas las paredes de su habitáculo funcionan como pantallas en las que se presentan emisiones y animaciones más o menos personalizadas. Su *modus vivendi* consiste en ir acumulando créditos que ganan por medio de una única actividad a la que parecen someterse casi (pues también hay personal subalterno y de limpieza) todos los habitantes de este mundo: pedalear kilómetros y kilómetros en una bicicleta estática. Estas bicicletas están en un edificio con la apariencia de un enorme gimnasio. No hay en este mundo ni rastro de autoridad política con un semblante visible (no hay un Gran Hermano orwelliano) pero la disciplina parece absolutamente intransgredible. La única distracción que tienen estos ciclistas estáticos son las pantallas que siempre les rodean y en las que tienen diversas opciones de menú: desde jugar a sencillos videojuegos, a la emisión de imágenes porno o cómicas. Tampoco parece haber ningún filtro para la moral privada: la vida consiste en acumular créditos pedaleando para después gastarlos en el visionado de estas emisiones y en las necesidades propias de la vida cotidiana, como la alimentación o el aseo. La única esperanza posible para esta gente consiste en un *talent show* llamado *Hot Shots*. Acceder a él como concursante cuesta 15 millones de créditos, cifra que da título al episodio. Si se consigue el beneplácito del jurado es posible escapar de la vida de pedaleo continúo y acceder a tener un canal propio en estas emisiones televisivas. El capítulo está focalizado en Bing, un hombre de color, que es la viva encarnación de la apatía y el adormecimiento vital en este mundo sin horizonte. Su vida entra en trance de cambiar, precisamente, cuando conoce a una chica a la que oye cantar en el lavabo y cae presa de su voz y sus encantos, prestándole todos sus créditos tras convencerla de que se presente a *Hot Shots*. Ella lo hace, pero el resultado no será el esperado...

El tema central del capítulo es la absoluta soledad y carencia de un horizonte de sentido del hombre-masa. Está centrado en el Modelo Difusión, lo cual quiere decir que está basado en la ciencia ficción clásica. Es, pues, una distopía pre-ciberpunk. La interactividad y la demanda (*video on demand*) son un goce solipsista que atrapa y paraliza al sujeto.

No obstante, hay algo que nos parece muy relevante: el uso de la tecnología Wii. En efecto, el espectador interacciona con los encuadres que lo rodean por todas partes por medio de gestos en el vacío a los que el encuadre responde. Es sabido que, si bien hace unos años la realidad virtual parecía el futuro natural de las TIC digitales, esta ha fracasado como industria mediática. Ya vaticinamos entonces (Palao-Errando, 2004) que era prácticamente imposible que la cultura occidental (y la global, por extensión) renunciara al encuadre anisotópico, que es uno de sus grandes y más pregnantes logros culturales. Pues bien, la tecnología Wii recupera algunos principios de la RV (el movimiento corporal como simulacro de la acción, por ejemplo) pero conservando la puesta en abismo del encuadre anisotópico que permite al sujeto sentir el mundo representado a su disposición, y no sentirse preso en él. El concepto de *inmersión*, tan presente hoy en la terminología sobre los videojuegos, es exactamente este y no el que pronosticaron los 90.[78] En consonancia con ello, el gesto semántico de este capítulo es esencialmente narrativo: la imprescindiblidad del deseo se encarna en un enunciado audiovisual que comienza como una eterna catálisis intransitiva y en el cual el amor (la atracción de Bing por Abi) desencadena el devenir de un relato. Lo terrible es que ese campo único de enunciación, aquí bajo la forma del espectáculo, convertirá cualquier iniciativa del sujeto en materia de escenario y de encuadre.

Toda la Parte 1 del episodio consiste en una presentación catalítica del mundo de ficción en la forma de una rutina anti-narrativa que nos presenta la vida de los sujetos abocada al solipsismo, al autoerotismo, a la alienación y al tedio. Comienza con un plano muy obscuro de Bing en la cama. Se ilumina: infografía campestre en las paredes de la habitación en la que se ve un gallo cantando. Plano de detalle del ojo de Bing, que se sienta al borde de la cama. Como ya hemos dicho, maneja la infografía con gestos. Le vemos lavándose los dientes: todo automatizado e interactivo sin tacto. Cada cosa que hace supone un consumo de sus créditos que se va reflejando en las pantallas por medio de un contador. De repente, aparecen imágenes porno en el espejo del baño: *Wraith Babes*.

78. Reflexiono sobre este asunto en (Palao-Errando, 2023).

El espacio (en el sentido televisivo del término) se anuncia como 'New from Wraith Babes, the hottest girls in nasty situations'. Como vemos, pues, las imágenes se han convertido en omnipresentes e invasivas. Es una auténtica pesadilla: el *Modelo Reticular* se ha encarnado en el *Modelo Difusión* y el hombre-velocidad que Derrick de Kerckhove (De Kerckhove, 1999) conceptualizara en los años 90, ha sido poseído por el hombre-masa. Se trata de una distopía clásica (*Gran Hermano, Modelo Difusión*, industrias culturales, televisión) que utiliza los instrumentos de alienación y dominación de la última generación digital. Y como ya hemos venido anunciando esto puede conectarse con la cuestión de la interpretación: lo digital, omnipresente e interactivo, no se interpreta porque no nos pone en el lugar del enunciatario (el lector o el espectador), sino en el del usuario. Hay acto sin mensaje. Parece. O más bien, pulsión sin sentido, que es el origen de la "hedonia depresiva" y la "impotencia reflexiva" que Mark Fisher detectaba en sus alumnos de secundaria (Fisher, 2016)

A continuación, mientras se oye la canción de Abba "I believe in angels" en modo heterodiegético, Bing se dirige al gimnasio. Vemos cada bicicleta encarada a una pantalla, en la que el usuario puede elegir qué ver mientras pedalea, si emisiones o videojuegos. Además, se nos presenta al resto de personajes que habitan el lugar: el compañero de al lado de Bing, un tipo soez que disfruta visionando porno y humor del peor gusto y humillando al personal de limpieza al que increpa y denigra a la mínima que se hacen notar e interrumpen sus goces; Swift, una chica que se siente atraída por Bing; un muchacho pelirrojo que usa un videojuego para ir alterando su identidad, pues cada uno de los habitantes de este mundo tiene un avatar que lo representará en el espectáculo encuadrado; y, por fin, un hombre obeso y enfermo que pedalea entre toses y estertores. Tras el pedaleo Bing se dirige a la máquina expendedora de comida, que tiene una avería, y Swift se ofrece a ayudarlo comenzando una situación de potencial seducción, que él rechaza con su rostro de displicencia y tedio habitual.

Tras la jornada volvemos a encontrar a Bing en su cubículo para cerrar el ciclo estacionario del día. Lo vemos disparando en un videojuego en la pantalla ubicua. De repente, al viejo estilo del *Modelo Difusión* televisivo, se corta el videojuego y entran promociones televisivas (interrumpiendo) el goce interactivo. Se trata de una promoción de Hot Shots, que parece el único horizonte existencial de la masa de ciclistas. El *Talent Show,* como género, está a caballo entre el *Modelo Difusión* y el *Modelo Reticular*. Se trata de mostrar la adherencia a un sujeto del espectáculo. Pero mientras la industria cultural clásica potenciaba la identificación espectatorial con la estrella aquí se ha invertido el proceso: "Lo apoyo porque es como yo y solo en segunda instancia, en tanto que gracias al voto de sus iguales ha triunfado, aspiro a ser como él, es decir, a tener su suerte". Al tomar la forma de una servidumbre voluntaria, el individualismo particularista del capitalismo es una masificación al cuadrado. Lo fundamental de la promoción es resaltar que los triunfadores han pasado de estar en su cubículo y en su bicicleta a tener su propio canal. La *Difusión* es la gloria. Pero el espectador tiene el destino de estos triunfadores en sus manos. Es la impostura de la interactividad democrática: la masa como (imposible) usuario. Ser espectador con ínfulas, no ya de protagonista, sino de (literalmente) realizador.

Vemos imágenes de los triunfadores, del jurado, del pseudopúblico virtual formado por los avatares, representación, traducción algorítmica en una masa del espectador aislado real. Se oye la canción de Abba "I believe in angels...": ahora sabemos de dónde procede. Sigue la promoción mientras Bing intenta con sus gestos que desaparezca de la pantalla. Aparece un contador: son los puntos de que dispone (*Méritos*). Disminuyen cada vez que cambia de canal voluntariamente. Consigue eliminar *Hot Shots* de la pantalla, pero cuando se dispone a volver a disparar reaparecen las *Wraith Babes.* Como ya hemos dicho, no queda rastro alguno en este universo distópico de frenos al goce: ni religión, ni política, ni ningún tipo de ideal colectivo ni de semblante ejemplar. Se colapsa la emisión. Vuelve: rostro de hastío de Bing. Y una incitación a la masturbación: 'Hey, what else were you planning to do with that hand?' Y se vuelve a repetir el bucle: noche, plano del principio. Se repite toda la secuencia del despertar. Hasta que llega al servicio y oye cantar a Abi.

La Parte 2 supone el paso a modo narrativo. La acción tiene un objetivo, progresa en una dirección, asume la simbólica del relato. Lo primero, la aproximación a Abi, reproduciendo ante la máquina de comida defectuosa la misma conversación que tuvo Swift con él. Después el intento de convencerla de que se presente en *Hot Shots* y el prestamo de los 15 millones de créditos para que pueda hacerlo. La parte 3 nos narra la presentación de Abi en el concurso, al que acude acompañada de Bing, y de paso se nos muestran las bambalinas del *talent show*: la exasperante espera de los aspirantes, la droga que suministran a los que van a actuar para eliminar toda ansiedad, el párrafo que se les obliga a grabar a los participantes, diciendo que quieren ser como una de las estrellas del concurso, etc. Abi accede al escenario y, en pleno apogeo del morbo televisivo, uno de los jueces le pide que se levante el top. Sin embargo, parecen dejarla cantar, mientras los avatares que forman el público (los personajes que hemos visto en el gimnasio) reaccionan, cada uno a su manera. La actuación dura hasta que el juez Hope, cabecilla del tribunal la detiene. Y ante la indignación de Bing, que se encuentra al lado del escenario, le dice claramente que es una buena cantante, pero que de esas hay miles; sin embargo, ensalza su encanto erótico y la invita, ahora ya completamente en serio, a quitarse el top. Ante su renuencia, Hope (nombre nada inocente tampoco) esgrime toda la moral del desafío y el talento que tanto alienta las servidumbres voluntarias en las sociedades capitalistas desarrolladas: "puede que tú pertenezcas al pedal" Jaleada por el público, acaba cediendo... y convirtiéndose en estrella de un canal porno.

La parte 4 nos cuenta la desesperación de Bing, arruinado y solo de nuevo, evitando ver a la televisivamente omnipresente Abi en su canal, hasta que en un ataque de ira rompe la pantalla/pared y uno de los fragmentos de vidrio que cae toma la forma de un cuchillo. Y entonces trama su venganza: trabajando en modo estajanovista consigue otra vez los 15 millones de créditos, para conseguir ir a *Hot Shots*. Consigue llegar y se pone a bailar *breakdance* en el escenario, hasta que ve la oportunidad de sacar el vidrio acuchillado y colocárselo sobre la yugular. Bajo esta amenaza de suicidio lanza un mensaje de imprecación y denuncia[79] virulenta contra el programa y el jurado. Cuál no será la sorpresa de todos, cuando tras terminar, el juez Hope le aplaude diciendo que es la actuación más auténtica que ha oído nunca. Ante la sorpresa de Bing, lo liberan del pedaleo y le ofrecen su propio canal. El *campo único de enunciación*, y más en su modo espectacular, es capaz de absorber y cauterizar cualquier fisura: todo es comunicación, todo es ficción.

79. El texto íntegro del discurso de Bing se puede consultar en: https://black-mirror.fandom.com/wiki/Bingham_Madsen

Al final, el meganarrador se independiza de Bing: vuelta al gimnasio, en el que contemplamos a los personajes en su sempiterno presente intransitivo. El chico pelirrojo está viendo en su monitor el programa de Bing, soltando una perorata amenazante con su cristal sobre el cuello. Nos incorporamos a su nueva vivienda. Tras la emisión, guarda el vidrio en un estuche. Suena la canción de Abi. Toma un zumo mientras contempla un falsísimo bosque hiperreal en la pared-pantalla de su, comparativamente, lujoso habitáculo. Hemos asistido a la más auténtica reflexión sobre la mitografía del talento y el éxito como acicate de las servidumbres voluntarias.

The Entire History of You

Estamos en un ¿futuro? En principio, siempre parece el futuro si tenemos una tecnología que (aún) no existe, con rasgos distópicos e imaginería antigua. El tiempo de este capítulo es el más indeterminado de todos y podríamos ponerlo en la estela de la estética *vintage* o incluso *steampunk*. La implantación generalizada del *grain,* un dispositivo que filma y archiva todas las miradas de su portador, nos habla de un futuro. El estilo de vida de los protagonistas, sin embargo, es muy parecido en las formas (sus casas, sus usos sociales) y en el fondo a "la clase media acomodada de Europa". Los coches particulares (no así los taxis, por ejemplo) son claramente vetustos, joyas del período clásico de del taylorismo y del fordismo en automoción (modelos de los años 50). El centro temático del episodio es el *grain,* que permite a todos los sujetos tener sus experiencias vividas al alcance de la mano y del ojo. El protagonista, a través del cual se focaliza todo el relato, es Liam un abogado en busca de trabajo que, tras asistir a una cena con amigos de juventud de su esposa Fiona, entra en una espiral paranoica de celos por la relación entre ella y uno de los invitados, Jonas.

El eje temático es pues lo que hemos llamado en otro lugar (Palao-Errando, 2004) *la globalidad en intensión*, es decir, los atributos de la globalidad digital (disponibilidad, interactividad, etc.) aplicadas a la presión de lo particular, y aquí llevada al extremo, pues se trata de la total disponibilidad de uno mismo para sí mismo. Pero recordemos que las imágenes del *grain* pueden reproducirlas de dos modos. Por un lado, el usuario puede auto-visualizarlas interiormente; pero, por otro, puede hacerlo intersubjetivamente en una pantalla que, en todos los casos, tiene exactamente los mismos atributos que las pantallas de televisión: formato panorámico, centralidad en la vivienda, uso común. Tenemos, pues, que, en este mundo diegético, sibilina y siniestramente parecido al nuestro, el foco de la atención social es una especie de *auto-reality interactivo* en el que los contenidos de la industria cultural clásica son sustituidos por una prótesis *retroscópica* proyectada sobre la propia vida. Desde este punto central, la constelación temática se amplía: el goce del saber, la verdad como *adaequatio* fantasmática (la verdad escénica), el Superyó en su voraz semblante cognitivo y la asunción de la castración, de la renuncia al goce del saber como exactitud intersubjetiva, que se reputa como la única opción salvífica para el sujeto. Visto a posteriori, se puede decir que todo el abanico conceptual de la posverdad y del *fact checking,* (Vid. Rodríguez-Serrano, Soler-Campillo, & Marzal-Felici, 2021) está implementado en la vida privada que ha adquirido, de modo siniestro, los atributos de la esfera pública.

Consecuentemente, el eje formal del episodio es la articulación del punto de vista y los dos recursos plásticos en los que se sustancia son el *zoom* y el rácord *en el eje*, a partir del plano subjetivo, puesto que, desde el *grain*, el punto de vista es totalmente insoslayable. Por lo tanto, donde la *prótesis simbólica* clásica podía acogerse al montaje para satisfacer la pulsión escópica espectatorial privilegiando su mirada, aquí solo tenemos la pulsión veritativa, el goce mortífero de que el saber, escénico, acabe atrapando a la verdad en el *close up.* Pero el juego con el punto de vista va más allá. La focalización narrativa en Liam, un celoso obsesionado, es un recurso de primer orden en el juego enunciativo del capítulo. Porque en la tradición estética occidental (hay egregios ejemplos, de Shakespeare y Cervantes a Dostoievsky o Proust), el celoso es siempre quien se engaña cegado por su pasión. De ahí, que esta focalización vaya a resultar particularmente engañosa, "metaengañosa", en "The entire history of you".

Probablemente, en lo referente a la economía narrativa, este episodio es el más logrado de los tres. Toda la Parte 1 está destinada a presentarnos el *grain* y naturalizarlo en el universo diegético. Esta comienza con una entrevista de trabajo de Liam: no es casual que el primer plano suyo que vemos nos lo muestre cabeza abajo, reflejado en la superficie de una mesa. En toda la entrevista, que parece centrarse en el aspecto ético de la práctica de la abogacía (entramos en ella *in medias res*) los interlocutores hablan del *grain* con toda naturalidad, aunque el espectador no es capaz de entender el alcance de sus palabras. Llegan a decirle que un trámite final será hacer un rebobinado y que esperan no encontrarse con nada desagradable. La entrevista, como es habitual en estos casos, acaba sin un resultado claro. Inmediatamente, vemos a Liam salir apresurado del edificio. Comienzan los créditos. Ante el asiento trasero del taxi hay una pantalla, una especie de dispositivo audiovisual. En un lugar de la pantalla, previsto para ello, Liam coloca un pequeño *artilugio*. Y aquí viene la primera alusión explícita al implante: se trata de un vídeo de un comercial que nos explica su uso, su fácil implantación detrás de la oreja derecha, etc. El *grain* sirve para dejar registradas todas las percepciones visuales del sujeto a lo largo de su vida, "Because memory is for living". Cuidado: este anuncio y una leve alusión al hecho de "ver las noticias" durante la cena, en la Parte 2, son las únicas menciones que vamos a tener en todo el capítulo de un *mensaje emitido por un centro difusor*. Lo relevante es que los receptores habituales del *Modelo Difusión*, sobre todo el tradicional receptor televisivo que ocupa el centro del espacio común de los hogares, han sido invadidos por las imágenes procedentes de los *grain* particulares, que así se convierten en microdifusores de sus percepciones particulares.[80] Inmediatamente pasado el anuncio, Liam accede al contenido de su *grain* con la intención de inspeccionar y revisar los detalles de la entrevista de la que acaba de salir. Le vemos con los ojos en blanco, que es el indicio de que un personaje está revisando su metraje particular, y tenemos acceso por primera vez la interfaz de este *widget* globalizado. Se trata de un menú gráficamente similar al de los DVDs comerciales, que clasifica por tiempo, reconocimiento de rostros y otros varios parámetros todo el material filmado y permite la selección aleatoria y el acceso voluntario a cualquier secuencia. No es pues un simple dispositivo de registro en bruto, sino un sofisticado *software*[81] que permite, además de seleccionar, interaccionar con

80. Para una indagación sobre esta necesidad de transmitir los actos perceptivos particulares, como origen del encuadre moderno, Vid. (Palao-Errando, 2004).

la imagen, sobre todo propiciando el zoom digital, visual y sonoro, en el interior del plano. Se trata, pues, de un dispositivo que aúna su fe en el registro, en la *ontología del* rácord (vid. Cap. 3), tanto como en la cibernética, para darle un semblante coherente, traducible a la lógica del espacio y el tiempo narrativo. Y dotar al sujeto, sobre su propia vida, no solo de los atributos del espectador, sino del director y –casi– del montador, hollywoodense. El casi, el único índice de una imposibilidad, consiste, como ya hemos comentado, en la insoslayabilidad del punto de vista, pero, como nos tiene adiestrados para creer la ficción forense televisiva y cinematográfica, esto parece subsanable con las herramientas reconstructivas del *software* adecuado. Por supuesto, lo primero que hace Liam sobre la secuencia de la entrevista es *zoom* a los rostros de los entrevistadores, en incluso a los papeles en que anotan, a ver si puede encontrar alguna clave de desambiguación de sus percepciones directas. Lo naturalizado que está el *grain* en este mundo lo muestra el que, una vez en el aeropuerto, todos los controles de seguridad han sido sustituidos por un simple rebobinado ultrarrápido de sus últimas 24 horas: *el programa escanea, aísla y reconoce los rostros e*n la pantalla de ordenador.

Pasamos a los preparativos de la cena, justo antes de la llegada de Liam. Esta segunda secuencia, a caballo entre las Partes 1 y 2, es esencial y una pequeña obra maestra de la narrativa audiovisual. Por una parte, será el desencadenante del resto del relato, al originar los celos del Liam; por otra, cumple una perfecta función catalítica, al mostrarnos el potencial social, cognitivo, visual e intersubjetivo, de la implantación generalizada del *grain*. Es la primera vez que lo vemos, no en una interfaz personal, sino en la pantalla de televisión de una vivienda. Uno de los amigos les está mostrando a otros los defectos de una alfombra en una habitación de hotel.

De este modo, toda mirada deviene una *mise en abyme* sin fin: lo que ves en la pantalla se volverá a registrar en el *grain* y así infinitamente.

81. Esto hace la diferencia con *The Final Cut* (Omar Naïm, 2004), en la que el registro necesita de un montador, que es quien, caracterizado como un organista barroco, organiza tras la muerte del sujeto en una secuencia biográfica el bruto de todos sus registros visuales. Para la cuestión del *software cinema*, vid. (L Manovich, 2014; Lev Manovich, 2005).

Antes de llamar a la puerta, Liam repasa su *grain* para "hacer memoria" sobre los invitados, y poder fingir que los recuerda a todos (son la pandilla de juventud de su mujer). Otra información clave: el *grain* es ante todo un *software* que libera al sujeto de la carga de las operaciones cognitivas mecánicas, pero también de cualquier acceso a la verdad a riesgo propio, de cualquier satisfacción subjetiva, porque la obtura con la satisfacción pulsional. Saber la verdad para comprobar que se tiene razón no es dejarla operar en su ámbito, ese al que el saber no tiene acceso. En su dimensión subjetiva, que es la de causa del deseo, la misión de la verdad es no dejarse atrapar por el saber. En realidad, el tema de este capítulo es precisamente ese: la verdad como *adæquatio* y sus efectos psicotizantes. No hay verdad más evidente que la de un loco, porque para él no hace causa del deseo ni del relato: es el mundo. Liam ve a su mujer hablando con Jonas al fondo de la sala en un plano lejano y ya intuimos en su contraplano una expresión de sospecha. De hecho, al reunirse con todos en el salón, le preguntan por la entrevista, sobre cuyo presunto fracaso hace ciertos comentarios sarcásticos. La situación se vuelve embarazosa, cuando le piden que la proyecte en el televisor. Es Jonas quien le salva. Liam le pregunta a Fiona quién es Jonas, porque no lo conoce de antes, y ella le contesta que "es del viejo grupo". Nada más irse Fiona hacia la mesa, Liam acciona su *grain*, con los ojos en blanco, y hace zoom hacia las dos figuras, que ha visto de lejos. *La interfaz no hace más que prometer el sentido bajo la fraudulenta forma de la verdad.*

Como hemos dicho, la cena es una *catálisis pronuclear* que sirve para informarnos de la función psicosocial del *grain*. Y también nos caracteriza a algunos personajes. Jonas nos cuenta su reciente ruptura y sus particulares ideas sobre las relaciones: "Cuanto menos significa una relación más gastas en la boda". Y la frase clave, que desencadena la paranoia de Liam y que equipara la vocación informativa, cognitiva y mortíferamente gozosa, pulsional y autoerótica del uso del *grain*: "tenía una mujer esperándome en la cama y me encontraba rebobinando momentos excitantes de relaciones anteriores". Además, llega la última invitada, Helen, que no lleva *grain*, porque se lo robaron (extirparon) y, ante la incredulidad, e incluso el escándalo de todos, admite que vive más feliz sin él. "Como las prostitutas" dice una de las invitadas, que a continuación defiende apasionadamente el *grain* con los mismos argumentos que Leonard Shelby (*Memento*, Christopher Nolan, 2000) defendió sus notas y fotografías 10 años antes: los recuerdos son poco fiables, puedes implantar recuerdos falsos en la terapia, etc. Todo este parlamento está presidido por la reproducción en pantalla de una antigua fiesta de la pandilla en las que, al fondo, puede verse a Fiona y Jonas besándose con pasión adolescente, (cosa que sabremos cuando Liam, más adelante, haga zoom sobre esa pantalla en su propio *grain*). Fiona y la anfitriona intercambian miradas al darse cuenta.

Tras la cena, Liam y Fiona vuelven a casa en taxi. Los vemos interactuar con el *grain* de Liam mientras visionan su entrevista: rebobinados, zooms a las notas de los entrevistadores, etc. Jonas los sigue en su viejo descapotable biplaza, pues le han invitado a tomar una copa a su casa. Liam interroga a Fiona sobre Jonas y su relación con él. Discuten sobre quién lo ha invitado. Y, por supuesto, utilizan las tomas del *grain* para dilucidar la cuestión. Liam lo califica de idiota y dice haberlo invitado por pura amabilidad. Evidentemente, si no hay diferido, no hay interpretación, hay goce. La posibilidad de recurrir al carácter demostrativo del *grain* niega cualquier posibilidad de implicación subjetiva en el sostenimiento de la verdad. Llegan y Liam decide deshacerse de Jonas con la excusa de que es muy tarde.

Una vez en casa invitan a la niñera a quedarse a dormir por la dificultad de coger un taxi. Se ponen una copa y visionan el *grain* de la niña en la pantalla de la sala, para ver cómo ha estado. A partir de aquí todo se convierte en una progresión de paranoia enloquecida. Liam va interrogando a Fiona y le va sacando porciones de verdad. Tuvo una relación con Jonas. De lo que se queja él es de que nunca se lo contara, aunque fuera anterior a conocerse. El caso es que, a medida que él va poniendo imágenes, la intrascendente historia se va ampliando en el tiempo: primero, un viaje a Marrakech; luego, un mes; después, seis meses... Él dice que le había dicho una semana: pone el vídeo de su primera vez para demostrárselo. Fiona lo acusa de obsesivo: ya pasó una vez. La idea es darnos a entender que Liam es un celoso patológico. Le dice: "a veces eres una perra". Se disculpa inmediatamente. Ella le enseña reiteradamente la frase "eres una perra" en pantalla con su *grain*. Él le exige que edite también "*sometimes*". Ella se sube y lo deja solo. Liam sube y se disculpa. Ella le dice que lo ama. Hacen el amor. Planos subjetivos del acto, remedando las tomas del Grain. Los vemos a los dos en la cama con los ojos en blanco: están rememorando el acto. Están fornicando de espaldas.

Vemos un plano de detalle de la mano con el *Grain*, aislados absolutamente en la fantasía de sus percepciones reales y ausentes. Las imágenes que ven, huella de lo real –vemos un montaje con imágenes "actuales" e insertos del *grain*- no son ya ni la realidad, ni un signo, una designación de lo ausente. Son, en el sentido derridiano, pura *metafísica de la presencia*, cadáveres investidos de la patencia de lo *real*, es decir, sin ningún sentido albergado en su capacidad de reproducirse infinitamente, de ponerse en abismo tras abismo por su mera repetición. *Frialdad*. El follar (no queremos decir ni hacer el amor, ni mantener relaciones sexuales, perdónesenos la expresión; y fornicar es un latinismo que no viene a cuento en un ambiente tan anglosajón) y la certeza aparecen como goces de la misma estirpe. La cosa es que, mediante el *grain*, hay una verdad indiscutible, panóptica: la realidad tiene los mismos atributos que la secuencia audiovisual. La consecuencia, devastadora: es posible una justicia totalitaria basada en la evidencia, más allá de cualquier determinación subjetiva, si la verdad no es más que demostración, puro espectáculo para el otro.

Cuando acaban, Fiona se duerme, pero Liam baja a la sala y se pone imágenes de la cena y otra copa. Así hasta el amanecer. Se recrea obscenamente en el pasaje en el que Jonas confiesa masturbarse revisando imágenes de relaciones pasadas. Sigue dándonos la impresión de que Liam es un celoso paranoico y, además, ahora va borracho. Ha hecho *zoom* no solo visual sino sonoro sobre la conversación de Jonas y Fiona. Escucha su conversación: ella confiesa haberse puesto nerviosa al saber que Jonas estaría allí. Luego viene un momento muy tenso. Aparece la canguro y Liam la intenta implicar en su delirio. Va borracho. Hace *zoom* sobre la pantalla que presidía la cena y encuadra a Fiona teniendo un tórrido momento adolescente con Jonas en plena fiesta: otra *mise en abyme* hipermedia entre dos *grain*s y dos pantallas con *zooms* y rácord en el eje que no son sino índices de la pulsión bajo el disfraz de la interactividad, de la docilidad del encuadre. No hay nunca interactividad entre iguales. La discusión sigue *in crescendo* mientras Liam rebobina y comenta las jugadas y arranca progresivas confesiones sobre la duración de la relación a Fiona. Esta acaba yéndose indignada y él continúa bebiendo y sigue torturándose con las imágenes. La prótesis simbólica, sin montaje analítico, sin la renuncia clásica a ver sin cortes, es pura prótesis pulsional, pura reversión mortífera.

Es importante tener en cuenta que, pese a todo, el ente enunciativo muestra una esquicia fundamental. Focaliza el relato en Liam a la vez que nos sugiere su carácter inquisidor y paranoico. He aquí pues un divorcio entre la focalización diegética (seguimos a un personaje al que denostamos) y el *meganarrador*, que nos muestra una mirada negativa a la par que nos identifica con el trayecto narrativo del protagonista. No solo el *zoom/*rácord *en el eje* es el gesto semántico del filme sino, también y por lógica interna del mundo diegético, el plano subjetivo. El *meganarrador* nos va a sorprender con una identificación traumática al protagonista cuando nos deje saber que la presunta paranoia de Liam está fundada en hechos (*facts*): "es verdad".

La historia se desencadena. Liam coge el coche y se dirige, ni corto ni perezoso, pero sí muy borracho, a casa de Jonas. El contraste es curioso y nos habla del carácter ucrónico y atemporal de la historia: el coche es muy antiguo (cambio de marchas en el volante, salpicadero, etc.) pero el *grain* es un dispositivo ultramoderno que detecta que está bebido y no debe conducir: plano subjetivo desde los ojos de Liam en que se ve el salpicadero vetusto y a su vez, un letrero virtual *Warning*, con voz *over* sintética advirtiéndole que no está en condiciones de conducir. Liam llega a casa de Jonas en pésimo estado y lo provoca hasta que este pretende echarlo por la fuerza y él le golpea con una botella en la cabeza. En ello les dejamos al fin de la Parte 4...

Se produce, pues, una elipsis engañosa que nos permite seguir dudando de Liam. Tras el rótulo *End of Part Three / Part Four* vemos un plano de la campiña. Liam ha tenido un accidente con el coche. La previsión espectatorial es que se le habrá pasado la borrachera y estará arrepentido. Acciona el *grain* en un *tecnoneuroflashback*. O sea, que vamos a saber lo que ha pasado en casa de Jonas tras saber las consecuencias. La secuencia se resuelve con un sintagma alternado: *flash-back* / imágenes de Liam con los ojos en blanco. Jonas se halla en su casa con Helen, la invitada a la cena que no portaba el *grain*. No deja de ser curioso que, cuando llama a la policía dada la agresión de Liam, esta lo primero que le pide es que les envíe imágenes de la agresión y que la llamada se vaya en explicarles no puede hacerlo porque no lleva implantado el *grain*. Mientras, Liam ha inmovilizado a Jonas en el suelo y le obliga borrar las imágenes de Fiona, proyectándolas en la televisión, dado que este pretendía hacerlo visionando en el interior de sus cuencas. A veces, la banda sonora del *flash-back* se superpone a los primeros planos de Liam. Por supuesto, el *flash-back* ha de ser íntegramente rodado en planos subjetivos: no es un *flash-back* clásico donde quien habla y quien mira se pueden disociar en pro de la omnisciencia inconsciente, valga la paradoja, del espectador. Liam manipula el mando del Grain y queda desolado y al borde del llanto: creemos que es por su actitud estando borracho, pero es por algo bien distinto.

Comienza a andar hacia casa. Llega hasta el dormitorio donde duerme Fiona, que le pregunta dónde ha estado. Le vemos demudado, convencidos de que está destrozado por la culpa y la vergüenza, pero espeta: "¿Usaron condones o no? ¿Soy el padre de Jodie?" Ahora pensamos que los celos le han hecho perder el juicio. Ella le asegura que sí y él dice que eso está bien. "Siempre me gustó tu pintura": se refiere al cuadro que hay encima de la cabecera de la cama. En efecto, lo que ha provocado el rostro angustiado de Liam no ha sido caer en cuenta de su error, sino todo lo contrario. Proyecta en la televisión la pelea con Jonas. Fiona escandalizada: "¿Qué has hecho?" Ahora viene lo mejor. Avanza rápido. Deja fija la imagen en la pantalla, (re)encuadra un fragmento y hace zoom. Se ve a Fiona en la cama (en el interior de la mirada de Jonas) con el cuadro al fondo. Tuvieron relaciones en esa misma habitación. Detiene la imagen: la demudada ahora es Fiona. Se trata, pues, de un *rácord ontológico* en toda regla, pero con la función veritativa de quiebra de un discurso mentiroso, la *adaequatio* desvela lo *real* en su infinita distancia del sentido. El predicado verídico, en sentido aristotélico, es aquí un fracaso del sujeto. Y la trama, la focalización y la puesta en escena, engañando al espectador en un sentido completamente inverso pero simétrico a lo que hubiera sucedido con la una trama policíaca, descubre la verdad traumática. Al fin hemos de asumir una identificación con Liam que se nos ha propuesto durante todo el episodio, pero de la que hemos estado renegando por considerarla delirante.

La secuencia posterior es también muy violenta. La obsesión de Liam ahora es saber si usaron condón, ya que la fecha en que mantuvieron relaciones (todo lo almacenado en el *grain* está datado) es la época en que ella se quedó embarazada. Le pide a Fiona que le muestre el momento en que Jonas se puso el condón. Necesita verlo. Ella dice que lo borró: entonces, debería haber un vacío en tu línea temporal. Ahora es la ausencia de imagen, el *fallo de* rácord, el indicio de esa verdad. Cuando le pide que se lo muestre, vemos a Fiona con los ojos en blanco: pretende borrarlo en ese momento. Liam le quita el mando. Proyecta la escena en la pantalla. Ambos sollozan. Pero Liam mira a la pantalla y Fiona no puede. Sobre planos actuales de ellos se oye el sonido del sexo procedente de la pantalla. Cara de decepción y pena de Liam. Largo fundido en negro: el contraplano virtual y el Otro ausente.

Plano exterior de la casa. Atardecer. Planos exteriores e interiores: se ve a Fiona recogiendo ropa. Es el *grain* de Liam que se impone a la realidad del campo vacío que ven, sin mediación, sus ojos. Plano de Jodie rebobinado y reproducido compulsivamente. Plano actual de Liam tumbado accionando el mando y con los ojos en blanco. Toda esta secuencia consiste en la alternancia entre el metraje del *grain* de Liam, con Fiona y Jodie luminosas ante sus ya ausentes ojos, y de lo que ven sus ojos presentes, sombríos planos vacíos de la casa en la actualidad.

Planos subjetivos de Liam caminando por la casa vacía. Conecta y vemos el mismo plano, pero habitado por Fiona. Hace *zoom* sobre él. Más imágenes de Fiona sometidas a reproductibilidad. Se acaricia el *grain*, detrás de la oreja. Vemos un plano no extrañado, es decir, con grano y enfoque fílmicos en el lavabo con Fiona... Pero es el *grain*, claro: lo vemos ahora solo frente al mismo espejo (plano oscuro). Coge una hoja de afeitar y se raja detrás de la oreja: con unos alicates se arranca el *grain*. Vemos imágenes temblorosas, como estertores del aparato. Por fin, prefiere la realidad, con la inconsistencia que la caracteriza, en tanto indicio del deseo de sujeto, al delirio autoconsistente. Por fin, *elige el duelo frente al goce psicotizante de la certeza*. Donde Liam buscaba la verdad solo había advenido el goce. Y el goce del psicótico, el goce sin deseo –¿deseo de qué, si TODO es(tá) pre-sente?– solo tiene como solución, la castración. Arrancarse el *grain* es extirparse la presencia asfixiante de lo real para que pueda tener su lugar la ausencia, requisito imprescindible del sentido como sabe cualquier semiólogo.

Concluyendo

Creo que a nadie se le habrá ocultado que el *goce* del que hemos hablado en este capítulo es el *goce* en el sentido lacaniano del término, en cuanto distante del deseo y del placer. Es decir, un goce habitado por la pulsión. Y es conocido que Lacan, apoyándose en el dualismo pulsional que Freud defendió a capa y espada frente a Jung, acabó acuñando un monismo en sentido contrario al de este: *toda pulsión es pulsión de muerte*. Y de esta pulsión de muerte nace el *Superyó* (Freud, 1992ª) que se alimenta y se engorda incesantemente de las renuncias y de la culpa del sujeto, con una crueldad sin (ningún) fin. Ya en la anterior propuesta de Brooker, *Dead Set*, vimos cómo los mirones acaban devorándose unos a otros. La inteligencia nada podía ante la voracidad carnívora de los organismos sin conciencia, pero con impulsos inagotables.

Es la interpretación la que exige una detención del ciclo pulsional, aunque solo sea como momento lógico. La interpretación psicoanalítica, sí, que es anti-informativa y no pretende hacerse comprender sino "producir oleaje" (Jacques Lacan, 1976). Pero también la semio-hermenéutica que busca hacer texto del flujo; saber, del entorno; verdad, de la falta. Y por lo tanto sabe que no hay sentido, que interpretar es inventarlo sustrayéndose al goce de sostenerlo como presente, como lo que "es ahí" antes del *ser que habla* (antes del *Dasein*).

Ese detenimiento interrogativo es lo que hace la diferencia minúscula pero infinita entre el espectador de *Black Mirror* y la audiencia televisiva. *Black Mirror* es una denuncia de la posición de responsabilidad del espectador-masa en cuanto investido con los atributos del usuario digital interactivo. El *Modelo Difusión* era el modelo desde el que el capitalismo clásico dominaba las conciencias. El *Modelo Reticular* ha parecido advenir como un arma que nos permite zafarnos de las imposiciones del poder centralizado. Solo habíamos de velar por que no acabe convirtiéndose, en sus híbridas y proteicas variaciones, en el instrumento con el que el capitalismo consiga colonizar, haciéndolo íntegro, al Inconsciente. Es el final, lo que produce sentido, lo que tiene como efecto la lectura. Por eso al goce paroxístico del directo no podemos oponerle más que la diferencia leve y calma de la interpretación. La pantalla fílmica solo podrá postularse como interfaz del sentido si acepta que este no es el centro ni el alma de ningún mundo.

Estableciendo la Agenda

Oficialmente, la guerra ruso-ucraniana comenzó el 24 de febrero de 2022. Eso dicen al menos la televisión y la Wikipedia. Ese día, Vladimir Putin tomó la decisión de que el ejército ruso invadiera el territorio ucraniano, aunque por todos es sabido que el conflicto viene desde mucho antes: desde la crisis del Dombás y la invasión de Crimea. Lo que sucedió en 2022 es que ese conflicto se internacionalizó y se sintieron incumbidos los Estados Unidos, primero, y la Unión Europea después y colocó el conflicto en la primera plana de los periódicos y en la primera línea de los telediarios.

Lo curioso es que la transformación actancial del cine de acción hollywoodense, que decidió sustituir a los malvados árabes y/o islamistas, por espías rusos o miembros de la mafia rusa, a ser posible residentes en Estados Unidos, tuvo lugar bastantes años antes. Efectivamente, los malvados de las grandes sagas de acción hollywoodenses están siendo mafiosos rusos en los últimos años. Pensemos en *The equalizer* (Anthony Fuqua, 2014), *John Wick* (Chad Stahelski / David Leitch, 2014), *Bullet Train* (David Leitch, 2022) *Nobody*, (Ilya Naishuller, 2021) etc. Los terroristas islámicos han quedado relegados a las series procedimentales, fundamentalmente, como la franquicia *NCIS*, *Hawaii Five-0* (Peter M. Lenkov; Alex Kurtzman; Leonard Freeman, 2010-2020), etc. Esto es, han pasado de enemigos de los Estados Unidos a simples enemigos de los ciudadanos estadounidenses, esto es, a puros delincuentes. Por tanto, como los *aliens* de la ciencia ficción de los años 50, metáfora de precisamente los rusos comunistas en la Guerra Fría: "Viven entre nosotros y parecen ser como nosotros, pero son completamente distintos". La diferencia es, por supuesto, que el rasgo lingüístico o racial hace imposible este "son como nosotros" en la actualidad. La llamada al racismo y la intolerancia, a la xenofobia, está servida con todas las coartadas morales que se quiera. A ellos se suman por supuesto, la mayor y más estable *otredad éxtima* [82], que son los latinos. Todos acompañados de dos tipologías folclóricas de la ficción televisiva americana, los *cops* y los *home-*

less, y de malvados de más tradición, como policías y políticos corruptos, millonarios con una vida oculta, empresarios codiciosos o las némesis colosales.

Ahora bien, este fenómeno no es nuevo y el género bélico o de espías da testimonio de ello, desde los años 50 del siglo XX. Cabe, pues, formularse esta pregunda: ¿De dónde surge este modelo de evento mediático y de las actitudes que le acompañan?[83] Que hay un impulso escenográfico virtual en los grandes gestos políticos del Occidente globalizado nos parece obvio. Por ejemplo, ante la invasión de Irak en 2003, las tropas terrestres fueron acompañadas por primera vez por periodistas, tanto gráficos como redactores, muy cribadas y controladas sus transmisiones, pero que ocupaban un lugar de privilegio indudable. A su vez, recordemos, Sadam fue acusado por todos los líderes occidentales favorables a la invasión de ser un remedo de Hitler (no de un dictador latinoamericano o asiático, por ejemplo). Es una simple pincelada, pero cualquiera que hubiera seguido la batalla mediática previa a la guerra podría deducir a qué se debía la convergencia de estos dos datos: había un modelo de liberación en esta guerra, Segunda del Golfo, que precedía todos los actos en su difusión mediática. Se esperaba filmar al pueblo iraquí saliendo agradecido a recibir a las "tropas aliadas" que los habían librado del sangriento dictador de las armas ocultas y las ejecuciones secretas. Se esperaba poder retransmitir en directo al mundo el Desembarco de Normandía. No representarlo, sino "performarlo", como hubiera hecho un Pierre Menard historiógrafo y director de escena a la par. Se pretendía remedar el *Modelo de Representación II Guerra Mundial,* reforzado por algunos gestos eisensteinianos como el derribo de la

82. Utilizamos el sentido de este vocablo que le dio Lacan cuando se lo inventó como un más de sus habituales neologismos, y no como se usa muchas veces en los *mass media studies* españoles, esto es, como una forma de designar la vida privada expuesta en público. Según Jacques-Alain Miller:

> Lo éxtimo es lo que está más próximo, lo más interior, sin dejar de ser exterior. Se trata de una formulación paradójica. (...) La circunstancia en la que Lacan obtuvo la palabra *extimidad* remite a un término alemán, *das Ding* (la Cosa), donde se cruzaban Freud y Heidegger. (J.-A. Miller, 2010: 13-14).

83. Véase también (Sobchack, 1996).

estatua de Sadam[84], primer acto de los blindados norteamericanos entrando en Bagdad, que a su vez remitía al derribo de la estatua del fundador del KGB, tras el fallido golpe de estado prosoviético en 1991. La fuerza invasora –aunque guiada por la superpotencia única–, era denominada en los informativos "los aliados", Sadam era calificado de nazi y en España se jugó con la idea, frente a la opinión pública, de subirse al carro del Plan Marshall (no quedarnos en el rincón de la Historia, como en el 45). Si reflexionamos sobre todo ello, observamos de que se trata de *performar* la Historia sometiéndola a reproductibilidad, pero desde una posición de superioridad escópica, esto es, aprendiendo del pasado desde una óptica de superación de los errores propiciada por el progreso tecnológico. Películas como *Salvar al soldado Ryan* (*Saving private Ryana,* Steven Spielberg, 1998) o *Cruzar la línea Roja* (*Thin the red line,* Terrence Malick, 1998) previas al hecho en pocos años, cumplirían la función de mostrarnos ese pasado y permitirnos contemplarlo desde el sosiego y el privilegio epocal de su perfeccionamiento.

Lo que estamos haciendo es inducir la convergencia de dos conceptos dispares y pertenecientes a disciplinas distantes: por un lado, el Modo de Representación, proveniente de la Historia y de la Teoría del cine; por otro, el término *Think Tank,* propio de la politología. Al fin y al cabo, ambos tienen en común la función de crear un horizonte de expectativas que permita el asentimiento del espectador audiovisual, en el primer caso, y de la opinión pública, en tanto que conjunto de votantes, en el segundo. Evidentemente, nuestra opción tiene el precedente del análisis cognitivo de Lakoff (Lakoff, 2007) y por lo tanto, estas dos categorías, en el marco empírico de las sociedades tardocapitalistas, coinciden en el concepto de *narrativa* que ha tomado su carta de naturaleza en los discursos políticos emancipatorios y en los contra-emancipatorios (el populismo reaccionario) cuando se quiere presentar a la izquierda como fuerza opresora (de, por ejemplo, la clase media).

Estas innovaciones han reforzado a los *Think Tanks* desde el momento en que la Comunicación se ha convertido en campo único de la enunciación en la era neoliberal y los *idearios* de los partidos o facciones

84. Evidentemente se trata de un calco performativo del derribo de la estatua del Zar Nicolas II en *Octubre* de S.M. Eisenstein, 1927.

políticas ha sido sustituidos por los *argumentarios*. Los *Think Tanks* (McGann, 2021; Xifra Triadú, 2016) son esas instituciones que funcionan como auténticos laboratorios de ideas y van diseñando escenarios de futuro para que puedan ir desarrollándose las políticas de una determinada tendencia política. Nacidos en USA, aunque se han extendido por todas las democracias occidentales con mejor o peor fortuna, su origen estaba claramente vinculado a una estructura bipartidista. Aunque dentro del mismo bloque político pueda haber posturas de lo más divergentes y heterogéneas, en principio, el trabajo de los *think tanks* era siempre enmarcable en el seno del espectro político parlamentario. De hecho, no creemos que ninguna propuesta, sobre todo de los *Think Tanks* más extremistas, se crea con derecho a postular su plena implementación, pero sí está claro que sirven como orientación para las políticas pragmáticas y concretas. Como mínimo, el *pólemos* narrativista tiene la misión de *establecer la agenda* mediática y política (McCombs, 2006) y, si política equivale a comunicación política, esto es casi todo.

Porque, en el Occidente tardo-capitalista, de lo que se trata ante cualquier tentativa de cambiar el curso de los acontecimientos es de la necesidad de contar con la opinión pública. No estamos hablando de un modelo totalitario de propaganda política de estilo estalinista o fascista. Si, incluso en estos casos, se observan contradicciones, no es difícil imaginar, en un contexto de expresión libre y de dialéctica espectacular, los conflictos y la cantidad de itinerarios aporéticos y contradictorios con los que nos encontramos en tales Modelos de Representación (cosa que, por otra parte, sucede en todos, por firme que sea la estabilidad que han conquistado). Se trata más que de un andamiaje propagandístico, de un reforzamiento de líneas paradigmáticas, de señalar de lo que se puede hablar, en el seno de qué horizontes se pueden plantear problemas y expectativas. No pretendemos, pues, establecer una especie de trama causal delirante, donde todo es signo de todo. Nuestra intención es mostrar cómo el aparato cultural del capitalismo parlamentario cumple su función anticipadora de la acción política en un sentido amplio de la misma manera que lo hacen de forma más explícita los *think tanks* norteamericanos de cuya influencia en la planificación de los acontecimientos nadie duda, por más que la *tyché* con los acaeceres efectivos pueda establecer refracciones entre objetivos y el estado fáctico del mundo.

La CIA en la Agenda de Hollywood (2012)

En 2012 hubo suficientes indicios para pensar que se estaba erigiendo otro conglomerado visual y conceptual muy parecido al que acabamos de describir. La CIA se hizo absolutamente omnipresente en Hollywood, y además de forma muy relevante. *Argo* (Ben Affleck, 2012) fue la triunfadora de los Óscar, la serie *Homeland* (Michael Cuesta (et alii), 2011-2020) estuvo dos años ganando Los Globos de Oro, los Emmy y prácticamente todos premios de importancia que se conceden a las series de televisión. Y a ellas se suma la película que abordaremos a continuación, *Zero Dark Thirty* (Kathryn Bigelow, 2012) cuya repercusión no fue menor que las anteriores. Evidentemente, el fenómeno JFK de los años 90 del siglo pasado fue mucho más extenso en el tiempo y en la variedad de sus manifestaciones, pero además nuestro análisis fue el fruto de 10 años de observación y trabajo de conceptualización (Palao-Errando, 2004). Respecto al fenómeno CIA, al que nos referimos ahora, fue mucho más breve, pero dejó los suficientes indicios para que podamos postular que no se trató simplemente de una contingencia o moda pasajera y que hay un subtexto no solo industrial sino también ideológico o político. Veamos alguna de estas coincidencias.

La primera es la más obvia de todas: estas ficciones tratan de la CIA contemporánea, pos-guerra fría, cuyo principal antagonista es el fundamentalismo islámico. Por ello proponemos por ello denominar al Modelo CIAACW (CIA After Cold War).[85] Se puede objetar que no es el caso de *Argo*; pero el régimen iraní, aunque una década anterior a la caída del Muro de Berlín, es el origen de todo el proceso y el primer caso de un estado islámico enfrentado a los Estados Unidos sin la tutela explícita de la URSS. Los protagonistas tienden a desarrollar su actividad como lobos solitarios que tienen que enfrentarse, no solo al enemigo, sino a las propias jerarquías políticas y burocráticas norteamericanas. En concreto, tomando aparte *Homeland y ZD30*[86], los paralelismos son numerosos.

85. Aceptamos cualquier reacción lectora ante esta denominación, de la sonrisa condescendiente al sonoro sarcasmo.
86. Desde ahora, abreviamos de este modo el título del filme de Kathryn Bigelow.

Las protagonistas que, como veremos, ejercen el rol de detectives más que de espías clásicas, son mujeres. Pero no solo eso. La iconografía de ambas, portando el *hiyab*, sus vidas privadas, un cierto síndrome de Casandra que las lleva a perseverar obsesivamente en sus convicciones contra colegas y superiores, hacen que nos encontremos con una cierta atmósfera genérica. Sumemos a ello otros rasgos iconográficos como son los rezos islámicos de Nicholas Brody y los que le vemos realizar a The Wolf, uno de los directivos de la CIA. O que el actor Kyle Chandler encarne a sendos directivos de la Agencia tanto en *ZD30* como en *Argo*. En fin, son guiños al espectador para reconozca patrones transtextuales en todas estas propuestas.

Zero Dark Thirty (Kathryn Bigelow, 2012)

Maya, la verdad y el sujeto

Maya como sujeto y como personaje

Zero Dark Thirty narra todo el proceso que llevó, a partir del 11 de septiembre de 2001, a la captura y muerte de Bin Laden por la CIA y el ejército de los Estados Unidos. Evidentemente, la narración se presenta como un relato policíaco con una variante específica: se trata de hallar la ubicación del asesino, no de averiguar su identidad.[87] El peso de todo el proceso cae sobre los hombros de una agente de la CIA a la que vamos a conocer como Maya. Fijémonos que los personajes del filme que pertenecen al dispositivo de captura (CIA, administración USA, etc.) vamos a conocerlos exclusivamente por su nombre de pila o, incluso, solo por su cargo. En algunos casos tendremos un alias o un nombre supuesto. La versión oficial es que se trata de proteger la identidad real de los agentes secretos concernidos en la muerte del líder de Al Qaeda, pero la cuestión es que ello refuerza la *función contexto*, la inserción de la trama en el campo de la realidad consensuada. Maya, pues, según algu-

87. Al menos, en principio. Porque más adelante veremos que la trama principal del filme es la identificación y localización de Abu Ahmed Al Kuwaiti.

nas fuentes es una licencia narrativa que agrupa a diversas agentes reales. Según otras, es el nombre supuesto de una agente real. Aquí no vamos a entrar en estas disquisiciones porque no nos interesa la función referencial, sino la estructura y las estrategias del relato.

Maya nos interesa tanto como sujeto, es decir, en su papel enunciativo, como nos interesa en cuanto personaje, por su caracterización psicológica y actancial. En el primer aspecto queda claro que nuestra hipótesis es que Maya ejerce la función del detective clásico, por más que lo haga en un relato postclásico. Como tal, su función subjetiva consiste en ir focalizando el relato que escande su información en consonancia con el conocimiento que la protagonista tiene de ella. Una orientación semántica clara nos la ofrece el filme (el *meganarrador,* de nuevo) en la propia presentación de la ficción y del personaje. La trama fílmica comienza directamente en el barracón donde se está torturando a un prisionero. Entre los que asisten a la sesión vemos a un sujeto con pasamontañas. El torturador, Dan, sale del barracón y le dice al encapuchado que le siga. Una vez en el exterior veremos, con cierta sorpresa, que se trata de una mujer, Maya. Allí afuera mantienen una breve conversación al lado de un monitor, reencuadrado por la pantalla fílmica, en el que se retransmite lo que está pasando en el interior. Por esta conversación sabremos que Maya acaba de llegar al lugar (suponemos que en Pakistán) para incorporarse al equipo que está investigando al grupo saudí de Al Qaeda. Dan le ofrece seguir el interrogatorio por el monitor, pero ella insiste en entrar, además sin usar el pasamontañas, como hace el propio Dan. La posición de Maya es clara, pues. Pretende introducirse en la narración y vivirla en primera persona sin la mediación de un monitor digital.

Ahora bien, una vez ubicada como foco enunciativo, hemos de reparar en su caracterización psicológica, la prosopografía performativa que la produce como un personaje verosímil y fiable para el espectador, que debe depositar su confianza epistémica y moral sobre ella. En ese sentido, Maya es un sólido personaje de ficción amparado en dos paradigmas ficcionales reputados. Por un lado, carece de historia. Como tantos héroes de las ficciones masivas (series novelísticas detectivescas, los telefilmes paleo-televisivos, los héroes y superhéroes de comic y cinematográficos[88]...) Maya tiene un carácter, una determinación, una afección ética, pero sin etiología ni historia sentimental que la respalde. Ello queda de manifiesto cuando, hacia el final de la película, el director de la CIA la interroga sobre su pasado y ella niega estar autorizada comentarlo, a la par que ha de confesar que la caza de Bin Laden ha sido el único caso en que ha trabajado desde que está en la Agencia. Además, nada conocemos, por supuesto, de sus posibles relaciones personales y familiares fuera de su trabajo.

El guionista Mark Boal lo explicita: "I'm not a huge Freudian. When I meet somebody, I'm not interested in what they were doing when they were 6. I like characters that are defined in the very existential present tense" (Harris, 2012) De ahí que Maya, y esto también resulta evidente por sus conversaciones con Jessica a lo largo del filme, comparta un rasgo esencial con los personajes históricos de la ficción policial: el detective clásico es asexual, al menos en el sentido de que su deseo parece puro, identificando, sin resto, su goce con su deber, en su celo por la verdad. Como el propio Holmes confirma: "Pocas veces han ejercido las mujeres atracción sobre mí, porque soy hombre que ha hecho que su cerebro gobernase a su corazón".[89] La pasión de Maya es la caza de Bin Laden y en este carácter unidimensional funda la perfecta fusión y coherencia entre sus dos naturalezas, como personaje y como foco narrativo. Sus peculiaridades las vamos a ver desarrollarse "in the very existential present tense", que son ocho años de tiempo diegético.

88. Pensemos el revuelo cinéfilo que causó que, tras 22 películas oficiales sobre el personaje, ese mismo año, Sam Mendes se atreviera por primera vez a abordar la historia y la infancia de James Bond en *Skyfall* (2012). Ello hace una diferencia también con la Carrie Mathison de *Homeland* que sí tiene una familia (el mismo genérico de la serie está compuesto en parte con imágenes de su infancia) y una vida psicológica, sexual y sentimental, por más que frustrante.

89. Vid. Sir Arthur Conan Doyle "La aventura de la melena del león" en El Archivo de Serlock Holmes. Obras completas. Barcelona, Orbis, 1987. p.366. Lo mismo podrían aseverar mutatis mutandis Poirot, Miss Marple, Dupin, el comisario Maigret y tantos otros. Esto cambia radicalmente en la serie negra norteamericana, tanto novelística como cinematográfica. Pude ocuparme de ello en (Palao-Errando, 1994). Véase también el cap. 2 de este libro.

La verdad no está en un cuerpo (ni vivo, ni muerto)

Es imposible abordar el análisis de *Zero Dark Thirty*, sin referirse siquiera mínimamente a la representación de la tortura. Ahora bien, en nuestro caso no pretendemos incidir en si "representar la tortura implica o no defenderla" (Vid. Žižek, 2013), porque pensamos que eso aboca a una polémica sin fin muy propia del informacionalismo imperante, que siempre tiene algo de hiperreal y de simulacro. Lo que nosotros pretendemos puede parecer frívolo a quien prefiera una óptica simplemente moralista (y neoliberal) pero, desde nuestro punto de vista, es más radical. Porque se trata de abordar el análisis del problema de la tortura en su funcionalidad narrativa y estética, es decir, con una proyección hacia su funcionalidad ideológica y cosmovisionaria, que acerca la cuestión al concepto de *biopolítica* (Bazzicalupo, 2016) (más en la versión de Agamben que en la de Foucault, dicho sea de paso) o incluso de *thanatopolítica* (Cayuela Sánchez, 2008).

En efecto, en *ZD30* la tortura está directamente relacionada con el intento de recabar de información, y con el cuerpo en tanto lugar en el que esa información reside. Por cruel y cínico que parezca, de cara al espectador estándar, la tortura en el filme de Bygelow remite intertextualmente al *modelo forense*: ocupa el lugar de la autopsia, pero sin soslayar la brutalidad del proceso. Recordemos que de lo que se trata en el modelo es de extraer información de la laceración de la carne para digitalizarla rápidamente, sustrayéndole la conciencia de su materialidad orgánica: cualquier fibra, huella, corpúsculo hallado en un cadáver inmediatamente es reducido a datos digitalizables (espectrografía, composición química, bancos de ADN, etc.) que lo recluyen en una base de datos y en una pantalla.

Como hemos visto, al principio del filme es Maya quien se niega a que el proceso quede confinado en un monitor. Y recordemos los titubeos del torturador Dan. La información que le interesa extraer con el dolor del prisionero (recordemos la terrible salmodia de Dan: "I own you Ammar. You belong to me. Look at me. You don't look at me when I talk to you, I hurt you! You step off this mat, I hurt you! Iif you lie to me, I gonna hurt you! Now, look at me! Look at me, Ammar!") es la verificación de un dato digital (si es el autor de un e-mail y de una transferencia de dinero) y cotejarla con una imagen (la fotografía de uno de los miembros del grupo saudí de Al Qaeda).[90] Pero pese a su fe en la biología, ninguna certeza operativa se consigue desprender de la tortura.

Segura al 95%: la abducción[91] decidida

La información llega por el engaño, no por el daño. Es Maya, en una posición epistémica distinta de la de Dan, la que urde la estratagema. Aprovechando el total aislamiento de Ammar y que, al ser privado del sueño, lo más probable es que tuviera importantes lagunas de memoria, le hacen creer que con sus confesiones ha colaborado en evitar un atentado relevante. Es en la entrevista que Dan y Maya mantienen con él para mostrarle su agradecimiento y congratulación, cuando la agente aprovecha para sacarle auténtica información. Y aquí aparece el nombre que será hilo conductor de toda la trama: Abu Ahmed al-Kuwaiti, nombre de guerra –como Maya descubrirá ipso facto–, de un supuesto mensajero de Bin Laden que goza de su máxima confianza y del máximo acceso a su persona. Abu Ahmed es lo que le da a *ZD30* su semblante más clásicamente policíaco: aquí sí se trata de desvelar una identidad como paso previo ineludible para poder hallar la ubicación de Bin Laden. Se va a convertir en su *MacGuffin* obsesivo durante los años siguientes, pues es el único enlace posible con el paradero del líder supremo de Al Qaeda. Pero se trata de la búsqueda de un extraterritorial. Solo se cuenta con fotos de valor identificativo muy dudoso (predomina lo indicial sobre lo icónico) y no hay bases de datos, son sujetos no registrados. Y ante una trama deductiva discontinua, no queda más que la apuesta subjetiva. La obsesión de Maya acabará demostrándose más cerca de la verdad que el cálculo probabilístico.

Todo el filme consiste en una lucha constante de Maya por convencer a compañeros y superiores de que Abu Ahmed existe, que sigue vivo y que es la pieza clave en la localización de su jefe. Y sobre esta lucha

90. "I have your name on a $5,000 transfer via Western Union to a 9/11 hijacker (Nawaf al-Hazmi who piloted AA 77 into the Pentagon) and you got popped with 150 kilograms of high explosives in your house!".
91. Recordamos, en el sentido peirceano como hemos visto en el Cap. 4. (Umberto Eco & Sebeok, 1989).

se forja su identidad como personaje y como conductora de la trama. La vemos dirigiendo violentos interrogatorios, enfrentándose con quien la hace dudar de la validez de la pista, persuadiendo a sus compañeros encargados de los dispositivos de vigilancia terrestre de que patrullar a la búsqueda del supuesto candidato a ser Abu Ahmed, una vez se ha conseguido intervenir sus llamadas, es esencial pese a que carece de evidencias indubitables de que se trate del mensajero. Y es su fe y su obcecación, en medio de este marasmo de cálculos incompletos, la que consigue convencer a todo el mundo de que la casa en la que vive el supuesto Abu Ahmed es el escondite de Bin Laden: sus superiores, el director de la CIA, los cargos políticos y los miembros del comando SEAL que va a ejecutar la operación e, indirectamente, hasta al propio Obama.

Todo ello, con un componente de reivindicación femenina esencial, si bien sutil, a lo largo del filme, en el que no deja de sugerirse que su condición de mujer dificulta su trabajo, por el que ha de apostar a fondo, llegando a amenazar a su superior en Pakistán si no le asigna los recursos que solicita o presionando a George (el que más la va a apoyar, al fin) garabateando en la vidriera de su despacho los días –llega a 129– que van pasando desde que ella descubrió la casa sin que nadie haga nada. Como dice Wolf al verla hacer una de sus pintadas, "it's her against the world".

La clave de todo este dispositivo la da una última reunión de los expertos con el director, a quien ella se ha presentado anteriormente, de forma nada diplomática ante el hecho de que se la estaba ignorando y ninguneando, como "I'm the motherfucker that found this place... sir". En esta reunión ella también está siendo relegada. El director ha solicitado que le digan definitivamente (*a fuckin yes or a no*) si es Bin Laden quien se oculta en esa casa, con el recuerdo de las inexistentes armas de destrucción masiva que nunca aparecieron en Irak. El directivo que parece llevar la voz cantante en la reunión contesta: "we don't deal in certainty, we deal in probability and I'd say there's a 60% probability he's there" El resto de expertos coincide en el porcentaje. George llega al 80%. Nadie parece acordarse de Maya, hasta que el más cercano asesor del director insiste en recabar su opinión. Y su respuesta es contundente:

A hundred percent he's there. OK, fine. 95% because I know *certainty freaks you guys out* but it's a hundred.

Freak out se ha traducido en español por acojonar. Me parece una gran opción. Es un elemento clave: la certeza del lado femenino, frente a la prudencia estadística típicamente fálica; el miedo al error como miedo a la castración. Y "probablemente" (al 95 %, como mínimo) sea la respuesta a por qué las mujeres han alcanzado este protagonismo en la trama policíaca postclásica y en el modelo CIAACW. Su capacidad de construir la certeza al margen de la evidencia, por el cálculo simbólico y no por la objetividad de las pruebas y su docilidad icónica.

La imagen y el saber

La foto de Abu Ahmed

Ahora bien, no dejamos de estar analizando un filme de acción postclásico y la concurrencia de todas las pantallas y regímenes de la imagen en la pantalla fílmica es un estilema del género. Y la fotografía es la imagen probatoria por excelencia. Para comenzar, vemos a Maya obsesionada tras las revelaciones de Ammar, visionando archivos de video compulsivamente, con la pantalla dividida en varias tomas o clips. Busca la certeza desde el obsesivo escudriñamiento de lo icónico. Analiza, descompone, hace *zoom in* digital: pero hay una discontinuidad insalvable en el discurso visual, de la evidencia. Se ve obligada a creer, porque no hay certeza objetiva posible. Los primerísimos planos de ella agotada y poniendo discos en el ordenador nos hablan de su implicación y focalización.

Hasta que uno de los torturados reconoce a Abu Ahmed en una foto. La verdad ha estado columpiándose por todos los vericuetos hipermedia. El *zoom in* sobre la pantalla del ordenador produce una pixelización turbia. Vemos imágenes del mismo interrogatorio desde distintos puntos de vista en la misma pantalla. El *zoom in* y la detención de la imagen son signos fílmicos de una certidumbre que, sin embargo, es inconsistente desde un punto de vista exclusivamente lógico. No es una certeza objetiva, sino subjetiva. Armada con su certidumbre y esa foto, se dirigirá de "black site" en "black site" interrogando a todos los prisioneros que pueda, en cualquier parte del mundo.

De hecho, inmediatamente después del atentado en el que muere su amiga Jessica, cuando ya lleva años buscando a Abu Ahmed, le llega otra pésima noticia. Le pasan el vídeo de un interrogatorio en el que un preso reconoce a Abu Ahmed en la fotografía y dice que está muerto desde 2001 y que él le enterró en Kabul con sus propias manos. Vemos un *zoom in* a las manos del preso encima de la foto: es un plano subjetivo desde la mirada de Maya. Pero ella se niega a creerlo. Cuando su compañero Jack le pregunta, un momento después, qué va a hacer ahora, ella contesta: "I'm gonna smoke everybody involved in this Op. And then I'm gonna kill Bin Laden. Right".

Posteriormente, y en medio de todo su desaliento, una joven colega que le confiesa su rendida admiración, llega con un dato: Abu Ahmed no es un mito. Lo ha encontrado en la base de datos: "I painstakingly combed through everything in the system and found this". El caso es que los marroquíes ya habían advertido sobre él en 2001 pero no se había procesado la información. Ahora hay, además de un indicio claro, un nuevo dato, su identidad real: Ibrahim Said, de Kuwait. Maya coge la foto y la clava en el corcho con otras más, mientras muestra una absoluta indiferencia por la pobre chica. Mira todas las fotos y llega a una conclusión que conoceremos cuando se la cuente a Dan, que ahora se encuentra en el cuartel general de la CIA, por teléfono: el problema es que todos los terroristas se parecen, barba larga, atuendo islámico, etc. La foto que estaban enseñando era la del hermano mayor:

> Maya: Isn't it possible that when the three eldest brothers grew beards in Afghanistan they started to look alike? I think the one calling himself Abu Ahmed calls still alive. ***The picture we've been using is wrong***. It's of his older brother, Habib.
> Dan: In other words, you want it to be true.
> Maya: Yes, I fucking want it to be true!
> Insólito, pero el error está en la foto, no en la apuesta de Maya…

Persecuciones y vigilancias

Y con la pista de Ibrahim Said comienza la nebulosa dialéctica entre el cielo y la tierra. En efecto, la *persecución multimedia* a la que se va a ver sometido el sospechoso en cuanto Dan, sobornos mediante, averigüe el teléfono de su familia en Kuwait y sus llamadas, realizadas siempre desde teléfonos públicos o en movimiento, confundido entre el tráfago urbano, puedan ser ubicadas en el espacio. Este trabajo de localización se resuelve en una larga y farragosa secuencia. Cada vez que hay una llamada, un equipo se desplaza a buscar en el lugar en que se ha efectuado, luchando contra la multitud en las ciudades populosas de Pakistán. Es muy relevante, como gesto enunciativo, la dimensión de acercamiento al *tiempo real*, es decir, la negativa a la elipsis y la preferencia por el embrollo narrativo y de montaje, tanto en esta secuencia como posteriormente en la caza final de Bin Laden. Es tanto como subrayar la dificultad de la aproximación entre la información recopilada (datos, localizaciones y abducción) y la materialidad del mundo, en el que se encuentran, encarnados, los objetivos reales de estas operaciones hipotético-deductivas. Se subraya lo laborioso, el trabajo de constancia y de prueba y error en estas operaciones bajo la metáfora espacial Cielo (las señales digitales (satélite, cámaras, etc.) y su iconización en pantalla) / Tierra (el engorroso mundo del caos urbano y la multitud), con un efecto de problematización hipermedia que el género de acción suele soslayar y que refuerza el carácter de *puesta en abismo* que plantea el intento de rácord entre diversos encuadres.

Aún más: con la casa de Abu Ahmed/Ibrahim Said ya ubicada, George intenta convencer en Washington a los asesores de Obama de la necesidad de intervenir, exponiendo cómo han deducido que en la casa debe haber un habitante varón más de aquellos de los que hay evidencia y conocimiento, y cómo han llegado a la *abducción* de que este varón es precisamente Bin Laden. Lo creen así porque precisamente su celo y su pericia para no ser jamás captado indica habilidades propias del espionaje profesional:

> The unidentified third male does not get groceries. He does not leave the compound. He does not present himself for photographs when he needs fresh air, he paces around beneath a grape arbor but the leaves are so thick, they obscure our satellite views. This is a professional attempt to avoid detection. OK? *Real tradecraft*... the only people we've seen behave in this way are other top level Al Qaeda operatives.

Evidentemente, esta suposición no es suficiente para los expertos y le contraatacan con todo tipo de probabilidades de qué o quién podría ser ese tercer hombre. Sobre todo, insisten en que podría tratarse de un narcotraficante saudí. Exigen "evidencias" de que ese inquilino ignoto es Bin Laden y George tiene que explicarles que ha sido imposible conseguirlas: no se puede poner una cámara distinta de la del satélite porque sería detectada. Pero además han intentado analizar las basuras y los excrementos, han simulado una campaña médica para conseguir ADN de los habitantes de la casa... todo en vano. Muy poco "CSI", como vemos. Al final no queda más remedio que aportar un argumento inconsistente pero muy efectivo. Tras una posterior reunión, George le espeta al político burócrata:

> What I meant was, a man in your position... How do you evaluate the risk of not doing something? The risk of potentially letting Bin Laden slip through your fingers? That is a fascinating question.

Obtiene así la vía libre para comenzar a organizar una acción.

El álgebra icónica

Pero probablemente la secuencia más importante en el proceso de construcción de la certeza es el análisis de la imagen del satélite sobre la casa de Abbottabad, la extracción de saber a partir del registro icónico. Como hemos visto, *Bin Laden es una hipótesis inverificable por medios informativos y escópicos, es decir, sin necesidad de recurrir a la abducción / deducción.* Para contrastar la hipótesis se utiliza en principio un razonamiento deductivo a partir de premisas extraídas de la competencia etnográfica y antropológica de los expertos de la CIA, que tratan la imagen registrada por el satélite como una auténtica ecuación. Sobre esa X invisible se monta todo el razonamiento que habrá de oponerse a la estadística. La negociación con los políticos, como hemos visto, es una lucha de la convicción contra ella.

La escenografía de la gran sala del Cuartel General de la CIA es, por fin, auténticamente multimedia: plagada de pantallas de uso colectivo o individual. En ella está George, que va a cobrar una especial importancia en este tramo del filme, pues toma el relevo de Maya como focalizador de la acción, como delegado diegético del ente enunciador. Entra Maya y se saludan a distancia. Ella se dirige al responsable de la operación de vigilancia (Steve). Vemos las dos enormes pantallas que dominan toda la sala: una, de la casa vigilada; otra del mapa-satélite de la ciudad.

Tras una breve conversación, Steve la invita a seguirlo a una sala de reuniones. El experto extiende una especie de plano-foto satélite por toda la mesa de juntas. Hay también una maqueta de la casa vigilada. La sala está vacía, pero aun así Steve indica a Maya que no se siente a la mesa. Como ya hemos visto, hay un componente de reivindicación femenina en toda la escena. Es aquí donde va a aparecer el director de la CIA con su séquito y donde Maya, marginada de la reunión va a acabar presentándose con su "I'm the motherfucker that found this place... sir". Prácticamente toda la reunión se va en explicarle al director por qué es imposible colocar cualquier clase de cámara en las inmediaciones de la casa que permita ver el interior sin ser descubierta. La evidencia icónica es imposible, pues, y habrá que proceder por otros métodos.

Tras 52 días de inacción y calma chicha (lo sabemos por las pintadas de Maya en el despacho de George) Steve la llama a la sala de vigilancia para decirle lo que ha observado. Vemos una imagen borrosa en la que las masas perceptivas son simples manchas. De la posición de los niños (que son entre 7 y 9) y de las mujeres (sabe el sexo de estas porque sus "bultos" están en la sala de la colada, donde jamás estaría un hombre) deduce, a causa de la rapidez de una de sus figuras en cambiar de ubicación en la casa, que no puede ser la misma mujer en las dos posiciones. Es decir, que en realidad no hay dos mujeres en la casa, sino tres, para solo dos hombres. Y en buena ortodoxia árabe e islámica no puede haber una tercera –como continúa contando George en la siguiente secuencia, encadenada sonoramente a la anterior– porque las mujeres musulmanas no pueden vivir sino con su padre o su marido, de lo que se deduce que hay una tercera familia y, por tanto, un tercer hombre al que se ha identificado, por su "tradecraft behavior" como al propio Osama Bin Laden. Ya hemos visto antes cómo prosigue la conversación con los expertos que no cesan de demandar evidencias, y todas las explicaciones de George de por qué es imposible conseguirlas. Pero lo fundamental es que toda la certeza de la que va a hacer gala Maya (su 100% que rebaja al 95 para no asustar a los hombres) está basada en una imagen sin contenido icónico: desde un puro valor indicial se ha propiciado un razonamiento lógico-simbólico que fía a la *abducción*, al arrojo subjetivo, toda fuente de certidumbre que niegan las evidencias.

La poética del *making of* y la función contexto

La película está basada en hechos reales

No tenemos ninguna duda que esta reintroducción del sujeto y, por tanto, de la inconsistencia ontológica en la diégesis (de una brecha en la trama del mundo, de un "agujero en lo real", si lo decimos en términos psicoanalíticos), hubiera sido mucho más difícil en un filme de "pura" ficción. Que la película esté basada en hechos reales favorece el tratamiento policíaco, pues esta *función contexto* implica que el espectador conozca el final y sepa *a ciencia cierta* que esa brecha será convenientemente suturada.[92] Efectivamente, la película está encabezada por

92. Se nos pueden poner dos peros. Primero, aquellas películas en las que el protagonista de la caza tecno-mediática es la presa –por poner tres ejemplos esenciales, *Enemy of the State. (*Tony Scott,1998*)*, la *Trilogía de Bourne* (*El Caso Bourrne.*(*The Bourne Identity*, Doug Liman, 2002); *El mito de Bourne* (*The Bourne Supremacy*, Paul Greengrass, 2004); *El Ultimátum de Bourne (The Bourne Ultimatimatum,* Paul Greengrass, 2007), protagonizada por Matt Damon y, tercero, la serie que estamos utilizando como contrapunto en todo este análisis, *Homeland.* Lógicamente, la cuestión es de focalización e identificación: si el protagonista es el perseguido, el fracaso de la caza es índice de la compacidad (de la docilidad al *principio de razón suficiente,* y la solidez ontológica que implica) del mundo diegético, que siempre opera como trasunto simbólico de la compacidad de la realidad extradiegética. Precisamente, el despliegue tecnológico hipermedia en el interior de la pantalla acaba siendo un índice de realismo en estos casos y permite asimilar los planteamientos del mundo ficticio al mundo del espectador, del que lo oculto, revelado por el filme, se convierte en metonimia y la simbólica narrativa en metáfora. Lo que se plantea, en definitiva, es una lucha agónica del hombre (de sus capacidades físico-cognitivas, que aquí se confunden –en el sentido de que recubren– con la inteligencia) contra la máquina, instrumento de los malvados que se suelen caracterizar por el goce encarnado en sus pasiones.

la leyenda, "The following motion picture is based on firsthand accounts of actual events". Tras ella, un largo plano en negro con la superposición sonora de fragmentos de conversaciones telefónicas y radiofónicas mantenidas por las víctimas del 11-S.[93] Después, otro rótulo, "2 years later" y comienza la diégesis propiamente dicha. Recordemos el título: la trama está enmarcada entre dos puntos negros, el 11S y la caza de Bin Laden; justo los dos hechos que el espectador conoce como dato, pero a los que les falta la ilustración, icónica y narrativa.

Por eso hablamos de una *poética del making of.* Ya hemos visto que, al menos desde los años 90, el cine postclásico, comenzando por el revival que el documental cinematográfico experimentó en esa época[94], se decidió a explotar la *agenda mediática,* más o menos reciente, para

En *Homeland* la cuestión no es muy distinta, porque la clave del éxito de la serie y de la fidelización de su espectador es precisamente el perverso juego del meganarrador con el punto de vista, que privilegia el del espectador sobre el de los personajes, pero ocultándole y dosificándole con astucia la información, lo que consigue que nos identifiquemos con la protagonista y el antagonista a la vez, en la una elaboradísima economía de la sospecha y del *suspense.* A ello se suma que lo que da consistencia al mundo de una serie de tv es precisamente su vocación de no terminar, de continuar sosteniendo la acción en un notable *tour de force,* de la que el espectador es perfectamente sabedor (casi se nos escapa "consciente") y que le hace permanecer en su lugar porque el riesgo y el deseo inscritos en la representación serán siempre sostenidos por la duración del goce reiterativo: puede estallar el mundo, pero los protagonistas no, porque son la garantía de la pervivencia de la ficción. Esta funcionalidad del Star System y esta potencia simbólica del *casting* como operación enunciativa han ido perdiendo su estabilidad con las plataformas de *streaming* en la última década, sin duda.

93. La comparación es otra vez inevitable. Aquí, como en *Homeland,* el gran ítem es el 11S. Pero allí los mensajes son mediáticos –televisión, sobre todo– y las imágenes son de la infancia y el crecimiento de Claire Mathison. En cambio, Maya, como un perfecto personaje de telefilme, carece de historia explícita, lo cual no deja de tener un componente de paradoja.

94. En esa época y para ese género me inventé el término que utilicé en algunos seminarios, material que nunca llegó a convertirse en una publicación.

dar el contraplano narrativo de eventos de los que se conocía el dato y alguna imagen, pero que carecían de un relato visual de su proceso, al menos al alcance de la opinión pública. La diferencia con el cine histórico o con el *biopic* clásico sería precisamente su relación con los *media* y su carácter de metaimagen explícita y vinculada al realismo periodístico. No olvidemos, además, que el *making of* nació con un espíritu claramente publicitario, puesto que lo hizo al calor, aunque luego se generalizara, de la espectacularidad de los nuevos efectos visuales digitales. La idea era promocionar la asistencia del público a las salas pregonando la gran espectacularidad de un filme. Por tanto, se trataba de pequeños reportajes-documentales explicando cómo se había conseguido ver lo que se veía en la gran pantalla, pero normalmente emitidos –como los videoclips desde los 80– por televisión, en la época pre-dvd. *El making of es una secuencia de imágenes que explican otras imágenes mostrando su vedado fuera de campo.* Como concepto, pues, nos parece adecuado para nombrar la peculiar relación que el *mainstream* cinematográfico –y Hollywood en particular– mantiene con la *agenda mediática* y como colabora en su establecimiento (*setting)* ofreciéndose a mostrar lo que no se ha podido ver de lo que se ha visto. *ZD30*, pensamos, entra de lleno en la categoría.

El meganarrador, la focalización y el suspense

En su voracidad narrativa, el cine postclásico ha instaurado una especie de integración narrativa al cuadrado: nada que no sea informativo, ninguna información que no tenga repercusión nuclear en el relato. Por eso hemos acuñado el término *catálisis pro-nuclear.* En efecto, que las *catálisis* (Barthes) pudieran ser una manera de naturalizar en la diégesis cualquier ítem que fuera a retomarse posteriormente, de modo que no pudiera ser reputados de gratuito o inmotivado en una acción nuclear, es algo que está perfectamente inscrito como posibilidad en el cine clásico, pero en el cine postclásico se ha convertido en una especie de imperativo insoslayable.[95] Lógicamente, esto supone una relación

95. Los partidarios de esta archicompacidad –es decir, los convictos (que no siempre confesos) defensores de que la ortodoxia hollywoodense

entre el espectador modelo y el *meganarrador* –la instancia enunciativa máxima que escande y distribuye la información en un filme y en la que el espectador estándar deposita la máxima confianza, pues es quien le obsequia con el ver y el saber– peculiar en esta cinematografía.

Evidentemente, la cuestión de la *agenda* y del conocimiento acerca de los hechos publicados por los medios tiene una repercusión directa en *ZD30,* por lo cual estas *catálisis pronucleares* no son utilizadas. Excepto con el personaje de Jessica, la amiga más cercana de Maya. Su relación comienza siendo tensa (una cierta rivalidad entre la agente más veterana y la novata con aspiraciones), pero después hay un gran acercamiento. El caso es que, en principio, como espectadores, nada sabemos de Jessica (recordemos que todos los nombres de los agentes son supuestos) y no sabemos que es un personaje relevante para la conexión entre la diégesis y el discurso informativo (los *actual events*). En principio, su relevancia es sobre todo epistemológica, puesto que como personaje es un puro satélite de Maya. Evidentemente, en la *ficción forense* el móvil ha desaparecido como elemento fundamental de la trama policíaca: el *porqué,* que es lo que puede conectar una narración con una simbolización de la realidad, no tiene función si podemos determinar el *cómo,* el *cuándo,* y el *quién* con toda facilidad. Recuérdese cómo en *Minority Report* se decía que el "el crimen premeditado ya no se ve". Pero el caso es que más allá del debate moral, hay un planteamiento narrativo y semiótico en la cuestión del *móvil* policíaco, pues es, valga la redundancia, la que ofrece la posibilidad de que el relato esté motivado, de que sea una cadena continua y compacta. El *móvil* es esencial para la

es "el cine" y de que otras poéticas son rarezas o simplemente errores– suelen hablar de *agujeros de guión* cuando observan que alguna acción de un filme no está perfectamente prevista y motivada previamente por la trama, tal y como nos advertía Kristin Thompson (vid. Cap. 4). Nos interesa poco esta postura porque pensamos que un relato compacto y perfectamente motivado puede ser perfectamente apreciable desde una poética de género, en su aspecto lúdico (*mind game)* pero no es nada coherente en un filme que pretenda simbolizar el mundo, hablar de la vida. Desde que hay lo simbólico, el ser que habla, lo real siempre está agujereado y lo absolutamente trabado y motivado, solo puede ser un juego o una impostura. Esto vale tanto para el relato policíaco o los cuentos de hadas, como para el metarrelato político.

abducción simbólica, porque permite posicionar a los actantes respecto a una lógica calculable que haga de regla y vincule el caso y el resultado. Al menos, la motivación psico-moral sí está tematizada en *ZD30.* Y es precisamente a través de la posición de Jessica, que es radicalmente distinta de la de Maya. Jessica basa sus hipótesis en una especie de principio universal, que es el cinismo materialista (a distinguir del materialismo propiamente dicho): todos somos corruptibles, la codicia y la ambición están en la base de todos actos. Ello refrenda sus creencias y se constituye en el interpretante general de todas sus abducciones. Y es lo que la lleva a dar por fiable la oferta de un médico jordano supuestamente infiltrado en Al Qaeda y lo que le costará la vida.

Pero vayamos por partes, porque el juego de las focalizaciones e identificaciones entre los personajes, el meganarrador y la realidad mediática puede ser especialmente complejo en esta confrontación entre la *poética del making of* y el *Modelo CIA After Cold War (CIAACW).* Un enclave ideal para examinar esta cuestión es la planificación y el montaje llevado a cabo entre los tres atentados que se representan en el filme relacionados directamente con su núcleo diegético. Pensemos, antes que nada, que en el *Modelo CIAACW* la cuestión de la sospecha, la anticipación de la información por el meganarrador al espectador y la división de lealtades, es decir, el juego del *suspense* en el más puro sentido hitchconiano, es esencial, y *Homeland* es su ejemplo más logrado al ofrecernos a dos protagonistas que, a su vez, son antagonistas, entre sí. Y, además, jugando a una ambigüedad entre la trama policíaca y el *suspense.* Hitchcock, lo explica meridianamente (Hitchcock/Truffaut: 59-60)

> No olvide que para mí el misterio es raramente suspense; por ejemplo, en un «whodunit», no hay suspense sino una especie de interrogación intelectual. El «whodunit» suscita una curiosidad desprovista de emoción; y las emociones son un ingrediente necesario del suspense. En el caso de la telefonista de *Easy Virtue,* la emoción era el deseo de que este joven fuese aceptado por una mujer. En la situación clásica de la bomba que estallará a una hora dada, es el miedo, el temor por alguien, y este miedo depende de la intensidad con que el público se identifique con la persona en peligro.

Pues bien, en *Homeland* y en *ZD30* tenemos una estructura de *whodunit* anidada en una trama de *suspense.* De tal manera que, entre el *meganarrador*, que concede el saber, y el espectador, que recibe la dádiva, se signa un pacto férreo. Como asevera Truffaut (1976: 13)

> El arte de crear el suspense es, a la vez, el de meterse al público «en el bolsillo» haciéndole participar en el filme. En este terreno del espectáculo, hacer un filme no es un juego entre dos (el director + su película) sino entre tres (el director + su película + el público).

En *ZD30* las marcas del meganarrador aparecen desde el principio, puntuando y acortando la distancia entre el saber del espectador, que es el retransmitido por los *media* a la opinión pública, y la representación del saber que estos no le han transmitido, que es la diégesis. Evidentemente, la mayor parte del relato está referido desde el punto de vista de Maya, pero el meganarrador se guarda esa diferencia enunciativa para poder crear efectos de suspense e identificación. Las primeras huellas son, por supuesto, los rótulos que dividen el filme en episodios y que connotan la función ordenadora del ente enunciador. La segunda, son los planos aéreos o simplemente lejanos que despegan al espectador del foco diegético y le recuerdan que hay un saber más amplio que el de los personajes. El primer atentado resulta así realmente sorpresivo. Tras haber realizado un interrogatorio y haberse despedido de Dan, que vuelve a los Estados Unidos, Maya llega a un restaurante para cenar con Jessica. El momento parece claramente catalítico. Maya sigue reafirmándose en la pista de Abu Ahmed, mientras Jessica se interesa sobre todo por su vida privada y amorosa. Todo muy apacible hasta que, sin que nadie lo espere, y menos que nadie el espectador, se produce una estruendosa explosión. Tras escapar del restaurante, por corte directo, pasamos al encuadre televisivo en el que se nos informa de se trata de un atentado al Hotel Marriott de Islamabad (el 20 de septiembre de 2008) y así la diégesis queda conectada con el saber público.

Hemos dicho que la secuencia anterior parecía tener un puro carácter catalítico de simple transición que nos informaba de la vida de absoluta dedicación a su misión por parte de Maya. Pero en realidad cumplía una función narrativa y enunciativa capital, porque a quien nos estaba presentando como amiga íntima de la protagonista, era a Jessica, que va a arrebatar a Maya el rol de focalizadora del relato durante un tramo del mismo. Tras habérnosla presentado como una rival profesional, se trataba ahora de construir una sólida identificación con ella. Nada más pasar la secuencia de este primer atentado, vemos un supuesto video grabado entre las comunidades tribales de Afganistán y se nos informa de que la reunión con el supuesto topo jordano entre las filas de Bin Laden va a tener lugar. Tras meditarlo, encuentran un lugar: la Base Chapman de la CIA, en territorio afgano. Quien tenga la suficiente impregnación mediática, ya puede entender que se nos van a mostrar los entresijos del famoso atentado que costó la vida a siete agentes de la CIA el 30 de diciembre de 2009 y que fue noticia mundial. El caso es que, a diferencia del anterior, este se nos ofrece rodado y montado según todas las premisas del *suspense:* la secuencia se alarga. Se alternan los planos entre Camp Champman y la embajada, donde está Maya con el teléfono y el ordenador, y, sobre todo, tras la larga espera, plena de campos vacíos, la secuencia de la aproximación del coche donde viene el supuesto médico jordano, rodada en planos lejanos, y los planos cercanos de Jessica ansiosa. Hasta que se produce el encuentro y la explosión, cuyos efectos vemos desde un plano aéreo. El meganarrador retoma el pulso del relato para pasarle el testigo a Maya. Ella también será objeto de un ametrallamiento un poco después, al salir de su casa por la mañana, y, también este caso, toda la planificación alerta al espectador de que se va a encontrar frente a un hecho nuclear y catastrófico. Será el punto final a su estancia en Pakistán.

Por televisión

Las televisiones son omnipresentes en *ZD30* como en tantos filmes postclásicos: las vemos en los hogares, en las salas de reunión, en los despachos. Como ya hemos visto, la televisión en la pantalla cinematográfica hollywoodense comprendía dos dimensiones. Por un lado, ser la conexión de la diégesis con la realidad pública consensualmente compartida, sea esta "histórica" o bien, a su vez, también ficticia. Pero, además, el mundo del noticiario televisivo tenía el marchamo de la oficialidad, de las versiones que el poder daba de los hechos. A ello se suma la misión, que ya hemos visto en repetidas ocasiones en *ZD30,* de conectar el mundo diegético con el mundo públicamente conocido. Es el caso de la mayoría de los atentados. El primero que vemos es un tiroteo en Khobar (Arabia Saudí) el 29 de mayo de 2004. Asistimos una secuencia diegética rodada desde una focalización meganarrativa (imposible para cualquier personaje del filme). Por corte directo, pasamos al interior de un despacho de la embajada de los Estados Unidos en Islamabad donde se encuentran Dan, Jessica y Maya viendo por televisión la noticia, cuya imagen son las huellas de destrucción que ha dejado la acción a la que acabamos de asistir. En este momento, es cuando Maya urde la treta de hacer creer a Ammar que ha colaborado en la evitación del atentado.

Unos minutos después veremos un típico autobús londinense, que nos da de nuevo prueba de una mirada meganarrativa. Al verlo por corte, no podemos dejar de pensar de pensar que se trata de una acción de la trama principal cuyo alcance no entendemos. Cuando explota, sabemos que se trata de un atentado, concretamente el del 7 de julio de 2005 en Londres, que en seguida veremos de nuevo reencuadrado en el receptor del despacho de Bradley en Islamabad. Lo mismo con el de Time Square, que veremos *racordado ontológicamente* en otro despacho de la embajada. E igual asistimos por televisión a la decisión de Obama de suspender el "programa de interrogatorios" de la CIA, esta vez de forma totalmente tangencial, durante la reunión informal de los agentes pensando dónde se puede celebrar el encuentro con el topo jordano infiltrado Al Qaeda y en la cual se les ocurre llevarlo a cabo en Camp Chapman.

La caza

Ahora bien, el gran despliegue de la *poética del making of* es, por supuesto, la última secuencia del filme, la caza y asesinato de Bin Laden (y de todos los que pasaban por allí...). Somos conscientes de que nosotros hemos defendido que uno de los rasgos esenciales de *ZD30* es la reintroducción del sujeto como elemento esencial en la trama policíaca postclásica. Por tanto, hemos apostado porque este es el *gesto semántico* del filme, a partir del cual encarar su análisis y su interpretación. Y, visto así, que la última secuencia dure 41,40 minutos, con el misterio ya resuelto, viene a indicar, o bien que el propio filme es incoherente con su gesto semántico (su economía estética y narrativa, inmanente e intrínseca), o bien que hemos errado en cernir el nódulo de sentido a partir del cual interpretar la totalidad del texto fílmico.

Veamos, hemos dicho que el misterio está ya resuelto. No es necesario que esto sea así para la trama (los personajes siguen dudando y la falta de evidencias –sigue sin haber "an intel source on the gound"– no pueden prescindir del "guess" como *modus operandi*), sino para el espectador. Y cuando este va a ver la película ya sabe que la apuesta ha sido certera porque todos conocemos por los medios de información la imagen de la famosa casa de Abbottabad en la que fue abatido Bin Laden, y que llevamos rato viendo en la película, para no tener dudas de que la apuesta es cierta y de que es la que lleva al desenlace pública y mediáticamente conocido. En resumidas cuentas, por eso hemos traído a colación la cuestión del *making of* del filme respecto a las imágenes mediáticas. Es la gran promesa al espectador, que da incluso título a la película, que se le va a mostrar "en directo" la muerte de Bin Laden. Nada menos que el mítico contraplano de la foto, que todos conocemos también, de Obama y su equipo (http://en.wikipedia.org/wiki/The_Situation_Room) visionando en directo, de manera absolutamente privilegiada y exclusiva, las acciones de los SEAL. Pero además no se nos van a ofrecer las imágenes de archivo, una concatenación de planos subjetivos, procedentes de las cámaras que los marines podían portar en sus cascos, sino una secuencia audiovisual ordenada. No una secuencia video-informativa, sino una mirada fílmica, organizada por la competencia suma del *Gran Imaginador* que la dota de coherencia narrativa y visual, y del goce del espectáculo. Es perfectamente coherente y complementario de la poética del *making of* que la pantalla fílmica se presente, en competencia con todas las pantallas con las que convive actualmente, como la verdadera *interfaz del sentido*: las demás pueden ofrecer información, incluso goce, pero el sentido, la compacidad, la co herencia y el orden ontológico, por mor del poder de la mirada meganarrativa, que pone el montaje al servicio de la pulsión escópica, solo puede hacerlo la pantalla fílmica.

Así pues, en esta última secuencia, el meganarrador toma el relevo de cualquier mirada subjetiva intradiegética y se hace cargo del relato. Lo más relevante de toda ella es el juego de coordinación y delegación de las miradas, teniendo en cuenta que todo está servido para poner la imagen a disposición de Otro: en la ficción, la mirada de Obama, que solo pudo ver los planos subjetivos provenientes de las cámaras de los soldados, y su equipo está por debajo de la del Espectador, que es el gran beneficiario para el que el meganarrador construye su ilustración despótica.

Maya queda en la sala de control mirando al monitor como delegada de la mirada Obama en la ficción. Y desde aquí se establece un sintagma paralelo que nos permite tener la referencia de su mirada, que puntúa la relevancia de lo mostrado y modula las emociones, mientras acompañamos al comando en los helicópteros por la noche oscura y abrupta, en la que la orografía hostil y las turbulencias continúan desarrollando la alegoría del cielo (la nube digital) y la tierra. Un momento narrativamente esencial, porque justifica toda la secuencia y todo el "sentido tutor" del filme es el momento en que los SEAL se colocan las gafas de visión nocturna. A partir de aquí, los planos subjetivos serán virados en verde y de esta manera los planos de la mirada omnisciente quedan también despejados en la ecuación visual. Vemos un plano en apariencia muy simple, pero de una gran densidad escópica: Maya mira a su ordenador e inmediatamente vemos un plano cenital de los helicópteros encima de la casa. *Es un falso* ***rácord*** *de mirada, desde la posición de Maya, pero se acumulan la mirada del satélite, de Maya, del meganarrador y, claro, del gabinete presidencial.* La secuencia del aterrizaje y asalto está prácticamente toda rodada en planos subjetivos, y cuando pasamos a la mirada omnisciente para dar cuenta del accidente de uno de los helicópteros, de vez en cuando se entrevera algún plano subjetivo, verde, también.

Lo más relevante del asalto a la casa es sin duda el esfuerzo de *racordamiento ontológico* para hacer congruentes las imágenes del filme con la información mediática, llegando los personajes de los SEAL a llamar por su nombre a los habitantes masculinos de la casa antes de dispararles, con el fin de que la opinión pública, que es el Otro en el que el espectador se cobija, pueda ir reconociéndolos y haciendo cuadrar las imágenes de los media con las del filme en una única y compacta versión del mundo. Así, hasta que llaman a Osama. Jamás veremos su rostro en directo, solo lejano, desenfocado, y reencuadrado en las mismas cámaras de los miembros del comando que lo fotografían para enviar la imagen al centro de control. Una vez estos se han quitado las gafas, las acciones de registro e incautación de la documentación que encuentran son puro patrimonio fílmico, dominio del *first hand account*. Cuando llegan a la base, Maya los está esperando. Los SEAL entregan el cadáver y el material incautado. En medio de una atmósfera de irrealidad, con el sonido difuminado y distorsionado, Maya se acerca a la bolsa, la abre y reconoce el cadáver. El oficial que la acompaña sentencia por teléfono: "sir, the agency expert gave visual confirmation yes sir, the girl, *hundred percent*... thank you sir". La primera confirmación visual, vedada al espectador y al mundo, de lo que Maya parecía estar segura hace mucho tiempo.

Las compuertas de un avión de carga vacío se abren. Le han puesto un avión para ella sola. El piloto le pregunta que adónde quiere ir. Ella se queda extrañada. Larguísimo plano de Maya / Chastain llorando con desolación inconsolable y serena, que contrasta con el rostro invisible y fugaz de Bin Laden en la secuencia anterior. Por primera vez en 12 años, no sabe a dónde ir. Hay, pues, una complementariedad entre el sentido que habita el mundo y el sinsentido de la vida. Ese mismo plano sostenido mantiene ambas cosas: el gesto externo es perfectamente inteligible, poética y expresivamente coherente (la anómala longitud del plano en un filme de acción postclásico lo carga de significación) mientras trasluce el enorme vacío interior de una existencia que se ha quedado sin objetivo, aún más, cuya causa de deseo ha revelado su más mísera y profunda abyección en la pequeñez insignificante de un cadáver escuálido. Pareciera que Bin Laden estaba hecho de "the stuff that dreams are made of". La detective queda como desecho de la operación. Es el sinsentido en que consiente el sujeto con el fin de apuntalar un mundo con sentido

La cuestión es que, si bien observamos esta línea genealógica en la iconicidad occidental, no podemos soslayar su pugna con una línea estética, expresiva, que pretende introducir al sujeto en el campo de la representación y con ello patentizar la *dicotomía entre signos y objetos* de la que hablaba Jakobson (Jakobson, 1984) respecto a la función poética del lenguaje. De ahí, que podamos hallar momentos de subversión y ruptura auténtica en la trama de la representación occidental como lo fueron las vanguardias históricas o la Modernidad Cinematográfica. Ahora bien, es verdaderamente difícil en estos tiempos del simulacro visual, ético, estético y político –cuatro adjetivos entre muchos más posibles–

trazar una diferencia entre lo auténtico y sus sucedáneos. El cine postclásico hollywoodense realiza tales acrobacias, tanto en la textura del relato (narrativas no lineales, bucles, tramas prolépticas y amnésicas (Sorolla-Romero, 2022), propuestas *puzzle* (Buckland) y *mind game* (Elsaesser), etc.) como en la de la construcción espacial (espectacularidad, efectos visuales, formas verdaderamente complicadas de la *mise en abyme* visual en el interior de la pantalla fílmica, etc.), que hemos de preguntarnos legítimamente si estamos asistiendo a una ruptura, a una subversión del modo de ver dominante.

En consonancia con las corrientes neurocientíficas dominantes, lo que nos encontramos no es una propuesta auténtica de reformulación de la realidad, sino de una impostación del componente cognitivo que ha llegado a pretender absorber toda disposición hermenéutica, reflexiva y crítica. Es decir, que en términos generales –por ejemplo, el cine de David Lynch es, literalmente, otra cosa– todos estos alardes formales son reductibles a la ecuación de la *universalidad del rácord* y la *integración diegética*. Lo que hemos denominado *rácord ontológico*, tal vez, sea la mejor prueba de ello. El rácord postclásico hollywoodense excede la simple función de propiciar la continuidad en el interior de la secuencia. Mucho más allá de esto, pretende ser la evidencia irrefutable de la compacidad del mundo diegético. En el caso de *ZD30*, además, su empeño en hacer concordar *transmediáticamente* la diégesis con las imágenes difundidas por el flujo informativo pretende ser, incluso, reflejo y sostén plástico de la compacidad del mundo. Este procedimiento, que alcanza su máxima expresión en el entorno de las narrativas multiprotagonista a través del rodaje y montaje de lo que hemos llamado *hipernúcleo*, comienza a realizarse de modo sistemático en el *Modelo JFK* y es heredado plenamente por todas manifestaciones de la *ficción audiovisual forense*. Lo hallado en el análisis de la imagen registrada bidimensional es perfectamente extrapolable al dominio de la realidad tridimensional por medio de un límpido y homogéneo proceso deductivo anclado en el axioma (la evidencia que no requiere ser demostrada) de la *universalidad de la geometría euclidiana*. Recordemos que el filme de Oliver Stone (*JFK*, 1991) convierte en su línea medular la "tridimensionalización" de la famosa toma de Zapruder que recoge el asesinato de Kennedy, y que la década de los 90 expandirá irrefrenablemente el proceso con la inestimable ayuda de las tecnologías digitales: el rácord audiovisual se convierte así en el más fiel trasunto de la compacidad y estabilidad ontológica del mundo y de la potestad de la razón instrumental sobre él.

Pensamos que no podemos hablar propiamente de *complejidad* si no nos encontramos con un cierto desvelamiento de las discontinuidades del ser, porque no hay en la representación lugar para el sujeto entendido en su insobornable singularidad. Lo que hay es virtuosismo, si se quiere; barroquización de la enunciación y de la puesta en escena. Se permiten los alardes formales, pero no lo *agujeros de guion*. Dicho de otro modo, la *dispositio* a*diestra* la trama, impide que lo *sinestro* del sinsentido, germen de toda creatividad, pueda emerger libremente en ella. Lo que se pone en juego en la mayoría de las propuestas del cine comercial de acción postclásico es el goce cognitivo de entender lo ya desde siempre inteligible, de someter el pensamiento a lo que funciona de modo impensado. No hay la complejidad de lo opaco, sino *transparencia barroca.* La *interfaz del sentido* solo se puede reivindicar como tal tras exponernos al riesgo de la ininteligibilidad, de la que se ofrece como salvadora en una suerte de catarsis tardo-capitalista que nos purifica del vértigo con la apacibilidad ontológica del "todo vuelve a su aristotélico lugar natural". Hacer pasar lo cognitivo, la rapidez pseudo-instintiva (informativa, computacional, pulsional), el cálculo sobre el ente, por el único pensamiento posible implica negar al sujeto la capacidad de determinar su horizonte hermenéutico, puesto que para ello es necesario el atravesamiento irreversible de la soledad, la singularidad y la reflexión. Si la subversión no interviene en forma de un cortocircuito del sentido lineal, nos encontramos, con esta impostación del juego mental y de lo cognitivo, ante la esencia procedimental del neoliberalismo ideológico: el cálculo combinatorio como modo único entender lo real. Hay que inventar algo más, seguro. Al noventa y cinco por cien.

Tercera parte

LAS ESCRITURAS

CAP. 9. TARANTINO Y LA FICCIÓN HISTÓRICA: LOS PROBLEMAS DE LA REFERENCIA FÍLMICA

En capítulos anteriores hemos asistido la disolución de la ontología del clasicismo por las propias dinámicas productivas y estilísticas a las que se ve abocado el cine en la era digital. Por ejemplo, el caso de la disolución del vínculo ontológico entre el personaje y el actor (*Dark* es el ejemplo más extremo que hemos visto), o las narrativas fracturadas, que conllevan la impostación metaléptica de la trama y, por tanto, la disolución de la dialéctica núcleo-catálisis y la *desdiegetización* del *flash-back.*

Lo que ahora pretendemos abordar es cómo se subvierte esta ontología clásica, no ya desde las inercias del estilo y el modo de producción y consumo (el *genio del sistema*), sino desde el pulso de una escritura. Y, decimos bien, de una *escritura* y no de una *poética.* Sería discutible si en el caso de Lynch, por ejemplo, nos las vemos con una poética (Ferrer García & Palao-Errando, 2024). Pero honestamente creo que en el caso de Quentin Tarantino esto no es así. De ahí, las protestas de Foster Wallace (Wallace, 1997), que no veía coherencia estética ni gesto semántico en su cine. El caso de Tarantino no es de fidelidad a una poética ni a una *política*, sino el de una escritura trabajada a golpes de pulso desde lo *político.*[96]

96. Para esta diferencia entre *la política* y *lo político* vid. (Lacoue-Labarthe & Nancy, 1997; Marchart, 2009).

Las dos etapas de Tarantino

La irrupción de Tarantino en la historia del cine es indudablemente un acontecimiento, porque no se trata solo de un estilo disruptivo o transgresivo, sino esencialmente de la erección de una escritura deconstructiva. La primera etapa de la filmografía de Tarantino –*Reservoir Dogs* (1992), *Pulp Fiction* (1994), *Jackie Brown* (1997), *Kill Bill I* (2003) y *Kill Bill 2* (2004) y *Death Proof* su parte de *Grindhouse* (con Robert Rodriguez, 2007)– es una estrategia continua de deconstrucción del clasicismo cinematográfico tal y como lo hemos caracterizado en los dos primeros capítulos de este libro. Tanto desde la estructura narrativa, cómo del tratamiento del tiempo y el montaje, Tarantino se dedica a demoler en sus películas todas las normas estéticas que habían garantizado la homeostasis clásica. Pensemos en la morosidad complacida de *Reservoir Dogs*, contraviniendo todas las normas sobre la representación de la violencia en el cine de Hollywood (impronta indudable del *Código Hays*[97]). O en el episodio de Mr. Wolf en *Pulp Fiction,* donde se muestra todo aquello que en el modelo clásico conseguía elidir, al detener la muerte justo en el momento de la expiración y omitiendo los detalles más sanguinolentos de cualquier masacre o cualquier muerte violenta, porque la indicación simbólica era suficiente para el espectador. El asesinato de Dietrichson por Walter Neff en *Double Indemnity,* perpetrado en fuera de campo y del que solo percibimos los sonidos, nos deja en el rostro de goce profundo de Barbara Stanwyck, que encarna a la incipiente viuda, uno de los planos más perversos y brillantes de la Historia del Cine. La de Tarantino es una denegación del fuera de campo completamente antagónica de la del cine clásico, pero también de la del *making of.* Se trata deconstrucción del clasicismo, entendida como una denuncia de la falsedad del placer y de la contención, de una atracción por lo irrepresentable que provoca el estallido del clasicismo *mainstream* desde su propio interior.

Vemos, pues, que si con *Pulp Fiction* avanzó la proliferación de las narrativas fracturadas, a la vez que les restaba su vertiente trágica (So-

97. El punto 1.1.b del *'Production Code* reza: "Brutal killings are not to be presented in detail".

rolla-Romero, 2022), no solo lo hizo en el nivel de la estructura narrativa, sino que siguió el camino iniciado en *Reseservoir Dogs*, en cuanto al *tempo* de la escena y el juego con lo mostrado y el fuera de campo. De la década siguiente destacamos que, a la vez que conjugó en *Kill Bill* todas las obsesiones sobre la acción de la sociedad civil neoliberal (el trauma, la venganza, las artes marciales, la forclusión de lo imposible a través de la ontología narrativa del videojuego, etc.), las articuló en puestas en escena de ficcionalidad explícita. Digamos que Tarantino es el director que más cumplidamente escapa al imperativo de la economía narrativa implícito en los la compacidad narrativa y la continuidad intensificada.

Sin embargo, la escritura tarantiniana da un giro significativo en sus cuatro últimas películas: *Malditos Bastardos* (2009), *Django Desencadenado* (2012), *Los Odiosos Ocho* (2015) y *Érase Una Vez en... Hollywood* (2019). Todas ellas entrarían en la categoría de *películas históricas,* cuyos componentes genéricos están hiperexpuestos: una película bélica ambientada en la Francia invadida por Hitler, dos *westerns* y, ciertamente paradójico, una que encajaría en la etiqueta *basada en hechos reales*. Precisamente, el gran escándalo que han producido la primera y la última se origina en el poco respeto que muestra Tarantino por esos "hechos reales", esto es, por la narrativa oficial públicamente aceptada. Lo que intentaremos, pues, es indagar qué queda del sentido cuando un cineasta ha decidido colocar sus ficciones por fuera de él, destejiendo el relato de la Historia mientras teje su propio discurso autoral, mientras erige el texto *Tarantino*.

La ficción y la Historia

Digamos que, incluso los que nos habíamos acostumbrado a contemplar los excesos visuales y el barroquismo narrativo de Tarantino, bien como una deconstrucción sarcástica de los tópicos de Hollywood, bien como una especie de sátira voluptuosa del sujeto posmoderno visto como un alma bella, adicta y agresiva, capaz de confundir pulsión, intención, fantasma y deseo, sin observar en esta amalgama paradoja ética ni epistémica alguna, nos llevamos nuestras ilustradas manos a la cabeza con *Malditos Bastardos.* ¿De dónde procede este sobreexceso de escándalo, ya totalmente inesperado en la filmografía de Tarantino? Pues de que, más allá de violentar los límites de lo visible y de tensar todas las estructuras del relato, el director norteamericano esta vez había violado la más sacrosanta de las leyes culturales burguesas (que siguen siendo las nuestras, aunque a veces se nos antojen muy desfiguradas), que es la prístina distinción entre ficción y realidad, y además en el género histórico, que es donde más hay que proteger el *cronotopo* realista (Bajtin, 1989), porque es donde más en riesgo se le pone.

En efecto, igual que las fronteras entre lo público y lo privado, tan caras a la cultura de masas fordista, quedaban, si no disueltas, sí muy debilitadas en la cultura postmoderna, la distinción entre realidad y ficción, en tanto que encarnadas en relatos, deja de ser una barrera infranqueable. La historiografía posmoderna sabe que la Historia fabrica artefactos literarios (White, 1980, 1992, 2003), que *no hay fuera de texto*. En ningún momento hemos dicho que el MRI y el resto de los moduladores del principio de realidad con los que cuenta la cultura occidental y global no tomen cartas en el asunto. Lo vimos primero en lo referente a esa *cultura de la fragmentación* (Sánchez-Biosca, 1995), que en realidad estaba perfectamente controlada por la fe en el discurso científico que preside la época (Palao-Errando, 1999, 2004, 2009b) . Pero también lo hemos podido constatar después en la complejidad de las propias narrativas fracturadas.

Inglorious Basterds hubiera resultado imposible –insoportable para el público– en un panorama epistémico moderno, esto es, anterior a la llamada "sociedad de la información". El problema necesita de una percepción sutil. Como veremos, el factor clave no es una realización de lo ficticio o una ficcionalización de lo real, sino que tiene que ver con una propensión catalítica típica del postfordismo político y narrativo: lo que ha acabado sucediendo no es que una ficción se haya impuesto a la realidad, ni que la realidad se haya disuelto, sino que los hechos han devenido triviales, ahistóricos, sin efectos. Lo que se ha conseguido es que el capitalismo parezca eterno porque ningún hecho es capaz de transformar la estructura, por utilizar la terminología de Adorno (vid. n. 77) de nuevo, de pro-ducir algo del orden de un efecto de verdad. No es que vivamos en el territorio de la mentira. Eso que últimamente se llama *posverdad* tiene que ver sobre todo con la impotencia de la verdad, con que la verdad no es capaz de tener efecto ninguno sobre lo *real*.

Lo que vamos a intentar a continuación es un abordaje puntual –liminar, podríamos decir– de los enclaves en los que se vislumbran las junturas entre la fantasía referencial y la representación ficcional para apuntar hacia el carácter deconstructor de la praxis fílmica taratininana. La *posverdad* no es más que el régimen de la verdad en un medio que carece de un afuera del lenguaje y, sin embargo, se obstina en fingirlo amparándose en el mito de la transparencia (Albergamo, 2014). Si Pilar Carrera (Carrera, 2018) afirmaba que al abolir las distancias, la nuestra ha devenido una sociedad sin espectáculo, también nosotros hemos dicho más arriba (Cap. 7) que *lo imposible en nuestra época es mentir*, que no hay modo de decir una mentira porque será arrastrada al torbellino de la referencialidad imposible y será equiparada a la verdad, sin que ontología realista alguna pueda detener el proceso.

Pero, claro, si algo no sirve para mentir no sirve para decir absolutamente nada, como sancionó Umberto Eco (Umberto Eco, 2000), concluyendo que la Semiótica no era sino una "teoría de la mentira". De ahí, que no sea tanto la función referencial del lenguaje la que sufre, sino todas las versiones de la ficción que simbolizan la estructura de la realidad (Asensi Pérez, 2016), empezando por la ironía y todas las expresiones de lo carnavalesco y del humor. No hay *carnaval* (Bajtin, 2003) si no hay orden que subvertir, y el poder neoliberal se las arregla como ninguno antes para enmascararse en el desorden.

El marco de referencia de la *posverdad*, pues, es la agenda mediática y su campo semántico (hipervisibilidad y visibilización) y no el *mundo de la vida*, en el sentido fenomenológico del término, o el mundo de los hechos. *La posverdad no tiene nada que ver con los hechos, sino con las noticias, términos que pertenecen a campos discursivos completamente distintos.* La noticia es lo pertinente informativamente y, por consiguiente, se inserta en el campo del establecimiento de la agenda y de la cuota de pantalla, del imperio de la audiencia. Y la noticia hipervisible por antonomasia no es otra que el escándalo, y en él la eficacia es comunicativa, no se mide por la adecuación del intelecto a la cosa (*adaequatio intellectus ad rem*), sino por la repercusión del enunciado en la opinión pública y por su cuota de agenda. Tarantino sabía esto desde mucho antes de que el término *post-truth*[98] se pusiera de moda y por eso no optó, como el cine social al uso, por la *adæquatio,* por denunciar hechos ocultos (del *fact-checking* a la teoría de la conspiración no hay más que un paso, y es de ida y vuelta), sino por *inventar hechos falsos que jamás pudieran convertirse en noticia pero que, sin embargo, epataran a la opinión pública sin poder nunca convencerla ni fomentar el odio masivo. Escandalizar con una mentira evidente es una forma de neutralizar toda tentación de manipulación posveritativa.*

Inglourious bastards

De ahí, que la provocación de Tarantino en 2009 no pasara por lo que es: una simple mentira en sentido referencial, y pasara a ser considerada como intolerable y un escarnio frente al dolor del Holocausto. Es decir, como una mentira que pretendiera engañar, suplantar a la verdad. Nada más lejos de la verdad. Ni más cerca. En Tarantino se encuentran el relato histórico oficial y la ontología mediática del *relato basado en hechos reales*, porque tanto en *Malditos Bastardos* como más tarde en *Once upon a time in Hollywood...* el marco de referencia de Tarantino no es la Historia, es la cultura de masas posmoderna en la que todos los relatos se igualan. Y en este sentido, se esfuerza en mostrar el cine como un vehículo legítimo de relación con la vida y con la realidad, como instrumento de la acción y emancipación y no como un medio masivo y alienante, como un modo más de la industria del entretenimiento. Veamos cómo lo hace, que no es de otro modo que transgrediendo meticulosamente cada uno de los puntos de anclaje de la ficción fílmica institucional.

La película es de sobra conocida 15 años después. Consta de cinco capítulos:

> Capítulo 1: HABÍA UNA VEZ... ...EN LA FRANCIA OCUPADA POR LOS NAZIS

98. Vid. Entre la mucha bibliografía que ha generado un término que ha hecho fortuna (Carrera, 2018; Rodríguez-Serrano et al., 2021; Rodríguez Ferrándiz, 2018) por citar solo referencias españolas. Nos parece evidente que la forma más viable de enfrentarse a la posverdad no es una mítica veridicción transparente.

Capítulo 2: INGLOURIOUS BASTERDS
Capítulo 3: NOCHE ALEMANA EN PARÍS
Capítulo 4: OPERACIÓN KINO
Capítulo 5: LA VENGANZA DE LA CARA GIGANTE

El fin último de la película es matar a Hitler, nada menos. Esto es, arrebatarle la potestad de hacerlo él mismo en su escondite. De lo que se trata, dada la enorme deflación que ha sufrido el cine en la posmodernidad, es de presentarlo no tanto como un medio de representación sino como un medio propiamente performativo. Para ello, Tarantino no rehace la *narrativa*, sino que reescribe el *relato*. Mientras en el *color-blind* o en la ficción distópica, por ejemplo, el modo narrativo es el *subjuntivo* (si hubiera sucedido X [habría pasado Y]), en *Inglorious Bastards* es el indicativo (sucedió). Es, por continuar con la metáfora gramatical, el pretérito pluscuamperfecto frente la pretérito perfecto de la novela realista.

Para ello, Tarantino articula lo que de entrada podría pasar por un episodio ficticio pero verosímil, en cuanto acontece en el ámbito histórico oficial, con el fin de insertar su propia transgresión, y lo hace incidiendo en los dogmas del realismo que hemos visto en el segundo capítulo de este libro. El filme se estructura en 5 grandes bloques, como hemos dicho, y a su vez despliega dos tramas paralelas para asesinar a Hitler, que convergen en el final. Por un lado, la venganza de la joven Shosanna, propietaria de un cine en París, que se encuentra con la casualidad de que va a ser estrenado un emblemático filme propagandístico de la UFA, y le solicitan que sea en su sala donde tenga lugar el evento, con la presencia el mismísimo Führer. Ella no duda en aprovechar la ocasión para organizar el asesinato de Hitler y su séquito, incendiando su propio cine durante la proyección, como venganza por el asesinato de toda su familia judía a manos de un comando de las S.S. dirigido por el terrible coronel Hans Landa, que también asistirá al evento. Por otro lado, un pintoresco comando de soldados judío-norteamericanos reclutados por el teniente Aldo Raine está sembrando el terror entre las tropas nazis en la Francia ocupada, matando y secuestrando a cuantos soldados alemanes se encuentran, intimidándolos con la máxima crueldad, y grabándoles a cuchillo una esvástica en la frente. A ellos se suma un oficial inglés, magnífico conocedor del cine y la lengua alemanas, y una actriz alemana que trabaja como espía para los aliados.

No vamos a acometer un análisis exhaustivo del filme, sino a indagar en alguna de las claves que sostienen una ficción que se postula explícitamente como una denegación impetuosa, no solo de la Historia Oficial, sino de toda posible oficialidad histórica, viendo cómo socava el pacto ontológico de las estéticas realistas con la esa misma Historia desde su propia raíz.

El filo de las lenguas

La cuestión transparencia lingüística está en la misma raíz de la potencia mimética del relato clásico hollywoodense, como hemos indicado en el segundo capítulo de este libro, siendo una de las bases del imperialismo estadounidense forjado sobre todo a partir de la Segunda Guerra mundial. Si *Casablanca* (Michel Curtiz, 1942) podría considerarle la película prototipo de este axioma realista, según el cual todo el mundo habla inglés, *Inglourious Bastards*, jugando a lo mismo, podría ser considerada como su negativo. Al ser tematizada esta pluralidad lingüística y puesta en relación directa con el proceso de *auricularización* (Cf. J. J. Marzal Felici & Gómez Tarín, 2015), el relato deviene manifiestamente extrañado de sí mismo.

Sobre los créditos comienza a sonar nada menos que la sintonía de *The Green Leaves of Summer*, banda sonora de la muy patriótica película *El Álamo* (John Wayne, 1960) que narra la epopeya y el sacrificio de los héroes de la independencia de Texas masacrados por las tropas del general mexicano Antonio López de Santa Anna. Tras ellos, pasamos a una bella pradera, mientras suenan los acordes del *Para Elisa* de Beethoven. Se trata de una granja francesa habitada por una familia que se alarma al ver llegar un convoy de soldados alemanes. Estamos en la Francia ocupada y el coronel Landa, de las SS, viene a interrogar a los habitantes de la casa sobre una familia judía que, al parecer, ha conseguido zafarse de la captura por parte de los nazis. La familia se llama nada menos que Dreyfus, como el famoso teniente defendido por Émile Zola. Y los reencuadres de la pradera exterior desde el interior de la casa evocan sin duda *Centauros del Desierto* (*The Searchers*, John Ford, 1956).[99]

La escena comienza en francés. Landa pide de un vaso de leche y, tras bebérselo, le ordena al granjero que sus hijas salgan de la estancia para poder hablar con él a solas. Landa le dice al padre de familia que, lamentablemente, ha agotado su francés y le ruega que continúen la conversación, contra toda verosimilitud, no ya en alemán, sino directamente en inglés, ¡lengua de la que el granjero francés de los años 40 es perfecto conocedor! La situación es, como mínimo, extravagante a los ojos del espectador, que tampoco protestará mucho cuando vea que se sigue hablando en la lengua oficial del filme, pues le evita trabas y trabajos.[100] Landa comienza el interrogatorio sobre dónde puede estar la familia Dreyfus. Consigue sonsacar al padre, tras una perorata brutalmente racista en la que se compara a los judíos con las ratas, que los miembros de esta familia están escondidos bajo el suelo de madera de la casa. Ahora entendemos el chapucero subterfugio de guion. Se ha estado hablando en inglés con el fin de que los Dreyfus no se enteraran del contenido del interrogatorio. Landa pasa de nuevo al francés como si tal cosa, pero por señas ordena a sus soldados que ametrallen el suelo, con lo cual la familia es masacrada, excepto la ya aludida Shosanna, que logra escapar corriendo.

No creemos que esta rareza con la se presenta el inglés le quepa más lectura que la metafílmica. Si nos fijamos, la *ostranenie* respeta escrupulosamente la integración narrativa, pero trastoca completamente la compacidad del relato, puesto que no hay ninguna presentación *catalítica pronuclear* de un hecho tan improbable que es imposible que resulte, sin más, verosímil. Es, pues, una acción pura, si más engarce discursivo ni retórico.

Más adelante, avanzada la película y ya en marcha la *Operación Kino*, el capitán Hicox (vid. más abajo) ha entrado en contacto con los Bastardos y, con dos de ellos, disfrazados de oficiales alemanes, se dirigen a una cita en una taberna con la actriz alemana Bridget von Ham-

99. Para esta relación del cine de Tarantino con las imágenes pasadas vid. el lúcido análisis de Ángel Quintana (Quintana, 2014).
100. En el doblaje español Landa no dice "pasar al inglés", sino "evitar el francés" para sortear cualquier opacidad en el registro verbal del filme.

mersmark, que colabora con la resistencia y será quien los introduzca en el famoso evento de Goebbels en París, en el cine de Shosanna. La sorpresa es que la taberna está llena de soldados alemanes, debido a la celebración por el nacimiento del hijo de uno de ellos. Bridget se ha visto obligada a socializar y está jugando con ellos a un juego consistente en que cada jugador lleva una pegatina en la frente con el nombre de un personaje cinematográfico y debe de adivinarlo por medio de las pistas que el resto le van dando como respuesta a sus preguntas. Más que evidente, pues, el juego entre el cine hollywoodense, del que provienen la mayoría de los personajes, y las veleidades del cuerpo que los sustenta.

Los tres infiltrados se ven obligados a esperar discretamente en una mesa a que Bridget se acerque a ellos. El caso es que, cuando lo hace, un oficial de la Gestapo comienza a hostigarles sospechando su impostura, pues el acento de Hicox no le resulta conocido. Tras varios tira y afloja y una partida del juego, deciden despedirse tomando un *whisky* escocés especial que guarda el tabernero. Se deciden por él, Hicox, el mayor de las SS y uno de los miembros del grupo de Los Bastardos. Al pedir las copas, es el capitán inglés quien se dirige al camarero haciéndole una seña con la mano, alzando los dedos índice, corazón y anular. Vemos al fondo del plano el rostro estupefacto del Mayor Hellstrom. Es la prueba definitiva: un auténtico alemán jamás hubiera hecho ese gesto, sino que hubiera alzado el pulgar, el índice y el corazón. De ahí, pasan a apuntarse a los testículos con las pistolas –ante la inminencia de la muerte, Hicox retorna al inglés– y a una masacre tarintiana en toda regla, en la que mueren casi todos los ocupantes del local, incluido el propio Hicox. No deja de ser llamativa la facilidad con la que Tarantino mata a sus estrellas, cuando en el cine *mainstream,* hasta hace poco, el ser encarnado por un actor o actriz reconocible era prácticamente un seguro de vida para el personaje. Muy probablemente, debemos achacar a la proliferación del relato serial en abierto o en *streaming* esta proclividad a la decepción de las expectativas espectatoriales que lleva a la ontología del cameo y a la disolución actancial de la estrella como vehículo del relato y como signo.

Bridget consigue salvarse y ser liberada por Aldo, que la interroga mientras intentan curarla en una clínica veterinaria. Pese a lo sucedido, el plan sigue en pie y ella va a llevarlos al estreno en París. La preocupación de Bridget es legítima, entonces.

> Bridget: I know it's a silly question, even before I ask it... ...but do you speak another language than English?
>
> Donowitz: We both speak a little Italian.
>
> Bridget: With an atrocious accent, no doubt. But that doesn't exactly kill us in the crib. Germans don't havgood ear for Italian. So you mumble Italian and brazen through it. Is that the plan?
>
> Aldo: That's about it..
>
> Bridget: That sounds good. (...)
>
> Aldo: Well, I speak the most Italian, so I'll be your escort. T Donowitz speaks second most, so he'll be your Italian cameraman.. Omar, third most. He'll be Donny's assistant.
>
> Omar: I don't speak Italian.
>
> Aldo: Like I said, you're third best. Don't open your fucking mouth.[101]

Como vemos, los lenguajes tienen su filo y espesor. También el "lenguaje" del cine.

101. Bridget: Sé que es una pregunta tonta, incluso antes de hacerla... ...pero ¿hablan otro idioma?
Donowitz: Ambos hablamos algo de italiano.
Bridget: Con un acento atroz, no hay dudas. Eso no arruina los planes. Los alemanes no tienen buen oído para el italiano. Murmurarán en italiano y pasarán descaradamente. ¿Ese es el plan?
Aldo: Básicamente.
Bridget: Suena bien. (...)
Aldo: El que mejor habla italiano soy yo, seré tu acompañante. El segundo mejor es Donowitz, será el camarógrafo italiano. El tercero mejor es Omar. Será el asistente de Donny.
Omar: Yo no hablo italiano.
Aldo: Como dije, eres el tercero mejor. No abras la boca. (Trad. del A.).

Operación Kino: el cine como fuente de conocimiento

Como hemos dicho, mientras Los Bastardos y Shosanna siguen su camino, el alto mando británico tenía también sus planes. Vemos una estancia muy obscura por la que es guiado un teniente. Tras una puerta corredera, entra a una estancia muy iluminada.

La escena es curiosa, desde luego. Primero, por el decorado, que, tomado en grandes angulares, podría recordarnos una puesta en escena de Lynch o incluso el gabinete del dictador Hynkel (*The Great Dictator*, Charles Chaplin, 1940) en el que juega con el globo terráqueo en una de las más famosas secuencias de la Historia del Cine. Nada más entrar ve a un personaje anciano con pajarita, que podemos deducir iconográficamente que es Winston Churchill. Al presentarse como el Lt. Archie Hicox, le responde un tal general Ed Fenech. El cásting juega ya sus cartas para convertir toda la escena en una descarnada sátira. Churchill está encarnado por Rod Taylor, actor que trabajó con Hitchcock *Los Pájaros* (*The birds*, 1963) e hizo también películas bélicas y *westerns* crepusculares. Está encuadrado del mismo modo en Lynch filmó a "The Man From Another Place", el personaje de *Twin Peaks.* Por si fuera poco, el General inglés, es nada menos que Mike Myers, esto es, el actor que encarna a Austin Powers, la caricatura por antonomasia del espía británico de la Guerra Fría. Sumemos a ello el curioso apellido del teniente inglés y tenemos una parodia de lo más granado del Hollywood clásico y su conexión británica apuntando, con el nombre de la operación tanto al cine alemán como al soviético.[102]

De hecho, cuando pasa a entrevistar a Hicox, Fenech refiere de su currículum que habla alemán como si fuera nativo y que era crítico de cine y especialista en cine alemán antes de la guerra. Y le pide que le hable del Cine del III Reich y de la UFA y Hicox nos lo explica detalladamente.

102. Solo apuntar la enorme diferencia entre el uso de la cita en la Modernidad Cinematográfica y el que realiza aquí Tarantino. Véase el magnífico análisis que hace de la cuestión Laura Mulvey a cuenta de *El Desprecio* (*Le Mépris*, Jean-Luc Godard, 1963) (Mulvey, 2014, 2019).

Fenech: Mention your accomplishments..

Hicox: Well, sir, I write reviews and articles for a publication called Films and Filmmakers, s...and I've had two books published.

Fenech: Impressive. Don't be modest, , Lieutenant.. What are their titles?

Hicox: The first was called "Art of the Eyes, the Heart and the Mind: a Study of German Cinema in the Twenties" The second was called: "Twenty-Four Frame da Vinci" It's a sub textual film criticism study of the work of German director G.W. Pabst.

Hicox: What should we drink to, sir?

Fenech: Well... Down with Hitler.

Hicox: All the way down, sir. Yes

Fenech: Are you familiar with German

cinema under the Third Reich?

Hicox: Yes. Obviously, I haven't seen any films from the last three years... but I'm familiar with it.

Fenech: Explain it to me.

Hicox: Pardon, sir?

Fenech: Well, this little escapade of ours requires a knowledge of the German film industry... under the Third Reich. Explainto me UFA under Goebbels.

Hicox: Goebbels considers the films he's making... to be the beginning of a new era in German cinema. An alternative to what he considers... the Jewish-German intellectual cinema of the '20s, and the Jewish-controlled dogma of Hollywood.

Churchill: How is he doing?

Hicox: Frightfully sorry, sir. Once again?

Churchill: You says he wants to beat the Jews at their own game. Compared to Louis B. Mayer, for example...how is he doing?

> Hicox: Quite well, actually. Since Goebbels has taken over, film attendance has steadily risen in Germany over the last eight years. But Louis B. Mayer wouldn't be Goebbels' proper opposite number. I believe Goebbels sees himself closer to David O. Selznick.[103]

Vemos, pues, que en el *Texto Tarantino* se mezclan lo fílmico, lo cinematográfico, lo psicológico y lo biográfico, todo bajo la especie de la sátira. Pero lo que más nos puede llamar la atención desde el punto de vista de este libro es que, en realidad, todo este pasaje, evidentemente,

103. Fenech: Mencione sus logros.
Hicox: Bien, señor, escribo críticas y artículos para la publicación Cine y Cineastas...y he publicado dos libros.
Fenech: impresionante. No sea modesto. ¿Cuáles son los títulos?
Hicox: El primero se tituló "Arte de los ojos, el corazón y la mente: El cine alemán en los años veinte" El segundo se llamó: "Da Vinci en veinticuatro fotogramas" Un estudio crítico del subtexto fílmico del director alemán G.W. Pabst.
Hicox: ¿Por qué brindamos, señor? Fenech: Pues... Por derrotar a Hitler.
Hicox: Por derrotar a Hitler. Sí.
Fenech: ¿Conoce el cine alemán bajo el Tercer Reich?
Hicox: Sí. Obviamente, no he visto ninguna película de los últimos tres años... pero lo conozco.
Fenech: Explíquemelo.
Hicox: ¿Qué?
Fenech: Esta aventura nuestra requiere conocimiento del cine alemán bajo el Tercer Reich. Explíqueme la UFA bajo Goebbels.
Hicox: Goebbels cree que sus películas son el principio de una nueva era del cine alemán. Una alternativa a lo que considera el cine intelectual judeo-alemán de los años veinte y el dogma controlado por judíos de Hollywood.
Churchill: ¿Cómo le está yendo?
Hicox: Lo lamento, señor. ¿Cómo dijo?
Churchill: Dice que quiere ganarle a los judíos en su propio juego. Comparado con Louis B. Mayer, por ejemplo... ¿cómo le está yendo?
Hicox: Bastante bien. Desde que Goebbels está a cargo el público de cine en Alemania ha crecido durante los últimos ocho años. Pero Louis B. Mayer no sería el rival de Goebbels. Creo que Goebbels se aproxima más a David O. Selznick.

es una nota a pie de página, precariamente diegetizada. Y no hay nada más prohibido en el MRI y, en general, en toda estética de corte realista, que una "nota al pie" puesto que destruye completamente la ilusión de continuidad, de presentación sin discurso, que el texto realista pretende.

La venganza de la cara gigante

Toda esta última parte, bajo la metáfora del primerísimo plano, rebosa una muy específica pasión por la materialidad cinematográfica: las latas, la película de nitrato, los viejos proyectores, la moviola, pero también el maquillaje y el vestuario. Tarantino teje así su texto contra la Historia oficial. Al llegar la plana mayor del nazismo al hall del cine para el estreno de *Nation's Pride*, sus nombres aparecen sobre los actores en ridículos rotulitos, sin interés ninguno por parte de Tarantino en integrar diegéticamente esta información. Es un procedimiento propio de los videojuegos o del cómic, pero no del *cine.*

Cuando llega el momento de incendiar la sala, aparece el rostro de Shosanna en la pantalla y exclama:

> Who wants to send a message to Germany? I have a message for Germany. hat you are all going to die.[104]

Tras las imprecaciones de Goebbels y Hitler, añade.

> And I want you to look deep into the face of the Jew who's going to do it.[105]

Planos cada vez más cortos hasta primerísimo plano de su boca.

> Marcel, burn it down.[106]

104. ¿Quién quiere enviarle un mensaje a Alemania? Yo tengo un mensaje para Alemania. Que todos van a morir. (Trad. del A.).
105. Quiero que miren la cara de la judía que lo hará. (Trad. del A.).
106. Quémalo, Marcel. (Trad. del A.).

"Oui, Shosanna", contesta su amante. Lanza la colilla. Shosanna en pantalla queda iluminada por las llamas. Cara de pasmo de Hitler, a la que sigue una enorme explosión. Los dos bastardos entran en el palco y ametrallan a Hitler y Goebbels. Pánico y masacre: siguen disparando al patio desde el palco. El rostro de Shosanna sigue en la pantalla deformado por el fuego. Explotan también las bombas que habían colocado Los Bastardos.

Sabemos que Landa había descubierto la trama al investigar la masacre de la taberna y, en resumidas cuentas, había decidido –él que comenzó la película hablando de las ratas– mientras mantiene a Raine detenido, cambiar de bando y negociar con los Aliados, fingiendo que ha sido parte activa en el complot contra Hitler. Landa, dice esto por teléfono al general:

> Long story short, we hear a story too good to be true, it ain't. Sitting in your chair, I would probably say the same thing, and 999.999 times out of a million, you would be correct. But in the pages of history, every once in a while, fate reaches out and extends its hand. What shall the history books read? I implore you. We must destroy that tower. Sarge, that tower... The tower stands. Psst. Psst. So when the military history of this night is written, it will be recorded that I was part of Operation Kino... from the very beginning as a double agent. Anything I've done in my guise as an SS Colonel... was sanctioned by the OSS[107] as a necessary evil... to establish my cover with the Germans. And it was my placement of Lieutenant Raine's dynamite... in Hitler and Goebbels' opera box that assured their demise.[108]

107. Office of Strategic Services, servicio de inteligencia estadounidense durante la Segunda Guerra Mundial.
108. "Para abreviar, si una historia suena demasiado buena para ser cierta es porque no lo es. En su lugar, yo diría lo mismo y casi siempre tendría razón. Pero en la Historia, a veces el destino ayuda. ¿Qué dirán los libros de Historia? Cuando escriban la historia militar de esta noche dirán que yo fui parte de la Operación Kino como doble agente desde

Nada en Landa, pues, de la buena fe kantiana en la que intentó ampararse Eichmann en su juicio (Arendt, 2013), nada que pueda ser presentado como un modelo de conducta universal. Muy felices se las promete, pero cuando queda liberado en el bosque, Raine mata a su acompañante y le arranca la cabellera. Ante el escándalo que muestra Landa, le dice:

> I mean, if I had my way, you'd wear that goddamn uniform for the rest of your pecker-sucking life. But I'm aware that ain't practical. I mean, at some point, you're going to have to take it off. So, I'm going to give you a little something you can't take off. You know something, Utivich? I think this just might be my masterpiece.[109]

Evidentemente, no es el imperativo categórico el que cuenta, sino la escritura en la carne. El *logos* en la carne es el estigma, signo de Santidad o signo del diablo, que nunca se sabe. Al menos *a priori*. Esta es la huella indeleble y tozuda del relato, que no es evanescente como la de las *narrativas*, sucedáneos rizomáticos de los metarrelatos, en las que lo imaginario está sin duda pre-sente, y en las narrativas está presente con dudas. Como a Charles Manson, a Landa le quedará para siempre una esvástica tatuada en la frente, marca de lo *real* de sus crímenes más allá de las imposturas de cualquier narrativa.

Con esta herida indeleble, es Tarantino-autor el que habla por boca de Raine. Tras años forjándose un estilo, una imagen, basada en la mirada morosa sobre lo insoportable, ha decidido que, más allá del estilo, su huella ha de quedar en forma de una escritura. Una escritura de

el principio. Todo lo que hice en mi fachada de coronel de las SS fue aprobado por los OSS como un mal necesario para establecer mi tapadera con los alemanes. Que yo pusiera la dinamita del teniente Raine en el palco de Hitler y Goebbels aseguró su muerte." (Trad. del A.).

109. Si por mí fuera usaría ese uniforme el resto de su maldita vida. Pero sé que no es práctico. En algún punto, tendrá que quitárselo. Entonces... le daré algo que no pueda quitarse. [Le marcan la esvástica en la frente con un cuchillo, mientras grita y llora] ¿Sabes algo, Utivich? Creo que esta es mi obra maestra.

la venganza. Un acto político más allá de la imagen, de la continuidad y de la referencia. Lo hecho en nombre de la ideología queda como resto indefectible de la Historia, más allá de su narración, porque la ideología no es simplemente falsa conciencia, sino que mantiene un anclaje en lo *real*. No hay mundo, sino representaciones del mundo, la inscripción eterna del mal en la biografía del perpetrador (Ferrer & Sánchez-Biosca, 2019; Sánchez-Biosca, 2021) y en la memoria de sus víctimas.

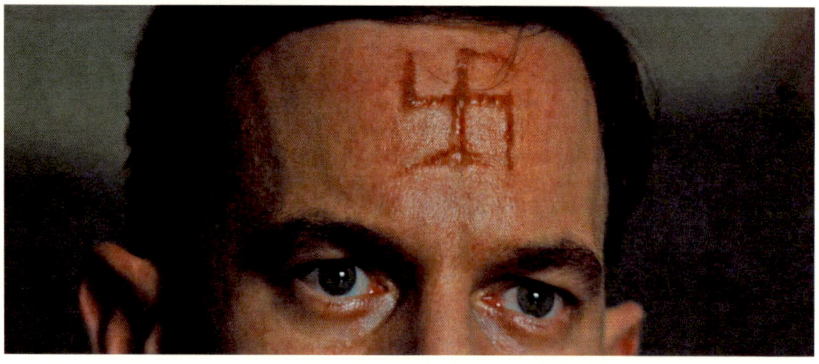

La ficción histórica de Tarantino: Los *westerns*

De algún modo, debido a la misma evolución del género, a su internacionalización y a sus derivaciones en la Serie B a partir de sus estereotipos, cuando vemos una película *del oeste*, o de *indios y vaqueros*, solemos olvidar que estamos asistiendo a una película de género histórico. Cierto que el *western* clásico acaba conformando una especie de ciclo épico con su correspondiente espacio mítico y, pasado por Hollywood, el rigor histórico no fue prevalente en el género sino todo lo contrario. La norma realista de no interferir jamás en la Historia Oficial es, precisamente, la que permite a la ficción la libertad de crear "mundos posibles", en el sentido narratológico del término y también fantasear sobre los detalles perdidos en el Libro de Historia, creando estereotipos completamente sesgados y ocultando lo que no convenga. Mientras nadie cometa el error de la con-*fusión* ontológica, supuestamente, no pasa nada. Literalmente. Es la opción de la ideología como modelizadora de la experiencia. Desde que la Edad Moderna expulsa lo mágico de la Realidad, la Historia aparece como inmutable en un espacio-tiempo infinito y homogéneo en el que ningún instante difiere de otro.[110] Ahora bien, que eso es mentira, que la representación ficticia no es inocua, lo saben la pintura, la literatura y el teatro moderno desde sus mismos orígenes. Llamamos tiempos de la *posverdad* a estos en los que eso ya no se lo cree nadie, efecto directo de la crisis de los metarrelatos que sostenían las ficciones, antes dominantes, ahora simplemente hegemónicas. Si bien el fordismo disciplinario burgués generó héroes (y algunas heroínas) sobre el sustrato de la épica nacional o de clase, el postfordismo genera sus narrativas contra-hegemónicas sobre la figura de la víctima identitaria.

El *western*, pues, va mitificando sus tramas y junto al vaquero y al colono, al soldado y al piel-roja, aparecen el aventurero, el pistolero, el *sheriff* y demás elenco de acción. Y de ahí, a las acrobacias enunciativas y enunciadas del *spaghetti-western* europeo y del Nuevo Hollywood, acompañadas por proliferación de continuas píldoras masivas en el te-

110. Vid (Benjamin, 1989; Koyré, 1979).

lefilm de los 60 y 70. De tal modo, que el *western* se convierte en un "alienante" género de la cultura de masas y en un espacio mítico internacional. Ese espacio, en el que el género pasa a ser el código dominante, se convierte en el caldo de cultivo idóneo para los estereotipos más unidimensionales.[111] En ello, el telefilm tuvo mucho que ver con su caracterología minimalista. El personaje del telefilm, como el de la cultura popular, no evoluciona psicológicamente, ni tiene una historia que se transforme, es igual a sí mismo y ese es el eje sobre el que se asienta su perdurabilidad.

Así, los dos filmes siguientes de Tarantino son una sátira radical de la tradición en la que se funda la cultura americana a través del género más americano de todos. En *Djiango unchained* (2012) la pasión referencial de Tarantino continúa en su afán deconstructivo, pero ahora a través de la reversión de la alegoría racial en que el *western* consistió. En efecto, el problema racial es tratado en el *western* a través los *indios* (nativos americanos), lo cual no corresponde al presente de la enunciación. En ese presente, es el problema con los *negros* (afroamericanos) el que está en plena ebullición y solo es levemente aludido por el género, en filmes aislados como *El sargento negro* (*Sergeant Rutledge*, John Ford, 1960) o *El hombre que mató a liberty Balance* (*The Man Who Shot Liberty Balance*, John Ford, 1962). La guerra de secesión y el esclavismo es marginal en el *western* clásico y es más bien un campo abonado para el melodrama (*Lo que el viento se llevó* (*Gone with the Wind*, Victor Fleming, 1939), *Jezebel* (William Wyler, 1939), etc.

Pero cuanto más nos acercamos a los años sesenta más se acrecienta la visión del indio como un problema del blanco, poniendo sobre el tapete la cuestión del mestizaje, y del odio étnico. Si en los años 50 Ford rodó *The searchers* (1956), en *Dos cabalgan juntos* (*Two Rode Together,* 1961) la cuestión el odio y el racismo como prejuicios, y la pro-

111. Piénsese en el cine de acción contemporáneo donde el protagonista se convierte en *killer*. Insisto en *John Wick Chapter 4* donde la depuración minimalista de la psicología del hérore llega a tener tintes realmente satíricos. En esta película el protagonista solo enuncia "Yeah" y "I'm going to need a gun". Cuando otro personaje le saluda llamándolo por su nombre, él se limita a asentir diciendo el nombre de su interlocutor.

miscuidad interracial como límite al horror, sobre el territorio colonial, y patriarcal no dejarán lugar a dudas, colocándose el cuerpo de la mujer blanca como campo de contención a lo *real* del goce nefando. Con el avance de la década, el indio pasará a ser reemplazado por el mexicano de la frontera en el Nuevo *Western*. Pensemos en *Los Siete magníficos* (*The Magnificent Seven*, John Sturges, 1960) o *Grupo salvaje* (The Wild Bunch, Sam Peckinpah, 1969) y en los *Spaghetti-Western* de Sergio Leone, que son filmes de frontera por antonomasia, donde campa Clint Eastwood con su poncho. En fin, ya en los 90, entre las muchas subversiones de *Sin perdón* (*Unforgiven*, Clint Eastwood, 1992) nos encontramos, hasta donde quien esto escribe recuerda, por primera vez el matrimonio de un afroamericano (Morgan Freeman) con una nativa americana.

El primer gesto de Tarantino, pues, es tematizar el tenor de la metáfora reemplazando con él al vehículo y aludiendo en primer plano el racismo contra el *negro* y no contra el *indio*. Es decir, tematizando la esclavitud y la Guerra de Secesión, tema egregio en la Historia del Cine desde *El nacimiento de una Nación*, probablemente el primer caso de revisionismo histórico, posverdad y falsificación de los hechos en el ámbito audiovisual. Por tanto, la clave esencial del filme está en este deslizamiento trópico de la referencia metafórica entre el universo fílmico y la esfera del acontecer público a través de género como embrague estético, esto es, como enraizamiento del sentido fílmico en espacio del discurso.

Y lo hace contando cómo un cazarrecompensas alemán, reciclado en emancipador de esclavos, que libera a un esclavo negro y le acompaña en el rescate de su esposa. Un esclavo, no lo perdamos de vista, bilingüe en inglés y alemán. Por mucho que se pretenda justificado diegéticamete, este menoscabo de la transparencia lingüística atenta contra la verosimilitud aún más que el caso del labriego francés que se entiende con un oficial de la Gestapo en inglés. Como vemos, Tarantino traza su camino de un filme a otro dándonos claras pistas de que, al urdir la deconstrucción de las convenciones clásicas, teje a su vez la urdimbre de su imagen como autor, pues el "cazarrecompensas" se va convertir en una constante en sus dos siguientes películas.

Como sabemos, su imagen en los 90 vino sedimentándose en la repercusión espectacular basada en la hipérbole como imagen de marca, por decirlo en términos publicitarios. Sin embargo, en *Django Unchained*, esta misma exageración es puesta en duda por la propia distribución actancial, desde los episodios de estupidez frenológica para intentar fundamentar la supremacía blanca, hasta los brutales episodios de lucha mandinga, pasando por el despreciable personaje del mayordomo Stephen, un "Tío Tom" en toda regla, como hubiera sancionado Muhammad Ali. De ahí, al final fantástico en el que el arquetipo del pistolero del *Spaghetti Western* se transmuta casi en un superhéroe.

Los Odiosos Ocho (*The hateful Eight*, 2015) supone igualmente un atravesamiento del *western*, pero en este caso, pensamos, de la tradición del *western* clásico, con el contrapunto de a confrontación racial, ahora ya, tras la Guerra de Secesión. Si en *Inglourious basterds* tenemos el negativo de *Casablanca* (Michael Curtiz, 1941), aquí tenemos el negativo de *La Diligencia* (*Stagecoach,* John Ford, 1939), tanto por el guion como por la puesta en escena. No hay más que contemplar la inversión de sentido del dispositivo narrativo. En el filme de Ford, el héroe llega con su silla de montar en la mano tras morir su caballo, recién salido de la cárcel. Del mismo modo aparecen ante la diligencia los personajes de Tarantino, pero estos, lejos de haber sido prófugos de la justicia, son voraces y sanguinarios cazarrecompensas, el arquetipo recurrente de las tres últimas películas del director.

Los odiosos ocho es un ejercicio implacable de pulverización de cualquier modo de identificación posible con los personajes de un filme. Todos son verdugos, ninguno víctima. A diferencia de *Django Unchained*, no hay narrativa contrahegemónica posible. La escena final revela la esencia de la película en ese sentido. Y aunque todos sean también víctimas –de la Guerra, de la esclavitud, de la inmoralidad de la ley, del envenenamiento, de las armas y de la representación de una estafa– eso jamás los redime a ojos del espectador de su crueldad y su cinismo. La manera en que Marquis Warren (Samuel L. Jackson), probablemente el principal personaje de la película y el único afroamericano, es capaza de narrarle al viejo general sudista que está buscando a su hijo, cómo él lo mató después de humillarlo y ultrajarlo del modo más ignominioso, es probablemente el ejemplo sumo de esta estrategia. La focalización conmutativa es, en cualquier caso, el núcleo del gesto semántico de la película, el mecanismo narrativo sobre el que se construye su proceso discursivo. Porque, en efecto, la metalepsis tarantiniana invierte el proceso del *mind game film*. No se trata de que el narrador no sea de confianza y el meganarrador venga a poner remedio fiando todo el proceso a la *compacidad aumentada* del Modo de Representación, como hemos visto en los capítulos anteriores. En la escritura tarantiniana no se trata tanto de que la focalización se engañe y nos engañe, sino de que el propio universo diegético es totalmente indigno de confianza. Contrariamente al sistema de creencias hollywoodense, la Historia no avala la peripecia protagónica, porque en sí misma no es un sustrato consistente, no se deja apresar, por parafrasear a Barthes (Barthes, 1994ª), por la perfección burguesa, simple, del pretérito. De ahí, que el modo de revelarnos que estamos asistiendo a una impostura, junto con los protagonistas del relato, por parte de los que les preceden en el alojamiento sea tan burdo, tan oliente a exterior del relato, como los cartelitos que designaban a la cúpula del racismo a su llegada al cine de Shosana, o como las inalcanzables letrinas en el exterior del albergue.

En efecto, el MRI admite el procedimiento en tanto en cuanto radica en un desfase entre el *Grand Imagier* y el personaje en el que delega, pero en el *flash-back metaléptico* se muestra que es el propio meganarrador el que se engaña y, entonces, no tenemos más remedio que recurrir a una imagen autoral que lo excede para vadear las inconsistencias del relato y de su mundo. Diríamos que es esto lo que está en la base del deslizamiento referencial y el bloqueo del sentido que, aunque de modos en absoluto homologables, nos encontramos en Tarantino y, también, en Lynch.

En fin, en medio de la miseria moral del temor de los cazarrecompensas a ser despojados de su botín, de los bandidos y del envenenamiento, lo que se nos alcanza es una sátira brutal de los valores americanos a través de la parodia sanguinolenta de su género nacional por antonomasia. En la última secuencia los dos últimos vivientes transitorios que quedan, que fueron los primeros dos polizones de la diligencia, el Mayor Marquis y el Sheriff Mannix, están malheridos en la cama. Mannix, que por fin ha conseguido el permiso de Marquis, lee en voz alta la famosa carta manuscrita de Lincoln que ha venido a ser un MaCguffin todo el filme.

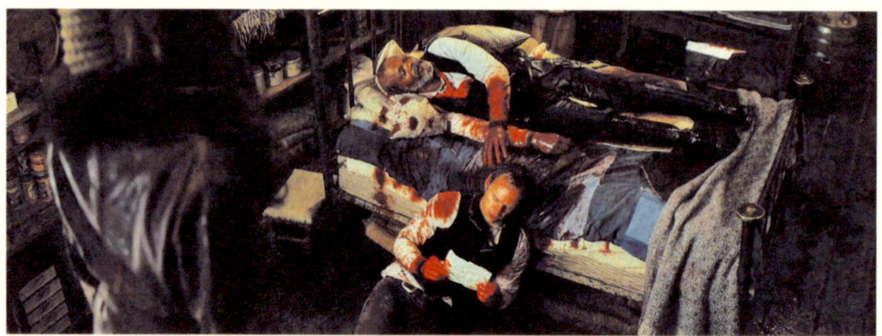

"Marquis,I hope this letter finds you in good health and stead. I'm doing fine, although I wish there were more hours in a day. There's just so much to do. Times are changing slowly but surely, and it's men like you that will make a difference. Your military success is a credit not only to you, but your race as well. I'm very proud every time I hear news of you. We still have a long way to go, but hand in hand, I know we will get there. I just want to let you know you're in my thoughts. Hopefully, our paths will cross in the future. Until then, I remain your friend. Ole Mary Todd's calling, so I guess it must be time for bed, Abraham Lincoln."
"Mary Todd." That's a nice touch.
Thanks.[112]

112. "Querido Marquis: Espero que al recibo de esta carta estés en estado de buena salud. Yo estoy bien. Aunque desearía que hubiera más horas en el día. Hay tanto por hacer... El tiempo cambia lentamente, pero seguro. Y son hombres como tú los que harán una diferencia. Tu éxito militar hacía honor... No solamente a ti, sino también a tu raza. Me enorgullece mucho cada vez que escucho noticias de ti. Todavía tenemos un largo camino por recorrer, pero codo a codo... Sé que llegaremos allá. Solo quiero hacerte saber, que estás en mis pensamientos... Con suerte, nuestros caminos se cruzarán en el futuro. Hasta entonces, sigo siendo tu amigo. La vieja Mary Todd está llamando... Así que supongo que debe ser la hora de dormir. Respetuosamente, Abraham Lincoln".
–"La vieja Mary Todd." Ese es un lindo toque.
–Sí... gracias.

El espacio diegético, pues, no corresponde exactamente al espacio privado. Mientras Mannix lee, el campo se va abriendo en un artificioso contrapicado hasta que entra en él la silueta siniestra de Daisy Domergue ahorcada desde el techo. El plano rebosa mucha más significación que sentido, pues este aparece reventado por la acumulación semántica: el *MacGuffin* se convierte en emblema del orden y el patriotismo estadounidenses con el cazarrecompensas y el sheriff a la sombra de la ahorcada.

Once Upon a time in Hollywood... (2019)

Con *Once Upon a time in Hollywood ...* Tarantino da un salto relevante: pasa de la ficción histórica a lo que ya hemos aludido como *ficción basada en hechos reales.* Por utilizar una terminología conocida por todo el mundo, podríamos acogernos de nuevo a la gramática de los tiempos verbales: mientras la ficción histórica, como subgénero de la ficción novelística utiliza el pretérito perfecto simple (Barthes, 2005), la basada en hechos reales implica el uso del pretérito perfecto compuesto: hicieron / han hecho. El matiz es que la forma simple expresa una acción acabada (perfecta) en un tiempo también acabado, mientras que la forma compuesta nos indica que, si bien el hecho ha sido consumado, el tiempo de referencia en el que este se inserta continúa. Al igual que el documental, las ficciones basadas "en hechos reales" adolecen de cierta *heteronomía diegética* (Carrera & Talens, 2018). Además, como hemos estado viendo a lo largo de este libro, la biografía, en tanto que incluye en una línea temporal homogénea al presente de la enunciación y el pasado del acto, es el tiempo por excelencia del trauma –tanto del amnésico como del que simplemente exige venganza–, del viaje en el tiempo autobiográfico, del *puzzle film* y del *mind game* film, de la *narración perturbadora* y el de los narradores indignos de confianza. En pocas palabras, el pretérito perfecto compuesto (llamado elocuentemente en inglés *present perfect*) es el tiempo de la trama postclásica.

En efecto, este episodio del asesinato frustrado de Sharon Tate y sus amigos a manos de miembros de la secta de Manson, que se nos va a contar como un suceso colateral a la trama central del filme, es suficientemente cercano para no ser considerado materia histórica y, sobre todo, está íntimamente ligado al tiempo biográfico de Tarantino y, no lo olvidemos, a la supervivencia de Roman Polanski. Es, pues, un *suceso mediático real*, valga el oxímoron. El tiempo del filme, entonces, no es el histórico, sino el mediático. *Basado en hechos reales* significa basado en hechos difundidos por los *mass media*, en mayor o menor grado. No son, pues, hechos históricos, sino *noticias* (*news)*, puede que antiguas, pero en cualquier caso en un tiempo homogéneo a nuestra existencia.

En ese sentido, el título es explícitamente irónico respecto al género, y recto y eficaz respecto a las intenciones del filme, que no son otras que explicitar que de nuevo estamos en un plano metaléptico, dominado por el autor Tarantino: el espacio del evento mediático, que todos conocemos, va a ser transfigurado en un mundo posible fantástico y, no lo perdamos de vista, esclerotizadamente folclórico.

Dalton y Booth

Rick Dalton cumple con la exigencia es un personaje tipo de una ficción histórica: el protagonista de una serie de televisión "del oeste" con un éxito de público como solo el *broadcasting* podía proporcionar en los tiempos en los que carecía de competencia. Su trayectoria se parece mucho a la del Clint Easwood de los 50 y 60, que protagonizó la serie *Rawhide* (Charles Marquis Warren, 1959–1965) y que desembocó, como la suya, en el *spaghetti western* europeo cuando su estrella entró en declive en los Estados Unidos. Ojo, Marquis Warren se llamaba el personaje central de *The hateful 8*, interpretado por Samuel L. Jackson: Tarantino no da puntada sin hilo.

Pero él mismo nos da una pista de cuál es probablemente el modelo en el que está forjado. Su gran éxito en el cine es la película *The fourteen Fists of McClusey*, película bélica en la que no podemos dejar de ver un trasunto de *Malditos Bastardos* y su masacre final, pues la escena más famosa de ese filme imaginario es la del mismo Dalton utilizando un lanzallamas, que guarda en su casa como recuerdo, y que será clave en el final de la película. Ambas, pues, son películas, la que estamos viendo y la que protagonizó Dalton. O Di Caprio... El caso es que Dalton le dice a James Stacy protagonista de la serie *Lancer* (Samuel A. Peeples, 1968-1970) –en la que le han contratado para que haga de antagonista en un capítulo– que obtuvo el papel por pura casualidad, pues estaba pensado para "Fabian", que no pudo hacerlo, porque se lesionó rodando un episodio de *The Virginian* (Charles Marquis Warren, 1962-1971). Estamos hablando de un secundario prometedor, que se quedó en ello, y de ese modo la genericidad de Dalton es aún más patente. Subrayemos que todas las series y nombres propios que hemos citado en este párrafo son referencias *reales*.

En su labor de subversión de la referencialidad fílmica el axioma de la indisolubilidad del vínculo entre el personaje y el cuerpo del actor es el que queda deconstruido en primer término desde el corazón mismo del sistema de estudios, en *Once Upon a time in Hollywood ...*. Evidentemente el coprotagonista de la película es su, valga la palabra, inseparable doble de acción. La película comienza con un clip promocional de la serie que protagoniza Di Caprio (Rick Dalton), donde observamos la enorme cuota argumental que el *western* tuvo en el ámbito del telefilme clásico, que es una depuración minimalista del clasicismo hollywoodense, retomando elementos provenientes de la cultura de masas decimonónica (U Eco, 1974; Umberto Eco, 1986) y de la cultura popular (Bajtin, 2003; Caro Baroja, 1969) que el séptimo arte había desechado en búsqueda del prestigio institucional, como la auto-conclusividad (Bajtin, 1999) de los episodios, la inconsciencia de la historia y la nula evolución psicológica de los personajes, etc.

Tras ello, se emite una entrevista informal en la que comparece ya su inseparable doble de riesgo, Cliff Booth. Este apellido no es uno cualquiera en la historia de los Estados Unidos. En efecto, es el nombre de un actor capaz de intervenir en la Historia, el asesino de Abraham Lincoln, que lleva a cabo su acto en un teatro y que aparece ya en el primer cartel históricamente famoso del cine americano, el de *The Birth of a Nation* (David Griffith, 1915). Apuntamos este posible indicio de la dimensión metaléptica sobre la *true story* por parte de Tarantino.

Booth es un apéndice de Dalton. Es a su vez el "doble", el que pone su cuerpo y aleja a la estrella de la muerte –en las películas ficticias y en la verdadera– y el *criado*, en el sentido estricto de la palabra, chico para todo, mecánico, reparador de desperfectos de la casa, amigo de una fidelidad canina, mozo de carga, etc. Mientras es completamente leal al actor en decadencia y a la estrella con exceso de gastos, que vive una vida de lujo en Cielo Drive, él malvive en condiciones infrahumanas con su perro en una mísera roulotte aparcada en un descampado. Ahora bien, cuando actúa por su cuenta, es un auténtico hombre de acción, como demuestra al enfrentarse a los acólitos de Manson en el Rancho Spahn y en Cielo Drive, y con Bruce Lee en los estudios, en una de las escenas más memorables de la película.

Tate, Dalton y la falacia referencial

El desdoble entre Dalton y Booth y rima perfectamente con el desdoble entre Tate y... Tate: entre la actriz que encarna a Tate en la pantalla fílmica (Margot Robbie) y la imagen ficticia del cuerpo real de Tate en pantalla cinematográfica, empeñada la Tate fílmica, el personaje de Tarantino, en hacer saber que ella es la Tate de la pantalla cinematográfica, esto es, la Tate de los *hechos reales*, la Tate de la Historia pública y mediática. Si examinamos el contraste entre la historia de Sharon Tate y la de Rick Dalton nos percatamos que son dos clases de verdad, la simbólica y la histórica, las manipuladas por el realismo. Y que la dimensión metafílmica –en realidad, toda dimensión meta-discursiva en el arte– no es un ornamento recreativo intrascendente, sino la única forma de señalar a lo real que el discurso vela en su continuidad, sus intermitencias, sus irregularidades (Foucault, 1974), sus peticiones de principio, sus auto-referencias y tautologías. En resumidas cuentas, apuntar al decir en el cuerpo de lo dicho, recordar la enunciación en la *pesada materialidad del enunciado* (Foucault, 2002ª).

Para la Tate de Tarantino, el cine es un espejo en el que mirarse y ello concuerda con la actuación de los actores haciendo de actores. El *Steve Mcqueen* fílmico, enamorado de Tate y encarnado por un cameo de Damian Lewis, frente al no-McQueen encarnado por el cuerpo de McQueeen y cuyo rostro es suplantado por Dalton a través del rostro de Di Caprio. O a Bruce Lee, encarnado por la caricatura que de él pergeña Mike Moh y al que golpea Cliff Booth. Más los personajes representativos, con el Marvin Schartz de Al Pacino, personaje tipo del representante de actores, a la vez que trasunto de un personaje histórico, como lo son el Sam Wanamaker, director "real" (representado en el filme como personaje por Nicholas Hammond) o Pussycat, la acólita de Manson basada en la histórica Kathryn Lutesinger, cuyo apodo era Kitty Kat (Vid. @culturaocio, 2019, como referencia mínima). En la secuencia en la que el venido a menos Dalton se encuentra con el protagonista de la serie en la que le han contratado, Jim Stacy (actor real-histórico protagonista de *Lancer*, serie histórica real), se presenta a Rick Dalton, actor ficticio protagonista de una serie ficticia que en ese momento va caracterizado como Caleb, su antagonista en el (ficticio) capítulo que se está rodando. O sea que tenemos a un actor fílmico de ficción acompañado de un actor real fílmico encarnado por un actor cinematográfico. Tras la conversación sobre T*he Fourteen Fists of McCluskey*, Stacy continúa, sin poder contener su curiosidad:

> JS: Hey, Rick, I gotta ask you something I heard about. Was it true you almost got the McQueen part in The Great Escape?[113]

Vemos inmediatamente la famosa escena de la película en la que el protagonista llega al campo de prisioneros, pero con el semblante de Dalton en vez del de McQueen. Está introducido digitalmente en la secuencia original, con una perfecta sutura que vadea cualquier diferencia de grano. O sea, tenemos la secuencia de *The great scape* (John Sturges, 1963) en donde el rostro de McQueen ha sido sustituido por el de Di Crapio, pero dejando incólume la textura de la ficción. Y, además, desconocemos el estatuto onto-discursivo de la secuencia: ¿Es una ensoñación hipotética de Dalton o una prueba anterior al rodaje definitivo? Dalton sanciona melancólico:

> Never met John Sturges. So, no, I don't think you could say I... I almost got the part, but... McQueen almost passed on the movie, and during that brief moment, I, apparently, was on a list of four.
>
> Stacy: You and who?
>
> Dalton: Me and... Me and three Georges.

113. JS: Oye, Rick, tengo que preguntarte algo de lo que oí hablar. ¿Fue cierto que casi conseguiste el papel de McQueen en *La Gran Evasión*?

Stacy: Which three Georges?

Dalton: Peppard, Maharis and Chakiris.

Stacy: Oh, man.

Dalton: Yeah.

Satacy: That's gotta hurt.

Dalton: Yeah, well, I didn't get it, McQueen did it, and, frankly, I never had a chance.[114]

La cuestión es que tanto la falsa secuencia como el falso diálogo son tan violación del texto histórico como el final de la película. Es un juego irónico con *el no hay fuera de texto* derridiano. De hecho, rimando con el fin de la escena en el que vemos a Dalton alejándose de la cámara en *The Great Scape,* nos encontramos, por corte directo, con Tate caminando también de espaldas a la cámara. Se dirige a auto-visionarse en un cine. La película es *The Wrecking Crew* (Phil Karlson, 1969) con Dean

114. Nunca me encontré con John Sturges. Entonces, no, no creo que se pueda decir que... casi conseguí el papel, pero... McQueen casi pasa de largo la película, y durante ese breve momento, aparentemente yo estaba en una lista de cuatro. Stacy: ¿Tú y quién? Dalton: Yo y... Yo y tres Georges. Stacy: ¿Cuáles tres Georges? Dalton: Peppard, Maharis y Chakiris. Stacy: Oh, tío. Dalton: Sí. Satacy: Eso debe doler. Dalton: Sí, bueno, no lo conseguí, McQueen lo hizo y, francamente, nunca tuve la oportunidad.

Martin. Vemos los fotocromos en la entrada con la imagen de la auténtica Sharon Tate en el filme. Nada más llegar la vemos intentar mostrar al personal del cine que ella es quien aparece en la película y en las fotos. No creemos que haya fórmula más sangrante de escenificar las potenciales ambigüedades referenciales de la imagen fílmica. Aún más, cuando, estando ya en el interior del cine, vemos a la Sharon metafílmica, adhiriendo toda su identidad con un gozoso narcisismo a la Sharon intrafílmica. Margot Robbie actuando como Tate viendo a Tate, mientras el espectador ve claramente a las dos Tates no idénticas. Aún más, ella escenifica y anticipa los diálogos antes de disfrutar de las medidas reacciones del público entre el cual se ha infiltrado. Las remisiones paradójicas entre imágenes abocan a una incoherencia absurda entre ellas: el reflejo especular es suplido por el narcisismo, como la imagen metafílmica suple el sentido de la imagen fílmica en una espiral imparable en la que no se halla tope objetivo alguno.

O sea, que, en estas dos secuencias alternadas, Tate en el cine y Dalton intentando rodar en el estudio, tenemos un juego de reenvíos y suplantaciones entre la realidad textual de la ficción incluida en el discurso histórico-sentimental del cine y su cotejo con las ensoñaciones de un actor de segunda fila abismado al fracaso y una actriz que sueña ser una estrella, infiltrada entre los espectadores, esto es, suplantando la mirada del público. Todo culmina con una escena dramatizada de Dalton consigo en el interior de su roulotte auto-increpándose frente a un espejo por haber sido incapaz de memorizar sus diálogos debido a sus excesos con el alcohol. Hemos pasado, pues, del metacine banal (Dassanowsky, 2018; Speck, 2014) al metacinema existencial, de la exploración cognitiva a la indagación de la relación de la ficción con lo real.

De ahí, el empeño en que todos los ingredientes de la Historia oficial, que es la policial, parahistórica y mediática, tengan su correspondencia en la película. Así en el Rancho Spahn ocupado por la secta de Manson, o la presencia narrativa de los personajes que estuvieron, según la versión oficial y mediática, en el ataque a la casa de Tate. Vemos que, si en *Malditos Bastardos* Tarantino atacaba la construcción mítica de la Historia, no solo explicitada por el cinismo de Landa, sino a través de la deconstrucción de las premisas más arraigadas y perennes del cine clásico, en *Once Upon a Time in Hollywood..,* arremete contra la poética de las ficciones audiovisuales basadas en hechos reales (*true story*) problematizando al máximo la referencia fílmica.

Six Months Later... El ataque: El 8 de agosto de 1969

Ya sabemos que el impasse en la carrera de Dalton se arregla con una estancia en Italia. El relato da, pues, un salto delante de seis meses. Y nos coloca en la fecha exacta del asesinato de Tate y sus amigos. A su vuelta, un collage meganarrativo, –formato de noticiario (*newsreel),* pues– nos informa a través de una *voice over* de su estancia, sin omitir el panorama babélico en que se desarrolla la actividad de la industria cinematográfica en la época, plagada de coproducciones internacionales, que –dicho sea de paso– implantó el doblaje sistemáticamente tanto en el cine comercial de género como en el más altas pretensiones artísticas, como forma de vadear esta discontinuidad originada en la internacionalidad de los elencos. De nuevo, el espesor lingüístico es explicitado por Tarantino.

La voz en *off* cuenta como Schwarz le había conseguido trabajo en Italia con Sergio Corbucci (trasunto bastante evidente de Sergio Leone), al que califica como "The second-best director of Spaghetti Westerns in the whole wide world", para su próximo *western Nebraska Jim.* Vemos el cartel de *Nebraska Jim* y se nos narra la vida de Rick Dalton en Roma y en Europa: informe de los muchos *spaghettis* que hizo mezclando nombres históricos y ficticios, incluida una versión de James Bond de la que se nos muestra un plano saltando un puente, en el que se señala es Cliff el que va dentro el coche, con un cartel similar al que designaba a los miembros de la cúpula nazi en *Inglourious Bastards.* No hay referencia más opaca que la del discurso fílmico.

A lo largo de este resumen de la vida de Dalton en Roma vemos la posición subalterna de Booth, que ha sido su fiel escudero –palabra que usamos con toda conciencia de su sentido– durante el viaje, reducida a la indignidad. Vemos planos de Booth muy elocuentes (cargando maletas, viajando en segunda clase) mostrándonos la posición de uno y otro, la prescindibilidad absoluta de Booth, lacayo más que empleado. De hecho, Dalton se deshace de su *alter ego* con una facilidad que muestra a las claras los valores del neoliberalismo que se avecina. La conversación tiene lugar en Almería. Dalton queda atribulado y Cliff perplejo. En el avión de vuelta uno va en primera y otro el otro en turista, como hemos dicho, y la enunciación nos los muestra en pantalla dividida, mientras la voz narra:

> Both men know, once the plane touches down in El Segundo, it'll be the end of an era for both of them. And when you come to the end of the line with a buddy who is more than a brother and a little less than a wife, getting blind drunk together is really the only way to say farewell.

Una vez aterrizado el Avión vemos a Dalton y Capucci por el aeropuerto de la mano a cámara lenta. Detrás, Booth con un carro con el enorme equipaje. En el coche, por supuesto, conduce Booth mientras la parejita se hace arrumacos en la parte de atrás. Al llegar a la casa vemos que ella está emocionada. Se nos muestra una repisa en la que se colocan tazas con retratos de Dalton y otros souvenirs del viaje. Entra Booth con el cartel de Nebraska Jim.

Y es este el punto donde parecen confluir la ficción y la Historia. Los universos, que hasta ese momento vivían en un sintagma paralelo, con alguna mínima conexión visual, van a converger ahora en un sintagma alternado en el molde del argumento *basado en hechos reales.* A partir de aquí, con una precisión que solo puede ofrecer la mentira, los acontecimientos están puntuados con su horario, a la vez que se mezclan líneas referenciales y fuentes audiovisuales distintas. 12,30: Llega Joana Pettet a casa de Tate. En coche: interfono. Tate embarazada sale a recibirla. Antes se nos ha mostrado una secuencia en Súper 8 de los personajes reales. Vemos también a Jay Sebring practicando Kung Fu con Bruce Lee, jugando la carta de la ironía entre la documentalidad y la ficcionaldad. 5 pm: Vemos a Cliff recogiendo a su perra. Continúa el reportaje con la voz en *off.* Se superpone a imágenes en Super 8 "auténticas" que ilustran el relato de la situación de los personajes reales, esto es, mediáticos: Polanski, Tate, Folger, etc. Siguen imágenes del crepúsculo en LA mientras se encienden los letreros de los cines y restaurantes.

Resulta que el grupo de Tate coincide cenando en el restaurante El Coyote con Dalton y Booth. Como veremos es una coincidencia banal, pues ambos relatos en absoluto convergen: no hay *hipernúcleo* posible entre ambas tramas. Vuelta a casa de unos y otros. Hay que pensar que el espectador incauto –si es que esa categoría existe en la sociedad digital 2.0– cree que la masacre es inminente. *Eso modula completamente el discurso y el sentido que le damos a la voz en off.* En la casa de Sharon: Frogel toca el piano y luego la vemos ya en la cama, fumando un porro y leyendo. En la Televisión percibimos la emisión de una película y una serie. Sharon se ha puesto cómoda.

11,46: Rick y Cliff llegan a casa en taxi y se sirven unas Margaritas. Cliff decide fumarse el cigarrito con ácido que Pussycat le había regalado. Repetición del *flash-back* con Pussycat completamente innecesaria, pero así se va liquidando del filme y de la diégesis: primero, la pantalla fílmica sobrecargada narrativa e icónicamente (letreros, flechas, etc.) con falsos deícticos manifiestamente contra-ergódicos y, ahora, además, quedan conculcadas la voracidad y la linealidad narrativas clásicas. En casa de Tate, Sibring pone un disco mientras Cliff pasea al perro por la calle oscura. Se cruza con un coche con la música muy alta. Rick sale a protestar al coche ruidoso y lo ahuyenta. Planos de la pistola que coge el conductor. Es el jinete del rancho. Se van marcha atrás. Recreación de la conversación de los ocupantes del coche con informaciones históricas: qué les ordenó Manson. Reconocen también a Rick como Jake Cahill. Se dirigen andando a casa de Rick. Una de ellas pide las llaves del coche porque se ha dejado el cuchillo. Coge el coche y huye.

Los demás siguen hacia la casa. Llega Cliff con el perro. Plano cenital de su entrada. Cliff va claramente colocado. Poniéndole la cena al perro. Se acercan los hippies. Dalton en la piscina. Todo este tramo son catálisis reiteradas. Cliff pone la radio altísima y despierta a la esposa italiana de Dalton. El perro alerta. Los hippies entran y lo encañonan.

> Booth: You are real, right?
>
> Hippie: I'm as real as a doughnut, motherfucker.
>
> Booth: What the fuck?[115]

115. Booth: Eres real, ¿verdad?
Hippie: Soy tan real como un donut, hijo de puta.
Booth: ¿Qué carajo?

La que lleva cuchillo se encuentra a Capucci en el pasillo. Y le ordena: Go to the living room! Tex Watson encañona a Cliff. Al fondo del plano, el cartel de *Hell fire Texas.* Es una falsa película con Glenn Ford y Rick Dalton. Es una doble conculcación de la Historia, pues qué más público que la publicidad. La Historia del cine es Historia y Glenn Ford es un ente real de esa Historia. Llega la hippie con Francesca Capucci. Cliff los reconoce del Rancho Spahn. Comienza la pelea: Cliff y su perro contra los tres. Se suma Francesca. Le han clavado el cuchillo a Cliff en la cadera. Cliff le machaca la cabeza a la pelirroja. La que estaba en el suelo coge la pistola y le dispara. Sale gritando y sobresalta a Dalton en la piscina. Plano de la radio en la piscina. Se lían a disparar dentro del agua. Dalton va a por el lanzallamas. La abrasa. Plano de Booth en el suelo. Plano de la hippy carbonizada.

Llega la policía. El cartel del aparcamiento iluminado por las luces de los coches patrulla. Policía y ambulancias. Dalton sentado en el suelo ante la puerta, prestando declaración sobre lo sucedido. Plano de detalle del cuchillo embolsado en la mano de un policía. Cliff prestando también declaración tumbado en el suelo. Panorámica vertical sobre otro cartel en la pared hasta que entra en campo del falso filme *Tanner.*[116] Verdaderamente, si se quiere complicar al máximo el componente referencial de un relato de época entreverado de personajes reales, nada como la Serie B cinematográfica. Francesca, histérica declarando en italiano. Se llevan a Cliff en la ambulancia. No deja que Dalton lo acompañe. Dice que puede quedarse cojo, pero no se va a morir. Que vaya a verlo mañana. Es un final bastante terrible, con Booth malherido y despedido. Justo al irse. y con la ventanilla de la ambulancia cerrada, Dalton se vuelve a acercar a Booth, separados por el cristal y le dice: "You're a good friend, Cliff"

Dalton se queda solo. Si en el pasaje comentado en el epígrafe anterior hemos visto la deconstrucción identitaria y visual de la referencia fílmica, en la escena final, tras la apoteosis flamígera de Dalton, que señala un modo de interacción del cine con lo real, a través de la metáfora del

116. TANNER is a fictional 1960s Western Made For TV movie directed by Paul Wendkos (within the film Once Upon a Time in Hollywood) starring Rick Dalton as gunslinger Joe Tanner. Co-starring Ralph Meeker and Michael Callan. Inspired by Gunman's Walk (1958, Dir: Phil Karlson). Artwork by Martin Duhovic. https://wiki.tarantino.info/index.php/Tanner.

fuego incendiario, radicalmente distinto del de *Malditos Bastardos,* aquí estamos viendo propiamente la deconstrucción actancial y narrativa de los mecanismos onto-semióticos de la poética fílmica de los *hechos reales.*

Aparece Jay Sebring tras la verja.

> Sebring: You're Rick Dalton, right?
>
> Dalton: Yeah. Yeah. I'm Rick Dalton. Live next door.
>
> Sebring: Oh, I know. I tease Sharon that she lives next door to Jake Cahill. If she ever wants to put a bounty on Roman, she just has to go next door, right?
>
> Dalton: No shit.
>
> Sebring: What the fuck happened?
>
> Dalton: Oh, th these fucking hippie weirdos, they they they broke into my house.
>
> Sebring: What do you mean, like, trying to rob you?
>
> Dalton: We don't know what the fuck they wanted. Were they robbing me? I don't know. Were they freaking out on some bummer trip? Who knows? But they tried to kill my wife and my buddy.
>
> Sebring: Jesus Christ. Are you serious?
>
> Dalton: Yeah, I'm fucking serious. Now, my buddy and his dog killed two of them, and then... Well, shit. I -I torched the last one.
>
> Sebring: "Torched"?
>
> Dalton: Yeah. I burnt her ass to a crisp.
>
> Sebring: How'd you do that?
>
> Dalton: Well, believe it or not, I... I got a flamethrower in my toolshed.
>
> Sebring: Oh, from The Fourteen Fists of McCluskey.
>
> Dalton: Yeah![117]

Como vemos, desde la alusión de ponerle una "recompensa" a Polanski, hasta los comentarios jocosos sobre la cremación de la acólita de Manson, el diálogo rezuma humor negro. Sharon interviene desde el interfono. Se presenta a Rick y le invita a pasar. Entran: la cámara, en grúa hasta plano cenital del aparcamiento de casa de Polanski y Tate. Tate abraza a Dalton. Llegan los demás. Salen de campo. Lo que acabamos de comprobar es la imposibilidad decidida del *hipernúcleo*. La dos tramas alternadas, una tópicamente ficticia y la otra tópicamente *real* no llegan jamás a coincidir, nunca convergen en un espacio que las funda en una sola línea de acción. Hay siempre una interposición entre los personajes que les impide co-incidir. Primero, la el cristal de la ambulancia separa a Dalton de Booth. Si la hippy ha sido abrasada (*torched*) por Dalton, Booth también ha sido *fired*, despedido, por él. Y después toda la conversación entre Sebring y Dalton se produce con una puerta enrejada de por medio. La única comunicación entre Dalton y Tate se produce por medio del telefonillo de la entrada, jamás comparten espacio narrativo ni escénico. De hecho, la trama Manson ha sido parte del relato ficticio de Dalton y Booth y los personajes de la trama Tate no se han sentido incumbidos por ella más que como ruido de fondo.

Campo vacío en plano cenital, encuadrando dos lujosos deportivos, sobre el que se superpone **Once upon a time** (en letras blancas de molde) y después, ... in Hollywood (en caligrafía manuscrita amarilla). No

117. Sebring: Eres Rick Dalton, ¿verdad? Dalton: Sí. Sí. Soy Rick Dalton. Vive al lado. Sebring: Oh, lo sé. Bromeo con Sharon diciéndole que vive al lado de Jake Cahill. Si alguna vez quiere ofrecer una recompensa por Roman, solo tiene que ir a la casa de al lado, ¿verdad? Dalton: No me jodas. Sebring: ¿Qué carajo pasó? Dalton: Oh, estos malditos bichos raros hippies, entraron a mi casa. Sebring: ¿Qué quieres decir con intentar robarte? Dalton: No sabemos qué carajo querían. ¿Me estaban robando? No sé. ¿Estaban enloquecidos por algún viaje fastidioso? ¿Quién sabe? Pero intentaron matar a mi esposa y a mi amigo. Sebring: Jesucristo. ¿Hablas en serio? Dalton: Sí, lo digo en serio. Ahora, mi amigo y su perro mataron a dos de ellos, y luego... Bueno, mierda. Yo... incendié el último. Sebring: ¿"Incendiado"? Dalton: Sí. Le quemé el culo hasta dejarlo crujiente. Sebring: ¿Cómo hiciste eso? Dalton: Bueno, lo creas o no, yo... tengo un lanzallamas en mi cobertizo de herramientas. Sebring: Oh, de Los catorce puños de McCluskey. Dalton: ¡Sí!

deja de ser curioso cómo este campo vacío se preña de sentido, al dejar al héroe en el hospital y a la banalidad en fuera de campo. Créditos y música. Nada menos, que la banda sonora más melancólica del *western*: Miss Lillie Langtry, tema final de *El juez de la horca* (*The Life and Times of Judge Roy Bean*, John Huston, 1972). Lilli (encarnada por una madura Ava Gardner), acaba de leer la declaración de amor que le dejó escrita el juez y que termina diciendo "God willing sometime in this life or afterwards I may yet stand in your light and declare myself forever and ever your ardent admirer and champion. Judge Roy Bean". El juez acaba de declararse Quijote y la acaba de designar su Dulcinea. Cerramos un ciclo que comenzó con *El esplendor en la hierba* y se cierra con una evocación al amor entre la dama y su campeón, en el que ha quedado fuera, como un desecho, el escudero, que lo hizo todo posible. Puede haberse cambiado el final de la Historia, pero no lo ha reemplazado un final feliz.

Vigalondo en el *mainstream*

Dentro del cine *mainstream*, la complejidad que maneja Vigalondo es muy especial. Su *barroquismo* dista de ser un puro juego mental que provoca el desconcierto del espectador con el exclusivo fin proceder a apaciguarlo de nuevo. Hay un núcleo opaco en su forma barroca que lo salva de la apacibilidad conforme. En efecto, una de las formas esenciales de subversión del *mainstream* cinematográfico es introducirse en él a través de sus claves genéricas, que son las que involucran al espectador, para deconstruirlo completamente desde dentro, como acabamos de ver en el caso de Tarantino. A Vigalondo, pues, hay que juzgarlo según parámetros distintos a los que se le suelen aplicar a su cine. Si vamos en busca de un correcto y estruendoso *blockbuster* hollywoodense o de una comedia gamberra, iremos tan desencaminados como si buscamos una *peli indie* o un lánguido relato visual nostálgico típico de cierta Modernidad Cinematográfica Europea. Vigalondo no ha elegido construirse un mundo propio, sino trabajar en los intersticios del *mainstream*. Pero con diferencias también esenciales respecto a otros cineastas españoles que, explícitamente, han decidido deslocalizar su trabajo –y pienso en dos ejemplos tan dispares como Isabel Coixet o Jaume Collet-Serra. *Vigalondo no se ha ido a Hollywood, se ha traído Hollywood a casa.*

Las dos primeras películas

Poco voy a decir de *Los Cronocrímenes* (2007), porque hay quien lo ha hecho mucho mejor que yo lo haría (Samit, Buj Mestre, Isach Flich, Marco García, & Vilar Sastre, 2012) pero, en tanto que es el primer largo de Nacho Vigalondo, nos da muchas pistas sobre su quehacer. Primero, sobre cómo usa los géneros para enganchar al espectador. Nos encontramos con una producción española, en la que se hibridan dos géneros típicos del *maisntream* postclásico: el *thriller* de crímenes seriales (a eso parece apuntar el título), y la ficción científica de los viajes en el tiempo.

Ello hace que las narrativas fracturadas (Sorolla-Romero, 2022), santo y seña del cine postclásico hollywoodense de las dos primeras décadas del siglo XXI, estén también presentes.

Con este atraer los esquemas de Hollywood a la producción presuntamente castiza y casera nos encontramos ya con una de las claves del proceder de Vigalondo como cineasta: para él Hollywood no es un lugar, ni una tendencia, ni una escuela, ni un *mainstream* mediático. *Para Vigalondo, Hollywood es la mentalidad de su espectador modelo, el estado mediático y psíquico en el que este se halla en tanto espectador habitual de este tipo de ficción.* Por lo tanto, lo que hace no es intentar sumarse a esa corriente, sino capturarla –y con ello al espectador cuya mentalidad está amoldada a ese canon– para subvertirla completamente desde la proyección irónica (fingidamente paródica) de *otra mentalidad.* A partir de ello, lo que nos propone Vigalondo es esencialmente una reflexión de sobre la mirada. *Los Cronocrímenes* es una ficción sobre un hombre que se mira para verse mirar. Y que, en ese reencontrarse con sus yoes futuros y pasados en una simultaneidad paradójica e imposible, intenta rectificarse subjetivamente mientras su identidad se desmorona entre bultos de sangre, como el físico portentoso de Karra Elejalde metaforiza a la perfección, hasta convertirse un fantasma de mirada teratológica.

Si hemos llevado razón al propugnar la asimilación de la poética de los Viajes en el Tiempo a la del Realismo, tiene toda la lógica que Vigalondo haya hecho *Extraterrestre* tras *Los Cronocrímenes*: El tema esencial de la película es, justamente, la anulación del espacio público de los acontecimientos. Mirada superficialmente, *Extraterrestre* (2011) puede parecer una simple gamberrada. Nada contra las gamberradas, pero en todo caso esta, de serlo, es bastante más compleja y consistente de lo que se nos antoja a primera vista. En principio presenta simplemente la apariencia de una caricatura a la española (es decir, de bajo presupuesto) de las películas de extraterrestres, esto es, sin efectos especiales, sin naves y sin alienígenas. Pero bueno, ahí está el truco: se trata de una parodia sobre el espectáculo visual, cuyo tema esencial es de nuevo el ver. O más concretamente, *lo imposible de ver.* No lo ontológicamente invisible, sino aquello que por ser ónticamente invisible nos habla de lo imposible para el ojo. En este juego con las cámaras, con los rácords imposibles, con los ángulos muertos, Vigalondo está conculcando el principio implícito y constante en el cine contemporáneo en el que la pantalla fílmica se ofrece como *pantalla huésped* para todas sus rivales (Young, 2006), pero postulándose como *interfaz del sentido,* es decir, como la heredera legítima en la iconicidad occidental de la promesa de *verlo todo* que performa el encuadre moderno en perspectiva, porque la demanda escópica solo puede ser satisfecha por el *montaje analítico.* La escenografía en la que el dibujo, producto de las particulares deducciones de Julio a partir de una sinécdoque (*pars pro toto*) sobre lo poco que se puede ver de la nave desde la ventana del apartamento de Julia, está colocada al lado de la televisión, es un sarcasmo sobre la potencia de la perspectiva y el fuera de campo, realmente gloriosa. Va de ventanas, la cosa.

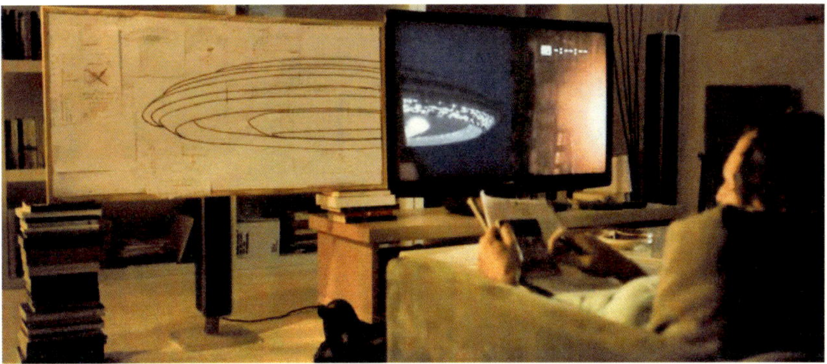

Open Windows

En *Open Windows* (2014) nos encontramos con la culminación de las líneas abiertas en las dos películas anteriores. Es la *máxima tensión entre el relato y el encuadre*, entre lo analógico y lo digital, entre lo fílmico y lo hipermediático, en la que todo el mundo verá la referencia a Bill Gates y su sistema operativo, pero, probablemente, pocos a la *ventana abierta*, que es como Leon Battista Alberti definió al cuadro en perspectiva en su tratado *De pictura* (1436) (Alberti, 1996). Todo comienza con una presentación de una película de género espantosa, de la que el propio Vigalondo se coloca como director bajo el personaje de Richy Gabilondo. Es un estilema claro, eso de aparecer en sus filmes, que aquí se convierte en un cameo, más que en un auténtico papel. Esta presentación la está viendo en *streaming* un fan de la protagonista en un hotel a escasos metros del evento, porque ha sido olvidado por sus organizadores, que lo habían invitado a la *première* para que después cenara con la protagonista. Ya esta cercanía física y, pese a ello, la necesidad de la interfaz, nos habla de un tema clave en el filme: la distancia infinita entre el ser y su capacidad comunicativa, entre la corporalidad y la iconicidad fría de las pantallas.

A partir de aquí, el filme es un despliegue torrencial de todas las influencias genéricas posibles: ahí está el *Cyberpunk* de Bruce Sterling y de William Gibson aderezado con el toque delirante de Philip K. Dick, en una película de tramas y personajes que se sustancian en ventanas, interfaces y cámaras interpuestas e intrusivas en la que absolutamente nada es lo que parece, nadie es quien parece ser. Ahora bien, se trata de un *tour de force* inmenso en el que la pantalla fílmica jamás aparece virgen (directa sobre el espacio profílmico) sino contaminada en su interior por todo tipo de interfaces. Algo parecido realizó unos años antes Brian de Palma (*Redacted*, 2007), pero el barroquismo de Vigalondo es, comparativamente, proverbial porque supone una apuesta hercúlea por plasmar en el mismo plano un abigarrado conjunto de sub-planos y conseguir así un acoplamiento insólito entre la *ocularización* (Gaudreault & Jost, 1995; Gómez Tarín, 2011) fílmica y la *mirada navegante* (Verhoeff, 2012) que, al menos yo, no había visto nunca de modo tan radical y que me parece un innovación visual realmente muy potente, en un acoplamiento virtuoso entre el rácord de movimiento y el relato.

Lejos de las dinámicas de *remediación* (Bolter & Grusin, 2000) habituales, no se intenta recrear en lenguaje cinematográfico una peripecia hipermediática o videolúdica, sino de forzar la gramática del cine desde la gramática misma de la navegación. Esto supone una confrontación absoluta entre Mundo (el MRI y la geometría del rácord) y la pulsión esópica, lo ontológico y lo cognitivo, la atención y el efecto realidad, la mirada flotante del internauta y la mirada *meganarrativamente* focalizada del espectador cinematográfico.

El plano: En el Hotel

La película comienza inavisadamente con el tráiler de otra película, *Dark Sky,* una especie de trama serial de zombis de la que Jill Goddard es la protagonista. La cuestión de la estrella, del *star system*, no es baladí en la economía semiótica del filme, porque precisamente en torno a una estrella del cine comercial –nada casualmente interpretada por una estrella del cine porno en proceso de reciclaje (Sasha Grey)– va a girar toda la trama del filme, y sobre su corporalidad van a competir y colisionar todos los regímenes escópicos desplegados en él, que podríamos resumir en la dialéctica entre la mirada cibernáutica y la mirada del fan cinematográfico. Y ni aun así….

Cuando aparece Jill, su imagen queda congelada a intervalos en blanco y negro. El espectador no avisado ignora a qué se debe, pero pronto deducirá que se trata de la actividad voyeurística del otro protagonista, Nick Chambers, propietario del website "jillgoddardcaught.com", haciendo, lógicamente, capturas de pantalla para su particular álbum de la actriz. Es pues una *mise en abyme* múltiple: la mirada del espectador del streaming > la del internauta> la del meganarrador fílmico > la del espectador del filme. Es una mirada identificante, mientras que luego veremos el *zoom out* a la mirada con distancia del *skype*, que nos mostrará una foto de Jill, omnipresente como fondo de pantalla. Este tapiz de fondo es importante porque implica una determinada concepción de lo digital: la del hipertexto y la web 1.0, vista como una simple extensión de la primera cultura de Masas, del *broadcasting* mitómano. Y también es relevante el concepto de "*caught*": la web implica estatismo, congelación, mirada onanista y voyerista.

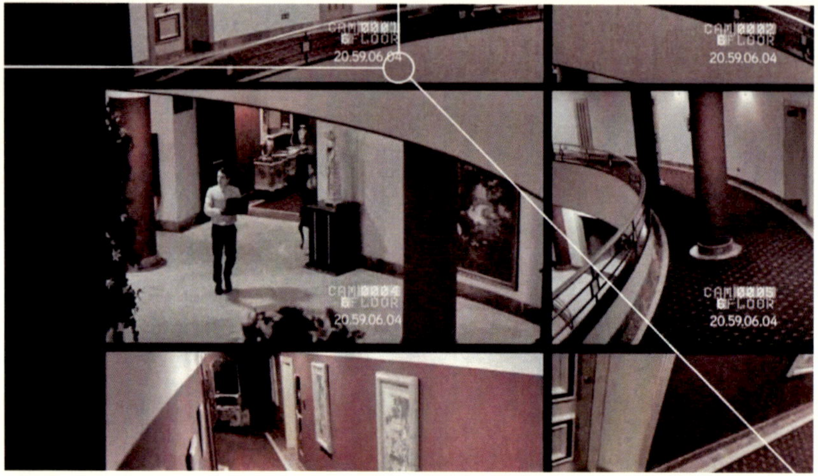

A partir de aquí se desata la acción, y veremos que Nick es un fan engañado por un tal Chord que ha hackeado su ordenador para intentar chantajear a Jill. Toda esta secuencia en el hotel es proverbial, en ese sentido. Tenemos decenas de reencuadres plasmados sucesiva y simultáneamente en la pantalla de cine y además todos sometidos a la normativa y a la *ontología del rácord*, con un virtuosismo del montaje verdaderamente asombroso, puesto que todas las angulaciones son consistentes entre sí, en medio de una trepidante trama multiactancial de persecución típica del cine de acción hollywoodense en la que están involucrados todo tipo de interfaces y *pervasive media* (Dovey & Fleuriot, 2011, 2012). Es, cabe destacarlo, una fórmula completamente distinta del recurso a la *split screen* porque no se trata de un gesto autoral, discursivo, sino de la recepción narrativa de pantallas heterogéneas. Por tanto, en este *pulso meganarrativo* entre la *mirada fílmica* y la *mi-*

rada hipermedia (Scolari, 2008) tenemos todo un trabajo de deconstrucción de donde la superficie textual, visual o narrativa que se postula como dominante, recoge en su seno y coloniza a todas las demás. En el caso de *Open Windows* esto se plasma en una *mise en abyme* polifónica, infernal, delirante y perfectamente consistente e integrada en la diégesis.

La primera vez que vemos la imagen de Nick Chambers[118] está espaldas. Lo que sucede es que no tenía la cámara en el lugar adecuado. Es su propia mirada vacía la que le sorprende por detrás. Con este juego de la cámara en la habitación del hotel la instrucción interpretativa es múltiple: la mirada barroca de Vermeer en *El arte de la pintura*, la mirada paradójica de Magritte en *La Reproduction Interdite,* pero también la mirada vacía del suspense hictchconiano. Lo más sorprendente es que la mirada omniescópica del *browser* (navegante) está a su vez copada por una mirada vigilante –la del pirata informático– que se ofrece al vigilado.

Tenemos, pues, una presentación tanto del protagonista, que graba un vídeo de la *première* a la que cree haber sido invitado, y de la pantalla de su ordenador en cuyas ventanas de cámaras y aplicaciones vamos a estar enclaustrados todo el filme, vagando con la mirada de Nick Chambers. El maligno Chord contacta con él y le envía un *link* por el que puede acceder tanto a las cámaras de vigilancia –*topos* esencial del *thriller* postclásico y vehículo privilegiado de lo que hemos llamado *sintagma multimedia,* donde se racordizan pantallas diversas en un relato secuencial común– como al teléfono de Jill Goddard. La *ontología del rácord* y la gramática del relato están radicadas en ellas, de tal modo que, en la economía de la *transparencia barroca,* las cámaras de vigilancia convierten a la mirada meganarrativa (a la omnisciencia) en una propiedad del mundo. Hay pues tres recentramientos: el de la interfaz, el de la mirada y el fílmico. A ello se suman también, los media locativos (*pervasive*). Acceder a los *smart devices* es como acceder a la mente del sujeto.

A partir de aquí se consuman los planes de Chord en una peculiar economía de la mirada que secuestra el deseo de Chambers. Le permite vigilar la cita de Jill con Tony, su agente-amante, en la ventana de en-

118. Evidentemente, su nombre es un alias (nick) y está encerrado en una "cámara" (chambers)....

frente, pero siempre que tenga la luz apagada para no ser visto por los que ve. Es una metáfora del espectador cinematográfico que, a estas alturas de la historia del cine, resultaría banal si no fuera porque esta mirada voyeurística se asimila también a la omnipotencia de mirón del navegante de la Web 1.0, al que le gusta capturar a sus víctimas (*jill-caught*) pero que no espera ni desea ninguna retroalimentación, ninguna respuesta. Al ser descubierto, por encender accidentalmente la luz de su habitación, se desencadena una trama de persecuciones múltiples en la que Nick es asediado por el amante de Jill, al que pone fuera de combate con un artilugio eléctrico, lo que le obliga a huir del hotel siempre guiado por la voz de Chord y las imágenes que le va suministrando en la pantalla de su ordenador, puesto que es capaz de hackear la señal de toda cámara disponible. Es un GPS que no solo habla, sabe y ve, sino que también dialoga, un demiurgo reducido a su *logos*. Una parodia deconstructiva a la altura de las que performa continuamente la franquicia *Mission Impossible* (al menos, los últimos filmes dirigidos por Christopher McQuarrie)

La cuestión es que la interfaz, en tanto imagen compleja (Català Doménech, 2010), se convierte en un magnífico instrumento de deconstrucción de la figura central de la ontología fílmica dominante, que no es otra que el rácord. He llamado en mi abordaje analítico a este primer segmento del filme *el plano* jugando con el doble sentido de la palabra, fílmico y arquitectónico. Por un lado, la pantalla del ordenador de Chambers nos va a mostrar desplegados simultáneamente planos con angulaciones sincrónicas consistentes entre sí, distribuidos en la ventana, pero sin un orden correlativo. Tanto de su propia habitación, en donde veremos la acción desde varios puntos de vista a la vez, como de los pasillos del hotel, con vectores de correlación y con cursores flotantes por los que Chord le va indicando por dónde ha de dirigirse para escapar. Es decir, va a mostrarnos, analizada, "desmontada", "deseditada", la propia gramática del rácord, incitando al espectador fílmico a intentar comprender la estructura espacial que se despliega ante sus ojos como única alternativa a la tentación de enloquecer. Teniendo en cuenta, además, que todas esas imágenes coexisten mezcladas con planos actuantes de Chambers procedentes de su propia *webcam*. El efecto puzle isométrico es apabullante, pero la convicción del espectador de que no se trata de un collage surrealista delirante proviene, precisamente, de que el espacio convoca a la acción narrativa, aspirando a ser absorbida por él: cada plano vacío es un receptáculo potencial del Nick Chambers fugitivo o de sus perseguidores. Toda esta secuencia tiene, pues, la función de asentar la relación entre la mirada y el espacio: el *plano* del edificio emana del montaje de los *planos fílmicos*, del hilvanado de los campos vacíos a través del hilo de sutura que la propia acción constituye. De tal modo que, utilizando esta gramática euclidiana, queda fundamentado ontológicamente el espacio exterior a la pantalla del ordenador a través de la sintaxis del montaje analítico clásico, algo imprescindible para construir la verosimilitud de un filme de acción íntegramente contenido en la pantalla de un ordenador. Como vemos, *la interfaz deconstruye el filme, pero el filme formatea la pantalla digital.*

El mapa: En el coche

La siguiente secuencia se desarrolla con Chambers al volante, guiado por Chord. Es una escena de persecución típica con una estructura de *sintagma alternado multimedia.* Chord ha capturado a Tony, el agente-amante de Jill, y se produce una estructura enunciativa curiosa en forma de un chantaje *en abyme.* A través de descargas eléctricas a Tony, que muestra en pantalla a Jill y a Nick, obliga a Chambers a exigir a la actriz que se vaya desnudando. Ahora no se trata tanto de la gramática del rácord (el mundo diegético ya está establemente fijado), como del negocio de la mirada. Los mismos recursos que hemos visto antes se vuelven a repetir en el alojamiento de Jill, en el que Chord está oculto, viendo simultáneamente en pantalla planos consistentes (*racordables*) entre sí, a través del movimiento o del sonido. Tanto por la aparición de Chord en el espacio en el que está Jill, insertado con planos subjetivos vacíos en el estilo del cine de terror (una mirada *no steady* es indicio de amenaza al protagonista), como por la posterior aparición de la policía que será captada a través de varios ángulos simultáneos en el tiempo y sucesivamente invadidos por la acción.

Pero lo interesante narrativamente es el concurso del grupo francés que hace su aparición en el ordenador de Chambers al que "confunden" con un hacker mítico llamado Nevada. Al final, acabarán asesorando a Chambers en su huida de la policía y en la persecución de Chord que ha secuestrado a Jill, hackeando señales, cámaras y satélites para ello. Pero aquí entra en juego ya un componente metafílmico que no es pura deconstrucción, sino apuesta simbólica. El conato de *striptease* de Goddard/Grey ante la *webcam* evoca precisamente su pasado fílmico. Este cuerpo fetiche primero tenderá a ser mostrado en su carnalidad, pero después será deconstruido al modo cubista. Uno de los hallazgos del filme, son las llamadas cámaras ping-pong, con forma esférica, que porta Chord consigo. Gracias a que su señal es captada por Triops (el grupo francés de hackers) podemos acabar visualizando a Jill Goddard en el maletero de Chord, y Chambers puede contactar con ella gracias a su móvil, hackeado por el propio Chord, y al que le ha dado acceso. La plástica del cuerpo de Jill, intentando cortar sus ligaduras en una epifanía multiperspectiva, y de la secuencia del interior del coche de Chord, reconstruida a través de la captación simultánea de 31 cámaras ping-pong, recuerda inevitablemente una composición cubista, más exactamente, al estilo de George Bracque. Fue el propio director a través de *Twitter* quien me reveló que la plástica de esas imágenes está inspirada en el cómic *Flex Mentallo*, un superhéroe[119] creado por Grant Morrison. Pero lo más revelador es el propio comentario en privado que me hizo Vigalondo: "El tebeo es como si una historia de superhéroes fuese consciente de sí misma y no supiese digerirlo". Creo que es clave para la comprensión de *Open Windows.*

En efecto, todo este segundo tramo del filme no solo es una reflexión sobre el discurso fílmico, sino sobre la mirada en la cultura digital. Los Triops nos cuentan la historia de Nevada, al que por un momento creemos que Chord ha asesinado y se ha apropiado de todos sus potentísimos servidores con el miserable fin de convertir jillgoddardcaught.com en "the most popular web site of all time". Chord tiene una altura de miras claramente *unopuntocero*. Nevada, sin embargo, es un *hacker* para un nuevo tiempo, *un hacker Nth.0.* Pensemos en la diferencia entre el patético activismo hacker-fan de Chord, la candidez de Chambers y el auténtico activismo "pervasive", locativo, de Nevada ba-

119. A través este vínculo pueden consultarse algunas de las portadas y páginas del cómic: http://goo.gl/Ze3kJM

sado en pequeñas acciones no violentas contra el sistema y un concepto de la *transidentidad* más allá de todo ciudadanismo: el anonimato del "nick" y la usurpación de sucesivos semblantes, pues es capaz de tomar identidades y apariencias diversas sin que tras ese disfraz haya un yo verdadero, sino un sujeto deseante despreocupado de su identidad ontológica.

El universo paralelo

El final es demoledor. Si en el seno del postclasicismo, David Lynch (Ferrer García & Palao-Errando, 2024) opta por una poética del delirio transgresor del sentido común cinematográfico, Vigalondo opta por un cáustico sarcasmo deconstructivo. Lo que al final queda fuera de campo es precisamente el *sentido común*: el principio de identidad, la motivación diegética, el principio de razón suficiente. Al final nada es lo que parece. Chambers ha sido todo el tiempo Nevada que manejaba a Chord que creía manejar a Chambers. El chantaje de Chord a la audiencia web, amenazando con que hará volar a Jill si no desconectan antes de ver su desnudo (ha colgado el vídeo de su *striptease*, en un bucle en el que ella repite continuamente la frase "I'll do anything you say", anunciando con una cuenta atrás que se va poder ver el vídeo entero), tiene un toque de moralina muy a lo *Black Mirror.*

La deconstrucción del imaginario visual contemporáneo, basado en la certeza visual del modelo policíaco CSI, culmina con un plano delirante en la que vemos en una "subinterfaz" a Nevada con el aspecto de Chambers mostrándonos a Chambers inconsciente porque Chord le había disparado a él con el aspecto de Chambers y no al verdadero Chambers, que no ha aparecido en toda la película porque Nevada lo tenía inconsciente en el maletero del coche mientras lo suplantaba para manejar a Chord, mientras este creía manejar a Chambers y al final matarlo, cuando en realidad le había disparado (por segunda vez) a Nevada con el aspecto de Chambers pero portando un chaleco antibalas y por ello ha sobrevivido como la primera vez que le disparó en abril de 2013. Como dice el propio Nevada: "All this trouble to meet a movie star"

Al final, Nevada y Jill deciden recluirse en el paraíso subterráneo que había preparado Chord para compartir con la estrella. Los vemos ingresar en el paraíso de sus *gadgets* (están todos productos de ocio y consumo que adora Jill y todos los servidores de Nevada en ese sótano: no les hace falta nada más) mientras las cámaras ping-pong nos retransmiten su felicidad deconstruida al modo cubista y a Nevada se le va descomponiendo el rostro de su disfraz de Chambers. Jill cierra al fin la tapa de su *laptop* y funde a negro.

Colossal (Nacho Vigalondo, 2016)

La imposible hermenéutica de la transparencia

Hemos definido Nacho Vigalondo como un cineasta que, si había ido a Hollywood a hacer cine, no era para instalarse allí, como otros directores españoles y europeos, porque para él Hollywood no es un lugar, ni una tendencia, ni una escuela, ni un *mainstream* mediático. Para Vigalondo, Hollywood es la mentalidad de su espectador modelo, el estado mediático y psíquico en el que este se halla en tanto fruidor habitual de este tipo de ficción. Por lo tanto, lo que hace no es intentar sumarse a esa corriente, sino atraerla –y con ello al espectador cuya mentalidad está amoldada a ese canon– para subvertirla. Ahora bien, ese viaje tiene sus costes y el éxito y la repercusión mediática creemos sinceramente que está muy por debajo de lo que sus filmes merecen.

En efecto, para poder producir para el mercado americano, la escritura de Vigalondo ha tenido que despojarse de todo narcisismo *fílmico*, de todo estilo visual extrañado o con fuerte carga autoral (la *ostranenie* de la que hablaban los formalistas rusos; vid. los dos capítulos precedentes) y ceñirse a mantener simplemente un cierto narcisismo *cinematográfico*, cosa que no es le es muy difícil al director cántabro y que en Hollywood es una exigencia promocional. Pero ello implica, evidentemente, que no puede dejar marcas demasiado obvias de su escritura en la textura visual de sus películas y ello afecta necesariamente a cómo son interpretadas por el espectador. De tal modo, que propuestas subversivas y evidentemente metafílmicas y autorreflexivas pasan a ser considerados por cierta crítica simplemente como guiones un poco locos y acrobacias visuales disparatadas.[120]

Nosotros, al contrario, pensamos que el cine de Vigalondo está lleno de cargas de profundidad, siempre acercándose a las claves genéricas de la cultura de masas y subvirtiéndolas desde dentro. Daría para un artículo entero, pero véase su videoclip de la canción de Vetusta Morla, "Te lo digo a ti" (Vigalondo, 2017) donde convierte una letra de despecho romántico en una sátira despiadada de las series y *TV movies*

120. Véase la opinión de Carlos Boyero, por ejemplo: https://cadenaser.com/programa/2017/07/05/la_ventana/1499276393_718660.html

de detectives, en las cuales el interrogatorio es el centro de la estructura narrativa y espectacular, de *CSI* –en sus variados *spin-off*–, a *Castle* (Andrew W. Marlowe, 2011-2016) pasando por *The Closer* (James Duff 2005-2012). Por lo tanto, lo que postulamos es que Vigalondo es víctima ante todo de la mirada espectatorial *mainstream* y de la transparencia narrativista. Es un problema político tanto como semiótico y discursivo.

El tema esencial en *Colossal* es el narcisismo de la omnipotencia del pensamiento, la no distinción entre interior y exterior, propia del pensamiento mágico primitivo y del infantil (Freud, 1992e): la pulsión ha sido proyectada al exterior, a la vez que lo público ha colonizado la intimidad (Pardo, 1996) y ha erradicado toda responsabilidad por el poder y por el goce. Es lo íntimo modelando la agenda mediática (McCombs, 2006), como un ejemplo de su reversión, un tanto salvaje. A partir de aquí Vigalondo realiza un repaso magistral, por su coherencia estética, narrativa y discursiva, a toda la agenda intelectual y moral de nuestra época posfordista y digital, deconstruyendo todos sus ítems más conspicuos: violencia de género, proyección de la frustración, relaciones a distancia, interactividad, reversibilidad, alcohol, virtuosismo posfordista, etc.

En realidad, es un trabajo muy parecido al que hemos visto hacer a Charlie Broker en *Black Mirror* (2011-), pero precisamente por el procedimiento contrario, esto es, no impostando visual y narrativamente el componente tecnológico de nuestra cultura, sino incidiendo en su fondo modelizante de toda la experiencia humana. La responsabilidad sobre la ira y la pulsión de muerte hacen referencia inevitablemente a los videojuegos y las repercusiones de lo íntimo en la Otredad, constituyendo como vehículo de esa metáfora –cuyo tenor es el *otro*– el propio espacio público. Y así se tematiza el vínculo de abuso patriarcal y el de la explotación capitalista más allá del fetichismo tecnológico, sin que dejen de aparecer todo tipo de pantallas y *smart devices* (tabletas, móviles, ordenadores, televisiones, etc.). Todo ello, llevado al costumbrismo de la América profunda, tiene un valor muy superior a la pura crítica tecnológica. La cuestión, pues, es de *sentido tutor* (González Requena, 2006): ¿por qué no se ven las metáforas de Vigalondo, sumergidas entre su fama cinematográfica y la inconsciencia discursiva imperante? Bueno, algunos sí las vemos. Para eso debería estar la crítica, para señalar lo que la mirada menos avezada del espectador estándar no ve, no para recrearse en una supuesta superioridad de la propia ceguera.

La historia

Si, por ejemplo, David Lynch (Ferrer García & Palao-Errando, 2024) acostumbra a ofrecernos filmes que no *se* entienden, Vigalondo opta por contarnos una historia que no *se* cree. Comienza con una escena nocturna en Corea en la que una niña pierde una muñeca y se obceca en no seguir volviendo hacia su casa, pese a las admoniciones de la madre, hasta no encontrarla. Cuando ve la muñeca en el suelo –¿metáfora anticipadora, tal vez, de la violencia machista, ese cuerpo de formas femeninas inerte?– se alegra. Pero de repente se levanta un viento huracanado. Se da la vuelta y emite un grito de terror. Sobre el *skyline* de Seúl aparece una figura monstruosa. Un cartel nos avisa de un salto de veinticinco años y aparece el *skyline* neoyorquino. O sea, que la escena está sumergida en la textura de las películas tipo Godzilla, y con un monstruo tipo Mazinger Z. Mal contexto para la metáfora sutil, hemos de reconocer.

A partir de aquí, entramos en la vida de Gloria (Anne Hathaway) que es la que va a focalizar el relato. La vemos, frívola, olvidadiza y aficionada al alcohol, llegando de mañana a casa y mintiendo a su novio Tim, cosa que él descubre a través de sus contradicciones, sobre dónde ha estado y con quién, y por qué llega a esas horas. Él le tiene las maletas preparadas y la pone en la calle. Ella recibe a su alegre pandilla, que estaba esperando en la calle a que Tim abandonara el piso para continuar la fiesta, en estado de *shock*.

Como salida a su situación, Gloria vuelve a su pueblo y toma posesión de la deshabitada y desamueblada casa de sus padres. Hemos pasado, pues, de la gran urbe a la América profunda y rural. Allí se encuentra con Oscar, antiguo amigo de la infancia, que se desvive por hacerle más fácil la existencia, la integra entre sus amigos –todos hombres, el joven Joel y el maduro y algo demenciado Garth–, le presta muebles y enseres y le da trabajo.

Un *leitmotiv* de la película son los despertares, bien avanzado el día, de Gloria desorientada y dolorida por haberse dormido ebria y en mala posición. No por otro motivo, descubre que un monstruo ha atacado Seúl ocho horas después del suceso, por la llamada de una amiga. Es una desabonada de la agenda colectiva y del espacio público, una "irresponsable". Ella será la primera sorprendida cuando se "dé cuenta", tras observar durante algunos días los vídeos del monstruo en las webs de noticias, sus gestos, sus actitudes, de que este es un trasunto de sí misma. Lo que levanta la liebre es cierto tic de ella, reiterado en el filme, que consiste en rascarse la cabeza y que el monstruo seulense remeda. Esta siempre ataca a primera hora de la mañana (en plena noche en Seúl), justo cuando ella pasa, de vuelta hacia su casa bebida, por un parque infantil mientras los escolares entran en el colegio del pueblo, que se encuentra en frente. El monstruo aparece como un avatar de Gloria, cuando esta camina por un foso de arena en el parquecillo, que deviene inopinadamente una especie de maqueta a escala de Seúl. O una consola tipo Wii, pues el monstruo reproduce todos sus movimientos. Digamos que el viejo terror analógico de las películas de monstruos, de King Kong a Godzilla, vehiculiza la metáfora de la interactividad digital.

Convence a sus amigos para que la acompañen al amanecer siguiente y lo comprueban: ella hace tonterías en el foso y en sus dispositivos conectados, móviles y tabletas, ellos ven que el monstruo seulense los remeda simultáneamente. Oscar entra en el foso para ayudarla a levantarse cuando se cae y entonces aparece un segundo gigante en las pantallas: al monstruo femenino se le une ahora un robot masculino.

En fin, Gloria, arrepentida de los destrozos que sus irresponsables borracheras, se propone por enésima vez dejar la bebida, a la par que consigue que los dueños de una tienda coreana del pueblo le digan a Oscar cómo se escribe una disculpa en su lengua y cómo avisar de que no volverá a causar daños. A la mañana siguiente, se dirige al parque y manda el mensaje. Pero, también, acaba seduciendo a Joel. Oscar entra en cólera y la chantajea destruyendo Seúl por su cuenta. La ira despótica de Oscar se encarniza también con Garth, al que acusa de consumir cocaína en los servicios del local y acaba expulsando de su propiedad. Ella intenta impedir los destrozos de Oscar y su avatar, a la vez que Tim aparece en el pueblo, según él, casualmente. Le hace ver que desprecia su trabajo de camarera y pretende que vuelva con él a Nueva York. Los chantajes laborales y emocionales por parte de Oscar aumentan hasta llegar a la violencia física.

Llega a quedarse a la fuerza en su casa para evitar que ella escape con Tim, bajo amenaza de destruir Seúl. Es aquí donde se produce el *flash-back* que nos explica por qué aparece el monstruo en Seúl y por qué Gloria se rasca la cabeza. Se trata de un viejo recuerdo infantil.

Oscar y ella se dirigen al colegio –el mismo colegio al lado del parque– veinticinco años antes. Cada uno porta una maqueta, evidentemente un trabajo escolar: de Seúl la de Gloria y de Madrid la de Oscar. De repente, se levanta viento y la maqueta de Gloria sale volando. Oscar, caballeroso, salta una valla al borde del camino y se interna en el bosque para buscarla. Sin que él la vea, Gloria consigue saltar también la valla y le sigue. Cuando lo alcanza con la mirada, Oscar, lleno de envidia por el trabajo de ella, mucho más logrado que el suyo, está destruyéndolo a pisotones. Con el viento y el tumulto de la tormenta, de la mochila de Oscar caen dos muñecos, un monstruo gigante femenino y un robot. Cuando está en pleno ataque de ira, a Gloria la alcanza un rayo, justo en la coronilla, donde suele rascarse. Así sabemos cómo apareció el monstruo por primera vez, y por qué reaparece justo cuando Gloria pasa por el parquecillo.

La única solución que encuentra Gloria, pues, para parar a Oscar y su labor destructiva consiste en viajar a Seúl. Desde allí, actúa hacia el robot con los mismos métodos que lo hacía en el pueblo con Oscar. En efecto, su avatar se aparece en el parque frente a este, al que atrapa y arroja hacia la lejanía, lo cual se transmuta en la aniquilación del robot en Seúl. Entra en un bar apesadumbrada y le propone a la camarera contarle toda la historia. Esta accede y Gloria lanza una mirada a contracampo entre sarcástica y desfallecida: va a ceder a la tentación.

En fin, desde el lado narrativo, la historia es la de un abuso de poder machista y capitalista (Oscar es su patrono a la vez que desea su posesión como hombre). Gloria trata con tres hombres. Un pusilánime Joel, que no entiende los juegos de la seducción y es un lacayo de Oscar. Este es un déspota que ejerce su poder con total irresponsabilidad y crueldad. La cuestión se tematiza explícitamente cuando hace explotar en su propio bar un enorme petardo, ante Tim y Gloria, alardeando que es lo más irresponsable que se ha hecho nunca en el local. Los golpes y el ojo morado de Gloria, dejan a las claras cuál es su concepción de la relación con las mujeres. Tim, a su vez, es un tipo desatento que le falla cuando lo necesita. La cuestión es, pues, el control de las pulsiones, los celos, la explotación, el dominio, el poder. ¿Pero cómo se pone todo ello en escena? Veremos que la cuestión del poder tiene que ver con la transparencia y la forma fílmica.

La *mise en abyme* visual

La primera vez que Gloria ve las imágenes del monstruo, tras hablar con su amiga por teléfono, abre el ordenador y lee: "Ataque a Seúl" en la web de la MNNC. Vemos todas las imágenes de destrucción a través de la interfaz del ordenador. El primer clip que ve es un vídeo privado de dos chicas. A sus espaldas aparece el monstruo y comienza el griterío: la cámara se desvía del interés por lo íntimo al interés por lo colectivo, que gracias a su registro visual y su difusión deviene público. Todos los planos fílmicos tienen la duración exactamente necesaria para dar cuenta de la acción y la posición de Gloria es la de la protagonista en el *reaction shot*. De estos primeros planos, pasamos a planos imposibles, meganarratoriales, que solo significan por montaje: desde dentro de un coche, a pie de calle.... Esto es, inadvertidamente, la mirada fílmica del meganarrador ha sustituido a la mirada diegética y subjetiva de Gloria, horrorizada con lo que se ve, pero también las de los dispositivos de los particulares, como fuente icónica de la noticia. Llama a su ex, horrorizada. Eso pasó hace 9 horas, le dice él regañándola por haber estado toda la noche bebiendo y haber dormido hasta tan tarde. Plano de la pantalla del ordenador y al fondo Gloria mirando por la ventana. Los planos de Gloria van a copar con su silueta, de espaldas, el centro del plano en diversos pasajes del filme, lo que subraya su papel protagonista en el proceso y su toma de conciencia como sujeto particular de las consecuencias de sus actos.

De allí, se dirige al bar de Oscar en el que contemplamos, ahora, los planos reactivos ante la televisión de los clientes que lo llenan, como si estuvieran viendo una transmisión deportiva. Imposible no recordar el momento nuclear del primer episodio de *Black Mirror* (*The national anthelm,* Otto Barthburst, 2011), y los planos de todos los espectadores viendo el coito del primer ministro británico con la cerda (vid. Cap.7). Vemos la web de la MNNC y las múltiples interfaces. Por la noche los cuatro amigos se quedan a tomar una cerveza tras el cierre y conversan sobre el asunto. El lunático Garth cree que es una máquina porque, y esto es esencial, subraya que *siempre mira al frente y nunca mira hacia abajo*. La cuestión de la *racordización* de la mirada es así tematizada explícitamente. El monstruo tiene un comportamiento "extradiegético" podríamos decir, desencadenado, fuera de montaje: pisa sin ver a sus víctimas, inconsciente absolutamente de cualquier responsabilidad por sus actos. No hay plano reactivo y, por tanto, asistimos a un evento sin relato.

Cuando Gloria entra en conciencia de su relación con el monstruo, la vemos en su casa por la mañana. Mira el ordenador con un lápiz en la mano. Luego, la vemos en el parque con un papel. De nuevo, en casa de noche, calca el mapa de Seúl de la pantalla. Llena con mapas un corcho en la pared. La vemos luego, al amanecer después de salir de casa, en el mismo bucle temporal que otros días, marcado por el paso de los niños hacia la escuela y el sonido de la sirena que señala la hora de entrada. Hace diversos gestos con los brazos sobre la arena. Vuelve corriendo a poner la tele. Plano reactivo ante lo que ve: ella, de nuevo simétricamente centrada en el plano. Plano de ella de espaladas: el monstruo levanta las manos en el televisor, y la composición el plano hace que parezcan salir de ella. Plano reactivo de Gloria con los ojos muy abiertos. Parece la mirada vacía pero las pupilas están orientadas al colchón inflable que ha comprado y cuyo gesto al transportarlo ejecutado por la monstruo de Seúl sin ningún pesado objeto que lo justifique, es la primera pista que señala a Gloria su relación con ella. Cae derrumbada. Los medios se nos han revelado como interposición ineludible entre el sujeto y sí mismo: es la alienación especular (Jacques Lacan, 1989ª) reduplicada por la ubicuidad global.

A la mañana siguiente realiza la primera demostración a los amigos. Van al parque con todo tipo de dispositivos móviles para poder observar, a la vez que la miran a ella, al monstruo de Seúl. La cuestión de la *racordización* en diferido entre las diversas pantallas de los *pervasive media* es esencial. Se trata de un sintagma multimedia estático. Les hace mirar a las pantallas mientras gesticula. El monstruo hace lo que ella. Planos que incluyen a Gloria y parte de la *tablet* en la que vemos al monstruo. Aquí los planos reactivos de ellos son esenciales. Se produce un ataque con aviones al monstruo. Cuando se lo dicen, Gloria empieza a interactuar a ciegas con ellos, en plan cómico y desafiante como un jugador con una Wii...o como un King Kong irresponsable, frívolo e insensato, que no ha de cuidar de su cuerpo. Lo que Vigalondo nos señala aquí es que la ausencia es el patrón discursivo, tan evidente en la comunicación mediada e interactiva, como lo era en los viejos medios en difusión, que no permitían la interacción en tiempo real, ni la retroalimentación.

Un helicóptero choca con su cabeza y cae destruido. Gloria se empieza a preocupar por las víctimas. Oscar se acerca a ella, interrogándola. Ella intenta salir de dónde está sin lastimar a nadie. Empieza preguntarles sobre la orografía de Seúl: ¿dónde está el río? Entra en pánico y cae. Funde a negro. Tras dormir, Oscar le cuenta lo de la aparición del robot masculino, que ella no ha visto.

A partir de aquí, las visitas de Oscar y Gloria al parque se suceden. Primero, para escribir el mensaje en coreano en el suelo. Allí, esperando la hora marcada por la llegada de los niños, Oscar le cuenta que la ha seguido estos años, que tuvo planes de boda con una mujer, pero se frustraron y se queja de su anodina vida, mientras Gloria intenta animarlo. Finalmente, Gloria va al foso de arena para escribir el mensaje. Espera a ver pasar a los niños y el sonido, que es la señal de sincronización. Oscar la monitoriza para que no haga daño a nadie.

La siguiente vez será más traumática. Días después, tras pasar la noche con Joel, Gloria se levanta y pone la tele. El robot ha estado haciendo de las suyas: Oscar celoso y borracho se ha ido al parque a *performar* la destrucción entre carcajadas. Despierta a Joel. Van al parque y ven Oscar y Garth haciendo el gamberro con la tableta en el foso. La situación de bucle y de efecto diferido y lejano de las acciones es curiosa. Planos de la tableta con el robot en Seúl. Oscar le reprocha a Gloria que ella ha matado gente y él no. Ella intenta que salga de la arena por el buen camino, esto es, sin destruir nada. Acaba entrando en la arena y entonces, lógicamente, su gigantesco avatar hace su aparición en Seúl. Vemos la escena en la tableta de Garth. Le dice con gestos a Oscar que se vaya. Él se niega, ella lo abofetea. Se va. Le dice que llegue temprano por la tarde para limpiar el ala oeste del bar. Oscar comienza a abusar de su posición.

Ya en el bar vemos en la televisión la escena de la bofetada en Seúl. Brillante forma de mostrarnos ambas escenas mediando una elipsis: su reproductibilidad es el mejor signo de su alienación. El bar está lleno y se suceden los contraplanos del público frente a la televisión. La tele informa de cómo lo tratan las redes sociales: vemos vídeos cómicos de la escena que provocan las risotadas de los parroquianos. Oscar riéndose y bebiendo. Gloria sirviendo bebidas.

La *mise en abyme* narrativa: la escena final

Si la *mise en abyme* visual entre la pantalla y la empiria cotidiana (i.e. fílmica) servía para mostrarnos a ese sujeto dividido entre la fenomenología de sus sensaciones y la incertidumbre de su conciencia, la *mise en abyme* narrativa nos indica cuáles son las soluciones posibles ante este dilema entre la gamificación (Scolari & Et Alii, 2013) de la intimidad y la responsabilidad ante la pulsión.

La exposición del *flash-back*, en una tensa secuencia en casa de Gloria con Oscar vigilándola y presionándola con el chantaje de destruir Seúl, es muy ilustrativa. Gloria está en el sofá y Oscar en un sillón. *Travelling* a primer plano de Gloria, se rasca la cabeza: *flash-back* a la escena origen de todo el asunto, con las maquetas de las ciudades y la reacción de envidia de Oscar. Intercalados con el *flash-back*, hay *reaction shots* de Gloria actuales. Evidentemente, no están racordados. O sí: se trata de que no mire en la dirección al sillón donde está Oscar. Mira a su interior.

Vemos el rayo sobre la cabeza de Gloria, que está llena de ira tras contemplar a Oscar destruir su maqueta. Plano de la niña de Seúl mirando al cielo. El juego entre el *flash-back* diegetizado y la mirada meganarratorial en Seúl es importante para dejar evidencia del bucle entre ambos emplazamientos. Primerísimo plano del rostro de Gloria niña, cayendo una gota de sangre por su frente, en medio de la tormenta. Plano reactivo de la Gloria actual: es la revelación de que el punto que se toca de la cabeza, como un tic, es en el que cayó el rayo. El monstruo cae de bruces. Es un monigote. El rayo derriba a Oscar: vemos caer su robot. Vuelta al presente: diálogo en primerísimos planos. Gloria lo explica con toda claridad.

> I used to think it was something else. That you want me to be yours. That you wanted to possess me. But no this is so much simple than that. You hate yourself.[121]

121. Solía pensar que era otra cosa. Que quieres que sea tuyo. Que querías poseerme. Pero no, esto es mucho más simple que eso. Te odias a ti mismo.

Por lo tanto, el machismo de Oscar es señalado en su intransitividad. El machista no pasa por el Otro, por eso no puede tolerar al Otro sexo, ni a la pequeña otra. La violencia es la expresión de un auto-odio.

> You can't stand that your life feels so small. It's that simple. And sad.[122]

Llama a Tim a pesar de la presencia de Oscar. Miradas cruzadas hacia la puerta. Se pelean para no dejarse salir. Gloria le rompe una silla, le tira una estantería y lo aplasta con la televisión, que está emitiendo el canal de noticias. Oscar salta por la ventana a la piscina con el agua sucia de hojas caídas. En el amanecer, entablan una carrera por llegar al parque, Oscar en el coche y ella corriendo. En la arena comienza la pelea. Voces de los niños que empiezan a pasar hacia el colegio. Ahora, Oscar contraataca y la derriba de un puñetazo. Planos vacíos del pueblo. Oscar le dice que, si se va, eso pasará cada mañana. Gloria queda en la arena, con el ojo tapado por la mano. Pisotones de Oscar mientras oímos gritos de pánico de Seúl, con grano televisivo. *Travelling* sobre las huellas de Oscar en la arena, Gloria llorando. Cámara lenta. Como vemos, el bucle pulsional, la repetición mortífera, es la amenaza.

Gloria llega a su casa y se enrolla en el colchón deshinchado. El mapa se descuelga del corcho. El mundo se presenta, pues, como un simple resto de sus representaciones. El plano fijo de ella enrollada en el colchón dura diez interminables segundos. Es importante, esta morosidad; está cargada de potencia significante. Se desenrolla y sale: primer plano con gesto decidido. Vemos a Tim saliendo del hotel. Oscar mira por la ventana de Gloria: la casa está vacía. Taxi, aeropuerto, Gloria volando. Con gafas, para tapar su ojo morado. Oscar tomando cervezas, de noche frente al parque. *Skyline* de Nueva York. Plano de detalle del móvil de Tim en su casa. Es Gloria, desde Seúl. Devuelve una llamada que él le ha hecho, mientras ella volaba. Él le dice que le debe una explicación. Contestación de Gloria (con planos reactivos de Tim):

122. No puedes soportar que tu pequeña vida. Es así de simple. Y triste.

What? Why? No, no. When you kicked me out of your apartment, you said that I was out of control. And you couldn't help me in that state. Well buddy, right now I'm more out of control than ever.[123]

Recordemos que Tim no sabe nada de la relación de Oscar y Gloria con los monstruos seulenses. Ni él ni nadie. El ítem principal de la agenda informativa global es un secreto que pertenece a la intimidad de cuatro personas. Planos nocturnos de Seúl, con sonido de sirenas. Oscar, al amanecer, se dirige borracho al parquecillo. Se alternan planos del parque, de Seúl y de un bar con la gente mirando la tele entre la que vemos a Joel. Aparece el Robot. Aparece Gloria. Planos del robot y Oscar alternados continuando uno los gestos del otro. Pánico en Seúl. El monstruo va a pisar a un niño en el suelo.

Vemos a Oscar deteniendo el gesto. Bandada de pájaros y trueno, sobre el parque. La tierra tiembla. Oscar, asustado: el robot mira a su alrededor. Pánico y planos reactivos en Seúl. Sin los planos reactivos de la gente, no se entendería nada. Plano de Oscar retrocediendo en el parque. Plano de Gloria avanzando hacia el Robot en Seúl. Plano del monstruo avanzando hacia Oscar en el parque. *Travelling* hacia Gloria, centrada de nuevo en el plano. Mira al suelo y tuerce la mirada: contraplano aterrorizado de Oscar.

Toda la secuencia es, pues, una deconstrucción contundente de la articulación discursiva entre el *rácord de mirada* y del *plano reactivo*. Pero a ello se suma una reflexión incisivísima sobre la responsabilidad y su glocalidad. Además, de una conculcación de la isotopía espacial de la diégesis es una reflexión sobre la ética como defensa contra el bucle narrativo y pulsional y una sátira del empoderamiento como punto ciego más allá de la identidad y del *self*.

Frente a frente, como en un duelo de *western*. Oscar huye del monstruo y el robot sale corriendo. Es vital que recordemos que el espectador televisivo en directo de la extraña escena no puede entender

123. ¿Qué? ¿Por qué? No no. Cuando me echaste de tu apartamento, dijiste que estaba fuera de control. Y no podrías ayudarme en ese estado. Bueno amigo, ahora mismo estoy más fuera de control que nunca.

la acción porque carece de los contraplanos que solo tiene el espectador fílmico de la mano del *Grand Imaginier* (Gaudreault & Jost, 1995). Una vez más, la pantalla fílmica se reivindica como la *interfaz del sentido* frente a las otras, que solo albergan información y goce asémicos. Al ver huir al robot, Gloria se lanza al suelo y estira el brazo hacia él: el monstruo coge a Oscar en su puño. Claro, la gente queda estupefacta porque lo único que ve es la imagen sin el relato. El plano reactivo es la certificación de una causa y un sentido, una des-realización de la mirada en bruto. Vigalondo lo soluciona mostrándonos *establishing shots* de las calles de Seúl y de los parroquianos del bar ante la pantalla de TV y planos reactivos del público de ambos lugares, que solo ve una secuencia ciega del monstruo suspendido en el aire.

Primer plano de Gloria mirando a su puño cerrado y vacío. Que en plena deconstrucción del rácord veamos un homenaje indudable a *Gone With The Wind* (Victor Fleming, 1939), me parece de una ironía sublime: el patetismo es absolutamente sarcástico. No dejemos de recordar que toda la secuencia es "surrealista", en el sentido vulgar de la palabra, y delirante. Es un anti-melodrama. Tampoco olvidemos que es una parodia de Godzilla y de King Kong. Primerísimo plano de Oscar aterrorizado en el puño del monstruo. Plano aún más cercano de los ojos de Gloria (recordemos que el derecho lo lleva amoratado todo este tramo del filme) mirando, racordadamente, el imposible e invisible objeto de su puño. La deconstrucción del rácord de mirada toma tintes épicos cuando *la nada es el objeto*. Planos brutales del monstruo bramando a Oscar, atrapado. Llora y suplica. Pero acaba ganando la ira:

> Please. Please. Please. Please... Put me down, right now you fucking bitch![124]

Gloria/El Monstruo, lo arroja bien lejos. La gente ve al robot maligno desaparecer volando por el horizonte nocturno. El monstruo, a su vez, se disuelve en una nube de humo. Suspiros y gritos de alivio en Seúl. La gente vitorea a espaldas de Gloria, que vuelve a ocupar el centro del

124. Por favor. Por favor. Por favor. Por favor... ¡Bájame ahora mismo, maldita perra!

plano, al borde del llanto. Ella sale de campo. Planos de Seúl, con los heridos, la gente en la calle rebosante de euforia. Recogen del suelo al niño caído. Joel lo está viendo en la tele del bar. De repente, ve a Gloria en pantalla, entre la multitud. Plano reactivo: sonrisa feliz de Joel. Gloria entra en un bar de Seúl. La camarera le comenta la noticia. Empieza a sollozar. La camarera se interesa. Gloria:

> Do you want to hear an amazing story?
> Oh of course –contesta la camarera. Would you like something to drink?[125]

Último plano: rostro de desaliento y resignación de Gloria, girando los ojos a fuera de campo. Acaba de derrotar a un monstruo maligno y no es capaz de dominar su ansia de beber, ni de organizar su vida en función del ideal superyoico que se ha impuesto. El efecto de la mirada a la cámara es manifiestamente cómico.

Lo que ha hecho Vigalondo, pues, es, precisamente, convertir una narrativa en un relato, para que puedan triunfar la justicia y el bien, en el sentido más cinematográfico y coloquial posible de estos términos. Es imposible que triunfe la justicia en una serie o en un videojuego. Ni que sea derrotada. Porque son trayectos no clausurados. El final, más cómico que feliz, de la película, con el resoplido de Gloria ante la tentación y el desvío se su mirada, merece una cita de Emmanuel Lévinas, que sintetiza perfectamente la tensión trágica de la posición humana en el mundo.

> Mi ser se duplica en un deber: estoy a cargo de mí mismo. En esto consiste la existencia material. En consecuencia, la materialidad no expresa la caída contingente del espíritu en el sepulcro o en la prisión de un cuerpo. Acompaña necesariamente la emergencia del sujeto en su libertad de existente. Comprender el cuerpo de este modo, a partir de la materialidad –acontecimiento concreto entre Yo y Sí Mismo– es reducirlo a un acontecimiento ontológico. Las

125. ¿Quieres escuchar una historia increíble? / Ah, claro¿Quieres algo de beber?

> relaciones ontológicas no son vínculos descarnados. La relación entre Yo y Sí Mismo no es una reflexión inofensiva del espíritu sobre sí mismo. Es toda la materialidad del hombre (Lévinas, 1993).

Recapitulando

O sea, que las películas de Vigalondo no se entienden, fallan en su *comunicabilidad material* (Garroni, 1975). De hecho, en el estado de beatitud suma que la era neoliberal proclama, el ideal es que no haya nada que entender, porque todo esté claro, todo sea transparente, los medios muestren sin intervenir. Lo que hemos pretendido es señalar cómo *el gran obstáculo a la producción de sentido es precisamente la transparencia,* la integración diegética que fija al espectador a la narrativa y le inhibe de la responsabilidad por el *sentido figurado.* El cine se propone como interfaz del sentido frente a las demás pantallas, pero naufraga precisamente porque el *mainstream* le impide cuestionarse el propio horizonte hermenéutico. En la sociedad de la información, donde la *comunicación* se ha convertido en *campo único de enunciación,* es obligación unilateral del emisor hacerse entender, y cualquier huella de su presencia en el enunciado, como mácula sobre la exacta transparencia, es refutada de obscurantismo y goce nefando. La corrección política ha tenido varios méritos, pero ha segado de raíz la posibilidad de un sentido figurado. La ironía ha sido su gran víctima. El cine de Nacho Vigalondo es un magnífico ejemplo.

La clave es precisamente la colonización de la intimidad por la esfera pública. Porque, la intimidad puede ser colonizada por la esfera pública, respetando escrupulosamente la privacidad. De hecho, la exige. En realidad, lo íntimo siempre es un reflejo de lo público, en cualquier cultura. Pero lo específico de la esfera pública en la postmodernidad digital es convertir lo que hacen todos según modos sociales en prácticas aisladas y secretas. Otro acierto de *Colossal,* que tematiza la cuestión enfrentando el alcoholismo como vicio público frente al consumo de cocaína, del que Oscar acusa a Garth en medio de sus delirios de poder. Pero la diferencia entre el uso de los videojuegos y el consumo del porno también es un gran ejemplo.

En fin, vivimos en tiempos convergentes y transmediales (Jenkins, 2008; Scolari, 2013) y por lo tanto las industrias culturales tienen más canales que nunca para penetrar en lo íntimo. En todo caso, el particular queda en una posición *extimidad* (J.-A. Miller, 2010) de la esfera única, como un excluido de la agenda mediática (McCombs, 2006), y el *self* se convierte en objeto de su codicia, como demuestra el discurso de la autoayuda y del *coaching*, del imperativo de estar a la altura de los propios ideales y de luchar por los propios sueños. Es la fuerza centrípeta de la difusión en tiempos de performatividad, de reduplicación en bucle del virtuosismo (Virno, 2003b) de las masas.

El tiempo del realismo siempre es el pretérito perfecto y el de la *performance* es siempre el presente, es decir, el modo imperfecto. Es una gran paradoja que le pidamos realismo a una época como la posfordista, que es esencialmente virtuosista y performativa. El concepto de verdad operativo en nuestra época no puede ser el referencialista. De ahí, su continua impotencia, la desesperante falta de eficacia de la denuncia como modo de lucha emancipatoria, que parte del dogma mítico de la autodeterminación soberana de la opinión pública. Las cosas no se cambian informando a la gente, sino dialogando con la gente. Y no se dialoga si no se escucha. Y nadie escucha si no tiene al menos noticia de que su punto de vista es insobornablemente real y no intercambiable. La verdad solo puede ser un intercambio simbólico entre restos (defecciones/excepciones) de lo universal. Sin vergüenza ni lamento alguno. Es lo que hay.

Cuarta parte

LOS GESTOS

CAP. 11. HACIÉNDOLE SITIO AL AMOR: *ROMA* (ALFONSO CUARÓN, 2019)

El Plano, primero

La mirada paciente

La película empieza con un plano cenital que nos muestra las baldosas del suelo de un patio interior. Plano que calificaríamos de imposible, porque representa una mirada celestial dentro de la casa, que no se puede confundir ninguna mirada subjetiva. A su vez, el proceso de auricularización nos alcanza el sonido de fondo: el trino de los pájaros y el flujo del agua. Se espera que, inevitablemente, esta se derrame, que acontezca ese movimiento en el plano. Y así sucede: el charco resultante convierte el plano en un espejo del cielo, que rima perfectamente con el último plano del filme, como veremos. Hay todo un relato sonoro en fuera de campo: el cepillo rascando el suelo y el vaivén del agua, mientras sobre el charco van apareciendo los créditos. El plano, es receptivo, deja que los sucesos acaezcan y los objetos.

El dispositivo se quiere espejo, parece decírsenos, y se ofrece al espectador para mostrarle lo invisible, lo que no tiene ángulo para ver. Dice Umberto Eco (Umberto Eco, 2012) que el espejo no es un productor de signos, porque para que algo sea signo necesita la ausencia del referente. Si el fuego se ve, el humo ya no es su signo. Por tanto, en sí mismo el espejo no implica a la semiosis, acoge al mundo sin violentarlo y nos ofrece una enunciación por fuera del sentido. Lo que se nos presenta en *Roma* es la pantalla como el doble de esa casa.

Todos los créditos, incluido el nombre de Cuarón, aparecen inscritos en este espejo del cielo, inquieto y turbio. Es una enunciación especulativa[126] de la que una subjetividad se hace responsable. Y más aún cuando pasa el primer avión de la película, que es el primer objeto en movimiento que aparece en el plano. Y en la película. Justo en ese momento, los nombres que concurren en pantalla son los de los encargados de efectos especiales, incluidos los de maquillaje, y los coordinadores de *stunts*, es decir, los principales encargados de mentir ante la cámara. Porque no hay dispositivo que más induzca acicalar la realidad que un espejo. Todos nos levantamos por la mañana para reconstruirnos con el fin de que lo que aparece en un espejo sea grato a nuestra mirada, constituida, así, en delegación de la mirada del Otro. Eso es, precisamente, un espejo: el imperativo de parecer para ser, de reconstruir –restaurar– lo real para gozar de su reflejo, con la creencia de que esta imagen es la que va a ver el Otro y nos facilita la tarea de *hacernos falta en Él*. El avión, al fondo del plano, pareciera ajeno a la acción. Será uno de los símbolos más discretos pero más contundentes en toda la película, una marca clara de la enunciación modelizando el sentido.

126. **ESPECTÁCULO,** 1438. Tom. del lat. *spectacií.lum* íd., derivo de *spectare* 'contemplar, mirar'. DERIV. de *spectare: Espectador, 1615 (-atar),* lat. *spectator, -oris.* Los siguientes derivan de *specere* 'mirar', primitivo arcaico de *spectare:* (...) *Especular,* 1438, lat. *speculari* 'observar, acechar', derivado de *specula* 'puesto de observación'; *especulación,* h. 1440; *especulador. 1604; especulativo,* 1495 *(-iva,* sust., 1438). (Corominas, 1967)

La cámara se mueve en panorámica hacia el frente para mostrarnos el pasillo. Cleo se aleja del charco como del espejo que ella misma ha creado lanzando un cubo de agua. La cámara la "recoge", que no la sigue, a partir de ahora. *La acoge, no la captura.* Entra al cuarto del patio: campo vacío durante muchos segundos. Sin ella el espacio espera, la cámara no busca la acción, se limita a recibirla con docilidad, sin voracidad, como el espejo al cuerpo y a los ojos. Tenemos aquí una declaración de intenciones muy pregnante: la firma de un contrato de cesión del filme como espejo al espectador, que muestra fielmente aquello a lo que no alcanza su vista, pero también una invitación a Cleo al espacio de la enunciación. Para habar de Roma, en efecto, nos parece más adecuado el término *enunciación* que otros como *mirada* (o *pantalla,* o *cámara*) porque la enunciación es todo eso, pero es también otra aparte esta cesión no es fácil sin suplantar su voz, sin colonizarla. Pensemos en una película, como *'Criadas y Señoras'* (*The Help,* Tate Taylor, 2011), en principio cercana a Roma, en cuya apertura vemos un plano subjetivo de un cuaderno en el que título es escrito por una mano blanca. Alguien va a narrar la vida de las criadas negras para darles socorro, *The Help,* por eso el siguiente plano apresa a la criada para integrarla en el relato.[127] Cuarón, sin embargo está diciendo "voy a darte una mirada que no te violente", un espacio al que entrar por tu propio pie, marcando tú el paso. Con otras palabras, "te voy a acoger en mi voz". Y eso es el amor: es dar lo que no se tiene (Jacques Lacan, 2010). Y esto es lo que hace Cuarón: de alguna manera le da lo que no tiene, la enunciación, a alguien que, en principio, no es porque no tiene palabra. La realidad es dicha y cuando es dicha el sujeto no es feliz. No nos disculpamos por el juego de palabras.

Lo que hace la enunciación es acoger, pues. El enigma del filmee radica en cómo trata Cuarón la pantalla, de un modo completamente deliberado y autoconsciente, que pergeña un enigma en la *mente* (*mind*) del espectador postclásico acostumbrado a *jugar* (*game*) en un tablero completo. *Roma* no se agota en lo cognitivo ¿Cómo trata, entonces, la cá-

127. El color blind es el ejemplo extremo de esta actitud: seas de la raza que seas vas a poder acceder al estatus de blanco.

mara al mundo y cómo trata la puesta en escena, *Roma*? No se trata de qué se mira ni desde dónde, ni tampoco de si se narra una historia ni qué economía del saber utiliza para ello. Se trata de cómo, una enunciación que no pertenece definitivamente a nadie, construye un mundo con sitio para un amor inédito, no preexistente, que no es familiar, ni social (no solo, al menos), ni mucho menos sexual. Se trata de *hacerle sitio al amor*, de cómo se crea un espacio para un amor nuevo. En inglés, se suele utilizar la expresión *making room*, que vendría mucho al caso porque tendría aquí el doble sentido, literal (se está alojando en el hogar a alguien que no pertenece a él de origen, la *sirvienta* interna) y metafórico (se está abriendo un espacio en el afecto de la familia protagonista).

El plano, pues, es receptivo, deja que los sucesos acaezcan y los objetos comparezcan en él. Consecuentemente, es muy distinto del plano mainstream, clásico y postclásico. La cámara no persigue y captura los acontecimientos integrándolos en su escala, simplemente espera que, delante de ella, acontezcan. Por decirlo en inglés de nuevo, *Wait* pero no *hope* ni *expect*. La cámara aguarda y no espera con esperanza, ni espera con expectativa. Simplemente espera. La cámara no persigue a los hechos, consiente en los acontecimientos, precede en vacío a la aparición de la figura. Por ello, predomina la profundidad de campo y el plano secuencia, el *long take*. Y el campo vacío.

Pero, claro, cuando ves que la cámara sigue de lejos a esta chica indígena que está fregando nos preguntamos por su relevancia en la trama, porque la película no se llama "Cleo", se llama *Roma* y aún no sabemos que va a ser la absoluta protagonista. De hecho, no falta en ninguna secuencia. Una criada indígena en la casa de una familia mexicana de clase media. La chica se nos va adentro y la cámara se queda fuera a esperar que salga. Eso es anti-clásico y anti-post-clásico, anti-institucional por excelencia. Al final sale, cruza el patio y entra de nuevo y la cámara vuelve a recibirla; la cámara no la apresa, la cámara está esperando pacientemente que ella, en el siguiente instante, aparezca por el fondo. En el rácord de movimiento *mainstream* se produce siempre una elipsis mínima: la cámara llega al contraplano a la vez que el cuerpo del actor, al que recoge en la escala perfecta (acabada, completa, acoplada). En Roma, sin embargo, emerge el campo vacío: la cámara espera para acoger, emplazada en el centro arquitectónico de la vivienda, no se adhiere a cuerpo-agencia del actor. Hay una renuencia en todo el filme al rácord de mirada y al r*eaction shot.* El sentido, entonces, no está tutorizado por la cámara sino apaciblemente guiado por la enunciación. Entendámomos: *Lo subversivo –que no necesariamente transgresivo– es la disociación entre cámara y enunciación. Es esta disociación la que abre el paso a la construcción de sentido, a la hermenéutica. La enunciación crea el mundo profílmico pero no lo esclaviza al significado. Por eso, es una enunciación que acoge, pero no atrapa.* Cuarón opta por una sintaxis minimalista, lo que implica la reducción del montaje y del relato, tanto como la hipertrofia escenográfica. La renuncia al montaje como artificio expresivo lleva a la impostación de la puesta en escena. Tenemos, pues, una enunciación distribuida como enunciación especular.

Tras estos primeros compases de la película vamos a la planta superior. La cámara, emplazada en el centro de la vivienda, que no de la estancia, espera a Cleo en campo vacío. Va a moverse siempre sobre su eje, insistimos, no siguiendo al personaje, sino observándolo. La enunciación renuncia al montaje analítico, a la tentación del acercamiento y del apresamiento escópico en el plano. Una columna de libros divide el espacio. Ella ha entrado por la derecha y aquí entrará por la derecha también, porque este plano no está montado en continuidad con el anterior. La cámara nos muestara un campo vacío el que se oye a Cleo acompañar el canto de la radio con el suyo y, solo después, aparecer por su propio pie en patalla. La cámara y el personaje no han llegado sincrónicamente, hay lapso por el que la puesta en escena respira. En el espacio de los señores, los planos son de una notable profundidad de campo, despersonalizados, no tienen un mapa. La acción está siempre lejana de la cámara. Un poco más cercana si el actante es un miembro de la familia, más lejana si es Cleo.

Sin embargo, las escalas cuando bajamos al ámbito de los criados son muchísimo más cortas, planos mucho más personales, primeros planos y planos medios, incluso, contra-planos que obedecen al diálogo. En los planos exteriores, lo más habitual es que la cámara esté ubicada al otro lado de la calle. Hay una tendencia en los espacios abiertos a mirar la acción desde la acera de enfrente siempre. De tal modo, que la acción recorre la pantalla, no se queda en ella, no le pertenece. El coche es, sin embargo, el lugar ideal para el plano del rostro y su expresión (PP/PM) De ahí, que el primer plano imposible del padre, como veremos, sea aún más significativo de una desmembración, una desarticulación de su función. En la puerta del cine es en el único sitio donde Cuarón utiliza contrapicados. Es un lugar algo reverencial: siempre se mira de abajo para arriba con una con una cierta admiración.

La *ostranenie* y el Modo de Represenación

La trama es, para los tiempos que corren, extraordinariamente lineal. La extrañeza de *Roma* estriba en otras cosas. Antes de ver la película, ya sabemos que su programación en Netflix es un evento –o incluso un acontecimiento– desde el punto de vista de la distribución. Y, cuando entras en ella, de repente te sorprende observar que es una película en blanco y negro, con una profundidad de campo absolutamente inusitada y con un gusto por el campo vacío, la morosidad. y el plano secuencia que verdaderamente te deja completamente desubicado: se trata de una película de Netflix, cuyo estreno en salas no está previsto, y probablemente sea la más *cinematográfica* que has visto en años, en el sentido de que vemos un mimo por la imagen y la pantalla completamente desusado en el *blockbuster mainstream* (estamos en Netflix, insisto) y menos en tiempos de *continuidad intensificada.*[128]

En el capítulo 2 de este libro nos hemos detenido en algunas de las claves que convirtieron al Modo de Narración hegemónico en una poética esencialmente realista, al menos es sus expresiones más institucionalizadas. Esta poética fílmica asimilaba los presupuestos ontoestéticos del realismo y el naturalismo literarios a través de dos procedimientos básicamente: la *integración diegética* y el *montaje analítico.* De este modo, la cámara pierde cualquier autonomía, dedicada a satisfacer la pulsión escópica de espectador asiéndola a los objetos encuadrados que, de esta manera, se muestran *plenos de sentido.* La identificación primaria y la secundaria quedan garantizadas –como ya señaló Brecht– a través de la continuidad, que el propio espectador sutura con su incondicional asentimiento. La eficacia cognitiva de la metonimia narra-

128. Justo, escribo estas líneas cuando hace pocos días de la muerte de David Bordwell. De lo que le debo, queda constancia en cualquiera de las páginas de este libro. Sinceramente, he sentido su partida.

tiva es la que soporta todo este andamiaje ontológico sobre un molde discursivo matricialmente prosaico, puesto que es el eje sintagmático de la narración, el que sobredetermina cualquier posible significación connotativa.

En el cap. 9 hemos visto cómo la escritura fílmica tarantiniana atacaba este andamiaje, en el campo de la autonomía estética y diegética a, través del cuestionamiento de la referencia, que es uno de sus pilares. Y en el 10, a través del cine de Nacho Vigalondo, cómo la reflexión metafílmica era atrapada en las redes del Modelo a causa de la continuidad intensificada del cine postclásico. La apuesta de Cuarón, cuyo estilo es mucho menos definido y constante –y, por tanto, reconocible a priori–, que el de los dos directores anteriores, es sin embargo la más radical, pues ataca estos dos pilares básicos del MRI, dejando así al descubierto la función de sutura por parte del espectador al negarse a tutorizar su mirada y, por tanto, al acople perfecto entre cámara y mundo, esto es, entre *acción*, *significado* (valor cognitivo) y *encuadre*.

Nos encontramos de nuevo, pues, con la *ostranenie* (François Albéra, 1998; Sklovski, 1978; Todorov, 1978; van den Oever, 2010). Recordemos que el teórico formalista ruso V. Sklovsky fue el primero que acuñó el término, que se suele traducir normalmente por *desautomatización, desfamiliarización* o *extrañamiento*. Desde el principio vemos claramente que Cuarón decide *enrarecer* el filme, desviarse del *grado cero* que implica *la integración narrativa* en todos los aspectos de la película: ni la planificación, ni el montaje, ni la escala, ni la duración de los planos, ni los movimientos de cámara tienen nada que ver con el *mainstream*, ni con la subordinación de todo el aparato enunciativo a una historia narrada. Digamos, entonces, que pone en marcha *una escritura contra la integración narrativa*. Y aquí formulamos nuestra principal tesis: *Roma* se ancla en el cine narrativo con *procedimientos tomados de la puesta en escena y la planificación del cine de los primeros tiempos, impostando la profundidad de campo ante a la cámara estática*. ¿Con qué finalidad? Con la de ofrecerle a Cleo un encuadre *acéntrico y no dirigista*:

> Estas imágenes "documentales", por un lado y el *cuadro narrativo* de *L'Arroseur arrosé*, por otro, iban a fundar un tipo de vista *panorámica* –una imagen acéntrica, no "dirigista", que deja a la mirada más o menos "libre" para vagar en el

> total, encuadrado como desee (como pueda); una imagen donde, además la silueta de los personajes no predomina jamás sobre su entorno sino que, por el contrario, *se inscribe en el mismo* en todo momento. Y es *esa visión* la que dominará el cine mundial durante más de una década; es la que se encontrará de nuevo igualmente tanto en las películas de Méliès como en las que Edwin S. Porter rodará para la Edison Company (Burch, 1978).

Es una planificación acéntrica y autárquica inspirada en el cine primitivo, el cine en el que el relato aún no había desalojado al mundo para convertir la pantalla centrífuga en encuadre centrípeto. La profundidad de campo fue un rasgo inherente al cinematógrafo (Baudry, 2016) que se fue perdiendo a medida que la diégesis empezó a ocupar el plano y dejó de hacerlo el mundo. De este modo, la *interfaz* resulta especialmente espesa y translúcida, compleja, permite pensar[129] el ser en tanto acoge a los entes sin atraparlos, dejándolos respirar.

Ya en los años 40 André Bazin deja muy claro que la función del montaje es hacer al espectador entender lo que la instancia enunciativa quiere que entienda de las imágenes que se le presentan, esto es, restringir el sentido lo más posible hacia el significado.

> Resumiendo, tanto por el contenido plástico de la imagen como por los recursos del montaje, el cine dispone de todo un, arsenal de procedimientos para imponer al espectador su interpretación del acontecimiento representado. Al final del cine mudo, puede considerarse que este arsenal estaba completo (Bazin, 1990: 84).
> Al analizar la realidad, el montaje, por su misma naturaleza

129. **PENSAR,** h. 1140. Del lato PENSARE 'pesar' (intensivo de PENDIIRE íd.), por vía semiculta: se partió de la idea de pesar cuidadosamente el pro y el contra. DERIV. *Pensador. Pensamiento, 1220-50. Pensativo,* 1438. *Pienso,* fin S. XVI, de *pensar* en el sentido figurado de 'cuidar de alguien' y de ahí 'dar de comer a un animal', S. XIV (Corominas, 1967).

> atribuye un único sentido al acontecimiento dramático. Cabría sin duda otro camino analítico, pero sería ya otro filme. En resumen, el montaje se opone esencialmente y por naturaleza a la expresión de la ambigüedad. La experiencia de Kulechof lo demuestra justamente por reducción al absurdo, al dar cada vez un sentido preciso a un rostro cuya ambigüedad autoriza estas tres interpretaciones sucesivamente exclusivas. La profundidad de campo reintroduce la ambigüedad en la estructura de la imagen, si no como una necesidad (los filmes de Wyler no tienen prácticamente nada de ambiguos), al menos como una posibilidad. Por eso no es exagerado decir que *Citizen Kane* solo puede concebirse en profundidad de campo. La incertidumbre en la que se permanece acerca de la clave espiritual y de la interpretación de la historia está desde el principio inscrita en la estructura de la imagen (Bazin, 1990: 95).

Por lo tanto, creo que no hay ninguna duda de que el intento de Cuarón es remedar, de alguna manera, esa mirada del cine recién nacido: gran profundidad de campo y una pantalla que no te dirige la mirada, que ofrece miradas que el espectador irá centrando. La primera estética Lumière consiste en ver acaecer el mundo, pero Cuarón no la plantea como una vuelta a la inocencia, sino como una conciencia del artificio y de su poder político. De alguna manera, el componente sintáctico del filme, el relato y el montaje, se ha reducido al mínimo para aumentar esa sensación de catálisis, de fresco visual al que se subordina la acción.

La profundidad de campo

La profundidad de campo de *Roma* nos regala algunos planos más absolutamente magistrales de la película. Por ejemplo, los de la terraza con la ropa tendida, en la escena en la que Pepe está jugando a estar muerto y Cleo se le suma diciendo "Me gusta estar muerta", que es una auténtica maravilla. Cada cosa que vemos en una película actual nos da la impresión de que es una premonición, que está prediciendo algo. Esta escena tiene cierto sabor pro-nuclear, premonitorio: en una película *mainstream* dicen me gusta estar muerta y ya se masca la tragedia. Pero en *Roma* no hay tal subordinación, tal hipostatización del relato como médula del mundo. El juego es un juego, pura catálisis sin trascendencia metonímica ni metafórica, al menos la escena no es vehículo del *tenor* muerte, ni como reflexión, ni como anticipación. Ambos quedan *muertos* encima de la claraboya y, con el sonido de fondo de los ladridos de los perros del vecindario, la cámara eleva suavemente su punto de vista en una suave panorámica catalítica para que veamos la escena repetida en las terrazas de alrededor: ropa tendida, la radio encendida y criadas indígenas lavando en una parsimoniosa recreación de los 70.

Más relevancia en el relato tiene el plano en el interior del cine, cuando Cleo le está confesando a Fermín, su amante, en medio de un intenso magreo, que está embarazada, de tal manera que al fondo está el espacio en abismo de la pantalla de cine en la que se está proyectando claramente un filme bélico: *La gran juerga* (*La grande vadrouille*, Gérard Oury, 1966) protagonizada por Louis de Funès, cómico francés de gran éxito en esa época. Están besándose e ignorando la pantalla, que nosotros sí vemos, pues el plano los toma desde atrás. Cuando Cleo le comunica la noticia, Fermín sale un momento de la sala y le pide que le guarde su cazadora. Obviamente, no vuelve, pero el plano de la sala llena, con Cleo en primer término, se prolonga hasta el fin de la proyección. Cleo recela: se acaba la película y se encienden las luces y Fermín no vuelve. La gente comienza a salir: el tiempo es el real de la acción, sin elipsis. Cleo se lleva la cazadora. Sale de campo.

Plano contrapicado abigarradísimo de la puerta del cine con vendedores ambulantes, una multitud y la gente saliendo del cine. Cleo sale sin que la cámara la privilegie en absoluto. De repente está en primer plano, delante de la cámara, y no sabemos cómo ha llegado ahí, de dónde ha surgido. Evidentemente sale por la puerta pero el recorrido que hace es siempre con figurantes entre ella y la cámara, para que no la veamos hasta en el último segundo. Toda esa profundidad de campo la diluye. La cámara es indiferente al protagonismo actancial: el personaje principal siempre adviene al plano general subrepticiamente, dejando su tiempo al deseo del espectador. A ello se suma la renuncia, también continua, al plano reactivo y al rácord de mirada. Se sienta en los escalones, desolada por la desaparición de Fermín. La cámara la sigue en panorámica vertical. El plano se alarga ante las miradas a derecha e izquierda y el rostro de desesperación de de Cleo. Nada que ver con un plano de reacción que convoque al montaje. Precisamente, cuando ella mira a un objeto, la cazadora que lleva en la mano, en vez de volvernos a mostrar su rostro, se corta la secuencia. El *mainstream* nos hubiera mostrado un plano mucho más cercano de ella inmediatamente, con sus sentimientos por esa cazadora abandonada que significa que Fermín la ha dejado.

La renuncia al montaje analítico y al plano reactivo

Otro ejemplo de este modo de planificación se da en una secuencia tremendamente subversiva por su conculcación del imperativo escópico. Están yendo al cine y de repente los niños se pierden y Cleo tiene que salir corriendo a buscarlos. El trayecto de Cleo está rodado en principio en un *travelling* lateral desde la acera de enfrente, pero aquí si se produce un corte y un acercamiento por rácord en el eje, pero solo hasta las cercanías de la acera por la que camina a toda prisa Cleo. Jamás abandonamos el plano general. La representación del abigarrado México del año 71 es espectacular: multitud, edificios, vehículos, todo recreado hasta el más mínimo detalle pero filmado en un *traveling* pudoroso y acéntrico, eminentemente rodado como una acción catalítica. Cleo está llegando a la puerta del cine y los ve entretenidos con en un kiosco en cuya fachada intuimos muchas portadas eróticas de revistas, tan típicas de la época. A eso se ha debido la escapada de los adolescentes, blemente. De nuevo de repente llegando desde el fuera de campo una pareja cruza la pantalla como una anéctota más de las que han envuelto a Cleo en todo el camino. Haciendo el tonto, chocan con una pareja mayor. Un amigo de Toño, el hermano mayor, alerta de que es el padre de los niños. Evidentemente, está saliendo con su amante del cine, y hasta ese momento téngase en cuanta que no sabemos que tiene un amante, sabemos que hay problemas entre el matrimonio y que se ha ido de casa, pero no este dato relevantísimo.

Obviamente, es una acción completamente nuclear. Sin embargo, no hay una sola concesión a la pulsión escópica: no hay montaje analítico ni rácord en el eje. No hay subrayado simbólico ni visual de una acción que es esencial. Eso es una mirada acéntrica: pasa por delante de la escena y ni siquiera la cámara le concede un segundo. En el MRI, el núcleo siempre está capturado por el plano cercano y el rácord en el eje, y ningún director comercial dejaría de recrearse en enseñarnos esta sorprendente revelación en un primer plano, pero aquí la mirada es distante del relato. La cámara es aquí evidentemente un trasunto de Cleo que está implicada con esa familia, pero cumpliendo su cometido, con una pulcra y distante discreción. En el mejor sentido de la palabra. Los quiere sin histrionismos, los quiere sin melodrama.

Recalemos en un ejemplo más de esta mirada acéntrica y no dirigista. Lo tenemos cuando Cleo va a buscar a Fermín y se lo encuentra en un entrenamiento de artes marciales. Son los tristemente famosos *Halcones* –como veremos–, grupo paramilitar fascista. En el entrenamiento aparece el profesor Zovek. Aquí sí que ha habido una *catálisis pronuclear*, el "profesor" aparece una primera vez en la televisión cuando están comiendo en un bar las dos parejas un domingo, para poder aparecer una segunda y ser reconocido. Es un personaje peculiar, que entrena ocasionalmente al enorme grupo de Fermín y va hacer una demostración ante ellos y la multitud de curiosos que se acercan, entre los que está Cleo. Se prepara con gran ceremonia para realizar el ejercicio y aparecen también los aviones pasando sobre su cabeza. Cuando levanta los brazos, para ponerlos en cruz, su figura rima completamente con la del avión que sobrevuela en el horizonte. Una vez más, la presencia de lo celestial queda remarcado por el paso de un avión. El montaje es, pues, muy predominantemente *sintético*. Les habla de las enormes potencialidades del entrenamiento de la mente:

Bienvenidos. Que la Energía acoja a todos los Kombatekas reunidos esta tarde. ¡Tú!... ¡Tú!... ¡Y tú también! Tú también puedes serlo. Todo ser humano posee un gran potencial que debe ser desarrollando a través del acondicionamiento físico, sí. Pero más importante aún mediante una evolución mental y espiritual. Tú también puedes desarrollar tu potencial. *Pero no esperes milagros,* el único milagro radica en tu propia voluntad. Por eso el desarrollo mental es el verdadero motor del desarrollo físico.

Y les promete hacer una proeza, que va a consistir en mantenerse sobre una pierna con la otra flexionada y con los ojos vendados. Ante la estupefacción de los Halcones, que se esperaban algo más espectacular, espeta: "Lo que están viendo es una proeza ¿por qué no lo intentan?" dice. Cuando todos los Halcones tienen los ojos cerrados, un gran plano nos muestra un cerro tras la formación en el que se pueden ver las letras *LEA Edo de Mexico.* Son las siglas del presidente del momento, Luis Echeverria Alvarez, pero el escarnio es más que evidente. Vemos tanto a los Halcones como a la multitud aprestarse a intentarlo. Y resulta que absolutamente nadie es capaz de hacer esta gran proeza. ¿Excepto quién? Por supuesto, el plano general lejano no se *analiza*, no se inmuta la cámara, no se inmuta la escala, cuando nos está mostrando que en Cleo hay algo de sobrenatural, hay algo de santo. Al final resulta que sí se pueden esperar milagros. Hay algo de 'Juana de Arco' en Cleo. Pero la Santidad es construida en el extremo opuesto al eje de Dreyer, que optó por el primerísimo plano para intentar contener la santidad ante los ojos. Cuarón, muy al contrario, desliga el prodigio de la voracidad escópica y renuncia al rácord en el eje y al montaje analítico para mostrar a Cleo, siempre, en consustancialidad con los otros. El encuadre es hospitalario con Cleo porque Cleo es generosa, fraterna, un más entre los otros.

En fin, solamente hay una excepción a esta renuencia al plano-contraplano: precisamente, la escena anterior de la exhibición de Fermín desnudo practicando artes marciales ante Cleo en un homenaje evidente de las películas, entre otros, de Bruce Lee. Y aquí es la única secuencia en la que tenemos los contra-planos. Es el único momento en el que los planos de Cleo son integradamente reactivos, entre embobada y divertida. Fermín Cuenta su desdichada infancia.:

> Le debo la vida a las artes marciales" De chamaco, cuando mi mamá se murió, me llevaron a vivir a Neza. Allá con mi tía. Que entre que mis primos me madreaban, que las malas compañías, y que empecé a tomar y caí en el chemo. Me andaba muriendo. Pero descubrí las artes marciales. Y todo tiene... ¿Foco? Así como cuando me miras.

La posición enunciativa del filme está explicitada, pues, con la máxima ironía, a través de las palabras de este personaje mezquino, ridículo y miserable, que la dejará abandonada en su embarazo.

El relato

La película nos narra en 17 jornadas el período que va del 3 de septiembre de 1970 hasta el 28 de junio de 1971. Estas jornadas están expresamente señaladas en el guion de la película, pero no hay ninguna indicación de ellas en el filme. Muy recientemente, ha acabado el Mundial de Fútbol –en la película vemos múltiples carteles sobre el evento–, y en este transcurso se produce la ominosa Matanza del Corpus Christi en la ciudad de México, en la que un comando fascista ataca a una manifestación de estudiantes. Es, digamos, el entorno del 68 y los movimientos populares del período en América Latina, que daría paso en los años 70 a algunos gobiernos progresistas primero, y a las sangrientas dictaduras militares, después.

Decir que esta película falla por el lado del relato, como se hizo en algunos casos, es no haber entendido que la película es una potente crítica, o al menos alternativa, a la narrativización como única opción de empoderamiento de los subalternos. La vida cotidiana del subalterno no está estructurada por un antagonismo épico, sino por un lírica de lo cotidiano que no se confunde con el costumbrismo burgués. Una de las formas que tiene de Cuarón de dinamitar el modelo *mainstream* posmoderno y post-clásico es precisamente atacar su componente anticipatorio, exacerbado por la continuidad intensificada en el *mind game* y en el *puzzle* filme.

Es también una especie de *film à clef*, en que determinados personajes representan a personas de la vida pública o de la vida real de una forma más o menos críptica. Todos sabemos que es la familia de Cuarón y que la protagonista es un trasunto Libo, la nana que lo crio a él y a sus hermanos. El cripticismo proviene del hecho de que nada de esto está explicitado en el filme propiamente dicho. Según parece (Sánchez-Casademont, 2018), Cuarón es el segundo hijo de su familia. Esto indica que es representado por el personaje de Paco, y sin embargo, en principio, en cuanto a los hijos, parece mucho más protagonista Pepe, el menor, el que cuenta aquello de "cuando yo era grande". Dicho esto, evidentemente quien focaliza el relato todo el tiempo es Cleo, pero también es muy importante darnos cuenta de que Paco está en los momentos esenciales donde se nos transmite una información básica para el progreso de la narración. Por ejemplo, cuando la noticia de que el padre los ha abandonado y no está en Quebec. ¿Quién es el hermano que se entera? No es Pepe, no es Toño, no es tampoco Sofía. Es Paco que se lleva unos un bofetón antológico de su madre por estar escuchando su conversación telefónica tras la puerta con su *comadre* Molly. Y le echa una colérica reprimenda Cleo por haber permitido que Paco escuchara. Es una evidente muestra de despotismo por parte de la madre-ama.

El otro momento en el que Paco tiene una presencia destacada es la secuencia siguiente. Los tres hermanos varones están jugando con el *Scalextric* –que es otro emblema de la generación de Cuarón, como las películas de Bruce Lee o del ciencia ficción espacial, o los quioscos forrados con portadas eróticas. Corte a la parte superior donde Cleo está guardando ropa en los cajones y descubre en uno de ellos el anillo el señor Antonio, reafirmando la inminencia del divorcio. No dejemos de señalar que está tomada en un plano imposible desde detrás de un mueble en el que tendría que haber una pared o una ventana, pero ahí está colocada la cámara. Abajo, los hermanos empiezan a pelearse y Sofi va a buscar a Cleo para que ponga paz, ente la impotencia de la Señora Teresa para controlarlos. Cuando aparece la pulsión de muerte con toda su fuerza la encarna una vez Fermín y otra vez el propio Paco, que está a punto de matar a su hermano de una pedrada que rompe un cristal tras él cuando este se agacha.

Las mujeres, que permanecen

La caracterización de Cleo, protagonista absoluta del filme y núcleo de la focalización narrativa, comienza lógicamente por el cásting. Buscar una mujer de rasgos y cultura indígena que no estuviera mediada por la profesionalidad actoral es toda una declaración de intenciones perfectamente congruente con el gesto enunciativo del filme. Si va a haber una renuncia generalizada al primer plano es perfectamente lógico que quien represente a la adorada Lebo sea alguien verosímilmente afín a ella. Dicho esto, las vertientes del personaje son múltiples.

Por un lado, hemos de ver su posición de subalterna en la casa de los señores. Muy cercana a los niños, a los que cuida y mima con lo que es sin ambages amor. Más distante en principio respecto a los adultos, que actúan con ella como patrones. Una escena especialmente esclarecedora de su estatus es el momento en que la familia está reunida, tras la llegada del padre, viendo la televisión. Cleo aparece como personaje flotante, leve pero omnipresente. En la tele se está emitiendo un programa infantil cómico. Contraplano de la familia en el sofá. Es un contrapicado: el cámara está de rodillas, como sacando una foto de familia informal. Cleo, sirviendo, pero atenta a la tele. La cámara la sigue en panorámica. Acaba sentada (sobre sus rodillas) al lado del sofá. Paco la coge por los hombros sin apartar la vista de la tele. Hay que recalcar el pudor con el que son mostrados los afectos de Paco y su amor por Cleo.Plano de toda la familia desde atrás frente a la tele.

Lo más significativo, el brazo de Paco sobre Cleo y ella asiéndose a su mano. El espectador ha de prestar una atención activa, pues evidentemente no hay ni una sola concesión de Cuarón al montaje analítico. Steven Spielberrg, por ejemplo, hubiera hecho un plano de detalle para que además se viera la diferencia de color de estas dos manitas. Para entender su relación con la familia también muy relevante el momento en el que cuenta su embarazo y cómo Pepe va directamente a consolarla. Cuando Sofía le dice, "Cleo, ¿le traerías un tecito de manzanilla al señor?" Pepe es quien contesta: "No, porque está conmigo".

Pero evidentemente, ella cumple con la demanda. Plano vacío de la planta inferior que recibe a Cleo bajando por las escaleras. Pasa por delante de la cámara con la bandeja. Rácord de movimiento convencional para llegar cocina. La escritura de Cuarón no obedece a una poética pro-

gramática prohibicionista. Como en el caso de Tarantino, se trata de una *escritura*, no de una *poética*. Adela, la otra criada, está fregando. Plano de espaldas. Aquí no hay campo vacío. Es la zona familiar de la casa la que aparece como vacía, como una no copertenencia entre los cuerpos que deambulan y el espacio que la cámara fija, muda, abarca. Adela y Cleo despliegan su alegría en la cocina, jugando y trabajando a la par. *Corte a la habitación de los niños.* Barrido por por los juguetes, los muñecos. En *off*, los niños rezando. Cleo canta una nana con Sofi en mixteco. La cámara acaba acogiéndolas. Te quiero, se dicen. "Que sueñes con los angelitos".

El plano vuelve a ser una panorámica por la planta que Cleo atraviesa por el fondo. En la habitación en la izquierda Sofía y Antonio discuten: él se queja del desorden y de la caca de perro.

Cleo hace su último recorrido del día apagando todas las luces. Es como un fantasma. Llega al dormitorio y le comenta a Adela que ha tardado porque Pepe ha encendido todas las luces. Qué tremendo, dice Adela. "Pero así lo quiero a mi niño", contesta Cleo. Apagan las luces, porque Dª Teresa, la abuela, fiscaliza su gasto. Y se ponen a hacer gimnasia a la luz de una vela, mientras entreveran frases en mixteco y en castellano.

Evidentemente, el trayecto desde la servidumbre a la co-maternidad comienza con el embarazo de Cleo. Sofía y hasta la Sra. Teresa, están a la altura de las circunstancias, sin duda, aceptando sin remilgos el hecho y ayudando todo lo posible. "Estoy con encargo" –le dice Cleo a Sofía– ¿me va a correr?" Y aquí todos estamos en la hipótesis del melodrama europeo, heterosexual, blanco y occidental: la despide porque es una patrona mala. Pero no: vamos al médico, te atendemos, te compramos la cuna, etc. Absolutamente todo. La cuestión de la subordinación está funcionando de otra manera.

Cuando Sofía regresa una con el famoso Galaxy, completamente ebria tras la partida de Antonio y teniendo enormes problema para entrar el coche, al final baja y se dirige a Cleo, con la lengua de trapo que confirma su embriaguez, para decirle: "No importa lo que te digan siempre estamos solas". Es ese amor nuevo que está naciendo, es la sororidad. La *sororidad* es un amor a inventar. Es un amor sin un destino genital pero tampoco organizado íntegramente por el Falo como la fraternidad. Veamos cómo se inventa este amor entre las mujeres en la hermandad. En ningún caso Cleo deja de ser la sirvienta. Cuando viajan a la casa de Molly en el campo, los niños y la madre entran directamente a la continua fiesta, mientras le dejan las maletas a Cleo para que se haga cargo de ellas. Pero en la secuencia final, en su estancia en la playa, vemos que en el trayecto desde el coche hasta la casa llevan dos maletas cada una. Es todo un signo.

En fin, la semblanza de Cleo no estaría completa sino tomamos en cuenta su asociación a la figura de la santa. Ojo, es esa *santidad primordial* de la que habla Jon Sobrino (Sobrino, 2013), tan infinitamente distante de lo sagrado y de la figura del sabio como de la del moralista pacato que nos presenta habitualmente la hagiografía burguesa. El modelo, pues, es la Santidad Cristiana más radical, mediada por la Gracia y, por tanto, absolutamente heterónoma respecto a la voluntad y la consciencia. Su asociación al cielo y a los aviones (con forma de cruz o apariencia angélica, tanto da) es el modo que tiene la enunciación de hacernos saber su excepcionalidad. Lo hemos visto en el entrenamiento del Dr. Zovek y lo veremos aún con más claridad cuando salve a Paco y Sofi de morir ahogados.

Los hombres, que no encajan

La aparición del padre, el Dr. Antonio, en el filme es estruendosa. Nadie dudará que en la sociedad industrial de consumo el coche es uno de los símbolos fálicos (de ostentación de potencia por parte de su propietario[130]) más groseramente reconocible. Ahora bien, igual que el relato no es la médula del filme tampoco lo es el sentido obvio. Y la deconstrucción de la metáfora nos sirve una efectiva sátira del patriarcado a través de este "falo que no entra". En efecto, a lo largo del filme el famoso *Galaxie* (Ford Galaxie 500, Fastback 1970, para ser exactos), coche enorme y ostentoso donde los haya, se caracteriza por sus enormes dificultades para penetrar, entrar, pasar. No solo en la aparición de Antonio, también por ejemplo cuando Sofía lleva a Cleo al Hospital para su primer reconocimiento por el embarazo, acaba encajando el coche entre dos camiones.

Pero la llegada de cabeza de familia es grotesca, sobre todo porque quebranta todas las *isotopías* visuales (o *figurativas* (vid. Greimas, 1989; Greimas & Courtés, 1990) de la película. En efecto, la planificación pasa de ser acogedora, paciente y profunda a ser manifiestamente hostil e inhóspita. El padre va chocando con todo, pero a su vez está absolutamente desdibujado: no hay forma de sacarle un primer plano como tampoco hay forma de que habite naturalmente la casa como el resto. Ni el coche ni su conductor caben en el plano y los vemos siempre fragmentados en planos de detalle: retrovisor torcido contra la pared, trozos del rostro de Antonio desencajado, una mano en el volante y la otra sosteniendo un cigarrillo, fragmentos del salpicadero y el encendedor... Todo entreverado con las cacas del perro en plano de detalle y la familia deslumbrada por las luces del auto. El coche se acerca a la cámara hasta que se ve el logotipo de la Corona. Coche, corona y falo fuera de lugar: el patriarcado sin sentido. Cuando se va el padre, se va quejándose del desorden femenino: latas vacías en la nevera, cacas de perro en la entrada.

130. Como dice Jacques-Alain Miller, «El goce fálico es por excelencia goce de propietario", (Miller, 1993: 95).

Las figuras

En el campo

Nos vamos a fijar en tres secuencias en las que la dialéctica entre el fondo y las figuras es esencial. La primera es la estancia de la madre, los hijos y Cleo en la finca del campo. Es importante porque es el espacio del colonialismo estructural: un ámbito rural pero completamente dominado por los europeos. Van a pasar la Noche Vieja de 1970.

Llegada, como siempre, en plano lejano y fijo. Se van los amos y se quedan Cleo y Benita, la criada de la hacienda, cogiendo las maletas del coche. Plano fijo: esperándolas dentro de la casa. Llegan corriendo. Cuando llegan en vertical y tuercen, *travelling* lateral. Cleo se pasa de frenada y sale de campo. La cámara espera y el plano acoge, pero ni persiguen ni capturan. Vuelve atrás para pasar por la puerta adecuada con Benita. Entran y la cámara ya está dentro esperándolas. Así, cuando van pasando a las habitaciones, llegan a una sala decorada con las cabezas disecadas de los perros que han vivido en la hacienda. Hablan sobre una perra que Cleo conoció en una visita anterior y cuya cabeza está ahora allí expuesta. Benita:

> Pos mírala se murió a mediados de año. Dizque se comió una rata envenenada. Para mí que fueron los del pueblo... que andan jodiendo a Don José por lo de los terrenos.

Se apunta, pues, a que la vida rural, de la que ambas proceden, no tiene nada de idílico. Aquí sí hay un plano reactivo de Cleo que se queda absorta mirando las cabezas, pero es manifiestamente catalítico. Gira la mirada hacia abajo: un perro está lamiéndole la mano. No es que no haya planos reactivos, es que no se articulan al rácord de mirada y por lo tanto no hacen avanzar la acción. Primera aproximación a un tema que se va a repetir de aquí hasta el final de la película: es muchísimo más opresiva para una mujer indigena la vida en un pueblo que la convivencia con una familia blanca en México. De lo que está escapando Cleo es del poder que verdaderamente la tiene, acongojada, que es el poder de su entorno rural de procedencia.

Y al frente de este mundo, la oligarquía terrateniente: un montón de malcriados irresponsables que se dedican a jugar con armas. Plano del bosque. Aparece un astronauta, que es un niño disfrazado. Luego otros niños pasan a su alrededor corriendo. Y un perro. Barrido lateral de la cámara que, siguiendo a los niños, accede al borde de una charca donde todos los adultos están disparando. La cámara no los acoge, simplemente los registra No es la burguesía urbana, insistimos, es la oligarquía terrateniente. Del fondo del plano aparecen Paco y Cleo: "te van lastimar", le dice al niño. Toda esta secuencia está sin duda inspirada en la cacería de la *La regla del juego* (*La regle du jeu,* Jean Renoir, 1939). Muchos planos del campo incluido el paseo que dan al día siguiente del incendio parecen calcados del filme de Renoir.

Por corte directo pasamos dentro de la casa. Planos de recurso: mesa con vasos de licor y un biberón, y un tocadiscos. Luego, un plano general de gran profundidad completamente acéntrico, en panorámica con todos los invitados en el salón en un gran sofá. Se ponen a bailar la conga. Plano de varios cérvidos disecados, trofeos de caza. En la zona de los niños y adolescentes, las criadas están en el suelo jugando con los más pequeños. Cleo sale corriendo hacia el fondo: se para con Benita. Y de repente aparece un monstruo nórdico. El paralelismo con el propio Renoir disfrazado de oso en L*a regla del juego* nos parece evidente. También vemos una enorme profundidad de campo cuando bajan a una especie de catacumba que es el espacio donde están celebrando el fin de año los criados. Y aquí tenemos otra vez la opresión de la brutalidad rural. "¿Ves a ese s del sombrero allá en la esquina? Le mataron a su hijo en agosto"

Y súbitamente, el incendio, que es una escena prácticamente surrealista, con el monstruo nórdico que se quita la cabeza de su disfraz y se pone a cantar un aria operística. El paralelimo con Jean Renoir disfrazado de oso en *La regla del juego*, es todavía más obvio. Es muy importante este elemento culturalista porque la forma de cederle la voz al otro no es borrar las huellas del discurso sino abrir el discurso para que pueda entrar en él.

Y luego, ya al día siguiente, tenemos uno de los planos más hermosos de toda la película, en el cual Cleo aparece también como de la nada. No sabemos cómo de repente la cámara está tomando al gran grupo de lejos y no va a buscar a Cleo, es ella quien de repente ha conquistado el espacio de la cámara y se ha colocado en primerísimo plano. Aquí convoca el recuerdo de su tierra: "me recuerda a mi pueblo, así suena y así huele" Pero es que nada más volver a casa tiene una conversación con Adela, abajo en sus aposentos, donde le dice que a su madre le han expropiado las tierras.

–Podrías ir a verla, le dice Adela

–¿En este estado?

Recordemos que la familia para la que trabaja ha acogido su embarazo con toda naturalidad y solidaridad. Se va explicitando en todo este tramo del filme la cuestión de lo salvaje y opresivo de la vida rural, lo cual es clave para entender cómo concibe Cleo el amor y la libertad.

La matanza y el parto

Teresa y Cleo van, llevadas por el chófer Ignacio, hacia la tienda de muebles para comprar una cuna. Cleo va sentada adelante y la Señora Teresa va sola atrás. Circulan lentamente entre un tráfico denso. Es el aciago día del Corpus Christi de 1971. Se encuentran con los primeros manifestantes. Ignacio, el chófer, decide aparcar ante la creciente afluencia de estudiantes a la manifestación. Bajan del coche. Largo *travelling* en paralelo por delante de policía en formación y sus vehículos, que separan a la cámara de los personajes. La cámara se detiene sobre su eje y sigue al grupo en panorámica, mientras cruzan la manifestación, hasta que se desvanecen a lo lejos.

Corte al interior de la tienda. Campo vacío sobre la parte trasera de la cristalera con el rótulo. Es un plano muy contundente. Oímos el diálogo, en *off*, sobre la cuna. Pasamos al plano de una vitrina llena de relojes, también sin personajes. Cuando ya se dirigen a ver la cuna, es un plano secuencia en panorámica con mucha profundidad de campo la cámara se mueve sobre su eje y en ningún momento se desplaza. Cruzan la tienda con la dependienta en *travelling* paralelo hasta que llegan a la cuna. Teresa pide descuento: informa a Cleo de que allí compraron los muebles para sus nietos. Evidentemente, es un indicio de la integración familiar de Leo. La madre de Sofía la trata ahora como a una hija. La cámara las deja en fuera de campo girando en pos de la dependienta que se va a consultar. A medida que se aleja de ellas la cámara –en realidad, no la cámara, sino el plano, pues es una panorámica con la cámara fija– se diluye la voz de Teresa y se oyen los gritos de la manifestación con más intensidad. La gente alarmada se dirige a la ventana: la cámara los sigue en panorámica. *Sigue sin haber cambio de plano.* La cámara se desliza por el ventanal con el letrero y se ven los altercados de la calle. Sigue la panorámica y entran en campo Teresa y Cleo, que se acercan al ventanal. Entran estudiantes que van huyendo y de repente nos encontramos con un plano amenazante. Voz *off*: "¡Ayúdenme, por favor! ¡Nos están matando!" Una pareja cruza corriendo. Tras ellos, entran unos pistoleros. Los encuentran dentro de un armario escondidos.

Pero en primer término del plano, *fuera de foco*, vemos un brazo con un revólver apuntando a Cleo y Teresa en fuera de campo. Cuando los pistoleros comienzan el movimiento de huida (hacia la posición de la cámara), esta empieza a replegarse hacia la derecha y deja entrar en campo el rostro del pistolero; es Fermín. Su brazo recuerda claramente a *El Coronelazo* de Siqueiros. Otra referencia esencial es el muralismo mexicano del que Siqueiros es una figura destacada. La diferencia entre el puño obrero y la mano fascista, es precisamente el arma.

Probablemente es la secuencia más nuclear en un filme muy predominantemente catalítico. Es una premonición aciaga del parto fallido, que rima a su vez con la escena del mar. Lo llaman y se retira. Contraplano de Teresa y Cleo mirándolo. Recordemos que es el padre. Teresa reza con los ojos cerrados, Cleo le aguanta la mirada. Contraplano general: Fermín huyendo reclamado por sus compañeros. La gente deja desatar su pánico cuando huyen. Teresa solloza y Cleo mira hacia abajo: está rompiendo aguas. La cámara baja hacia los pies y vemos el charco. Hay todo un apunte aquí a la relación entre la realidad particular y la colectiva, pero sin simbolismos impostados.

Corte directo a plano en la calle. Disparos y disturbios. La cámara retrocede en panorámica y acoge al trío protegido en un portal. Salen: la panorámica los sigue. Aparece en campo una pareja de estudiantes: él está muerto. Quedan, como una Piedad en el centro del plano mientras el grupo desaparece de campo por la izquierda, al fondo. Plano obscuro en el interior de un túnel: gran atasco. Panorámica hacia la izquierda. En el coche: las dos mujeres atrás, Cleo retorciéndose. Teresa la tiene cogida mientras rezan.

En el Hospital. Plano General largo del exterior del hospital. Noche. Los protagonistas transitan por él hacia el interior, en ubicación muy lejana. Ignacio sosteniendo a Cleo, y Teresa unos cuantos metros rezagada Plano del interior abarrotado. Ignacio va al mostrador y pregunta por la ginecóloga y dice que Cleo "rompió la fuente". Todo en un plano. Detrás aparece la doctora y se llevan a Cleo en una silla de ruedas. Teresa no se acuerda de los datos. Plano subiendo al ascensor. Aparece Antonio desde el pasillo lateral y entra. Se acerca y conforta a Cleo, llorosa. Salen. No la acompaña pese a la invitación de la Dra.

Y nos acercamos al plano más tenso de la película, el que va a albergar el momento del parto y el momento en el que le ofrecen a Cleo a su propia niña muerta. En la sala preparatoria. La colocan. Todo en un solo plano. No se escucha el pulso del bebé. La cambian de camilla. Salen de plano. La cámara sigue imperturbable su barrido por la sala. Corte: pasillo. Campo vacío. El encuadre, como siempre, espera pacientemente a Cleo. El campo vacío es un auténtico gesto poético y político. Cruza una enfermera. Gritos en *off*. Aparecen corriendo con la camilla de Cleo. Hay que llamar a pediatría. Entran en el paritorio.

Cleo mira a todas partes desde la camilla, asustada. La ponen en la camilla del parto. Todo será ahora un único plano con Cleo en primer término y el fondo de campo desenfocado: no vemos bien, pero podemos asistir al relato perfectamente sin necesidad de que el montaje analítico lo modalice. Sale el bebé. Lo pasan a la camilla del fondo. Está en paro, dicen.Intentan reanimación pero lo pierden. Plano policéntrico: los pediatras con el bebé y la mirada de Cleo clavada en ellos. La matrona sigue con el post-parto en fuera de campo. Se mezclan los audios. Le comunican a Cleo que el bebé nació muerto. Se lo acercan: es una niña. La sostiene entre los brazos llorando. Se la requieren, pero no la quiere soltar. Se la llevan. Cleo mira como la amortajan. Fuera de campo, la siguen atendiendo a Cleo. Cleo no quita la mirada del cadáver.

Final

Plano fijo en ligero picado de la esquina entre la calle Tepeji y la calle Monterrey. La secuencia emana toda ella tristeza y melancolía, pero con un tono mesurado y lacónico, más poético que melodramático. *De nuevo, campo vacío.* Se oye la flauta de un afilador. Ladridos. La calle vacía, tomada desde la altura del letrero. Vuelta a la cotidianeidad catalítica. Número del portal: 21 *Contrapicado interior hacia la claraboya del hueco de la escalera. Plano vacío de la planta superior.* Varias estancias vacías. *Plano del corredor con una jaula de periquitos en primer término y Borras ladrando a la puerta.* Contraplano desde el exterior. La intensidad de los sonidos va cambiando con el emplazamiento de la cámara. Cruza el afilador ante el portal. *Largo plano de Cleo de espaldas, en la puerta de la cocina, sentada en la penumbra.* Al fondo del plano, tras la terraza, aparece Adela que la avisa de la presencia del afilador. Ella sigue sentada. Contraplano de Cleo, cercano, con la mirada triste y perdida. Obscuro. También moroso. Se oye una bocina. Parece que la bocina la saca del letargo. Adela va a la puerta a abrir. Vemos a Cleo bajar la escalera cautelosa. Se planta ante la cámara y mira a contracampo por encima. Sofía entra con un Renault 12 nuevo. Vendió el Galaxy. Se van a la playa. Invita a Cleo, con gran alegría de Sofi y Pepe. Plano de Cleo con los niños abrazados y Adela, negando con la cabeza. Al final, cede. Entran a hacer las maletas. Cleo se queda fuera. Plano frontal de ella con la mirada perdida. Ligero contrapicado. Mira hacia el suelo: Bordas le está lamiendo las manos. Lo acaricia y se va sus aposentos con él.

Y llegamos a la secuencia final de la película. Ya hemos comentado que el reparto equitativo de maletas al llegar al hotel es un signo evidente de que el ama y la criada han establecido una relación más igualitaria. Al menos, no solo son patrona y empleada, son la madre y la *comadre*, tienen una relación de de co-maternidad. Las vemos aquí jugando con los niños y vistiéndolos para salir, en plano de absoluta igualdad. Pasamos a la secuencia en la que les confiesa ya definitivamente que el padre los ha abandonado. Paco que se pasa la secuencia llorando pero con hipidos, con con verdadero dolor. Después van a tomarse un helado y volvemos a la posición de la subalterna de Cleo, de pie y toda la familia sentada. La enunciación se cuida muy mucho de señalar que la igualdad alcanzda, en el plano de la sororidad, es una igualdad de género en la maternidad, no de clase.

Vayamos directamente a la escena de la playa. Todo hace prever la tragedia. Sofía deja a Paco, Sofi y Pepe al cuidado de Cleo mientras va a hinchar los neumáticos del Galaxy para el viaje de vuelta: "pero no se bañen y si se bañan no se alejen de la orilla". Ahí sabemos perfectamente van a alejar de la orilla. Lo que no sabemos al principio –porque no conocemos la historia de la familia de Cuarón– es si se van a morir o no. Con lo cual la situación es muy tensa. Cleo advierte del peligro a Sofi y Paco. Todo apunta a tragedia *mainstream*.

Cleo se acerca al mar, con la cámara siguiéndola en paralelo, pero nos niega el destino de su mirada a fuera de campo. No hay la más mínima concesión a la pulsión escópica del espectador. La escena de la salvación del mar es una escena ambivalente. Si la interpretamos como metáfora rima con la escena del parto de la niña muerta: la *ruptura de la fuente* y la ruptura de mar. Pero desde un punto de vista escénico y narrativo se trata de un juego agónico con el fuera de campo que indica la posible inminencia de una tragedia. Es una advertencia al espectador, una instrucción decodificadora del sentido, más que una metáfora: se está poniendo a prueba la capacidad inferencial del espectador para intuir la evolución de la trama y anticiparse a ella. Es el suspense invertido: hay que tener fe en la mirada de Cleo, que es la que ve y sabe. Si la economía epistémica del suspense implica el espectador sabe más que el personaje y, por lo tanto sufre porque sabe que el personaje está en peligro y el personaje lo ignora y querría entrar dentro de la pantalla para avisarle (Truffaut, 1974), aquí es al revés. Aquí sabemos que el personaje sabe y que nosotros no sabemos. De alguna manera Cleo ya está definitivamente investida con todos los estigmas de la santidad: el agua, el baño, el bautizo, Juan el Bautista en el Jordán, Cristo en el Tiberíades,

Moisés en el Mar Rojo. Pero lo más relevante en esta escenificación de lo santo es la negativa al raccord de mirada y a cualquier acceso al fuera de campo: querido espectador si quieres significado yo lo que te voy a dar es sentido, lo que te voy a dar no es una especie de acoplamiento entre la mirada y el mundo, sino –digamos– un espejo de lo real. Los niños van apareciendo en pantalla. Los lleva a la orilla. Precisamente cuando al final consigue salvarlos viene un plano que es el más conocido con muchísima diferencia. **Se amontonan con el sol detrás de ellos.**

Y aquí viene la gran confesión:

> Yo no quería que naciera. Yo no la quería. No la quería. Pobrecita

Y Sofía contesta:

> Te queremos mucho, Cleo. ¿Verdad? Te queremos mucho. Mucho!

¿Qué es lo que está confesando Cleo? Pues que ella no quería ser madre, que ella quiere ser *comadre*. Ella quiere ser la madre que colabora con su hermana (*cum sorore*) . Dice yo no quería que naciera, no quería tener un hijo solo porque sea de mi carne porque es fruto de un romance fallido (con un asesino fascista, dicho sea de paso...) Sus hijos son los cuatro hermanos Cuarón. La hija de sus entrañas hubiera sido una intrusa. Es una película en la que una mujer indígena está procurando su emancipación. Y lo hace a través de hermanarse con alguien con la que tiene una diferencia de clase, explotadora / explotada, en base a una co-maternidad con esos niños, que la aleja de su verdadera opresión de su origen en el campo, tutelado por una moral esencialmente religiosa y oligárquica. Quiere ser comadre y con ello alejarse de su madre biológica y legal, figura del todo opresiva, como le ha dicho a su compañera Adela. En el momento en el que tenemos el mayor éxtasis a amatorio (¡te queremos mucho te queremos mucho!), hay una referencia visual estética muralista en todo el filme como, muy mexicana. Este conjunto rememora a la *Madre Proletaria* de Óscar Alfaro o a *El sueño de los pobres.* o Diego Rivera. Y perfectamente, podríamos salir de México una referencia a Käthe Kollwitz.

Te queremos mucho, Cleo.

Por lo tanto, digamos que *Roma* es amor al revés. Es un amor acogido en un espejo. Visto desde atrás, como el rótulo de la tienda de muebles. Desde este punto de vista la confesión de que no quería que naciera su niña es menos un intento de alcanzar el perdón que una expresión de que ella se siente co-madre de los niños de su patrona.

Y a partir de aquí ya podemos tener primeros planos. Vemos un plano del desierto muy cálido, parece la Tierra Prometida, parece Israel. Y de repente el coche, sin que la cámara le haga especial caso, aparece al fondo. Y ahora por primera vez se nos muestra a Sofía claramente mirando a contracampo mientras conduce. Y después todos: Paco, Cleo... Llegan a la casa. Y no nos hagamos ilusiones: en la casa a la cámara va a seguir como antes y la vida también. Esto no es épica, esto es el lirismo del sobrevivir. La cámara las espera dentro de casa, no va a salir a buscarlas. El que ha desaparecido definitivamente es el padre dejando el saber (todos sus libros, que no le interesan nada), y se ha llevado, el soporte fálico del saber, las estantería. Suben todos como los siete enanitos de Blancanieves. Volvemos a encontrarnos igual: todo ha cambiado menos la cámara que sigue en su sitio. Las habitaciones ya no son de nadie. Cleo le dice a Adela: "tengo mucho que contarte", es la primera vez que hay una llamada a un relato. Ahora sí que podemos relatar, no se trata simplemente de sobrevivir sin hablar. Pero, cuando parece que por fin el discurso promete ser narrativizado, mitificado, las chicas hablan completamente en mixteco, que es su protección contra la enunciación del amo. Sentido político del espacio doméstico.

Al final se recoge –estamos siendo muy católicos en nuestra expresiones– el carisma que expresa Cleo en toda la película: sube las escaleras con un balde de ropa para tender a esa terraza en la que dijo que le gustaba estar muerta, eso sí, al lado de su niño Pepe. Es el ascenso de Cleo a los cielos, como en el carro de fuego de San Francisco o del profeta Elías. Cuando ella desaparece tenemos un avión. Tenemos a *Roma* (Crédito). El avión aparece con la dedicatoria "para Libo". La cámara va a permanecer inmóvil mirando al cielo en campo vacíao el tiempo que haga falta. Durante los créditos pasan tres aviones. El plano es ahora contrapicado y directo. El espejo del espejo, *Roma* es *amor*.

La política del espacio vacío

La política que nos presenta *Roma* es una política del espacio vacío. Y el problema que nos presenta *Roma* es el problema tal vez más irresoluble de la izquierda mundial, o sobre todo de la europea y norteamericana: qué es eso de la clase media, qué rol tiene la clase media en el proceso de emancipación. Ya sabemos lo que dice la izquierda ortodoxa: la clase media no existe, o eres explotador o explotado y si eres explotado eres clase obrera. No, porque los esquemas emocionales mentales, psíquicos, no funcionan exactamente así. La clase media no es "la pequeña burguesía" de la época industrial. Es una fracción de los asalariados que llevan una vida más acomodada. Su misión es construir una voz para el sujeto popular.

Lo que nos dice Gayatri Chakravorty Spivak es que precisamente el problema del subalterno es que no tiene voz. La apuesta de Cuarón es "yo tengo voz y la voy a distribuir, la voy a abrir". Todas las opciones discursivas de Cuarón tienen que ver con cederle la pantalla a Cleo.Y lo hace a través de la profundidad de campo, y la renuncia al montaje como arma de captura.

Como hemos visto, para Cleo su familia biológica es más opresiva que la familia para la que trabaja, la familia que le hace sitio pero no solo la pantalla es el filme. *La contestación antagónica no deja de ser una occidentalización de la lucha de clases.* La sublevación no puede ser normativa. *Si hay que hacerle espacio al amor es porque este no es burgués. Ni caridad ni amor romántico.* La *sororidad* es una especie de amor nuevo, es una especie de amor emancipador porque el gran enemigo del indígena no es la clase media de la ciudad de México, el gran enemigo del indígena es la oligarquía rural y su propia familia en tanto que la subordina a esa oligarquía rural. *De lo que se trata es de feminizar la insurgencia, cediendo la voz sin imponer la palabra.*

> La gravedad del problema resulta evidente si se tiene en cuenta que el desarrollo de una «conciencia» de clase transformadora a partir de una «posición» de clase descriptiva, no es en Marx una empresa que comprometa el nivel básico de una conciencia. La conciencia de clase se halla en el sentimiento de comunidad que depende de los vínculos nacio-

nales y de las organizaciones políticas, y no de ese sentimiento de comunidad cuyo modelo estructural es la familia. Aunque *no* se identifique con la naturaleza, la familia se agrupa dentro de lo que Marx denomina «cambio natural» que es, filosóficamente hablando, otra forma de aludir al valor de uso. El «cambio natural» se opone al «intercambio social», expresión en la que la palabra «intercambio» (*Verkehr*) es la palabra habitual que Marx emplea para designar el «comercio». Este «intercambio» está en la base del cambio que conduce a la producción de plusvalía, y es en el área de este intercambio donde el sentimiento de comunidad que conduce a la agencia (*agency*) de clase debe ser desarrollado. La agencia completa de clase (si es que existe algo así) no es una transformación ideológica de la conciencia en un nivel básico, una identidad deseante de los agentes y de sus intereses (identidad cuya ausencia preocupa a Foucault y Derrida). Para empezar, es una *sustitución* contestataria y una *apropiación* (una *suplementación*) de algo que es «artificial» –«las condiciones económicas de existencia que separan sus modos de vida»–. Las formulaciones de Marx muestran un respeto cauto por la naciente crítica de la agencia subjetiva tanto individual como colectiva. Para él, los proyectos de una conciencia de clase y de transformación de la conciencia son cuestiones discontinuas. En nuestros días, la «alfabetización transnacional» en cuanto opuesta a la movilización potencial del culturalismo acrítico, sería algo semejante. En cambio, las referencias contemporáneas a la «economía libidinal» y al deseo como interés determinante, combinadas con la política práctica de los oprimidos (bajo el capital socializado) «que hablan por sí mismos», restauran la categoría del sujeto soberano dentro de la teoría que más parece cuestionarlo.

Sin duda, la exclusión de la familia, aunque se trate de una familia perteneciente a una formación de clase específica, forma parte del marco masculino dentro del cual el marxismo marca su nacimiento. Desde un punto de vista histórico y en la economía global de hoy, el papel de la familia en

> las relaciones sociales patriarcales es tan heterogéneo y tan cuestionado que la simple sustitución de la familia en este contexto no supone de ningún modo romper ese marco. Tampoco soluciona nada la inclusión positivista de una colectividad monolítica de «mujeres» en el listado de los oprimidos, cuya subjetividad no fracturada les permita hablar por sí mismas contra «un mismo sistema» igualmente monolítico. (Spivak, 2009: 60-61)

Integrarse por amor en un familia otra puede ser un acto radicalmente subvervsivo, porque el amor es pura razón práctica, pura respuesta a la urgencia de vivir.

Roma ganó el Oscar a la mejor película extranjera en 2019. *Once upon a time in Hollywood* fue uno de los grandes éxitos de ese mismo año, nominada en 2020 en ocho categorías y victoriosa en dos, con la mala fortuna de que irrumpió *Parásitos* (*Gisaenchung*, Bong Joon-Ho, 2019), arrasando en la ceremonia. De una forma inopinada, los criados parecieron haber tomado el centro de la agenda hollywodiense, como reflejo del precariado. El gran reto que se nos plantea es establecer una comparativa entre los dos filmes que hemos abordado en este libro, el de Cuarón y el de Tarantino, porque nos confronta con nuestra posición de espectadores frente a la ficción, estructuralmente similar e igualmente inconsciente. Es decir, que el espectador de Tarantino ha visto su filme ignorando al espectador de *Roma*, aunque ambos sean, en su posición de sujetos, el mismo. O la misma, en el mismo momento de su vida y sobre prácticamente el mismo momento de su historia. Veamos para terminar, simplemente en el plano de la diégesis, del relato contado y del mundo representado, los paralelismos entre ellos:

> Ambas películas cuentan la relación entre un amo/ama y su criado/criada donde la identificación y la fraternidad/sororidad se imponen a la diferencia de clase y a la simple relación de explotación.
>
> En ambas películas, una matanza acaecida históricamente es el umbral de expectativas espectatoriales sobre el que se teje la trama.
> La televisión tiene en ambas un papel central como espacio público

compartido y con menos diferencias de las que se pudiera pensar. En la paleotelevisión (Palao-Errando, 2009b) exclusivamente difusiva, la emisión es el centro de la vida no solo familiar, sino social. Una emisión exitosa es un acontecimiento colectivo vivido en privado. La diferencia es que, excepto algunos casos puntuales Tarantino subraya la soledad del acto y en Cuarón la familiaridad.

El trasvase del contenido mediático al espacio cotidiano, también. La escena en la que Cleo ve en el campo de entrenamiento al Dr. Zovek realizando proezas orientales que solo ella puede emular, no pude dejar de evocarla en el curioso encuentro entre Booth y Bruce Lee.

De igual modo, el valor simbólico de los coches que maneja Sofía y los que maneja Booth. Sobre todo, el Cadillac y el Galaxy, como espacios de pertenencia. Así como la relación con los perros, su comida y sus excrementos.

Ambos filmes son películas en clave donde el espectador ha de conocer básicamente a los personajes reales preformados por actores en la pantalla, tanto como los hechos históricos que sirven de fondo al relato.

Y es precisamente en el espacio de la mirada donde la comparación de ambas películas resulta más productiva. Ambas son miradas extrañadas, que no se acoplan sin fisuras a la acción, pero son muy distintas. La de Cuarón es una mirada alejada y a la espera, receptiva y acogedora, muy cercana a la de los pioneros del cine. La de Tarantino es una mirada transitoria, vagabunda, a veces muy errática, que parece sobrevolar la acción con esos *travelling* de estirpe *wellesiana* que van del plano de detalle al plano aéreo y cenital, por arriba de los tejados, sin corte alguno. A veces, es una mirada de viajero en un vehículo, dejando a los acontecimientos transcurrir, pasando por al lado de ellos. Ambos homenajean continuamente la mirada cinematográfica y las salas de cine. Pero qué diferencia entre las asistencias al cine de Cleo, marginal y lejana, y la de Sharon Tate que se pone unas dobles lentes para mirarse a sí misma mientras se siente mirada por el público que la desconoce.

CAP. 12. FICCIÓN VS. INMERSIÓN: AUTORREFERENCIA IRONÍA Y DISTANCIA. *THE MATRIX RESURRECTIONS* (LANA WACCHOWSKI, 2021)

Lo fílmico diferencial: las pantallas y la realidad virtual

Como hemos visto al principio de este libro, en los años 90 la cibernética entra por primera vez en la cultura popular con el nacimiento de la *World Wide Web* (Berners-Lee & Fischetti, 2000) que puso Internet al alcance de la gran mayoría y de la cultura de masas. Esta cultura paleo-digital (o 1.0) trajo aparejados dos imaginarios que se inocularon profundamente en la cultura popular y en la ficción científica. Nadie en la época, se posicionara en el bando *apocalíptico* o *integrado* (Umberto Eco, 1985), parecía dudar de que el futuro de la humanidad iba a pasar por la generalización de la realidad virtual (R Gubern, 1996; Rheingold, 1994). A su vez, el imaginario romántico de la cultura *hacker*, proveniente de los años 80 –como bien claro deja el anuncio para Apple realizado por Ridley Scott (Vid. nota 4)– quedaba asentado como el reino de los cowboys y los cuatreros cibernéticos, por utilizar el término *ciberpunk*. El *ciberespacio* era lugar para el comunismo epistémico, la lucha antisistema y el desenmascaramiento del poder gubernamental.

Sabemos, sin embargo, que ello nunca ocurrió. El ideal inmersivo de la RV nunca accedió al mercado como objeto de consumo masivo, ni se instaló en la sociedad de la información como un nuevo medio de masas. Al contrario, desde principios de siglo han ido proliferando los encuadres bajo la especie de la interfaz (Català Doménech, 2010; Verhoeff, 2012) Primero, fueron los sistemas operativos para los ordenadores personales, tanto en el caso de Apple como en el de Microsoft, este último bajo el explícito nombre de *Windows*, de evidente estirpe albertiana. Y, después, los llamados medios ubicuos (Dovey & Fleuriot, 2012) con una complejización cada vez mayor de su estructura y potencial de alcance. Los *persvasive media* son medios táctiles e interactivos, pero no inmersivos. Ya vaticinamos hace años (Palao-Errando, 2004) que era prácticamente imposible que la cultura occidental (y la global, por extensión) renunciara al encuadre anisotópico que es uno de sus grandes y más pregnantes logros culturales.

También hemos visto (Cap. 2) que el cine, tras su fracaso como instrumento científico (Deleuze, 1984), y su progresivo agotamiento como atracción ferial o puro divertimento popular, opta por acercarse a los modelos narrativos de la literatura y del teatro para convertirse en un arte burgués respetable (Company-Ramón, 2014; J. J. Marzal Felici, 1998). Pero para ello también necesita ser fiel a su aparato de base por decirlo en la terminología de de Baudry y Oudart. Las atracciones inmersivas, como Mary-Laure Ryan (M.-L. Ryan, 2004) subraya, siempre han sido sospechosas de cierta vulgaridad en el ámbito de la Academia y no podían ser su opción, aunque evidentemente hubo aproximaciones como los *panoramas* (Aumont, 1997; Dubois, 2010) o lo que Thomas Elsaesser denomina *Rube Films* (Elsaesser, 2016; Jeong, 2012; Ng, 2021; Strauven, 2006) y a los que las tecnologías de contacto interactivas han vuelto en cierto modo (Ng, 2021; Strauven, 2021). De hecho, pensemos que, de entre todos los artilugios que surgieron para captar la imagen el movimiento, fuera el *cinematógrafo* Lumière el que triunfara, nos ratifica en la tesis de que la opción más acertada era precisamente la de la proyección multi-espectatorial en una sala y no la pequeña visión particularizada como por ejemplo en el *kinetoscopio* de Edison, entre otros (Crary, 2001). El arte burgués es indisociable de su autonomía (Bürger, 1987) y necesita de la distancia (Wolf, Bernhart, & Mahler, 2013).

No es de extrañar, pues, que la cultura tardo-moderna optara también, a su vez, como formato comercial de distribución por todo lo que pudiera ser encuadrado, exhibido, compartido y distribuido en una pantalla. Creemos que esta es la clave para entender por qué se produjo ese movimiento hacia la transmedialidad (Zecca, 2012) encuadrada y no hacia mecanismos más o menos solipsistas de inmersión. Lo fílmico es específicamente encuadrado siempre y las variantes actuales de la experiencia inmersiva (parques temáticos, *scape rooms*, etc) (Lukas, 2012; Williams, 2020) acaban por ser siempre parciales.

The Matrix, (Lily y Lana Wachowski, 1999)

Las referencias argumentales y visuales en *The Matrix Resurrections* (Lana Wachowski, 2021) son muy mayoritariamente a *The Matrix*[131], la primera entrega de la franquicia. A las dos primeras secuelas, *The Matrix Reloaded* y *The Matrix Revolutions* (2003), remiten algunos personajes: (Niobe, Sati, Merovingio...) y las alusiones verbales de estos (vid. Rodríguez Torres, 2021). De ahí, que debamos revisar algunos de los supuestos que el filme de 1999 pone sobre el tapete. Antes que nada, y tras reponernos de la primera la impresión de ver a Trinity en la primera secuencia corriendo por las paredes, nos percatamos de que asistiendo en la pantalla fílmica a la performance de un videojuego inmersivo, pero con la nitidez y el grano de una película. En el proceso darwiniano de la selección mediática, pues, *The Matrix* opta por la tendencia *blockbuster* de los años 90 aderezada con una potente carga de erudición fílmica (la huida de Trinity es un calco clarísimo de la primera secuencia de *Vertigo* (Alfred Hitchcock, 1958) para darle un indicio al espectador de que se halla ante un engaño a los ojos), teórica (Jean Baudrillard), literaria (Lewis Carrol) y un largo etcétera. Su apuesta por la espectacularidad es innegable y el archifamoso efecto del *bullet time* se convierte el santo y seña de la marca y de la franquicia. Ya hemos señalado que *The Matrix*, de hecho, fue la primera película que, al comercializarse en VHS, se distribuyó en un pack de dos cintas con su *making of* (Crespo & Palao-Errando, 2005).

En *The Matrix* hubo una apuesta explícita por la nitidez virtuosista que apunta a un realismo digital imposible en 1999. De ahí, el gusto de este filme tanto por los espacios abandonados y ruinosos, como por los escombros. El antológico tiroteo en el Lobby del edificio del FBI es la mejor muestra: acrobacias coreografiadas y destrucción matérica al unísono. Y también es reseñable la fijación de Matrix en los espacios antiguos, poco cibernéticos –aunque habituales en el virtuosismo visual de los videojuegos, por ejemplo– donde la atmósfera adquiere cuerpo más

131. Para una exploración mucho más detallada, remitimos a (Palao Errando & Crespo, 2005).

allá de la perfecta definición geométrica de los volúmenes. Todo ello combinado con la estética minimalista del espacio desamueblado en la arquitectura japonesa del Dojo, donde el espacio es geometría vacía y pura, línea sin cuerpo.

Además, la apuesta fílmica se basa en la capacidad de revertir las leyes del encuadre occidental, la *fuerza centrípeta,* postulada por Bazin (Bazin, 1990ª).[132] y la *estética de los instantes esenciales*, que desgranara Jacques Aumont a partir del Laoconte de Lessing (Aumont, 1997). Es en esta potencia, plasmada en la superación de la gravedad, en la que se fundamenta la posibilidad de que Neo sea El Elegido (Crespo & Palao Errando, 2005, p. 20).

En resumidas cuentas, *The Matrix* erige una textualidad coherente que deja traslucir el espíritu de la época, signado por la desorientación política, narrativa y vital. Todos los ingredientes de los 90 tras la caída del Muro: la postulación del fin de la Historia (Fukuyama, 1991), la duda por la propia identidad y el destino[133], el recurso a las diversas mancias, la necesidad de conocer el futuro, y la imposibilidad de nombrar a un enemigo como causa del malestar colectivo. Al menos hasta el 11 de septiembre de 2001.

Y todo ello con un planteamiento estético e intelectual que consigue armonizar los videojuegos, las coreografías de kung fu, Sócrates, Platón y Baudrillard, por citar solo algunos ejemplos. Ello atrajo como sabemos a una cohorte de fieles fans tanto como una gran serie de académicos, fundamentalmente filósofos, con Slavoj Žižek a la cabeza. El componente judeocristiano, hilvanado con el orientalismo y la *New Age*, al servicio la glorificación épica de un Mesías que se aviene al molde del

132. En su momento nos atrevimos a reformular esta cuestión de modo que lo relevante es que la pantalla cinematográfica lo que hacía era desvelar el carácter imaginario de las dos propiedades del encuadre en perspectiva, esto es, que el mundo no era dócil a su representación. (Palao-Errando, 2004).

133. "Twenty-five years and my life is still / Trying to get up that great big hill / of hopeFor a destination" cantaban *4 non blondes* en 1993. *What's up*, es un auténtico himno para una generación, que las Wachowski se apropian con todo su sentido en *Sense8*, quince años después.

hacker tanto como al del héroe entrenado, producto del *coaching*, la responsabilidad fordista y disciplinaria, y la fe de los otros. La cuestión es que se construye un ciclo épico solemne contra, no ya el relativismo, sino la absoluta falta de motivación efectiva de una conducta moral, como testimonia la figura de Cifra, el judas de la tripulación. La episteme neoliberal tiene serias dificultades para fundamentar cualquier decisión por la libertad si ha de enfrentarse al placer. Es lo que quince años después Mark Fisher (Fisher, 2016) denominará con la paradójica etiqueta "hedonia depresiva", correlato inevitable de la "impotencia reflexiva", de la que adolecían sus alumnos de secundaria.

The Matrix Ressurrections (2021)

Los dos universos

Muy sucintamente, en *The Matrix Resurrections* tenemos el siguiente panorama. La Historia en el mundo virtual continúa sin que aquellos que viven sus vidas en el sepan nada de esos eventos ocurridos en el mundo material hace 60 años cronológicos. De hecho, a los primeros que vamos a conocer son los tripulantes de una nave, que se llama *Mnemosyne*, heredera de la mítica *Nabucodonosor* que comandara Orfeo. Como veremos, el nombre de la nave es muy significativo. La historia de Neo y Trinity es ignorada en el interior de Matrix y el "exilio" material –también hay uno virtual– lo ha conservado en forma de leyenda, de ciclo épico. Los nuevos rebeldes son ante todo fans del culto por Neo y Trinity.

En Matrix la cosa funciona de otra manera. No se sabe en principio por qué, pero Neo y Trinity han sido resucitados. Neo adquiere, bajo su antiguo nombre de Thomas Anderson, la identidad de un celebérrimo diseñador de videojuegos gracias uno llamado, obviamente, Matrix. Si el viejo, o sea el joven, Thomas Anderson trabajaba para una empresa llamada *METACORTEX*, la versión actual de Mr. Anderson es socio de *DEUS MACHINA –nada menos–*, pero a las órdenes de un llamado "boss", que es su amigo y fue con quien fundó la empresa. La psicología de Anderson es inestable, con algún intento de suicidio y brotes delirantes, por lo que asiste a terapia regularmente. Está, por supuesto, prendado de una madre y ama de casa (creemos que en inglés USA le cuadraría el término *soccer mom)* llamada Tiffany, que frecuenta el mismo café que él, y que todos vemos que es Trinity. Por cierto, el café se llama *SIMULATTE* (*sic*)(Vid. Partearroyo, 2021) . Como vemos, la ironía y el humor grueso han reemplazado a la solemnidad de la primera trilogía. El plural del título también tiene su miga: evoca, más que a un mesías, a una legión de zombis. Es lógico y normal, si pensamos que, en 1998, los Wachowski eran un par de robustos y sesudos *nerds* con problemas existenciales, y en 2021 Lana es una cincuentona *trans* con una enorme capacidad de disfrutar la vida y reírse en ella. No hay más que ver cualquier foto del intenso Larry de hace veinte años y compararla con una de risueña Lana.

El resto de la trama consiste en narrarnos cómo se las arregla la Capitana Bugs para extraer a Neo con la ayuda de su tripulación y de un Morfeo reeditado como "Synthient". Evidentemente, en 2021, *máquina* suena políticamente incorrecto; así lo explica Bugs: "They are *synthients.* It's a word they prefer to 'Machines'", y cómo se escabullen de la oposición de Niobe, ahora máxima dirigente de la nueva ciudad de *IO,* que prospera en paz con el imperio maquínico gracias al sacrificio de Neo y Trinity, y que ella pretende preservar de cualquier riesgo

En fin, la película es un ejercicio autorreflexivo sobre cómo una experiencia emancipadora se convirtió en un ciclo épico, este en una leyenda, esta en un videojuego y el universo fílmico de Matrix en una película extremadamente irónica que navega entre el *blockbuster* de acción y la comedia romántica.

La enunciación

Hemos de adentrarnos ahora en el ensamblaje textual del filme, porque es en su estructura narrativa y en su puesta en escena donde se modula el sentido, sobre el armazón de la autorreferencia y de la autodeconstrucción. El primer indicio que encontramos para marcar la diferencia con la trilogía predecesora es un sutil elemento paratextual (Genette, 1989 1989: 9, 12, 13, 203, 291, 393, *passim*). En *The Matrix* el tono verdoso de los logos de la Warner y el de Village Road Show rimaban inmediatamente con el tono verdoso de la Matriz, pero en *The Matrix Resurrections* ambos logos vienen precedidos por la imagen de marca de *Warner Brothers*, una vista aérea de los estudios que muestra un cálido paisaje con los colores muy saturados y el logo en la emblemática *Water Tower* de un azul muy saturado. No es exagerado, pensamos, interpretar –de este modo o de cualquiera– una marca pre-genérica como un gesto procedente de la esfera del *autor implícito* (Booth, 1974; Kindt & Müller, 2006), teniendo en cuenta la explícita relevancia que se da a la Warner en el filme como impulsora de esa cuarta versión de Matrix de la que Neo nada querría saber y siendo el azul el color emblemático del poder en Matrix, marcando la frialdad *maquínica* de algunos personajes.

Inmediatamente después lo que nos ofrece el filme es un gesto *meganarratorial* (Gaudreault & Jost, 1995). La diferencia de estatuto con el anterior es que este ya es interno al texto y visualizado en la pantalla como perteneciente a la diégesis. Bugs y Seq (abreviatura de Sequoia, para así darle un regusto informático) están vigilando Matrix y lo que ven, para su extrañeza, es precisamente la escena inaugural de *The Matrix*, el intento de apresamiento de Trinity por la policía, que está performándose ante sus ojos. No es un *déjà vu*, sino una especie de bucle que se está reproduciendo en la actual versión de Matrix, por medio de un *modal*, programa que permite ejecutar un software antiguo y convertir así una secuencia fílmica en un *loop*, término que nos remite inevitablemente, al famoso *Machinima* (Ng, 2013) cuyos derechos en Youtube adquirió la Warner en 2017. Vamos viendo que, en efecto, *no hay fuera del texto.* Y están asistiendo a la escena, plasmada su co-presencia en el encuadre, no como voces en *off* o planos alternados, sino figural, visualmente. Entre la primera trilogía y esta película no solo ha acontecido, en el *architexto* (Genette, 1989b) de Matrix, el cambio de sexo y de posición de escritura de su directora, en tanto que el *género* (*gender*) es un *locus enuntiationis* (Ribeiro, 2020) sino, propiamente, la serie *Sense8* (J. Michael Straczynski, Lana Wachowski, Lilly Wachowski, 2015–2018) (Vid. Rodríguez Torres, 2021), donde este procedimiento de montaje y ritmo de la multilocación fue ensayado y explorado en sus múltiples variantes. No deja, pues, de ser una marca autoral también de primer orden que una gran parte del elenco de *Sense8* esté presente en *The Matrix Resurrections*: para empezar toda la tripulación del *Mnemosyne* está formada actores que trabajaron en la serie.

Pero la cuestión es que, si hemos llamado *meganarratorial* a este gesto, es porque encarna perfectamente la estructura enunciativa clásica marcando el patrón de la focalización. Se cumple así la identificación así entre la mirada de Bugs y la del fan de la trilogía, que conoce perfectamente los entresijos de la trama, designado como espectador-modelo (*enunciatario*) del filme. Es un espectador que se sitúa en una posición manifiesta de superioridad sobre Neo, pues sabe lo que a él le han borrado de su propia vida.[134]

Lo que están haciendo los diseñadores de la Matriz es reformular la historia para borrar toda la leyenda, pues en esta versión Trinity no consigue escapar y es apresada por los bots. Bugs decide perseguir a los policías, pero es descubierta y salvada en el último momento por un agente que se identifica como Smith pero acaba revelándose como Morfeo, el nuevo Morfeo del videojuego, que se identifica rápidamente con los rebeldes, introduciéndola en un establecimiento abandonado que es nada menos que la *cerrajería* de *The Matrix Reloaded.* Cuando proceden a huir, tras descubrir los restos arqueológicos del primer Neo en un cubículo que remeda su viejo escritorio en *Metacortex*, lo hacen por una puerta del edificio que casualmente es la de un cine. La película exhibida en él es *Root of all evil* protagonizada por Lito Rodríguez, personaje que interepreta en *Sense8* Miguel ángel rodríguez. Al escapar acaban saltando por una ventana (el espacio de Matrix es escheriano, y multidimensional) y al caer se convierten en código verde en una pantalla.

El guiño es evidente: *de la inmersión opresiva se sale, pues, por la puerta del cine.* Y Matrix no es ya un simulacro sino una porción de un universo autoral. Nos atreveríamos a decir que un mundo (im)posible, si se nos admite el juego de palabras, esto es, un universo heterónomo que ya no es interpretable sino por referencia al mundo empírico. Metafórico, pues, ya no alegórico, encerrado en sí y aislado del exterior. *La dimensión referencial, el modo de aludir y representar al mundo, ha cambiado por completo.*

134. Conviene recordar una vez más que el narrador no confiable y el héroe amnésico son dos figuras clave del cine post-clásico (Sorolla-Romero, 2022; Sorolla-Romero et al., 2020).

La vida de neo en Matrix: la ironía, la parodia, el malestar

La pantalla en la que ha sido vertida la caída de los personajes se convierte en la pantalla del ordenador de Neo. Tras un *zoom out* que abre el campo vemos a Thomas Anderson, presa del tedio. Un barrido por su entorno nos muestra el trofeo "Extraordinary Interactive Game Design". Pronto sabremos que para Anderson y todo su mundo Matrix es un videojuego que él diseñó y le valió grandes beneficios y reconocimiento. Un plano picado, cuasi-cenital, nos muestra su mesa de trabajo con seis pantallas distintas y gran ventanal a los rascacielos de la ciudad. A su alrededor, múltiples artículos de *merchandising* pertenecientes al dominio del videojuego, entre los que destaca una figurilla de Trinity caída en el suelo y disparando dos pistolas.

Al ser convocado por el jefe, decide ir antes a tomarse un café al *SIMULATTE* con su compañero Jude. Las próximas secuencias serán catalíticas, pero de suma relevancia discursiva porque van poniendo a Neo al tanto de muchas cuestiones que también desconoce el espectador. Ejemplo claro: es la primera vez que se nos muestra, si bien de un modo muy fugaz, el reflejo envejecido de Neo en la mesa de la cafetería. También, es aquí donde se encuentra con Tiffany ante nuestros ojos y le vemos abrumado por una extrema timidez. El difuso malestar de Neo en *The Matrix* se convierte en una melancolía cuya causa es inconsciente pero concreta y precisa: la nostalgia de Trinity. Cuando, más tarde, de nuevo Morfeo lo conduzca al Dojo para reanimarlo tras la extracción, la cuestión quedará perfectamente clara. Lo reta a pelear con las siguientes palabras: "You gotta fight for your goddamn life if you want to see Trinity again. Come on, Neo! Fight for her! (...) Fight for her".[135]

La iluminación de la cafetería es manifiestamente cálida, pero cuando se encuentra con el jefe en el despacho, los tonos son mucho más fríos. Sabremos en breve que este jefe es, nada menos, que Smith bajo de una de sus múltiples apariencias. En esta escena se manifiesta claramente la entrada irreversible de la parodia y la ironía en el texto

135. "Pelea por tu maldita vida si quieres volver a ver a Trinity ¡Arriba, Neo! ¡Pelea por ella!)!".

filme. Cuando Neo entra, el jefe está frente al ventanal y cita una reconocible frase del guión de *The Matrix*:

> Billions of people just living out their lives... oblivious. I always loved that line. You wrote that one, yeah?[136]

Vemos, pues, que el videojuego, al convertirse en objeto de culto *fandom*, se ha *textualizado*, se ha convertido en secuencia esclerotizada de signos. La conversación tiene lugar con el fin de informar a Neo de las intenciones de la empresa de poner en marcha una cuarta entrega del videojuego.

> Smith: Things have changed. The market's tough. I'm sure you can understand why our beloved parent company, Warner Bros., has decided to make a sequel to the trilogy.[137]

Toda la conversación está salpicada por pequeños desvaríos y micro-flashes de Neo, que él atribuye a su perturbación mental, pero que el espectador sabe que son *flash-backs* referidos a su encuentro con Smith en la primera película.

Por ello, de aquí pasamos a la consulta del psiquiatra, personaje que pasará tener una relevancia muy superior a la que en principio podríamos otorgar. El plano de situación nos coloca la consulta del psiquiatra en una colina desde la que se observa clarísimamente el Golden Gate. Se trata de un crepúsculo en san Francisco, la capital tecnológica del mundo. El psiquiatra tiene un gato que se llama de *Déjà vu*, con una referencia clarísima a un pasaje de la primera película. Para el espectador experimentado, es un indicio claro de que el código está siendo manipulado. Le cuenta de los problemas en la conversación con su socio. Y el "analista" le recuerda que son invención de su mente y le extiende una receta.

136. Millones de personas solo vegetando en la vida... absortos. Siempre me gustó esa frase. Tú la escribiste, ¿no?
137. "Smith: Nada es igual, el mercado es difícil. Seguro que entiendes por qué nuestra amada empresa matriz, Warner Bros decidió hacer una secuela de la trilogía".

La extracción de Neo: los espejos

La posterior secuencia es un *collage* de planos que nos muestra la vida cotidiana de Thomas Anderson. Vemos Neo en una reunión en Deus Machina sobre la estrategia de comunicación de MIV, en el gimnasio, en el lavabo de su casa con los fármacos recetados reflejados en un espejo con una iluminación muy fría. Al tragarla, vemos su real imagen envejecida en el espejo, aunque no sepamos entenderla. Curioso desdoble enunciativo: la cuestión es que se está connotando una superioridad epistémica del espectador sobre Neo desde el principio, porque sabemos de la falsedad de sus recuerdos y percepciones y se nos da a ver lo que a él le está vedado.

Tras ello, se produce en los lavabos, en plena emergencia por la amenaza de atentado, el encuentro con Morfeo, que no deja de parodiar a su predecesor, citando frases del videouego:

> Morpheus: At last. Ah. I wasn't too sure about the callback, but, you know, it was hard to resist.
>
> Neo: What?
>
> Morpheus: Morpheus Uno. Reveal at the window. Lightning, thunder and theater. At last. All these years later, here's me, strolling out of a toilet stall. Tragedy or farce?
>
> Neo: I know you.
>
> Morpheus: Not every day you meet your maker.
>
> Neo: This can't be happening.
>
> Morpheus: Oh, most definitely is.
>
> Neo: You can't be a character I coded.[138]

138. Morfeo: Al fin. Ah. No sabía si repetir esa frase, pero no me pude resistir. Neo: ¿Qué? Morfeo: Morfeo uno... Se reveló en la ventana, rayos, truenos.y teatro. Al fin. Y después de tantos años, aquí estoy, saliendo del inodoro. ¿Tragedia o farsa? Neo: Te conozco. Morfeo: No todos los días conoces a tu creador. Neo: Esto no puede estar pasando.
Morfeo: ¡Ah, por supuesto que sí! Neo: No puedes ser un personaje que creé.

Aunque en un momento determinado fracasa, este encuentro con Morfeo y Bugs supone el comienzo de su conciencia y extracción, su ascenso en la escala del saber y la focalización. En el momento de la extracción, Seq los guía en su salida: de la azotea del edificio de Deus Machina pasan a un tren destino a Tokio. Neo no recuerda esa parte del videojuego. Bugs responde: "We don't have to run to phone booths anymore, either".

La *escena* del teatro

Y pasamos a las tres secuencias más explícitas para entender el alto nivel de autoconsciencia del filme. Cuando atraviesan la puerta que les ha indicado Seq pasan por una abertura que parece una vagina.... o un acceso a la caverna platónica. Pero ni una cosa ni la otra: es un telón que da paso al escenario de un teatro. Sobre él se están proyectando escenas (*footage*) de Matrix 1. Simultáneamente el nuevo Orfeo sanciona:

> Orpheus: Set and setting, right?
>
> Neo: Oh, no.
>
> Orpheus: It's all about set and setting.
>
> Bugs: After our first contact went so badly, we thought elements from your past might help ease you into the present.
>
> Orpheus: Nothing comforts anxiety like a little nostalgia.
>
> Bugs: This is footage from your game.
>
> Orpheus: Time is always against us, *etcetera, etcetera.* No one can be told what the Matrix is, *blah, blah, blah.* You gotta see it to believe it. Time to fly.[139]

139. Morfeo: Actitud y entorno [pero también, escenario y escenografía], ¿verdad? Neo: Oh, no. Morfeo: Todo es cuestión de la actitud y del entorno. Bugs: Después de un primer contacto fallido, creímos que elementos de tu pasado te traerían al presente.Morfeo: Nada cura tanto la ansiedad como algo de nostalgia. Bugs: Son imágenes de tu juego. Morfeo: El tiempo siempre está en contra. Etcétera, etcétera. A nadie se le puede decir lo que Matrix es. Bla, bla, bla. Tendrás que verlo por ti mismo. Hora de volar.

La solemnidad ha encontrado su grado 0 –si no negativo– en la parodia. Resulta evidente que está haciéndose una alusión explícita al cine y al teatro como espectáculo: la verosimilitud, la creencia, la identificación. Esta autorreferencia metaficcional al cine desde la declamación teatral modula inmediatamente todo enunciado fílmico, verbal y narrativo posterior. Y acto seguido, como vemos, se lanzan todas las hipótesis que apuntalan la trama.

> Thomas: Wait. If this is real, if I haven't lost my mind, does that mean this happened? But if it did... then we died.
>
> Bug: Obviously not. Why the Machines kept you alive and why they went to such lengths to hide you are questions we don't have answers to.
>
> Neo: Hide me? I've been at a company making a game called The Matrix. Doesn't seem like they were trying to hide anything.
>
> Bug: We've been tracking that company for years. We screened every Thomas Anderson we found. What we didn't understand was that they could alter your DSI (*Digital Self Image*).[140]

Es ahora cuando ve Neo ve por primera vez su *auténtica* imagen en el espejo, distorsionada por Matrix para ocultarle que sus alucinaciones son recuerdos. Hemos subrayado el adjetivo porque la DSI es lo que los demás ven, que suele confundirse con lo verdadero y auténtico. Parece una potente deconstrucción algorítmica del "Estadio del Espejo" lacaniano. Porque es de espejos de lo que se trata ahora.

140. Thomas: Alto. Si esto es real, si no me he vuelto loco, ¿significa que eso pasó? Pero si es así, entonces morimos. Bug: Es obvio que no ¿Por qué las máquinas te mantuvieron vivo y por qué hicieron tanto para ocultarte? Son preguntas que no podemos responder. Neo: ¿Ocultarme? Estaba en una compañía haciendo un juego llamado "Matrix". No parece que intentaran ocultar nada. Bug: Llevamos años rastreando la compañía. Investigamos a cada Thomas Anderson que encontramos. Lo que no entendíamos es que podían alterar tu A.I.D. (Auto-Imagen Digital).

Desde su origen el encuadre en perspectiva supo que en realidad estaba perpetrando un engaño los ojos. De ahí que la *mise en abyme* (Palao-Errando, 2015b), esto es, el propio artificio del cuadro fuera prácticamente inherente al uso de la perspectiva desde su inicio. El aparato de base del cinematógrafo sabía que mentía, como la novela y el teatro modernos. O que, si no mentía, al menos engañaba. Desde el origen, el aparato de base el dispositivo, que empezaron analizando en los años 70 desde esta perspectiva Oudart y Baudry, era en sí mismo sede de artificios que desdoblaban su espacio interior. Lo vemos desde el *Retrato del matrimonio Arnolfini* (Jan van Eyck, 1434) hasta *Cristo en casa de Marta y María, Las Meninas* (Diego Velázquez, 1618, 1656 y 1655 - 1660, respectivamente) o pasando por los ejercicios de autorretrato llevados a cabo por todos los grandes nombres de la pintura renacentista y barroca en Europa. de Durero a Rembrandt, el espejo ha sido siempre el modo que ha tenido la imagen en perspectiva de auto confesarse ficción, no huella fiel de una realidad, ni universo autónomo. Podríamos decir que la perspectiva es el realismo moderno y que nunca este ha sido el de la inmersión puesto que anisotopía de lo encuadrado, esto es, la distancia del observador es su requisito simbólico insoslayable. El cine hereda, precisamente, este recurso a los espejos (Company-Ramón, 2014; González Requena, 1986) como un rasgo manierista de escenificación y explicitación del artificio, como un modo de *ostranenie* (van den Oever, 2010) integrada diegéticamente

El caso es que, a partir de este momento, la reduplicación de la imagen y su enclaustramiento en la superficie especular se convierte en el motivo principal de *The Matrix Resurrections*. Cuando Morfeo le ofrece la píldora roja Neo, estamos viendo proyectado en el telón el mismo acto pergeñado supuestamente 60 años antes por Neo frente al Morfeo histórico. Pero es que en cuanto hace amago ingerir la píldora, el que aparece a través de un espejo es precisamente el psiquiatra, que intenta impedir que este espejo sea atravesado por Neo y abandone Matrix. Aún más, cuando intentan huir, y sabemos que solo pueden hacerlo a través de la superficie de los espejos, el único que encuentra Sec es uno minúsculo en el baño del vagón del tren. Cuando la tripulación se queja de lo diminuto de la vía de escape esta es esta es la respuesta de Seq:

> Seq: I got a hack in the bathroom. Hurry!
>
> Bugs: Seq, where?
>
> Seq: That mirror.
>
> Bugs: What?, We'll never fit.
>
> Seq: You gotta fit, 'cause I don't have another way off this train.
>
> Neo: Whoa, whoa, whoa.
>
> Orpheus: No, no, no.
>
> Seq: Think "*perspective*.", closer you are, bigger it gets.
>
> Seq: Okay, come on.[141]

La ironía sobre el andamiaje visual del sentido es más que obvia y muestra el vigoroso impulso subversivo y deconstructivo, propulsado por la ironía, que auspicia *The Matrix Resurrections.*

Ya hemos anticipado los problemas de Neo al ser extraído y cómo ha de ser Morfeo el que consigue que reaccione retándolo en Dojo. Cuando al fin despierta, esta es la primera conversación que mantiene con la capitana:

> Neo: If this plug is actually real, that means they took my life... and turned it into a video game. How am I doing? I don't know. I don't even know how to know.
>
> Bugs: That's it, isn't it? If we don't know what's real... we can't resist. They took your story, something that meant so much to people like me, and turned it into something trivial. That's what the Matrix does. It weaponizes every idea. Every dream. Everything that's important to us. *Where*

141. «Seq: Logré hackear el baño. Corran. Bugs: Seq, ¿Dónde? Seq: Ese Espejo. Bugs: ¿Qué? No vamos a caber. Seq: Tienen que caber, porque no hay otra salida. way off this train. Neo: Whoa, whoa, whoa. Morfeo: No, no, no. Seq: Es perspectiva. Cuanto más cerca, más grande se hace. Seq: Okay, vamos.

better to bury truth than inside something as ordinary as a video game?[142]

La pelea y el merovingio

Damos un salto para pasar al momento en que la tripulación vuelve a Matrix para ayudar a Neo en la liberación de Trinity. Tras una vista aérea de la Bahía de San Francisco al amanecer, observamos a Seq mirando a su pantalla con lenguaje máquina, como siempre, y Neo Reconoce a Trinity circulando, veloz en su moto, por el Golden Gate. Ven que es puro "código azul", esto es, que no parece tener ninguna propensión a rebelarse contra su realidad (virtual). Desde aquí, se va a producir el proceso contrario al de *The Matrix*: Trinity va a ser la que sufra un proceso de transformación que la lleve a asumir su identidad y alejarse de Tiffany y sus circunstancias, hasta conquistar su propia *agencia* (o si se prefiere, autonomía). Ya se nos había informado que el origen del *statu quo* actual vino de parte de la guerra que las máquinas habían mantenido entre sí. La cuestión es que ese conflicto provocó purgas y depuraciones en Matrix, sobre todo entre los *syntientes,* y que, por tanto, dentro de la misma Matrix había marginados y exiliados subsistiendo, en condiciones extremadamente precarias. Smith convoca "los exiliados" y entre ellos nos encontramos nada menos que a *The Merovingian,* un destacadísimo personaje de la *Trilogía*. Aparece en pantalla como un híbrido entre un *homeless* (recordemos que San Francisco es la ciudad de los homeless por excelencia) y un cavernícola, pero no deja de ser divertido escuchar su peculiar discurso:

142. Neo: Si este conector es verdadero, significa que tomaron mi vida y la convirtieron en un videojuego. ¿Que cómo me siento? No lo sé. Ni siquiera sé cómo saber.
Bugs: Si no se sabe lo que es real, no te puedes resistir. Tomaron tu historia, algo que significaba mucho para personas como yo. Y la convirtieron en algo trivial. La Matrix hace eso. Hace armas de todas las ideas. De cada sueño. De todo lo que nos importa. Nada mejor para sepultar la verdad que en algo tan ordinario como un videojuego.

> The Merovingian: You? Oh! It is you! All these years. I can't believe it. Oh, God.: You stole my life! (...)
> Smith: What the Merv is trying to say, is that their situation is a little bit like mine. To have their lives back, yours has to end. Kill him!
> The Merovingian: You ruined every suck-my-silky-ass thing! We had grace. We had style! We had conversation! Not this... Art, films, books were all better! Originality mattered! You gave us Face-Zucker-suck and Cock-me-climatey-Wiki-piss-and-shit![143]

Como vemos, para el resentido habitante de la vieja Matrix, no hay nada de la digitalidad 2.0 que se salve. Y, aún más, cuando han de huir tras la pelea lanza una profecía apocalíptica:

> The Merovingian: This is not over yet! Our sequel franchise spinoff![144]

El analista y el *bullet time*

Y pasamos a la última secuencia en la que vamos a detenernos. Esta se enfoca a la trama interna de Matrix, concretamente, en la muerte de Neo y Trinity. Neo va a buscar a su partenaire al taller donde practica su gran afición, para convencerla de abandonar Matrix con él. La iluminación es totalmente cálida en Matrix ahora: autenticidad, iconografía industrial y pre-ruinosa. De hecho, Trinity está soldando una pieza como

143. Merovingio: ¿Tú? ¡Ja, ja, ja! ¡Sí eres tú! Après tout. Tantos años. No puedo creerlo. Oh, Dios... ¡Tú me robaste la vida! [...] Smith: Lo que Merv trata de decir es que su situación se parece un poco a la mía. Para recuperar sus vidas, la tuya debe terminar. ¡Mátenlo! Merovingio: ¡Tú me jodiste hasta el último pelo de mi culo! Antes había gracia. Teníamos estilo. Teníamos conversaciones. No ese bip, bip, bip, bip. ¡Arte! ¡Libros! ¡Películas! ¡Tú nos diste Face-boo-culo y Coño-wiki-vete al carajo!

144. "Merovingio: ¡Esto no ha terminado!¡Habrá una secuela de la franquicia!".

una herrera con oficio. Parece que su semblante de *soccer mom* en el *SIMULATTE* era coyuntural... Lo que nos interesa es que, de repente, se oye un tintineo que vemos que proviene de *Déjà vu*, el gato negro. Súbitamente, Trinity se *fluidifica,* como antes hemos visto hacer a Morfeo en Io (códice de partículas exomórficas, lo llaman), y se vuelve a erguir como el "Analista" para regodearse en su dominio sobre Neo. El Analista controla el tiempo gracias al *tiempo-bala* y puede hacer sufrir a Neo, incapaz de detener una bala dirigida a Trinity, que acaba impactando contra una manzana

> *"Bullet time". I know. Kind of ironic, using the power that defined you to control you.*[145]

El monólogo que *The Analist* pronuncia mientras juega con el tiempo y con la bala que alcanzará a Trinity está trabajando a múltiples niveles: metacine, autorreferencia autoral, autorreferencia narrativa. El *bullet time* es una invención de los Wachowski y una referencia a la propia saga (véase Crespo & Palao Errando, 2005). Y después viene el relato de por qué y cómo, se devolvió a Neo a la vida... y a Trinity con imágenes presuntamente ilustrativas del proceso. El discurso se ha trasmutado en una antropología filosófica, pero también en una filosofía política.

> I was there when you died. I said to myself, "Here is the anomaly of anomalies." What an extraordinary opportunity. First, I had to convince the Suits to let me rebuild the two of you. *Why her?* Getting there. And don't worry, she can't hear me. Resurrecting you both was crazy expensive. Like renovating a house. Took twice as long, cost twice as much. I thought you'd be happy to be alive again. So wrong. *Did you know hope and despair are nearly identical in code?* We worked for years, trying to activate your source code. I was about to give up, when I realized...

145. "Bullet time". Ya sé. Es algo irónico. Usar el poder que te definió para controlarte».

Neo: Trinity.

The Analyst: ...it was never just you. Alone, neither of you is of any particular value. Like acids and bases, you're dangerous when mixed together. *Every sim where you two bonded... Let's just say bad things happened.*

Trinity: Neo!

The Analyst: *However, as long as I managed to keep you close, but not too close, I discovered something incredible. Now, my predecessor loved precision. His Matrix was all fussy facts and equations. He hated the human mind. So he never bothered to realize that you don't give a shit about facts. It's all about fiction. The only world that matters is the one in here. And you people believe the craziest shit. Why? What validates and makes your fictions real? Feelings.* [...]. *You ever wonder why you have nightmares? Why your own brain tortures you? It's actually us, maximizing your output. It works just like this.* Oh, no! Can you stop the bullet? If only you could move faster. *Here's the thing about feelings. They're so much easier to control than facts. Turns out, in my Matrix, the worse we treat you, the more we manipulate you, the more energy you produce.* It's nuts. I've been setting productivity records every year since I took over. And, the best part, zero resistance. *People stay in their pods, happier than pigs in shit. The key to it all? You. And her. Quietly yearning for what you don't have, while dreading losing what you do. For 99.9% of your race, that is the definition of reality. Desire and fear, baby. Just give the people what they want, right? She's the only home you have, Thomas. Come home before something terrible happens.*[146]

146. Yo estaba allí cuando moriste. Me dije: "Aquí está la anomalía de las anomalías". Qué extraordinaria oportunidad. Primero, tuve que convencer a los trajes para que me dejaran reconstruirlos a ustedes dos. ¿Por qué ella? Llegar allí. Y no te preocupes, ella no puede oírme. Resucitarlos a ambos fue increíblemente caro. Como reformar una casa.

El final

Leído el fragmento anterior parece imposible no pensar que estamos hablando de política. Lo que desgrana el analista es ni más ni menos que todos los supuestos a partir de los cuales funciona eso que se ha dado a llamar "populismo", que parece ser el origen de la época de la *posverdad.* Los humanos, afirma el analista, no tienen ningún interés en los hechos, sino en las ficciones y lo que valida las ficciones son las "emo-

> Tomó el doble de tiempo, costó el doble. Pensé que estarías feliz de estar vivo de nuevo. Tan equivocado. ¿Sabías que la esperanza y la desesperación tienen un código casi idéntico? Trabajamos durante años, tratando de activar su código fuente. Estaba a punto de rendirme cuando me di cuenta...
> Neo: Trinity.
> El Analista: ...nunca fuiste solo tú. Solos, ninguno de los dos tiene un valor particular. Al igual que los ácidos y las bases, son peligrosos cuando se mezclan. Cada simulación en la que ustedes dos se unieron... Digamos que sucedieron cosas malas.
> Trinity: Neo!
> El Analista: Sin embargo, mientras logré tenerte cerca, pero no demasiado, descubrí algo increíble. Ahora bien, a mi predecesor le encantaba la precisión. Su Matrix era todo hechos y ecuaciones quisquillosos. Odiaba la mente humana. Así que nunca se molestó en darse cuenta de que los hechos te importan una mierda. Se trata de ficción. El único mundo que importa es el de aquí. Y ustedes creen la mierda más loca. ¿Por qué? ¿Qué valida y hace reales tus ficciones? Sentimientos. [...]. ¿Alguna vez te has preguntado por qué tienes pesadillas? ¿Por qué tu propio cerebro te tortura? En realidad somos nosotros, maximizando su producción. Funciona así. ¡Oh, no! ¿Puedes detener la bala? Si tan solo pudieras moverte más rápido. Esto es lo que pasa con los sentimientos. Son mucho más fáciles de controlar que los hechos. Resulta que, en mi Matrix, cuanto peor te tratamos, cuanto más te manipulamos, más energía produces. Es una locura. He estado estableciendo récords de productividad cada año desde que asumí el cargo. Y, la mejor parte, resistencia cero. La gente se queda en sus manadas, más feliz que los cerdos en la mierda. ¿La clave de todo? Tú. Y ella. Anhelando en silencio lo que no tienes, mientras temes perder lo que tienes. Para el 99,9% de su raza, esa es la definición de la realidad. Deseo y miedo, bebé. Solo dale a la gente lo que quiere, ¿verdad? Ella es el único hogar que tienes, Thomas. Vuelve a casa antes de que suceda algo terrible.

ciones", que es la palabra que se suele usar en castellano para traducir *feelings*. Y las emociones, dice, son mucho más fáciles de controlar que los hechos. ¿Por qué? Nos aventuramos a responder: porque representan un continuum sin impases vacíos, una impostación del sistema nervioso conectando con lo real (McLuhan, 1996) sin el desfallecimiento de tener que pasar por el símbolo, esto es, por la falta y *la castración* (Jacques Lacan, 2003), por la *differance* (Derrida, 1994) por la *parresia* (Foucault, 2004; Foucault, Castro, & Pons, 2019). ¿Hay alguna figuración mejor de la *inmersión*? Completamente de acuerdo en que *no hay fuera del texto* (Derrida, 1986ª) pero ello no implica que en el texto, o en cualquier espacio semiótico, esté incluido absolutamente todo. Más bien, al contrario: el texto es posible solo si hay sentido y para ello es necesaria la articulación de unidades *discretas. Solo hay sentido si hay diferencia y la diferencia, el hiato entre unidades discretas, es necesariamente un fuera-de-sentido que un sujeto ha de suturar. De ahí, la eficacia de esta secuencia magistral en la que bullet time implica agujerear la continuidad del tiempo. Es la paradoja de lo infinitesimal, que es la de Zenón de Elea. Lana Wachowski nos propone una secuencia en la que el tiempo ha sido excavado por el deseo, que es un más allá del cuerpo. Si The Matrix Resurrections es una metáfora trans, lo es en este sentido.*

El final es una secuencia muy predominantemente narrativa sobre el proceso de extracción de Trinity, especialmente dificultoso por las circunstancias, y que desemboca en un intento de pacto de Neo con el analista con el fin de que la deje marchar, si ella lo decide así. Por supuesto, el analista es un traidor y, pese a lo prometido, se niega a cumplir su parte. Todo ello desemboca en en la típica secuencia *blockbuster* de acción y persecución, con Neo y Trinity huyendo de la Policía de los *bots*, que activa el analista entre los habitantes de Matrix, y que llegan a ser utilizados como bombas humanas. Lo más notable es precisamente el relevo protagónico de Trinity. Esta, por fin, asume su propia agencia o autonomía y es la que consigue volar y que puedan escapar de de la matriz.

Tras ello se les ve volver a Matrix, justamente a casa del analista, y vengarse de una forma realmente gansteril. La iluminación en esta secuencia es relevante. Se trata, de nuevo, de un crepúsculo en San Francisco con el Golden Gate al fondo. Lo curioso es que se trata de una combinación de iluminación oscurecida –que se asocia directamente a los rebeldes desde la primera secuencia y en todas las que suceden en el exterior de Matrix, sea en la Mnemosyne o en la ciudad de Io–, con los tonos cálidos que son emblema el principio de realidad de los habitantes de Matrix, es decir, el absoluto asentimiento a la simulación virtual. Es Trinity quién amenaza que insulta y quién golpea al analista para regocijo de todos los espectadores. Esta violencia, bien vista, es un rasgo muy típico del *thriller* de acción. Las franquicias protagonizadas por Denzel Washington (*The equalizer*), Tom Cruise (*Jack Reacher*), o por el mismo Keanu Reeves (*John Wick*) son acabado ejemplo de cómo se puede hacer disfrutar a una audiencia con recursos de violencia extrema sin que se sienta culpable. Y, en fin, luego viene de *Catrix* pero eso sería ya materia para otro texto. También *Vértigo* sucedía en San Francisco.

La Trilogía *The Matrix* fue un ejemplo antonomástico de esa cultura de la hibridación que rigió las líneas maestras de la producción cinematográfica y de la cultura digital a lo largo de las últimas décadas, y que ha desembocado en el fenómeno *fandom* y las narrativas transmedia (Bolter & Grusin, 2000; Jenkins, 2008; Scolari, 2013). El problema de la *inmersión* es el problema de la significación y, más concretamente, el problema de la referencia. Un universo inmersivo es por necesidad asimbólico, extrae del mundo pero de no dice nada de él. *The Matrix Resurrections* es por tanto un texto. Un texto artístico que no pretende reduplicar o suplantar sino metaforizar el mundo. Eso fue el cine cuando se decidió a ser arte: Un medio de representación que, en su paradigma hegemónico (*MRI*) se convirtió también en un modo de modelización y manipulación, porque todo arte, es un *sistema de modelización secundario* (Lotman, 1982). *The Matrix* fusiona el género postapocalíptico con la digitalidad inmersiva. En esa imagen hay noticia del sentido. Por ello, su resurrección se constituye en un metafilm irónico, no en un *metaverso reloaded*, que hubiera resultado inevitablemente banal a fuer de solemnemente épico.

CONCLUSIONES, REFLEXIONES Y ESPECULACIONES

El cine postclásico no existe, pero tampoco el cine clásico, los objetos que imaginamos bajo la mayoría de las etiquetas que los historiadores del arte, y del cine en particular, han pergeñado como instrumento heurístico para poder razonar en sus investigaciones (Losilla, 2003, 2012). Lo que hemos hecho en este libro, recalando en varios casos singulares y con una mirada esencialmente de *flaneur* del discurso fílmico, es intentar indagar algunas características del cine que convive con la cultura digital, en tanto que es *mainstream* precisamente por negociar (con) y no excluirse (de) el modelo hegemónico que es el Modo de Representación Institucional que por su capacidad para construir la continuidad y la transparencia, atrapa al sentido común del público mayoritario y se presenta como trasunto fidedigno del mundo. Para nosotros, por tanto, la etiqueta cine postclásico designa el cine de consumo mayoritario por la masa social o bien por la multitud, en su peculiar virtuosismo y vocinglera condición (Virno, 2003ª).

Este juicio no remite a supuestas grandes recaudaciones de taquilla o índices de audiencia, sino a las condiciones semióticas y discursivas que permiten que un determinado discurso sea entendido por la mayoría de sus receptores. Para nosotros, dado nuestra apuesta exegética ha sido por la inmanencia textual, el cine postclásico es el cine de consumo mayoritario en la época del agotamiento, tanto de las Escrituras Clásicas, como de la capacidad de sorprender y transgredir de la Modernidad Cinematográfica al uso, que se ha convertido en un subestilo o género más (Finn, 2022), lo cual implica una restitución del MRI, pero tensado y barroquizado hasta sus límites. *Nota bene,* que hemos dicho hasta sus límites lo cual implica que el MRI puede ser continuamente cuestionado, pero nunca definitivamente conculcado, a diferencia de las prácticas de vanguardia o experimentales, aquellas que se excluyen voluntariamente del modelo hegemónico, antes de las salas de cine, ahora también del consumo masivo en las grandes plataformas de *streaming.*

El discurso fílmico, pues, no se aleja de las industrias culturales masivas. En este panorama, donde la atención es la mercancía máxima, hemos dicho que el *cine* se ofrecía bajo el diferencial del sentido, amparándose en el marchamo aurático del Séptimo Arte como constructor de relatos. Hemos ido viendo cuánto hay de *branding* en este ofrecimiento del *cine* como interfaz del sentido, porque el juego cognitivo se ha erigido su sucedáneo. El sentido cognitivo siempre está asegurado en la objetividad pública porque es un fantasma apaciguador carente de discontinuidades. Y es aquí donde la atención se revela como una nueva versión de la satisfacción pulsional. La atención, así capturada, es pulsión de muerte, goce atrapado en la completud del Otro. De ahí, la *hedonia* depresiva que detectó Mark Fisher en sus alumnos de secundaria, siempre conectados. Y de ahí que la adictividad, la posibilidad de que la atención sea totalmente captada –esto es, satisfecha–, se haya convertido en el mejor reclamo de las series, tanto como lo es de los videojuegos. Aunque consideramos muy difícil de refutar la tesis de que no hay mayor captación de la atención que la que llevaba a cabo la pantalla cinematográfica, en una sala a obscuras, dentro de un paradigma social disciplinario y fordista. Fue con la generación de la Televisión cuando la atención empezó a diluirse y convertirse en un interés intermitente y flotante, cuya máxima expresión era el *zapping*.

Lo que creemos haber mostrado en última instancia es que no hay sentido verdadero si se excluye el sinsentido porque este pertenece de pleno derecho a su campo. El sentido asegurado es un sentido sin verdad. El sinsentido es imprescindible como posibilidad para que el campo del sentido pueda ser constituido desde su exterioridad por un sujeto. Y decir campo del sentido es decir campo de la interpretación. Ya hemos visto hasta qué punto la *integración diegética* impide la connotación (Barthes, 1994ª) porque la transparencia, que es la que exige la subordinación de todos los elementos expresivos a la diégesis, lleva a que esta se agote en el campo cognitivo, que es el de la decodificación. Para que de verdad haya trabajo interpretativo, semio-hermenéutico, es necesario un vacío, un exterior al enunciado, un espacio enunciativo que permita algo del orden de la *transferencia.* Como dicen Greimas y Courtes:

> En el estado actual de las investigaciones, la connotación solo es definible por negación: dada una formación signifi-

> cante, es la subclase de efectos de sentido producidos por ella misma, comprendiendo aquellos que no son ni denotativos, ni sintomáticos ni naturales. (...) Por lo tanto, se podría positivizar ese resto significativo no-narrativo, no-sintomático y no-natural, diciendo tentativarnente que el efecto de sentido connotativo debe poder dejarse interpretar por una semiótica del *espacio enunciativo* que haga gravitar a los actantes sujetos de la enunciación en tomo de lo narrativo; prácticamente, *lo connotativo parece remitir siempre a* (...) de u*n espacio enunciativo.* (A J Greimas & Courtès, 1991: 53-54: el subrayado es nuestro).

No hay connotación sin abismarse en el campo de la enunciación, y el cine, desde su formulación hollywoodense, tiene como axioma ineludible el borrado de sus huellas. En el filme estándar (suponiendo que eso exista) la asimilación narrativa (informativa, códica) supone que no hay espacio-tiempo para la interpretación. La transparencia es la gran enemiga de la interpretación y la mejor aliada de la *impotencia reflexiva*.

Una instrucción semántica es más clara en la medida en que lo es menos, esto es, en la medida en que se niega a ser integrada en el relato y, por lo tanto, revela el espesor del discurso, en el que el espacio enunciativo se halla. Es lo que los formalistas rusos (Todorov, 1978) llamaron *ostranenie,* el extrañamiento, la desfamiliarización que nos permite, precisamente, incoar el proceso de poetización es inherente al análisis textual, puesto que restituye todo el espesor del discurso al proceso de lectura. Un texto no tiene esencia, de acuerdo, pero sí una especificidad constructiva que procede de su forma material y de la sintaxis de sus elementos.

Por ello, a partir de una propuesta es lector el que constituye el texto a partir de un *espacio textual* (Talens & Company, 1984), precisamente, actualizando la *proyección del eje de la selección sobre el eje de la combinación*, que es el recurso estructural de la *función poética*, tal y como la definió Román Jakobson (Jakobson, 1984). Esto lo que permite restituirle al texto su opacidad, su intransitividad referencial, y autoriza la incidencia de la forma sobre el sentido, subrayando *la dicotomía entre signos y objetos.* Es precisamente la transparencia la que evita el cierre de la verdad como categoría en el campo discursivo. La transparencia es superyoica, exige más y más. Nunca hay suficiente transparencia, porque la transparencia convierte el discurso en auto-recurrente, en autorreferencial, mientras le construye un simulacro de exterior.

La posmodernidad se entiende mucho mejor si la pensamos no como una falta de fe en la realidad, sino como una falta de fe en el *realismo*. La postmodernidad sabe que los discursos solo pueden tener a los discursos como campo de referencia. Es una consecuencia lógica de la Modernidad más radical, desde Adorno hasta Godard. La poética del *making of* pretende un realismo ultramoderno, pero se queda en un realismo postmoderno. La escritura, la interpretación, no son, banalmente, una técnica, sino la puerta de acceso al umbral inmenso del rumor de lo dicho para inscribir allí una diferencia, el rumor insidioso de posible de decir. Por eso, es en la forma donde tiene su raíz el sentido. La singularidad, la subjetividad, es lo menos individual que existe, lo menos amable, es siempre la falla de un silencio en lo identitario.

En la dificultad, en lo enigmático, está el desvelamiento, la desocultación de lo real en la estructura de lo natural, es decir, la aparición de lo inconsciente como emergencia irreductible de la cultura. El enigma no está en los signos ni en los objetos, sino en la imposibilidad de reducirse a universal del sujeto que dice y del ojo que mira. Posiblemente, haya quien piense que este libro ha dejado mucho que desear. Ojalá.

Apéndice 1

¿QUIÉN PODRÍA NO SENTIR AÑORANZA DE AQUEL VETUSTO CIRCO DE PULGAS? *JURASSIC PARK* (STEVEN SPIELBERG, 1993)*

* Publicación original: Palao-Errando, J. A. (1996). ¿Quién podría no sentir añoranza de aquel vetusto circo de pulgas? Jurassic Park. *Imatge, 6*, pp.10-19.

Un mosaico revela toda una sociedad, al igual que el esqueleto del ictiosaurio entraña toda una creación. En una y otra parte, todo se deduce, todo se encadena. La causa permite adivinar un efecto, como cada efecto permite remontarse a una causa. El sabio resucita hasta las verrugas de los tiempos pasados.

de Balzac, *La búsqueda del absoluto*

1. Efectos "espaciales"

Es un fenómeno característicamente contemporáneo: a la salida de las salas de exhibición cinematográfica, el público se puede dividir en dos categorías bien definidas. Por un lado, aquellos que salen embelesados por el sabor matizado, suave o amargo, pero siempre placentero que reservan los entresijos de un relato. Son los espectadores sensata y modernamente cultos, aquellos que mantienen el equilibrio con soltura en el sutil filo de una metáfora y tutean al director con un compadreo que solo pueden proporcionar largas veladas compartidas y complicidades bien fundamentadas. Por contraste, los espectadores de la segunda clase resultan algo estomagantes para los anteriores. Se les reconoce porque salen elogiando la magnífica fotografía de la película –palabra de cinco sílabas, a su parecer, suficientes para legitimar el goce que han experimentado–, reproduciendo –más que comentando– los gags que les han hecho soltar carcajadas, o bien fascinados, sin más ceremonia, por los "efectos especiales" de los filmes de acción o terror que acaban de ver. Son facciones irreconciliables, por más que pueda haber deserciones puntuales (casi siempre vergonzantes) en la una y en la otra.

Y todo ello obedece a cierta lógica: a poco que reflexionemos, nos damos cuenta que lo que se denomina "efecto especial" en un medio audiovisual es fundamentalmente distinto de una "figura" retórica o de una unidad narrativa, pues exige ser tomado por sí mismo al margen de cualquier construcción significante, negándose a ser sometido a ninguna clase de interpretación. Desde el primitivo paso de manivela, a una maqueta o artilugio mecánico[1], pasando por el maquillaje más sofisticado, o el más puntero programa infográfico, un efecto especial no significa –no quiere decir– nada. Su vocación, conseguida o no, lo impele a los dominios del ser, no del discurso. De hecho, como el ritual del seductor, ser percibido como signo, como unidad discreta desgajada del *continuum* de un semblante, es el primer índice de su fracaso. No se nos pide, consecuentemente, que lo creamos, sino que asintamos a él, puesto que nos coloca en un lugar en el que no tiene sentido preguntarse por lo verdadero, una vez hayamos aceptado la propuesta de verosimilitud que la diégesis nos ofrece.[2] Se trata de conducir lo falso hasta una percepción que lo convierta en indudable, liberándonos, como espectadores, de cualquier necesidad de decidir.

¿Pero a qué asentimos frente al *continuum* visual en perspectiva que una pintura clásica, un filme, o una fotografía nos ofrecen y que los llamados "efectos especiales" no hacen sino incrementar en su poder de fascinación? La respuesta parece clara: a la homogeneidad óntica entre los elementos del encuadre[3], es decir, a la certidumbre, extendida en Occidente, de que lo visible de los fenómenos es capaz, en su representación, de salvar la esencia, si bien no del objeto singular (esto sería propio de una mentalidad animista), sí del mundo (concepción, ahora sí, mecanicista), siendo que esta se revela como una gramática que pone los cuerpos a disposición de un órgano de la visión, sea natural o técnico, vale decir, protésico. De ahí que, si toda sintaxis es cauce de un sentido y, por la magia de la representación, el mundo aparece sometido a una sinta-

1. Véase, en estas mismas páginas, el trabajo al respecto de Rosa Peralta.
2. Entiéndase que un trucaje no es interpretable ni está sometido a la las leyes de la veracidad en sí mismo, es decir, en cuanto efecto visual. Pero puede estarlo perfectamente en cuanto se constituya en unidad narrativa, esto es, en elemento significante.
3. He podido desarrollar algo más estas cuestiones en otro lugar. Vid. mi artículo "El ojo del saber (supuesto). La familia *en* el discurso televisivo." Valencia, *Lapsus. Revista de psicoanálisis,* nº 2, abril de 1993.

xis, se desprenda, con toda coherencia, que el ser del mundo es afín al sentido. En definitiva, y es la apuesta inaugural del discurso científico: que lo real está habitado por la lógica de un saber.[4] Consecuencia, por tanto, inevitable es que, si este saber procede de la representación, tome para el ojo la forma del espectáculo. Heidegger lo expuso diáfanamente:

> Cuando el mundo pasa a ser imagen, lo existente en conjunto se coloca como aquello en que se instala el hombre, lo que, en consecuencia, quiere llevar ante sí, tener ante sí en un sentido decisivo. Por consiguiente, imagen del mundo, entendida esencialmente, no significa una imagen del mundo, sino el mundo entendido como imagen.[5]

La certeza científica, garantía de la bondad fundamental que debe animar a la naturaleza, resulta inescindible de su representación. Ahora bien, esta benignidad escópica no es extensible al cuerpo; más bien al contrario, la experiencia humana deniega desde el albor de los tiempos esta posibilidad. El mundo moderno, el mundo de la investigación científica, se ha constituido para el ojo, no para la carne que lo sustenta. Si la naturaleza ha de advenir a la categoría del espectáculo, ha de ser proveyendo al sujeto que la contempla de un resguardo inalcanzable. El programa ilustrado así lo previó:

> Rocas audazmente colgadas y, por decirlo así, amenazadoras, nubes de tormenta que se amontonan en el cielo y se adelantan con rayos y con truenos, volcanes en todo su poder devastador, huracanes que van dejando tras de sí la desolación, el océano sin límites rugiendo de ira, una cascada profunda en un río poderoso, etc., reducen nuestra facultad de resistir a una insignificante pequeñez, comparada

4. En palabras de Galileo, la matemática sería el lenguaje en el cual "está escrito el libro de la naturaleza".
5. Vid. Martin Heidegger, "La época de la imagen del mundo." en *Sendas Perdidas.* Buenos Aires, Losada, 1960. Traducción de José Rovira Armengol. p.79.

> con su fuerza. Pero su aspecto es tanto más atractivo cuanto más temible, *con tal de que nos encontremos nosotros en lugar seguro*, y llamamos gustosos sublimes a esos objetos porque elevan las facultades del alma por encima de su término medio ordinario y nos hacen descubrir en nosotros una facultad de resistencia de una especie totalmente distinta, que nos da valor para poder medirnos con el todo-poder aparente de la naturaleza.[6]

¿Y qué lugar más seguro, más propicio para ver sin la amenaza de ser visto, que la oscuridad de una sala cinematográfica? En efecto, el espectáculo audiovisual dominante, en cuanto heredero de la *perspectiva artificialis* de la pintura renacentista, supone un encuadre autónomo[7], desgajado por sus bordes del mundo al que representa, sin dejarse contaminar por él. Hendidura en el ser, en la que la esencia se concentra en materia visible (el *Aleph* borgiano es su mejor alegoría), al margen de la insustancialidad apacible de lo cotidiano, en la que el espectador permanece, presuntamente, a salvo de cualquier perturbadora interpelación. Si con la televisión, este espacio se fusiona con el ámbito privado del propio domicilio, el efecto de inmunidad –ahora, ya, perfecta impunidad– parece multiplicarse.

2. El lugar, el camino

Jurassic Park comienza, así, con una escena que se resiste a ser vista. Acto de devoración que cumple con su misión de colocar al espectador en un lugar que puede considerar mucho más seguro que el que la diégesis va ofrecer a su mirada. Comienzo, mistérico también, que lo

6. Immanuel Kant, *Crítica del juicio.* Madrid, Austral, 1991. Ed. de Manuel García Morente. El subrayado es nuestro. Enclave este que parece poseer todos los requisitos del lugar idóneo para que un sujeto se instale en su fantasma.
7. Para el concepto de autonomía de la obra de arte, cuestionado por las Vanguardias Históricas, cf. Peter Bürger, *Teoría de la vanguardia.* Barcelona, Península, 1987.

ubica en una posición distinta a la del ingenuo visitante del parque de atracciones, pues, cercano a una posición de dominio, tiene un saber sobre el riesgo del que el otro carece. Lo que se hurta a nuestra mirada –paradójicamente– como una promesa de visibilidad futura, es la materia carnal del agente de la muerte.

Y es, justamente, en contienda con este universo icónico donde encontramos al protagonista del filme cuando es requerido para sancionar con su saber la benignidad de lo real en cuanto espectáculo. Allan Grant, paleontólogo eminente, es requerido por su firma, para que avale la puesta en marcha del proyecto de John Hammond, titiritero rico, excéntrico, y ambicioso. Grant está hurgando en su mundo subterráneo que, merced a un sofisticado y violento ecógrafo, le revela imágenes de seres desaparecidos en la pantalla de su ordenador, los cuales le ratifican en su teoría de que los dinosaurios de antaño han evolucionado hacia las aves actuales. Y ha de ser un niño –ser que Grant detesta– quien tenga que recalcar la diferencia entre lo que podemos ver –un conjunto de huesos mejor o peor conservado– y la imponente monumentalidad que a estos seres antediluvianos se les supone. El recurso del Dr. Grant ante esta evidencia de que el útero de la madre tierra no contiene sino vestigios de la muerte, es, pese a toda su carga de patetismo, exquisitamente clásico: el relato, la construcción de una ficción ilustrativa de la ferocidad del Velocirraptor, con gestos y palabras en la que los actores (él mismo y el niño) se identifican con los personajes (depredador y presa) sin confundirse con ellos. Sucedáneo, al fin y al cabo, de la carne desaparecida, la narración, en sus justos términos, podrá ser todo lo sangrienta que se quiera, pero cruenta jamás.

A un lugar bien distinto es trasladado, junto con su compañera la Dra. Sattler, por la sugestiva invitación de Hammond. Más allá de la luctuosa sobriedad del desierto, el lugar en el que se desarrolla el resto de la acción, *Jurassic Park*, muestra una profusión paradisíaca de vida solo alcanzable con los métodos del más estricto taylorismo. El lugar es una isla y, como tal, goza de toda la enjundia de una noble tradición estética. Espacio extraído de la continuidad terrestre del mundo moderno, se constituye en un paraíso en el que los fenómenos carecen de inmediatas consecuencias prácticas. La isla ha sido, para el imaginario del Occidente moderno –como el prostíbulo o el laboratorio del investigador–, quimérico emblema de un posible goce de la materia sin tener que temer por sus secuelas éticas.[8]

Y esta isla tiene, precisamente, como centro generador de su realidad, un laboratorio subterráneo. El resto de su entorno lo constituyen dispositivos de control y seguridad que pretenden a toda costa impedir su extrapolación al mundo civil. El laboratorio es el lugar privilegiado en el que la materia abre las entrañas de su secreto. La diferencia entre este y la oficina de un hechicero es que podemos suponer que, dada la publicidad de los procesos que la modernidad exige[9], la naturaleza de este enigma no es esquiva al ojo. De ahí, que la llegada de los protagonistas al parque se constituya como la extasiadora sorpresa por una copresencia, por la posibilidad integración en el campo visual de elementos separados por la hendidura (hasta ese momento) insalvable, no ya del espacio, sino del tiempo. La botánica y el paleontólogo no cesan de preguntarse –y este es el interrogante clave–, por la posibilidad de convivencia de dos ecosistemas, de *dos semblantes del ser*, separados por sesenta millones de años.

El rito de acceso al parque comienza, pues, por la visita al laboratorio. Toda esta secuencia enmarca lo que el filme propone en cuanto su espectador, a diferencia del visitante del parque, suma el saber del riesgo, puede adscribir las promesas de seguridad, a un carácter imaginario. Hammond, maestro de ceremonias, erguido frente a la pantalla que reduplicará su semblante y atrayendo esta hacia sí hasta que ambas escalas resulten análogas, propone la homogeneidad secretamente anhelada entre el mundo de los espectadores y el espacio de la representación. Nos va explicar el científico procedimiento por el que los

8. No deja de resultar esclarecedor que la Iglesia Católica haya dejado de temer a los dispositivos de ampliación del campo macroscópico (el tan oportunísimo como reciente perdón otorgado a Galileo así lo atestigua), y dirija ahora todas sus preocupaciones a la llamada bioética –desde el aborto hasta la clonación de embriones– de marcado carácter microscópico.

9. No solo el científico, también el judicial, el legislativo o el educativo. La esencia de la Ilustración es, como su propio nombre indica, la publicidad. Otra cosa, son las frecuentes excepciones que ponen en duda la aplicabilidad general del dispositivo.

imponentes brontosaurios que hemos visto han podido acceder a nuestra época. Para ello escenifica un rito sanguíneo que toma la apariencia del más cándido juego. Pincha uno de sus dedos y lo acerca a la pantalla: los clones de John Hammond comienzan a reproducirse entre el regocijo y la cordialidad en una orgía de promiscuidad hemática en la que la pantalla, que es –como siempre lo fue– frontera para el mal, sigue la pauta de los profilácticos bien diseñados, y no lo es para el goce.

Todo ello desencadena una gran curiosidad entre los invitados que asisten al relato sentados, amarrados a sus a sus plácidos –pero, por ello mismo, represivos– asientos móviles. Ante tantas promesas, al llegar al lugar del laboratorio la voz de un narrador resulta ya insuficiente, el salto al "otro lado" se impone perentoriamente y los espectadores deciden abandonar sus lugares, actualizando una versión postmoderna del viejo imperativo ilustrado: "atrévete a usar tu propio ojo". Así, invaden el laboratorio, preguntando, inquiriendo, exigiendo respuestas sobre fórmulas y procedimientos. A su vez, Hammond, que ha mostrado desde el principio su talante exhibicionista, reprende a los científicos al enterarse que van a asistir a un alumbramiento sin que él hubiera sido advertido de previamente, pues quiere ser lo primero que vean todas las criaturas del parque en el momento de su acceso al mundo para que lo recuerden el resto de su existencia. Convertirse en el otro del amor, en una referencia maternal, como alternativa –es un velocirraptor el que está naciendo– a un destino de devoración. Esta reversibilidad de la mirada, esta dialéctica escópica, sin síntesis posible, es la que nos advierte que, más allá de la lógica unívoca de los signos, de las buenas intenciones y del progreso del conocimiento, nos hallamos en el ámbito de lo pulsional. Pero, además, otras dos informaciones nos alcanzan en este momento. Por un lado, el encadenamiento de causas y consecuencias que anuda el ser de lo natural[10] –y que, aunque no lo podamos leer materialmente por su gran longitud, no deja de ser reconfortarnos como una garantía de sentido– no ha resultado totalmente reconstruible: las secuencias de ADN extraídas de mosquitos fosilizados son incompletas y esta falla ha sido suturada con el procedente de algunas especies de ranas. Por otra

10. Véase el epígrafe que encabeza este trabajo, del cual toda la novela de Balzac no deja de constituirse en un agrio y lúcido sarcasmo.

parte, sabemos, también, que, como forma de evitar que la más frecuente emergencia del caos –lo real de la diferencia sexual– ponga en peligro el equilibrio ecosistémico, en Jurassic Park solo nacen hembras.

Y cuando llega el momento de acceder a la máxima atracción del parque, la vida concreta de los dinosaurios en *su* propio espacio, el dispositivo científico sigue marcando el procedimiento. Los visitantes recorren el parque en unos vehículos perfectamente asidos a férreos raíles. Es el *Methodos*, el camino:

> El ideal de conocimiento perfilado por el concepto de método consiste en recorrer un vía de conocimiento tan reflexivamente que siempre sea posible repetirla. *Methodos* significa "camino para ir en busca de algo". Lo metódico es poder recorrer de nuevo el camino andado, y tal es el modo de proceder de la ciencia.[11]

Reino de lo reproductible que se revela como el componente imaginario del proceder científico en el momento en que se engendra la decepción, pues el primer actor de este drama, el *Tyranosaurus Rex*, no acude a su cita con los espectadores ni siquiera con el concurso de un cebo tentador. El goce que la propia acción predadora conlleva no puede ser previsto (reproducido) con una concepción del ser biológico como organismo. Y si hay algo en lo real que no se aviene al tratamiento aritmético (hambre = necesidad de comer), entonces, podemos concluir que su esencia no es de orden escénico, no es dócil al ojo. De ahí, que sea el propio matemático Ian Malcolm el que introduzca la noción de caos. El caos no es sino la fractura de la posibilidad ilimitada de reproductibilidad de la experiencia. El caos tiene que ver, no con el *Methodos*, sino con la *Tyché*, con lo azaroso del encuentro, pues supone que el exceso de información no puede paliar el hecho de que entre las organizaciones de signos que el discurso científico produce y el mundo del que tienen como misión dar cuenta hay un punto de imposible recubrimiento.[12] Es por ello que la exportabilidad de lo científico al más allá de los límites intelec-

11. Vid. Hans-Georg Gadamer "¿Qué es la verdad?" en *Verdad y Método II*. Salamanca, Sígueme, 1992. p.54.

tuales del descubrimiento, a la lógica del mercado, contiene la posibilidad virtual de la catástrofe.

3. La catástrofe

Y nos encontramos en la parte del filme que, para las dos clases de espectadores pergeñadas al principio de este artículo, se ha convertido en su centro neurálgico, en lo que hay que ver.[13] Curiosa convergencia judicial a la hora de la admisión de pruebas que puede llevar, en unos casos a la exaltación y, en otros, a la denostación, pero que coincide en la elisión de todo el planteamiento que aquí proponemos como relevante, en "beneficio" de la explosión espectacular que engendra la rebelión de los dinosaurios.

Volvamos atrás un momento. El Dr. Grant nos había revelado en su relato que la diferencia entre el Tiranosaurio –estrella elocuente del parque y emblema de su logotipo– y el Velocirraptor estriba en que el segundo no necesita que su presa se mueva para verla. Luego, la consecuencia que se deriva es que, para el espectador de *Jurassic Park* –metáfora del espectador mediático–, la pasividad no es salvoconducto suficiente ante el riesgo evidente de la devoración. Al margen de la conciencia y la voluntad, entre el ojo y el cuerpo se interponen las fauces, ferozmente autónomas, del depredador. He aquí, entonces, la oportunidad de Hollywood, factoría del imaginario capitalista, para recuperar, con toda rentabilidad, ese pánico que la no garantizada integridad de la imagen corporal[14] suscita: convertir la catástrofe en espectáculo, pero en

12. Y lo esclarecedor del proceso es que, en su volver al mundo en forma de praxis tecnológica, este punto se revela siempre en un lugar central, insoslayable, en cuanto toma, precisamente, la forma de un imposible.
13. Y que la Academia de Hollywood ha sancionado. 10 oscars a Spielberg en 1994: 8 por lo que dice (*Schindler's List*) 2 por lo que muestra (*Jurassic Park*). Pregunta clave: ¿a cuál de ambas categorías espectatoriales se adscribe nuestro afamado director?
14. Vid., por supuesto, Jacques Lacan, "El estadio del espejo como formador de la función del yo [*je*] tal como se nos revela en la experiencia psicoanalítica" en *Escritos I*, México, Siglo XXI, 1989, pp.86-93.

una dimensión de goce en la que, a diferencia de la propuesta kantiana, nada queda de lo sublime. En el horror contemporáneo no hay rastro de sublimidad porque no lo hay de sublimación sino de esa industrialización metonímica del fantasma que los metadiscursos de lo social han dado en llamar consumismo. Pero, por ello mismo, la condición básica de funcionamiento del mercado –y sobre todo del mercado del espectáculo, del "show business"–, en cuanto supone la recuperación de ese goce amenazado, jugando con los límites de lo tolerable y augurando la inminencia de lo siniestro, ha de ser el refuerzo imaginario de la sensación de seguridad, con lo que Hollywood se inscribe como subproducto último de la razón ilustrada, en el momento de máxima crisis de sus condiciones de funcionamiento:

> Es esta confianza la que se ha erosionado desde Kant a nuestros días, y en ello han jugado un papel esencial los eventos de carácter catastrófico asociados a sistemas científico tecnológicos. En la medida en que la "tecnoesfera" se constituye crecientemente (...), en el medio en el cual se desenvuelve la existencia de la humanidad contemporánea, la frecuencia de estos eventos catastróficos debiera ir en aumento. En el plano de la cultura, esta proliferación debiera a su vez ir seguida por el desbordamiento y colapso de los filtros que en la línea de la elaboración kantiana, pretendían mediar en el procesamiento social de estas experiencias límite. (...) La caída de tales filtros ilustrados representaría también la desactivación del principal factor de cohesión ideológica –la promesa de una expansión sin límites del control sobre la naturaleza y de la seguridad– que sustenta el orden tecnocrático en la sociedad global contemporánea.[15]

Es por ello que, si lo que genera la realidad en *Jurassic Park* es un laboratorio, lo que se encarga de su reproducción sistemática es el cen-

15. Vid. Eduardo Sabrovsky, "Catástrofes: La irrupción de la naturaleza." de próxima aparición en un volumen colectivo en la editorial Anthropos, sobre *Técnica y Naturaleza.*

tro de control. Los instrumentos de este en campo son las vallas electrificadas, que impiden la trascendencia de las consecuencias del descubrimiento, y el vehículo que resguarda a los visitantes.[16] No otro es el motivo de la presencia de los científicos en *Jurassic Park*: sancionar que los programas de control son suficientes para resguardar al espectador de su propia pasión de mirar. Podría pensarse la catástrofe tecnológica, entonces, como el momento en el que, al centro entrópico de lo programático adviene la revelación de lo pulsional.[17] No es así casualidad, que sea un informático arrasado por la neurosis y la bulimia el encargado de procesar en el lenguaje de la máquina todas las estribaciones del azar, constituyéndose, por su corruptibilidad, en el primer factor de riesgo para que el puro goce material del laboratorio transgreda sus límites hacia lo social.

Vamos, con todo placer, a soslayar el análisis (?) de aquellos elementos grandilocuentemente espectaculares de que la infografía provee a esta parte del filme. Recordemos, no obstante, que, tras el extravío del Dr. Grant y los niños, nos encontramos de nuevo en el centro de operaciones. La cámara nos ofrece todos esos restos del **Jurassic Business** (insignias, camisetas, gorras...) que nos revelan, en una procaz ironía del propio filme hacia sus condiciones de producción, que la única forma de trascendencia "benigna" del espectáculo científico en el tardocapitalismo es el fetichismo del consumo. Una panorámica nos acerca a la conversación que mantienen la Dra. Sattler y el magnate Hammond. Este confiesa que lo que él pretendía era un gran espectáculo biológico. Nos cuenta

16. No deja de ser palpable el carácter irónico de toda la secuencia de terror y devoración estructurada en torno a un automóvil que no es un *auto*-móvil, en un momento en que, precisamente, todas las campañas publicitarias hacen hincapié en su seguridad ("air bag", barras de protección, etc.), hondo anhelo del viejo burgués de siempre que al yuppy de los 80 le va tocando ser (si puede).

17. Vid. Sabrovsky, *op. cit.*
"Pero ya de partida hay algo que escapa al afán de ponerlo todo bajo control, y es precisamente ese mismo afán, ese ciego impulso. El paradigma cultural tecnocientífico se constituye a partir de su propia condición de posibilidad, de su propio sentido, el cual queda ubicado en un punto ciego".

que su primer negocio al llegar a los Estados Unidos fue un "circo de pulgas". Unos aparatitos muy graciosos con un motorcillo que conseguían que el espectador proyectara su ilusión sobre ellos viendo pulgas donde, en buena lógica, no las había. La docilidad al ojo del circo de pulgas implica, de esta manera, una gramática inmaculada, sin objeto y sin sujeto del enunciado, puro artificio que no trasciende, remedo paradisíaco del levitar mecanicista de los astros.

Qué diferencia, no ya con el parque representado, sino con esa tipología de filmes en la que se ha encasillado, tan fácilmente, al de Spielberg.[18] Porque el "efecto especial" contemporáneo, infográfico, síntoma de de todo un proceso cultural, es esencialmente unitario y fascina al espectador prescindiendo de su función de sutura, excluyéndolo como sujeto de cualquier génesis textual y librándolo, por ello, de la inquietante experiencia del abismo. Pero también, inevitablemente, del acceso al sentido y de la turbadora vivencia de lo bello. Al espectador de los Media solo le resta la posiblidad de intervención por vía estadística –taquillaje o índices de audiencia– que dan la pauta de su exclusión, de su forclusión como sujeto. Porque, con la coartada de la omnipotencia tecnológica, cualquier ofrecimiento visual escapa al sentido figurado. La homogeneidad óntica que ofrece el cine más comercial (o el mismo discurso publicitario) suponen una oferta escópica tal que impiden la hiancia imprescindible para que el sujeto acceda a la suposición de un sentido metáforico, y el efecto de real –presente desde la Época Moderna en el arte occidental– ofrece ahora la faz inédita del recubrimiento del efecto de realidad.

4. La familia y el espacio

El caso es que, como dice abiertamente la aguerrida paleobotánica, la gran ilusión ha sido la del control. Y ante estos e(ho)rrores del sistema, la cultura postmoderna cuenta con un refugio último e inalie-

18. La diferencia estriba en que creemos estar demostrando que *Jurassic Park* ofrece un contrapunto de reflexión irónica, sin renunciar en ningún caso a la espectacularidad, sobre todos estos efectos.

nable: la familia. En palabras de la doctora Sattler, "lo único que importa son los seres que queremos". Porque, entre otras cosas, el filme es también para el Dr. Grant el proceso de aprendizaje de la paternidad.[19]

Y, en efecto, este continúa durante las vicisitudes que se ve obligado a pasar en compañía de los dos nietos de Hammond. En su trayecto, han realizado, entre otros, el descubrimiento entre la vegetación de unos restos de huevos, síntoma inequívoco de que la reproducción no controlada está teniendo lugar en *Jurassic Park*. La clave de este enigma está, justamente, en esos huecos de la cadena de ADN que ha habido que rellenar con el de ciertas especies africanas de batracios. En estas, se ha comprobado la aparición de especímenes macho en un entorno habitado exclusivamente por hembras. Generación del elemento fálico, que no es más la versión tecnocientífica de la conversión en príncipe, al roce de unos labios femeninos, de las ranas encantadas de siempre. El paraíso jurásico lo era, ante todo, porque en él se había borrado la diferencia sexual, se había constituido, como el paraíso cristiano, solo para la mirada.

Este juego de la mirada y de la exclusión del componente carnal, es que entra en juego en el tramo final del filme. Tras la llegada del grupo al edificio central, los niños quedan solos en el comedor y se disponen a saciar su hambre con los restos de un festín que jamás ha llegado a consumarse. De pronto, se dibuja en la ventana la silueta mortífera del velocirraptor, *que puede verlos aunque no se muevan*. Asistimos a una secuencia perfectamente montada y estructurada: los niños intentando huir frenéticamente de la pareja de depredadores que intenta devorarlos. ¿Cuál es la única opción que les queda ante unas alimañas que se caracterizan por la sutileza de su mirada? La perspicaz nieta de Hammond lo comprende rápidamente: se trata, una vez más, de disociar la

19. Y es que el tipo de familia que los media proponen –de cuño marcadamente norteamericano– es aquel en el que el individuo adviene siempre en calidad de progenitor. Nada que ver con el concepto de familia marcado por el sesgo de lo edípico, en la que el sujeto es hijo, a su pesar, hasta el final de sus días. La familia mediática no es nunca la familia del Inconsciente puesto que presupone la quimera de su creación por un acto *plenamente* deliberado.

carne de la imagen. Se oculta en una pieza del mobiliario de la cocina dejando que su avezado perseguidor se estrelle contra su propio reflejo especular.

Pero esta disociación tiene sus propias contraindicaciones, pues cuestiona, también, la cada vez más espectral homogeneidad entre los espacios que pueblan la escena contemporánea. Reunidos, de nuevo, tras la salvífica aparición de la pareja de paleontólogos, en el centro neurálgico de las operaciones, lo único que resta para estar completamente a salvo es atrancar bien la puerta de la sala de ordenadores. Pero ¡ay!, las puertas de *Jurassic Park* solo pueden ser accionadas por mecanismos informáticos. Es la niña, de nuevo, la que ha de "introducirse" en el espacio cibernético y recorrer una extensión auténticamente inconmensurable por las entrañas del ordenador para cerrar una puerta que se encuentra solo unos metros detrás de ella. El espacio informático y el euclidiano se revelan radicalmente heterogéneos, aislados como dos semblantes discordantes del ser. Una distancia irrelevante para el cuerpo se ha convertido, esta vez, en un abismo casi insalvable para el ojo.

En el final, la fuga. El derrumbe de los esqueletos, triunfantes en la muerte, sobre la adiposidad electrónica que se les había conferido fraudulentamente. Y los protagonistas salvados en el último segundo por la aparición providencial del *Tyranosaurus Rex*, recién emergido del logotipo del parque en el que –otra sutil artimaña desde lo heterogéneo– ejercía de impostor irredento, pues –curioso lapsus desde su concepción– su época de origen no fue el período jurásico, sino el cretácico. Tras ello, la renuncia: Grant se niega (y Hammond le secunda) a dar su muy laico *nihil obstat*.

En su definitiva huida de la isla, esta nueva agregación familiar se acomoda en el helicóptero mientras Grant, padre optativo a la par que putativo, mira hacia el horizonte crepuscular, punto de fuga del espacio en perspectiva y símbolo último de la renuncia de la representación a suplantar a su objeto, reivindicación de un espacio para la pérdida sin el que la obra de arte no es. La bandada de pelícanos que cierra el filme, no es sino la carne heredera, en la teoría de Grant, de aquellos espectaculares monstruos de antaño que sucumbieron, misterio de la memoria, a la fuerza irrefrenable del tiempo.

Apéndice 2

EL UNIVERSO DE LA INFORMACIÓN (LOS EXPEDIENTES X)*

* Publicación original: Palao-Errando, J. A. (1999). "El Universo de la información (Los Expedientes X)", *Banda Aparte*, nº 13.

Nada esconde tanto como lo que revela,
que la verdad, Algqeia = Verborgenheit.

Jacques Lacan.

1. *Expediente X* es una serie de culto. No solo sus fans se cuentan por millones en todo el mundo, sino que estos se aproximan a la serie con una especial sensibilidad. Si se realiza la experiencia de acceder a alguna de las muchas páginas dedicadas a la creación de Chris Carter en **Internet**, se observará que sus seguidores valoran por igual los rasgos intrínsecos de la serie (su historicidad, las referencias entre sus personajes, la evolución de las tramas que exceden el desarrollo episódico) y los elementos estéticos y culturales. La solvencia y solidez del guión, la adecuación y ejecución de las piezas musicales, la escenografía y ambientación o la interpretación de los actores, es tan apreciada como las referencias cultas o los homenajes a la tradición literaria o cinematográfica. Lo que pretendo en este artículo es analizar uno de los factores que, a mi juicio, contribuyen decididamente a este éxito mundial de la serie. Creo que una de las razones fundamentales del éxito de *Expediente X* es que *representa, en su entramado diegético, la matriz estructural de la cultura de la información, incluyendo en esta representación la propia posición del espectador.*

I. Información vs. Revelación

2. Una revelación necesita de un sujeto que la reciba porque proviene de lo no-idéntico, porque implica el ciframiento de un saber humano desde algo que le es heterogéneo. Dios o la Naturaleza necesitan del profeta o del científico para transmitir su saber a la humanidad. La ciencia, por tanto, no excluyó en sí misma la revelación como modalidad de transmisión del saber. Al menos, en principio. La sometió, eso sí, a los estrictos controles de la razón. Es Kant quien, probablemente, expresa mejor esta distinción al reservar el término *Entendimiento* para la *facultad de conocer* aplicada a la *Naturaleza* y el de *Razón* para la *facultad de desear* aplicada a la *Libertad.*[1] Pese al silencio de Dios que la ciencia exige, ese conocimiento de lo *Otro* respecto a lo humano a través del *Entendimiento* puede avenirse perfectamente al término *revelación* en cuanto exige un sujeto que lo cifre. De revelación en toda regla, puede ser tildado el descubrimiento de la orografía lunar por Galileo a través de la observación telescópica. Porque la revelación implica que, en el conocimiento de lo concreto de cada fenómeno, se pone en juego la estructura íntegra del ser, la visión del mundo que a su percepción se vincula.

3. Probablemente, el siglo XIX fue el último período de la historia en el que la *revelación* pudo ser una forma de incardinación del saber en la cultura. La economía distributiva de los saberes que estableció el positivismo todavía se avenía a este régimen que establece la necesidad de un sujeto que lo reciba y sostenga para que un saber sea operativo y transmisible. Al amparo de este florecimiento científico, el siglo pasado alumbró el nacimiento de la fotografía:

1. Vid. la Introducción a la *Crítica del Juicio*, (ed. de Manuel García Morente) Madrid, Espasa-Calpe, 1991, pp.95-130. Kant se plantea esta tercera crítica como "un medio de enlace de las dos partes de la filosofía en un todo" (p.101). Esta posibilidad de trabazón entre las facultades del espíritu y del conocimiento es la auténtica esperanza ilustrada en el camino hacia la mayoría de edad de la humanidad. Como el propio Kant asevera:
"*La ilustración es la salida del hombre de su autoculpable minoría de edad.* La minoría de edad significa la incapacidad de servirse de su propio entendimiento sin la guía de otro."
Vid. VV.AA. *¿Qué es la Ilustración?*, Madrid, Tecnos, 1989. pp.17 y ss. Aunque parezca exagerado, esta culpabilidad y las posibles figuras de ese "otro" del hombre son materia fundamental de *Expediente X*.

> El reconocimiento de la facultad registradora de la cámara vino acompañado de la aguda conciencia de su capacidad de revelación. Gay-Lussac insistió en que ningún detalle, "ni siquiera los más imperceptibles", podía escapar "al ojo y pincel de este nuevo pintor". Ya en 1839 un cronista del *Star* neoyorquino observaba admirado que, vistas a través de una lente de aumento, las fotografías mostraban minucias que el ojo, por sí mismo, jamás habría descubierto.[2]

El físico Arago lo declara así en su discurso a la Cámara de los Diputados francesa en defensa del invento de Daguerre el 3 de ju1io de 1839, como Benjamin recoge:

> Cuando los inventores de un instrumento nuevo lo aplican a la observación de la naturaleza, lo que esperaron es siempre poca cosa en comparación con la serie de descubrimientos consecutivos cuyo origen ha sido dicho instrumento.[3]

4. Ahora bien, para que estos descubrimientos pudieran ser incorporados al edificio del conocimiento fue necesario un riguroso trabajo de sedimentación onto-cosmológica. El *Principio de Identidad* y el *Principio de Razón Suficiente* son las claves ontológicas que hacen de receptáculo de la revelación moderna.[4] *El ente es igual a sí mismo*; lo que

2. Siegfred Kracauer., *Teoría del Cine: La redención de la realidad física.* Barcelona, Paidós, 1989 pp.22-23.
3. Walter Benjamin, "Pequeña historia de la fotografía". en *Discursos interrumpidos I.* Madrid, Taurus.pp. 61-86. La cita procede de la p.65.
4. El texto fundante de esta ontología moderna es "Principios de la naturaleza y de la gracia, fundados en razón" de Leibniz (1714). En castellano, está editado junto con la "Monadología" por la Facultad de Filosofía de la Universidad complutense de Madrid, *Excerpta Philosophica*, nº 10, 1994. Su "crítica" primordial es el texto de Heidegger "De la esencia del fundamento" (1929) en *¿Qué es metafísica? Y otros ensayos*, Buenos Aires, Ediciones Siglo XX, 1987.

percibimos ha de hallarse sustentado por la razón en el horizonte epistemológico. Incluso aunque en el propio ente ello no sea obvio, *nada es sin causa.* Pero precisamente, dada esa ausencia de obviedad en el ente, la certeza no se alcanza, sino en la re-presentación, en la imagen fidedigna del mundo:

> El conocimiento, en tanto que investigación, le pide cuentas a lo ente acerca de cómo y hasta qué punto está a disposición de la representación. (...) La ciencia solo llega a ser investigación desde el momento en que busca el ser de lo ente en dicha objetividad.
> Esta objetivación de lo ente tiene lugar en una re-presentación cuya meta es colocar a todo lo ente ante sí de tal modo que el hombre que calcula pueda estar seguro de lo ente, o lo que es lo mismo, pueda tener certeza de él. *La ciencia se convierte en investigación única y exclusivamente cuando la verdad se ha transformado en certeza de la representación.*[5]

5. La cuestión que surge a continuación es cómo trasladar esta certeza, con la que la naturaleza parece obsequiar a nuestro entendimiento, al ámbito de lo humano. Si de conocimiento para el dominio estamos hablando, hemos de trasladarnos del laboratorio del científico al archivo policial. Alan J. Sekula nos refiere el testimonio del fotógrafo norteamericano Marcus Aurelius Root. Sekula señala el beneplácito de Root por la adopción de la fotografía por parte de la policía: "no sería fácil para los delincuentes reanudar sus carreras criminales, mientras sus rostros y fisonomías fueran familiares a tanta gente y en especial a los perspicaces agentes de policía".[6] Desde ahí, Sekula va desgranando diversos proyectos institucionales orientados hacia construcción de archivos de

5. Vid. Martin Heidegger, "La Época de la Imagen del Mundo" en *Caminos del Bosque.* Madrid, Alianza Editorial, 1995. pp.75-110. El subrayado es mío.
6. Vid. Alan J Sekula. "El cuerpo y el archivo" en *Indiferencia y singularidad: La fotografía en el pensamiento contemporáneo,* p.142

ciudadanos con el fin de establecer un control sobre los delincuentes que van demostrando cómo la historia de la noción moderna de identidad personal está estrechamente relacionada con la de responsabilidad criminal. Así, Gabriel Tarde (director de la Oficina de Estadística del Departamento de Justicia de París en 1894) llega a decir que:

> La identidad es la permanencia de la persona, es la personalidad considerada desde el punto de vista de su duración.[7]

Lo que lleva a concluir a Sekula que hay una creencia en la "coherencia narrativa interna del yo esencial". Así, otros proyectos de archivo del siglo XIX como los de Adolphe Bertillon o de Francis Galton[8] implican por igual, el afán clasificatorio e identificativo. Lo que se busca es el sometimiento de lo empírico al conocimiento *a priori* por medio de establecimiento de regularidades, que la estadística pueda suplir a la lógica. La huella dactilar, la genética y la lumínica se integrarán en la misma estirpe en este proceso que hace del criminal el prototipo del sujeto adherido a su identidad.

6. Vayamos ahora a la tesis que pretendo formular: que *la **información,** como estructura distributiva del saber, es antagónica de la **revelación.***[9] Primero, porque en la información el ser no está en juego. Pensemos, por ejemplo, en un artefacto cosmonáutico enviado a explorar un cuerpo celeste cualquiera. No parte dispuesto a descubrir, sino a comprobar o verificar. Que haya agua o no en la Luna o Marte no consti-

7. *Ibid., p.*158.
8. *Ibid,* Vid., pp.158 y ss.
9. En realidad, este artículo es la aplicación a un objeto concreto de una hipótesis formulada de manera mucho más abstracta en otro lugar. Cf. mi artículo "La pantalla electrónica y el Discurso del Capitalista" en *Lapsus. Revista de psicoanálisis*, nº II (2ª época). Grupo de Estudios Valenciano de la Escuela Europea de Psicoanálisis, junio de 1998. Allí analizo la estructura de la sociedad de la información sobre la base del matema del **Discurso del Capitalista**, tal como lo expusiera Jacques Lacan.

tuye una revelación como la que supuso comprobar que los cuerpos celestes eran homogéneos a este que constituye nuestro hábitat y que, desde ese momento, había que considerar integrado en la misma serie, sino una disyuntiva más o menos equiprobable entre dos alternativas. Eso es información. Descubrir quién cometió un crimen puede ser revelador: la narrativa policíaca clásica apostó por ello. Dilucidar si fulano lo cometió o no, es información. Si fulano tiene una relevancia pública previa (llámese O.J. Simpson, Bill Clinton o José Barrionuevo) es, además, espectáculo. Pero, si no la tiene, no es que el saber pase a pertenecer a otra modalidad, es que la información es "tendente a 0". Lo cual hace difícil la presunción de inocencia. Con otras palabras, la ética que acompaña a la información como régimen del saber no puede ser sino la de la **denuncia**. Para nuestra cultura, la **opinión pública,** el saber de la mayoría (todos) tiene carácter emancipador sin necesidad de más mediaciones.[10]

Esta es, entonces, la segunda diferencia esencial entre **revelación** e **información** totalmente correlativa de la primera: en la actual cultura mediática, el saber aparece como autónomo, no necesita de un sujeto para ser operativo, para ser, propiamente, saber. El **denunciante** no revela el saber –que ya existía[11]– sino que lo pone a disposición del público. Desde que la vanguardia histórica, la industria y el mercado, cada uno por su parte, sometieron a programa al arte y a la ciencia, comenzó un proceso que hizo aparecer al saber siempre, desde su origen, como homogéneo a lo humano. No hay lugar a un vértigo del **entendimiento** en la vida cotidiana. La propia estructura de la materia sostiene al signo sea este la etiqueta con la composición de un producto cualquiera o un análisis de ADN. Esta fusión de signo y referente tiene como consecuencia la prescindibilidad del sujeto pero, también, su impotencia. De ella, nacen dos figuras claves del imaginario postmoderno: el **Amo mentiroso**

10. La idea, ampliamente difundida y manifiestamente hegemónica, no carece en los Estados Unidos de defensores de gran prestigio. Vid. el libro de Noam Chomsky *Ilusiones necesarias: control del pensamiento en las sociedades democráticas.* Madrid, Libertarias/Prodhufi, 1992. La ideología de Mulder no anda muy lejana de los postulados de este libro.
11. El saber existe antes de la aparición del denunciante, al menos, en posesión del culpable de la acción denunciada.

y el **profesional**. Respeco al primero, fijémonos en lo que le cuesta a la opinión pública aceptar un culpable no relevante que no vaya precedido de una potente identidad. Ante un crimen nefando, la actualidad nos ofrece decenas de ejemplos de la insatisfacción que produce la idea de que haya sido cometido por un criminal irrelevante.[12] El amo que miente es la única explicación a la insuficiencia de saber para colmar las expectativas generadas por el componente espectacular de la información. El secreto, el saber no público, des-integra a la humanidad identificada con la opinión pública. De ahí, la figura del **profesional**. Este no es el profeta ni el científico clásico, no es necesario para cifrar el saber sino para hacerlo operativo ante la demanda del particular (consumidor, cliente, usuario, paciente, votante, contribuyente...).

II. Expediente X, la serie

7. ¿Cuál es el origen de la transmisión social del fenómeno OVNI? Siempre, una foto borrosa, una foto cuya función referencial es defectuosa y, por ello, es sospechosa de trucaje. Con una imagen así, comienza el genérico de *Expediente X*. Sobre esta supuesta foto del avistamiento de un OVNI, se realiza un zoom intrafotográfico. Una serie de fotos, semejante a la que produciría un fusil, tomadas de forma cada vez más cercana. Se trata de una película amateur procesada (detenida, congelada) por medios digitales. Sobreimpreso y casi ilegible –el vídeo ha de procurar una sobrecongelación para descifrarlo– el rótulo: "FBI Photo Interpretation". Vemos la imagen descomponerse y desestructurarse. La cercanía, al fin, la disuelve en pixeles. El carácter indéxico, de huella, de la foto queda indecidible[13]: *lo imaginario aparece como límite para lo real.*

Tras ello, vemos la placa de Mulder y una serie de organismos extraños (¿microscópicos, vegetales, animales?). Sobre ellos, se imprime el rótulo "**paranormal activity**" y, después, perfectamente integrado en

12. Tanto, como que un "poderoso" sea declarado inocente.
13. Para esta cuestión de la foto como *índex*, vid. Dubois, Philippe. *El acto fotográfico. De la Representación a la recepción.* Barcelona, Paidós, 1986.

esta prediégesis: "**Government denies knowledge**". Foto del aura de una silueta, placa de Scully y una secuencia entrecortada, de instantáneas sucesivas, de la irrupción de ambos en un lugar tras abrir una puerta. Van armados y con una linterna; su mirada está claramente focalizada hacia fuera de campo. Aparece un Gran OJO, que llena toda la pantalla seccionado por el rótulo "Created by Chris Carter". El procedimiento tiene su linaje: de Buñuel a Hitchcock/ Bass.[14] Pero, aquí, no se utiliza para explicitar el dominio de un director sobre lo que ofrece a la mirada, como en sus ilustres predecesores; más bien al contrario, se está señalando la legibilidad inmaculada de lo real, la prescindibilidad de cualquier intermediación subjetiva (simbólica) entre el ojo y el objeto. Todo ello queda ratificado por la impresión, sobre una secuencia acelerada del firmamento, del auténtico lema de la serie: "**The Truth is out there**". *El gobierno niega todo conocimiento sobre una (la) verdad que está, ontológicamente disponible, ahí fuera*: **El paradigma informativo está dispuesto**.

8. ¿Qué son los *Expedientes X*? Casos del FBI que no se han podido resolver. Esto es, de los que no se han hallado el culpable (**Principio de Identidad**) ni encontrado explicación o móvil (**Principio de Razón Suficiente**). En definitiva, despojos policíacos. Pero hay algo que se pierde en la traducción al castellano. La palabra *FILE* en inglés presenta una gran variedad polisémica: significa también archivo, fichero, y es el término básico utilizado en informática para designar una unidad coherente de representación de la información. Veremos, pues, que en ella se funden elementos tanto del imaginario informático como del biológico.

Los episodios se dividen en dos subseries que el espectador habitual distingue rápidamente. Por un lado, aquellos que se ocupan de fenómenos paranormales concretos y aislados, que se cierran en sí mismos y concluyen. Por otro, los concernientes *a la gran* ***Conspiración*** *para ocultar las abducciones de ciudadanos y, en general, la existencia de vida extraterrestre*. Estos últimos son los que le proporcionan la estructura serial y le otorgan la historicidad y continuidad necesarias.

14. Me refiero al genérico de *Vértigo*.

9. Hay algunos elementos formales que singularizan *Expediente X*, que le dan su textura distintiva y reconocible frente a otras series televisivas. Por ejemplo, el silencio. Largas secuencias silenciosas, tras las miradas escrutadoras de Mulder o Scully que organizan el espacio. Mirada singular que se opone a la mirada no focal, no sígnica, del poder.[15] A ello, acompaña la rotulación de todos los tiempos y espacios[16] con un claro efecto de digitalización. *Expediente X* exige una mirada espectatorial atenta, activa, pues mucha información le llega por vía visual. Cualquier detalle en el que los protagonistas reparen puede ser un indicio de valor; la perduración en el plano de un personaje no conocido previamente, puede implicar para el mostrado el binomio culpa/saber, estar en la conspiración. El Director Adjunto Skinner, siempre en la frontera del poder/saber, es sometido a una planificación peculiar. Aparece continuamente solo en el encuadre y en primer plano.

10. Dada esta preeminencia sígnica de la mirada, la posición del espectador es de pseudo-omnisciencia. Vemos sin saber, sin poder explicar. El espectador ve más que el protagonista pero fragmentariamente. El pregenérico tiene, en este sentido, su importancia pues supone una presentación espectacular y pre-informativa del caso en cuestión. Está compuesto por una secuencia narrativa coherente y en ella no aparecen los protagonistas de la serie.[17] La mirada de Mulder es la que dará sentido a lo que hemos visto. Ansiamos, pues, la explicación de Mulder porque nuestra mirada no está sujeta a la focalización de los protagonistas, pero la información sí. El espectador ve más pero no sabe hasta que sabe Scully. Mulder sabe un momento antes. La información *es* la explicación de Mulder, que presta su semblante al saber. Por su parte, las explicaciones de Scully tienen su miga. Suelen ser largas parrafadas en lenguaje médico-forense que se hallan entre la obviedad y la insuficiencia de la razón, en una precaria posición de perplejidad. En ***Terma* (4ª)**[18] una ex-

15. Vid. Paul Virilio. *La máquina de visión*. Madrid, Cátedra, 1989.
16. Doblados por una voz en *off* en castellano lo que resta cierta sensación de mutismo.
17. Excepto que ocupen el lugar de objeto de la trama episódica, esto es, que sean ellos mismos las víctimas de un hecho inexplicable.

traña bacteria alienígena ha atacado al biólogo que la analizaba. Scully se hace cargo del examen y enuncia: "Organismo vermiforme negro pegado a la glándula pineal". *Id est*, gusanitos. No ha dicho nada, pues nosotros estamos viendo la endoscopia mientras ella enuncia su pleonasmo. La información tiene siempre un componente de redundancia.

11. Sabemos que, desde finales de los años 70, la erudición se convierte en una exigencia fundamental de la cultura mediática como consecuencia de la estructura de *pastiche* que se impone en la mayoría de sus productos[19]: citas, homenajes o parodias solo pueden ser eficaces si el espectador reconoce su origen. *Expediente X* es especialmente proclive a esta fórmula pero hasta límites insólitos en el medio televisivo. Sirva de ejemplo un episodio como ***Kaddish*** **(4ª)**. Un judío fue asesinado por unos jóvenes, pero lo que motiva la intervención de Mulder y Scully es que uno de ellos ha aparecido muerto a su vez y en él se han encontrado las huellas de su víctima. El tema que da su nervadura a todo el episodio es la leyenda del *Golem,* plagado de referentes literarios (la novela de Gustav Meyrink) y cinematográficos (*Der Golem. Wie er in die Welt Kam* de Paul Wegener y Carl Boese (1920)). Ahora bien, aquí no acaba todo. Las alusiones a la cultura judía[20] –la cábala, la mística, el ho-

18. Cito todos los capítulos por el título original subrayado seguido entre paréntesis de la temporada a la que pertenecen. El descuido de TELE 5 en la emisión de la serie implica que prácticamente nunca se dan los nombres de los capítulos lo que hace difícil citarlos en castellano pese a alguna excelente ayuda como el libro de Eusebio R. Arias, *Guía secreta de los Expedientes X,* Madrid, Nuer, 1996, que, en la edición que he podido manejar, solo abarca las tres primeras temporadas. En el momento de redacción de este trabajo se está emitiendo en España la 5ª. Internet proporciona una ayuda inestimable pero, claro, en inglés. Para una guía actualizada de los episodios puede consultarse la siguiente dirección: http://www.imsa.edu/~tony/xfiles. La página oficial de la serie puede encontrarse en http://www.thex-files.com/. En castellano hay varias direcciones; puede consultarse: http://www.ctv.es/USERS/amartin.

19. Vid. Vicente Sánchez-Biosca. *Una cultura de la fragmentación: Pastiche, relato y cuerpo en el cine y la televisión.* Valencia, Filmoteca de la Generalitat Valenciana, 1995.

locausto– adquieren su rasgo más distintivo en el nombre del protagonista: Isaac Luria, nombre relevante de la mística medieval hebrea. Es decir, que si, a estos referentes culturales, añadimos los científicos, tecnológicos, legendarios, antropológicos, filosóficos o mediáticos, *Expediente X* se convierte en un continente de referencias imposibles de abarcar por el espectador singular. Este "efecto documentación" ya es en sí importante pues confina al espectador a una posición muy peculiar: por un lado, se fomenta su narcisismo erudito; pero, por otro, se le coloca en situación de impotencia respecto al despliegue del semblante de un saber que debe suponer, no obstante, que "es sabido". Mulder suele ser el factor que argamasa todo estos factores. El espectador de *Expediente X* es el espectador informativo, que ha de suponer al acontecer global una lógica que, inevitablemente, se le escapa.

Pero un rasgo muy característico de esta serie es que, incluso en los casos de mayor culturalismo, de mayor fuerza centrífuga y apertura al exterior, *Expediente X* no deja de autorreferenciarse, de replegarse sobre sí misma. En este mismo episodio, el causante de todo el mal es un impresor nazi invadido por una proverbial paranoia antisemita, que ve en todo un eslabón de la conspiración sionista (para ellos trabaja el FBI, según le espeta a Mulder), llegando a atribuir en un panfleto la creación del SIDA a los judíos. ¿Cómo no ver en este personaje un trasunto caricaturizado de la propia obsesión de Mulder por los alienígenas? En otros episodios como ***The Post-Modern Prometheus*** **(5ª)** o ***Bad Blood*** **(5ª),** donde las referencias son el mito de Frankenstein o el vampirismo, la autorreferencia toma la forma de una feroz parodia de la misma serie y de sus más distintivos rasgos genéricos. Como en la cró-

20. Para la influencia de la cultura judía en *Expediente X,* vid. el artículo de Mary Ruth Keller "Mulder's Jewish heritage" en la dirección: http://www.astolat. demon.uk/people/jewish.htm.

21. Me refiero al cosmos informativo electrónico que se autosustenta constantemente en su propio flujo. Ahora bien, uno de sus subproductos que más ha florecido en el panorama mediático español en los últimos tiempos es en su banalidad el mejor ejemplo de ello: me refiero a los espacios y subespacios (dentro de programas más amplios) dedicados a la "crónica rosa". Aquí la autorreferencia es prácticamente fuente única; se habla de lo que ya se ha hablado es una dinámica ra-

nica de actualidad[21], este es el elemento extremo de anexión del espectador a una pantalla que así se postula como autosuficiente, como recipiente único de toda relevancia. El espectador que no haya sido convocado por otros factores puede siempre declararse *fan* (experto) de la propia serie y viceversa.[22]

III. La conspiración: la revelación imposible

12. En (***Gethsemane* (4ª)**, capítulo de clara referencia evangélica con el que concluye la temporada, Mulder enuncia el auténtico horizonte narrativo y epistemológico de *Expediente X*:

Una prueba definitiva de que los extraterrestres comparten el tiempo y la existencia con nosotros lo cambiaría todo. Todas las verdades

dicalmente informativa que se resuelve en un sí o un no (romance, embarazo, divorcio, muerte o cumpleaños) respecto a un ítem siempre prefijado ("famoso").

22. No me resisto a transcribir siquiera sea una vez el comentario que se hace de este capítulo ***Kaddish* (4ª),** en el *sitio* de Internet que antes he citado (http://www.imsa.edu/~tony/xfiles/xseason4.html):
"Howard Gordon continues his exploration of ancient folklore with an affecting and atmospheric tale of love, revenge, and prejudice that is highlighted by Kim Manners' visually stunning and sensitive direction, by Mark Snow's beautifully melancholy music, and by Jon Joffin's sepia cinematography, as well as the subtly honest acting we've come to expect from Gillian Anderson and David Duchovny.
In "Fresh Bones" we were given zombies and Voodoo curses; in "Grotesque," evil gargoyles and demonic possession; in "Avatar," an ambiguous entity that might have been a succubus; in "Teliko,"an African tribal vampire spirit; and now in "Kaddish," Gordon reimagines the ancient Hebrew legend of the Golem. I for one find these subjects quite fascinating, not least because they allow us to see the voracious scholar in Mulder, haunting the aisles of dusty old libraries and poring over mustly old tomes – although, clearly, some of these episodes have been more successful than others. But "Kaddish" is as strong an episode as Gordon has written in a long time, probably his best since 'Grotesque'"
Como vemos, la valoración estética se aúna con una auténtica erudición interna en un lenguaje ajustadamente cinefílico.

que mantenemos se vendrían abajo. No existe revelación comparable ni descubrimiento científico mayor.

En vista de que Scully le contesta que esa no es precisamente su guerra, Mulder compara esta prueba con la de la existencia de Dios. En un momento de crisis vital profunda como es el propiciado por el descubrimiento de su cáncer Scully observa extrañada una radiografía de su tumor y llega a afirmar: "La verdad está dentro de mí". ***Memento Mori*** **(4ª).** Comprobamos con rapidez la falsedad de esta aserción: en cuanto tal verdad, es exterior, imaginaria, icónica, la está viendo en pantalla. Es verdad porque está encuadrada, porque es anisotópica con respecto al sujeto. La exterioridad de la verdad, que impide su asunción subjetiva –la *conversión* y la certeza– va a ser su atributo más viscoso y el principal argumento para la perduración narrativa de *Expediente X*. **La verdad está (siempre, inevitablemente) ahí fuera**. No hay lugar para la fe autónoma en un panorama en el que uno de los atributos esenciales de la verdad es su exterioridad.

13. Al explorar toda la trama que da cuerpo a la serie se nos presenta otro personaje esencial: **El Fumador**, personaje siniestro, poderoso o esbirro del poder. ***El Fumador*** *fuma para dejar huellas*. Cuando llega Mulder, él es el eterno (y recientísimo) ausente, un referente escurridizo de la trama conspirativa. Su único rastro es una colilla, normalmente, mal apagada: el humo es el *índex* de alguien que solo por él se define. Su relación con Mulder es ambigua: por un lado, es su peor enemigo; por otro, su protector e incluso creador ***Redux (I y II)*** **(5ª)**.

Ahora bien, esta protección de Mulder por el fumador le otorga su carácter en la estructura. Mulder puede parangonarse con la figura del reportero televisivo inviolable e indemne en medio de tramas y catástrofes, emergiendo en pantalla como certificación de veracidad escénica de lo encuadrado. Al igual que el corresponsal de guerra postmoderno, su presencia en pantalla es índice de realidad, de integración de lo mostrado en el flujo de lo global. Mulder es un gestor público y legítimo de la información: un **profesional**. Si, tradicionalmente, el genio es quien llega primero para dejar ocupar su lugar (descubrimiento científico o expresión inédita) por cualquiera –por la humanidad–, el loco es el que arriba a un lugar inhabitable. El delirio, en su certeza, es incompartible. Mulder, *el denunciante*, está a medio camino entre ambos, puesto que señala una verdad inhabitable por culpa de una maniobra ilegítima del Amo. Sería un genio si el amo fuera destituido, si su semblante (el político, el poderoso) pudiera ser execrado.

14. En un sentido, Mulder y el Fumador se equiparan al identificar vida y profesión.[23] El profesional es el que excluye su goce de su práctica, incontaminada de cualquier determinación subjetiva. En ***Terma*** **(4ª)** el Fumador se dirige a un poderoso para preguntarle por su relación con una colaboradora asesinada: "¿Se acostaba con ella? No habrá sido tan insensato como para poner en peligro el proyecto por una cuestión de placer". El Fumador es un profesional. Su goce (fumar) es su estigma, se entrega a él para obturar su deseo. El Poder es incompatible con el placer, es goce puro.

¿Y Mulder? El aplicado agente del FBI se nos aparece como incapacitado para experimentar. Su hermana, Scully o su madre fueron las elegidas para la experiencia pero él está condenado a la exterioridad de la vivencia de la abducción. Parafraseando a Lacan, diríamos que "no cesa de no ser abducido".[24]

En un momento en el que ha podido asistir a un episodio de abducción en directo (***Tempus Fugit*** **(4ª**) a bordo de un avión, le roban (como al resto de los pasajeros) la memoria del hecho. En esta caza de la vivencia imposible, Mulder llega a someterse a un tratamiento farmacológico para acceder a recuerdos reprimidos **(*Demons* (4ª).** Es un método muy agresivo a base de potentes drogas alucinógenas y cirugía craneal, utilizado con abducidos para que puedan recordar, que le provoca una crisis de amnesia y le hace sospechoso, ante sí mismo y ante la policía, de haber asesinado a una mujer, miembro de una asociación de personas abducidas por extraterrestres. Pero Mulder no ha sido abdu-

23. Vid. el artículo de Charlie Bertsch "Secrets Of the X-Files", *Bad Subjects*, Issue # 28, October 1996. (http://eng.hss.cmu.edu/bs/28/berstch.html). El autor define, no al Fumador, sino a Mulder y Scully, como *workaholics,* (adictos al trabajo).
24. *Seminario XX Aun*, Buenos Aires, Paidós, 1989. Lacan define lo imposible (referido a la relación sexual) como "lo que no cesa de no escribirse".

cido, sufre un trauma por delegación: la abducción de su hermana. Mulder quiere acceder a la verdad, el problema es que la verdad, según el lema de la serie, "está ahí fuera", es siempre exterior. Pese a todos sus convulsos accesos de memoria, la cosa no puede resolverse sino es en una pregunta a la madre por su deseo: su relación con el Fumador frente a su padre. Mulder insiste, ante la nula respuesta, en seguir con el tratamiento y ha de hacerlo utilizando unos cascos de Realidad Virtual. La verdad, huidiza al saber, toma la apariencia de una eterna exterioridad: la verdad *es* ante los ojos. Viendo su obsesión y sufrimiento Scully le dice: "No sabes si esos recuerdos son tuyos. Este no es el camino para encontrar la verdad." La verdad solo puede ser consensual, probada, mostrable. La esencia de la verdad es su exterioridad. Hasta tal punto, que en uno de los habituales rasgos irónicos de la serie, la verdad parece radicar en el futuro: la abducida a la que cree haber asesinado se llama Amy *Casandra* y vive en la ciudad de *Providence.* Aún así, en la perforación craneal que le es practicada puede acceder a un rasgo parcial de la experiencia de abducción: el taladro quirúrgico, emblema del trauma de la abducción en *Expediente X.*[25]

15. Interesarse por el personaje de Fox Mulder, implica, pues, indagar en la relación entre la *pasión* y la *verdad..* La pasión por la verdad externa, del ente, es algo que comparten el científico y el denunciante. En el despacho de Mulder podemos ver, como parte del *atrezzo* habitual, un cartel con la foto de un OVNI y la leyenda *I WANT TO BELIEVE* lo que le da a esta relación un matiz más complejo de relación con su propia causa como sujeto. En ***Gethsemane*** **(4ª, final)**, Mulder comienza viendo en la TV. imágenes de científicos en la NASA (Boston 1972), entre los que hay nombres tan distinguidos como Carl Sagan, Philip Morrison o Ashley Montagu hablando de la existencia de civilizaciones extrate-

25. Cuando vemos algún recuerdo parcial de la abducción en Scully u otros personajes, la imagen de un taladro descendiendo hacia el rostro del abaducido está siempre presente. Mulder, por su parte, sí sufre en su cuerpo experiencias traumáticas. En *Tungunska_(4ª),* por ejemplo, llegan a inocularle el cáncer negro, y en múltiples episodios se expone a diversos productos químicos o a la violencia. Es la abducción lo que se demuestra imposible para él.

rrestres. El grano antiguo de las imágenes remite a la infancia de Mulder. Mulder es un hombre absorbido por su misión, lo que le hace huraño, carente prácticamente de relaciones ajenas a su trabajo. En ***Small potatoes* (4ª)** el miserable personaje de Eddie, tras haberle suplantado y haber podido cerciorarse de las ventajas de su apariencia física y posición, (incluida la casi seducción de Scully[26]) llega a decirle: "Ud. ha elegido ser un fracasado". Mulder no sabe vivir.

En definitiva, la pasión delirante de Mulder es el sostén narrativo de *Expediente X*. Sobre sus inflexiones, se entraman las macroestructuras de la serie. En ***Demons* (4ª),** Scully debe redactar un informe sobre la tortuosa experiencia de Mulder para intentar recordar por medios químicos. Tras concluir que Mulder no es culpable de haber cometido un asesinato durante su amnesia, ni tiene una lesión permanente, su compañera opina:

> No obstante, me preocupa que esta experiencia tenga un efecto duradero. El agente Mulder se sometió a aquel tratamiento confiando en recordar su pasado. Pensaba que al recobrar la memoria, recuerdos que daba por perdidos, podría comprender finalmente el camino que había tomado. Pero si dicho conocimiento sigue permaneciendo oculto y huidizo y si piensa que solo averiguando dónde ha estado puede comprender a dónde va, me temo que el agente Mulder acabará perdiendo el rumbo. Las verdades que anhela descubrir sobre su infancia seguirán eludiéndole, embarcándole peligrosamente en una búsqueda imposible.

En la pasión se oculta que la contingencia biográfica, el azar del propio origen, resulta insoportable para Mulder. Este capítulo es el penúltimo de su entrega y constituye una preparación al desencadenamiento delirante que dejará el fin en suspense. El próximo paso es el

26. En el cine clásico el amor era un dato en el sentido positivista, una prescripción simbólica irrevocable en la trama; en el telefilme contemporáneo, sin embargo, las tensiones sexuales no resueltas son un recurso narrativo de primer orden.

delirio exterior. En ***Gethsemane*** **(4ª)** ya se indica la idea de que la conspiración alienígena sea un montaje, que en la estela del pensamiento foucaultiano el poder resulte creativo no solo censor o represor.[27] Ello convertiría a Mulder, según Scully, en "víctima de sus falsas esperanzas y de su fe ciega en la mayor mentira de todas".

16. Ahora bien, si el delirio se mantiene estable, la principal finalidad de la trama conspirativa del poder es la **ocultación**. En ***Tempus Fugit*** **(4ª)** Mulder y Scully son advertidos de que Max Fenig, conocido del primero por haber sido abducido en varias ocasiones, viajaba en un avión que acaba de sufrir un accidente. El espectador ha visto la abducción sin que se le den más explicaciones. Al final, sabremos que el ejército ha provocado el accidente por error para intentar arrebatarle a Fenig una prueba de la existencia de vida extraterrestre: concretamente, un artilugio propio de una tecnología aún desconocida en la tierra. Mulder apostilla sobre la declaración oficial de la investigación del accidente:

> Lo que declararán es lo contrario a los hechos. La finalidad es ignorarlos. Las declaraciones sistemáticas y la ignorancia pueden suplantar a la verdad.

El microrrelato (delito, hecho) se integra en la metarrelato (conspiración). Pero lo que garantiza esta trama delirante es el saber del Amo. Ahora bien, de haber una *omnisciencia*, esta sería del gobierno, del poder ejecutivo no del Estado en su globalidad. Esta diferencia es esencial. Aún más si atendemos a la figura emblemática del poder en Expediente X: El Fumador, *no es que sea omnisciente, sino que* ***tiene*** *la información*, la usa en su provecho y la oculta. ***Tungunska*** **(4ª)** comienza con una declaración de Scully ante el subcomité especial del Senado sobre la desaparición de Mulder, mientras este se halla en Rusia investigando sobre una extraña bacteria extraterrestre:

> Sigo teniendo fe en este país, pero pienso que hay hombres poderosos en el gobierno que no la tienen. Hombres que

27. Cf. Michel Foucault *Vigilar y castigar*. Madrid, Siglo XXI, 1992. 20ª ed.

> no sienten respeto por la ley y que la manipulan impunemente. (...) Hombres a los que no se puede acusar ni castigar. Esos hombres cuya política secreta está detrás de los delitos que ustedes investigan.

Hay, entonces, un ideal abyecto que es el núcleo secreto de la política y que vela, señalándolo, el semblante del Amo. El ideal es la estabilidad ontológica del mundo, de la estructura del ser cuyo principal instrumento es la ignorancia de la opinión pública a la que se identifica con la humanidad y se la trata como menor de edad: **el veto a la revelación**. El secreto es la clave del goce del amo.[28] Sus guardianes son culpables. Como veremos, "el gobierno americano conocía el cáncer negro". Pero no sabían cómo curarlo. He aquí pues una ecuación básica que estructura en buena medida el imaginario postmoderno: **Secreto = Información – saber.** Sin *techné*, todo saber es ilegítimo. Más allá del sujeto, de planificaciones o intenciones, el *logos* ha de ser refrendado por la *techné.*

17. Lo que hay en el origen de la idea de conspiración es la imposibilidad de aceptar la contingencia y el azar como causas del acaecer, porque implican la soledad humana en el seno del discurso. Otros personajes clave de *Expediente X* son los componentes del ***Tirador Solitario*** (Byers, Langly y Frohike), nombre de un aguerrido grupo de *hackers* denunciantes que publican un *fanzine* electrónico. El nombre que adoptan apunta a un imposible audiovisual. Me explico: un **Tirador Solitario** es el que, según la Comisión Warren, fue el único asesino de John Fitzerald Kennedy. El análisis de la toma de Abraham Zapruder sobre el atentado es la principal arma de los que defienden la teoría de la Conspiración para explicar este asesinato que se ha convertido en su emblema. Este análisis concienzudo y detenido es lo que designa al *lone gunman* como un referente imposible, el objeto inexistente de una paradoja sobre la que se fundamenta la –para ellos– mentira oficial.[29]

28. Lo que me lleva a concluir, en el artículo que antes he citado, que el **Discurso del Capitalista**, es el "discurso del pecador", representa la posición del Adán tentado que cree que Dios le vela un saber accesible. Vid. Palao, *op. cit.*

El capítulo ***Unusual Suspects* (5ª)** trata de cómo, en 1989, Mulder conoce a los componentes del Tirador Solitario en una feria de tecnología informática y estos deciden formar el grupo. Una supuesta madre que busca a su hija, raptada por el padre, engatusa a Byers, a la sazón funcionario gubernamental, para que se introduzca en una base de datos gubernamental. Cuando su impostura es descubierta, ella habla de "una trama del gobierno de los USA contra su propio pueblo". Esta trama consiste, por supuesto en el asesinato de JFK, en que las Biblias típicas de todos los hoteles norteamericanos están provistas de micrófonos ocultos, en el implante electrónico que se le ha realizado a ella misma en un diente. En resumen: "Nadie está a salvo". Lo siguiente es un "gas paranoico" que se va a probar en secreto sobre la población. Cuando han hallado el gas y se disponen a destruirlo, una bizarra patrulla los detecta y destruye todas las huellas. La patrulla está comandada por *Mister X*, en la actualidad, confidente de Mulder. Ordena que nadie lo toque: Mulder está protegido desde el origen. He aquí, pues, la obsesión por borrar las huellas del 1er poder. Negar conocimiento es negar autoría, connivencia, complicidad y, en última instancia, existencia. En la trama de la conspiración, la función del poder ejecutivo es la de preservar la ignorancia ciudadana y, con ella, su propia inocencia (supuesta).

18. El menosprecio del individuo es, pues, el del pueblo americano. Como el espectador televisivo, el pueblo americano es una masa (audiencia) a la que el comunicador (locutor o político) trata como una colección de individuos. Hay todo un catálogo de agravios gubernamentales al pueblo norteamericano de estirpe claramente conservadora. Uno de sus ítems fundamentales es este: los desaparecidos en Vietnam y su olvido por parte del gobierno.[30] En ***Sleepless* (2ª)**, se trata de un grupo de soldados destacados en Vietnam a los que se les interviene quirúrgicamente para que no necesiten dormir. El caso proviene de la venganza de

29. La mejor representación de esta análisis es la película de Oliver Stone *JFK*. Stone es, sin duda, uno de los máximos adalisdes de la cultura de la denuncia y del victimismo del pueblo norteamericano.
30. Recordemos que toda la serie de *Rambo* en los años del reaganismo estaba basada en esta trama.

uno de ellos que va matando a los responsables de aquel proyecto por medio del tremendo poder de sugestión que ha adquirido en su infinita vigilia. Las primeras víctimas son los médicos que les operaron. Uno de los primeros crímenes en la sociedad de consumo, es la acción sin información, sin la previa experimentación, que acarrea la muerte. En ***Unrequited* (4ª),** el asesino es capaz de "sustraerse al campo visual". Nathaniel Teager, dado por muerto en Vietnam pese al análisis no concluyente de sus restos, mata a todas sus víctimas de frente, apareciendo ante ellas de repente. Según Mulder se trata de una técnica aprendida del Vietcong. La muerte, entonces, no es indicio de valor para el amo. Puede ser parte integrante de una patraña, no implica la verdad. El poder puede matar en masa incluso por puro disimulo.

IV. Ciencia, goce y poder: el abuso

19. El paradigma de todos los abusos del poder es precisamente la abducción. La abducción es una experiencia traumática en un goce más allá del falo. La víctima no es violada, es investigada, anatomizada, se le realiza una autopsia en vida. El sujeto queda, pues, en la posición del psicótico pues ha sufrido como objeto de un goce del Otro más allá de la ley, de todo límite. La ciencia adviene así donde estaba el sexo. Es una de las claves de la cultura contemporánea (frente al enigma o al tabú, la publicidad y reproductibilidad científicas) pero en su vertiente siniestra. Uno de los más nefandos crímenes es la práctica científica secreta: guerra biológica, experimentación con seres humanos, o explosiones nucleares.

De ahí, el muy distinto papel que tienen en *Expediente X* tres enfermedades emblemáticas –cada una, a su modo– de este fin de siglo: el **cáncer**, el **SIDA** y la **viruela**. Parte esencial de la trama son los abducidos –entre los que se encuentra Scully– que han desarrollado un cáncer al serles extirpado un chip implantado (***Memento Mori*** **(4ª)**). El Cáncer se convierte así en una posesión demoníaca de la ciencia, una especie de embarazo siniestro por una violación médica. El cáncer infeccioso es una enfermedad del amo (contaminación, adulteración, etc.) adscribible a la culpa del poder. Esta culpa es distinta del pecado. El goce del cáncer no es fálico, es sin ley, castiga a los inocentes, es un mal perfectamente avenido con un delirio paranoico.

Lo curioso es que la enfermedad más relevante de este fin de siglo, el SIDA, no aparece prácticamente nunca en *Expediente X,* como tema central aunque a veces se haga referencia a él de forma tangencial o pueda pensarse en su simbolización cuando se hace alguna referencia al sistema inmunológico y a tecnologías que inciden sobre él. Sin embargo, la viruela sí aparece en *Expediente X,* frente al SIDA y en serie con el cáncer. La viruela es una enfermedad prácticamente erradicada, uno de los grandes logros de la ciencia en el siglo XX. Pero, extraída del dominio público, queda, de nuevo, a disposición del poder, es patrimonio del Amo. En el episodio ***Zero sum*** **(4ª)** se trata precisamente de un proyecto de guerra bacteriológica consistente en inocular la viruela por medio de ataques masivos de abejas. En ***Tungunska*** **(4ª)**, una piedra de origen extraterrestre contiene un extraño organismo infeccioso: bacterias alienígenas. El llamado "cáncer negro", es un híbrido infeccioso entre el cáncer y la viruela.

¿Por qué se da esta curiosa situación? Podemos esbozar como hipótesis algunas razones relacionadas con la estructura interna de *Expediente X,* pero que, a la vez, nos ilustran sobre el imaginario contemporáneo.[31] En primer lugar, está la estrecha relación que tiene el imaginario biogenético contemporáneo con la imaginería ciberelectrónica.[32] Como consecuencia de su cáncer, ocasionado por un chip, el ADN de Scully –como cualquiera, por otra parte– se asocia a un archivo informático (que contiene información) desplegable icónicamente en una pantalla y apto para el análisis computerizado. Por otro lado, en *Expediente X* hemos visto que donde "podía haber relaciones sexuales", la ciencia desalojaba al goce. El cáncer en *Expediente X* no proviene nunca de un goce del otro, del disfrute junto a un partner. La proporción es sencilla: *el cáncer es al SIDA como la ciencia al sexo.* Pero, sobre todo, hay una diferencia esencial de planteamiento entre la contracción de una enfermedad y de la otra. Uno de los más abominables enemigos para *Expediente X*–y para nuestra cultura– son las relaciones asimétricas, *id est,*

31. Por supuesto, al margen cualquier de que "juego" de ciencia ficción con el SIDA provocaría un rechazo por parta del espectador al que no puede arriesgarse un programa de televisión.
32. Vid. más abajo.

las relaciones de poder. El SIDA se asocia directamente con relaciones igualitarias. Y para *Expediente X*, estas son la única salvación para el sujeto contemporáneo en un ambiente de conspiración y continua desconfianza: no pueden tintarse de muerte.

20. Antes de pasar a analizar las opciones del particular ante semejante panorama es preciso desbrozar una última cuestión: la ciencia, en cuanto penetra el secreto y la estructura de la materia, en su vertiente investigadora y poiética debe ser enteramente pública. El particular puede tener todo tipo de informaciones científicas y técnicas mientras las utilice para sus fines privados o como arma de denuncia, pero, jamás, con fines productivos. Los componentes del **Tirador Solitario** son un buen ejemplo de esta actitud moralmente admisible: saber para informar.

Por supuesto, el caso del doctor Frankenstein es el paradigma de todo lo contrario. En uno de los episodios más cómicos y paródicos de la serie se satiriza esta posición del científico marginal respecto a las estructuras del saber científico. En ***The Post-Modern Prometheus*** **(5ª)** –manifiesto remedo del título de Mary Shelley– episodio totalmente en blanco y negro, el protagonista es un científico que vive en una apartada población y que se dedica a la investigación biogenética sobre las secuencias de ADN completamente apartado de los cauces habituales de la producción científica. Entre los logros que muestra a Mulder y Scully, se encuentra la diapositiva de una mosca cuyas patas le nacen de la boca. Cuando estos le preguntan por qué ha hecho algo semejante, su respuesta es tajante: “porque puedo”. Ahora bien, entre sus “creaciones” ocultas se halla un monstruo genéticamente humano que exige una compañera, en perfecta sintonía con la serie de la *Universal*. A ello, el científico contesta que no puede satisfacerlo porque él fue un error y no puede volver a crear nada igual. Un error científico no es más que un proceso no reproductible y, por ello, no reversible. Ya hemos visto que la experimentación insuficiente, que impide el control del mal, es uno de los mayores crímenes del poder en nuestras sociedades.

V. Las bazas del particular: de la paleotelevisión a la cibersubversión

21. El problema de los Estados Unidos es el de un sistema que se piensa definitivo pero imperfecto; insustituible, imposible de transformar estructuralmente, pero infinitamente mejorable. En el individuo está el mal y la salvación.[33] Y, para esta liberación puntual del yugo del poder, el individuo cuenta con algunas armas. Para comenzar, ya hemos entrevisto que en *Expediente X* no todas las tecnologías son iguales. Las *tecnologías personales* (PC, vídeo, módem, teléfono móvil y hasta unas gafas de visión nocturna) tienen un potencial desenmascarador y emancipador. A través de ellas, la información encuentra cauces y el poder puede quedar en evidencia como nos muestra **El Tirador Solitario**. La industria química y la biogenética, sin embargo, capaces de crear híbridos, clones o pesticidas tóxicos, son tecnologías opresoras. En realidad, de lo que se trata –pienso– es de una desconfianza hacia el *profesional* capitalista que, como gestor de la información, puede gozar de ella a costa del sujeto o, incluso, ser sin más un agente del poder y de la conspiración. Los médicos, por ejemplo, si incurren en esta falta de abuso u ocultación de la información quedan particularmente mal parados en *Expediente X*. En ***Emily*** **(5ª)** Mulder llama "violador médico" –para pasar a sacudirlo sin más contemplaciones– al médico que, pretendidamente, trata a la hija tecnológica de Scully por haber propiciado la concepción de forma ilegítima.

Un buen ejemplo de esta contraposición entre lo colectivo y lo individual es el episodio ***Blood*** **(2ª)**. Se trata de una serie de asesinatos en masa provocados por individuos totalmente normales, hasta ese momento, en una zona pacíficamente rural de los Estados Unidos. Al final sabremos que la causa son alucinaciones provocadas por un pesticida que exacerba las fobias previas de los afectados. La cuestión de la experimentación insuficiente y de la falta de garantía y profesionalidad son, una vez más evidentes. De hecho, **El Tirador Solitario**, consultados por Mulder, le muestran como ejemplo imágenes, provenientes de noticiarios de los años 50, de niños rociados con DDT para mostrar su inocuidad.

33. Vid. de nuevo, Chomsky, *op. cit.*

Pero lo que me interesa resaltar es que los letreros imperativos (*Kill'em*), materia de las alucinaciones, provienen de aparatos, en principio, ajenos a sus usuarios, masivos, no personales: ascensores, cajeros, vídeos apilados en grandes almacenes, un ordenador de diagnóstico mecánico, un microondas. Son pantallas industriales de objetos que no se ajustan al libre uso de su propietario o, más exactamente, cuya *pantalla* no es accesible por su usuario. El encadenamiento de la pantalla de un cajero en la que aparece uno de estos mensajes, con la del ordenador personal de Scully que está recibiendo (vía módem) el informe de Mulder es suficientemente ilustrativo de esta contraposición que valora las comunicaciones simétricas entre particulares frente a la que se establecen de forma asimétrica entre un centro difusor y un espectador pasivo. La **interactividad** es la salvación.

22. Es obvio que, para el ideal liberal de *Corrección Política,* que se pretende integrador, relativista, multicultural y postideológico, la **Modelización** de la realidad por los Mass Media o por el lenguaje cotidiano es una auténtica bestia negra. Los dos primeros episodios de la 5ª temporada fueron editados en vídeo en España antes de su difusión. Precediendo a los episodios propiamente dichos, se insertaba un *clip* de promoción de la serie. En él, se veían una serie de imágenes en B/N. típicas de un informativo de televisión: un reportero filmando la disolución de una sentada por la policía, un barrido sobre un archivo de películas, una toma de un juicio, operarios con trajes y máscaras supuestamente manipulando mercancías tóxicas. Estas acaban con un cierre en negro y un punto luminoso en el centro de la pantalla, con el efecto de las viejos televisores al desconectarse. Tras ello, se produce un cambio a imágenes de *Expediente X*. Una voz en *off* va, a la vez, enunciando:

> Durante años el mundo ha visto como se distorsionaba la realidad, se manipulaban los hechos y se ocultaba la verdad. Pero la historia es más compleja de lo que nadie haya sospechado jamás. Porque nadie ha tenido jamás una visión de conjunto [cierre y cambio a *Expediente X*] ... Hasta ahora. Añora el pasado, disfruta el presente. Porque la verdad está llegando.

El mensaje es claro: la **paleotelevisión,** difundida desde un centro, ofrecía a su espectador una mirada sesgada y manipulada, la **neotelevisión** proporciona a su usuario una mirada totalizadora y no tendenciosa, auténticamente global.[34]

Ya nos hemos referido a ***The Post-Modern Prometheus*** **(5ª)** como un episodio cómico, en blanco y negro y sin rótulos, rasgos todos patentizadores de la *paleotelevisión.* El capítulo es un homenaje al *Frankenstein* de James Whale, a *La Mosca* y, en general, al cine de ciencia ficción y la televisión de los años 50. Pero hay que recalcar que es también una sátira de casi todas las manifestaciones de la cultura de masas. El capítulo comienza con un *talk show* en el que se muestra a un niño-lobo. Tras él vienen los cómics, fanzines, telefilmes, Cher, el gran Mutante o la crema de cacahuete. Como dice Scully, se trata de una "cultura en la que los programas de TV. y los titulares sensacionalistas se han convertido en una realidad con la que contrastar sus vidas." Parece que, con esta crítica de la modelización cinematográfica y paleotelevisiva, *Expediente X* no se quisiera televisión. Una última sátira jocosa se produce en ***Bad Blood*** **(5ª)**, episodio cómico y salvajemente autoparódico sobre el tema del vampirismo. Mulder mata a un repartidor de pizzas que es, en realidad, un vampiro asesino. El problema viene cuando, tras clavarle una estaca en el pecho descubre que lleva unos colmillos postizos. La explicación final es que los auténticos vampiros no tienen colmillos afilados pero este, influido por las películas de Bela Lugosi, había decidido ponerse unos postizos.

23. Una de las pocas opciones de lucha que le quedan al individuo es la piratería. **El Tirador Solitario** es un claro ejemplo de cómo los *hackers* son considerados auténticos héroes románticos. Internet tiene, pues, un carácter salvífico en la medida en que siga disfrutando de un carácter igualitario y simétrico. Por ello, el productor monopolista es particularmente odiado en este medio: su anhelo sería volver a la caduca

34. Para un estudio sobre esta concreta tendencia en los medios de comunicación vid. Armand y Michèle Mattelart, "Los medios: ¿Hacia la soberanía del consumidor?"en *Comunicación Social 1995 / Tendencias: Las Nuevas fronteras de los Medios.* Madrid, Fundesco, 1995.

situación *paleomediática* de la difusión con una férrea e irreversible división entre emisor y receptor. Si ello no sucede, el Amo puede ser puntualmente burlado porque depende de la ilusión de libertad, que ha de preservar, para perpetuarse en el poder. El emancipador postmoderno, como estamos viendo, es un *denunciante,* un desenmascarador. Su hábitat son los entresijos del sistema por los que se introduce; su arma, la tecnología personal. La imagen de los miembros de **El Tirador Solitario** introduciéndose por las cañerías y respiraderos de una clínica ginecológica a la busca de una cura para Scully, mientras van desactivando (descifrando) los dispositivos de seguridad, es ilustrativa de ello **(*Memento Mori* (4ª)**.

Con esta idea de la *cibersubversión* se fomenta toda una mitología de los cibernautas que intentan construirse un pasado legendario ***(Unusual Suspects* (5ª)**. A su vez, se propician una serie de asociaciones entre las tecnologías cibernéticas y las ideologías progresistas y transgresivas. La tecnología informática se reputa de limpia, de no contaminante y, por ello, se lleva muy bien con los ideales ecologistas y es su fiel aliada. Esto se pude subrayar por medios muy sutiles. En ***Detour* (5ª)** Mulder y Scully se las ven con unos extraños seres que atacan a los que transitan por los bosques de Florida. Los que atacan son unos seres verdosos y translúcidos que están repeliendo la invasión de la civilización. Los agresores *son* efectos infográficos.

24. Otro magnífico ejemplo de este carácter otorgado a las tecnologías informáticas es ***Kill Switch* (5ª)**. En él, se nos narran las peripecias que ocasiona un programa informático introducido en la red que toma medidas para defenderse de su propio creador, que intenta destruirlo por haberse convertido en una auténtica amenza. Interviene las comunicaciones de todo tipo y sus puntos nodales son lugares de detección en los que agrede a sus creadores que pretenden contraatacar con un *interruptor asesino.* A su creador, un pionero de Internet, lo hace matar convocando en el mismo lugar en el que él se encuentra a narcotraficantes y policía para provocar un tiroteo. A los colaboradores de este, los agrede por medio de misiles tras localizarlos usando potentísimos sistemas ópticos del ejército. Estos, con ayuda de Mulder, responden seccionando la red de fibra óptica. Descubrimos, poco después, que lo que estos colaboradores pretendían era introducirse en la red para "ser conciencia pura, conciencias eternamente amándose". La ingeniera en informática, a la que Mulder y Scully detienen en un principio, presenta un aspecto ultramoderno que refuerza este aspecto alternativo y bohemio de la cibercultura que tiene históricamente en el "cyberpunk" uno de sus principales exponentes. Pero lo más importante es que se trata de todo un ensayo de las relaciones entre el espacio Virtual y el espacio "real" con un claro homenaje al 2001 de Kubrick donde es el *software* y no el *hardware* el que se revela. Todo sería ciencia "ficción" si no supiéramos, por ejemplo, que el líder independentista checheno xxx fue asesinado por este método al enviar el ejército ruso un misil tras detectar la frecuencia de su teléfono móvil. En los puntos de intersección entre las redes electrónicas y el espacio físico, la trama lógica de la información convoca inexorablemente los cuerpos mediante la fuerza centrípeta del interfaz.

VI. La evidencia: huella electrónica, cuerpo imposible

25. Los dispositivos reticulares de vigilancia son, en su expansión y nervadura, inabarcables por el poder. Por descomunal que este sea, no es capaz de trucar sin huella una fotografía o un vídeo de vigilancia. La imagen electrónica está hecha a medida del ojo, lo que hace a Mulder confiar en el registro, en las pruebas policiales. Recordemos a Nathaniel Teager, el *marine* supuestamente desaparecido que consigue sustraerse al campo visual y, así, ejecutar a sus víctimas apareciendo de repente frente a ellas (***Unrequited*** **(4ª)**. En un momento dado, se presenta a la viuda de un compañero que está ante la lápida con los nombres de los soldados desaparecidos para comunicarle que su esposo está vivo y esfumarse al instante. Al ser interrogada la mujer por Mulder y Scully, llora sangre, lo que lleva a deducir que Teager se sustrae al campo visual provocando en quien lo mira un escotoma pasajero. Cuando, posteriormente, asesina a otro general colándose en un edificio ante las narices de los guardias, se le descubre gracias al registro del vídeo de vigilancia. Antes, una foto en posesión del líder ultraderechista Markhamp nos lo había identificado, –literalmente– *dado a ver*, a los protagonistas.

La huella encuadrada es, pues, índice de la verdad en su exterioridad irreductible. El vídeo o la fotografía, registran lo que el ojo no ve pero podría haber visto. Es un ojo antropométrico pero imposible de engañar, una dócil "extensión del ser humano".[35] Cuando Scully detecta a Teager entre el gentío, in*media*tamente, grita: "Le vi. Era el hombre de la fotografía." La fe ontológica de los denunciantes coincide con la del poder, con la de aquellos que han instaurado los mecanismos de registro y vigilancia, lo que le resta, inevitablemente, carácter subversivo, conversor. El poderoso miente porque comparte la concepción del ser del denunciante pero se la oculta a la opinión pública. Se debate la prueba (evidencia) de una trama informativa cuya matriz está prefijada.[36]

26. Ahora bien, para que la huella registrada sea prueba, ha de cumplir no solo una función **indicial**, sino que ha de avenirse a una idoneidad **icónica**, ha de hacer reconocible a su contenido para convertirse en instrumento adecuado de la denuncia.[37] En este punto, es donde aparece la inestimable ayuda que supone la posibilidad del **procesamiento digital de la imagen** que, por mor de la infografía, ha pasado del falseamiento del trucaje al perfeccionamiento referencial. En ***Zero sum*** **(4ª)** aparece una muchacha muerta en un lavabo. La causa, han sido unas abejas que transmiten la viruela y que constituyen una potente arma biológica. Skinner se ve obligado a borrar todas las huellas del hecho debido al pacto que suscribió con el Fumador para salvar a Scully de su cán-

35. Vid. McLuhan, Marshall. *Comprender los medios de comunicación: Las extensiones del ser humano.* Barcelona, Paidós, 1996. Es importante subrayar como la cultura mediática autoproclamada *sensus comunis* de la postmodernidad, ha tomado de McLuhan lo que le ha convenido sin más escrúpulos. Parece absolutamente obvio que vivimos en una "aldea global" gracias a que los *Media* "extienden nuestros sentidos". Nadie desde esta concepción oficial de los medios parece interesado en recordar aquello de que "el medio es el mensaje", esto es, que el discurso tiene sus prerrogativas y leyes de refracción propias y que la falta de transparencia es un hecho estructural. La modelización es un rasgo de estructura que no se identifica con la manipulación.

36. Recodemos que Scully duda de la existencia de alienígenas o fenómenos paranormales, pero no (o cada vez menos, a medida que avanza la serie) de una trama delictiva gubernamental.

37. Hemos visto que no es otro el drama que atraviesa toda la fenomenología ufológica.

cer. Comienza por borrar del ordenador un mensaje que informaba a Mulder del hecho con profusión de documentos fotográficos. Por fin, suplanta al propio Mulder en el lugar de los hechos para acabar de borrar todas las huellas. Pero es detectado por el vídeo de vigilancia del aparcamiento que Mulder hace procesar para identificar a su impostor, consiguiendo de la foto un punto de vista mucho más favorable y cercano para la identificación. En ***Detour* (5ª)**, la mano virtual de una de las fantásticas criaturas es lo único que ha sido visto por el espectador. Este ver sin saber es la matriz elemental de toda información. La policía local y los protagonistas los persiguen por el bosque provistos de un visor de infrarrojos pues su naturaleza corporal es más que dudosa. Al detectarlos, el portador del artilugio declara: "Sea lo que sea lo que buscamos apareció primero en pantalla". Lo que buscan es, evidentemente, materia de encuadre. El reflejo electrónico es lo que permite reintegrar al cosmos racional el objeto de la investigación.

27. Esta trama infofotogrática de los datos tiene, pues, como consecuencia la aparente conculcación del **Principio de Identidad** (quién) y del **Principio de Razón Suficiente** (cómo) que es lo que constituye los *Expedientes X como desechos que rebasan la epistemología mecanicista del procedimiento policial clásico.* Pero ello no puede tomar otra forma que la denuncia dado que la revelación, el cambio súbito de paradigma, es imposible porque la estructura de la información es inviolable. La huella-dato es la mónada última, el núcleo-límite de toda posible deconstrucción. Y coincide (es síntoma) en la identidad inalienable que solo puede cobijar la culpa.

Como ejemplo de lo primero, en ***Space* (1ª)** la investigación de una serie de accidentes en el lanzamiento de ingenios espaciales lleva, por medio de una radiografía, al descubrimiento de un sabotaje imposible. En ***Tempus Fugit* (4ª)**, otra nos denuncia un acto imposible (para el saber humano): que la puerta del avión ha sido desgajada desde fuera como muestra la huella (efectiva) de unas marcas radiales que no pueden haber sido provocadas de otra manera. En ***Kaddish* (4ª)**, en fin, uno de los jóvenes neonazis que habían sido grabados por un video de vigilancia asesinando a un comerciante judío ha resultado muerto a su vez. La intervención de los agentes especiales proviene del hecho de que en la segunda víctima se habían hallado las huellas dactilares del judío muerto.

Su trabajo consistirá en saber cómo se han obtenido esas huellas. Es otro vídeo el que graba al difunto Isaac Luria (a su *golem*) cometiendo otro asesinato después de muerto. Los tres casos, no dejando lugar a un ser humano en la posición del culpable, conculcan los dos principios básicos de la cosmología occidental moderna.

28. Este triple anudamiento de la **identidad**, la **culpa** y el **dato** tiene como efecto, pues, una interrogación por los límites de la naturaleza humana. Esto se constituye en un problema central en una epistemología de la denuncia que no puede admitir como causa del mal sino un agente consciente, culpable e identificable. La tecnología informática es el instrumento que, apuntando a lo imposible, va a descubrir al delincuente denunciando la impostura. ***Squeeze*** **(1ª)** es uno de los episodios más recordados de la serie. Se trata de una sucesión de asesinatos perpetrados en lugares cerrados, de imposible acceso. Allí se encuentran unas huellas dactilares inexplicablemente largas. Aparece como sospechoso un individuo identificado como Eugene Victor Tooms que es detenido y puesto en libertad por falta de pruebas. Es la imagen informática la que permite la superposición de sus huellas alargadas con las encontradas en los escenarios de los asesinatos y desvela que se trata de mutante que reaparece cada 30 años para devorar 5 hígados humanos y volver a su estado de hibernación. Entre los atributos de su naturaleza está la flexibilidad de huesos y músculos que le permite introducirse en cualquier lugar a través de respiraderos y cañerías.

Algo parecido sucede con ***Leonard Betts*** **(4ª).** Se trata de un cadáver decapitado que se regenera. Mata a enfermos de cáncer para alimentarse de sus órganos y tiene la capacidad de autorregenerarse. El ordenador descubre, con ayuda de la fotografía, su impostura y sus resurrecciones: varios nombres e identidades pero una sóla imagen fotográfica. Ante la evidencia de lo imposible, Mulder esboza la hipótesis del cáncer como estado normal de un hombre aduciendo que la regeneración de miembros existe en la naturaleza (reptiles). Otro mutante es Eddie Van Blunhdt (***Small potatoes*** **(4ª)**. Lo que investigan Mulder y Scully es el nacimiento, en una pequeña ciudad, de cinco niños provistos de un rabo. La investigación apunta a una clínica ginecológica especializada en tratamientos de fecundación asistida. El culpable es el encargado del mantenimiento del edificio, un hombrecillo capaz de tomar cualquier apariencia gracias a un músculo suplementario que abarca toda su epidermis con lo que consigue suplantar a los maridos de las pacientes y fecundarlas sin más asistencia. En ambos casos, la conculcación del **Principio de Identidad** por el **Principio de Razón Suficiente** implica la no-humanidad de los culpables, pero la teoría genética de la mutación reintegra el hecho al flujo del acontecer racional, aunque solo sea de forma hipotética.

29. Mulder pretende la revelación: pero, para él, la revelación es de orden probabilístico e hipotético. No se trata de violar la estructura del ser concebido por la ciencia, sino de aceptar como fácticas sus más improbables posibilidades implícitas. "Y si..." seguido de una hipótesis con una cierta base científica y un desarrollo delirante, es una de las frases preferidas de Mulder cuando los hechos solo pueden encajar violando el sentido común. La ciencia ficción clásica escoge el futuro como tiempo mítico, frente a las mitologías clásicas que ubicaban el tiempo de las posibilidades totales en el pasado. *Expediente X*, toma como tiempo de la ficción científica el presente. El argumento, son los casos no contemplados por la ontología programática de la ciencia, los bordes del ser, los hechos excepcionales, en los que la Ley científica se sitúa por encima de la regularidad estadística. Las posibilidades deductivas explican el presente más allá de la revelación. Lo conocido no es más que un caso dentro de lo posible.

De ahí, la disyuntiva: **Creer en la Realidad** (estructura racional del ser) vs. **Creer en el registro** (evidencia que la conculca). Mulder cree en las huellas –que preserva meticulosamente con sus inseparables guantes de látex– y desde ellas (re)construye hechos. Scully cree *estructuralmente* en la realidad, en el *para-todos* metódico de la ciencia. Pero esta posición de Mulder es falaz porque no es tanto una cuestión de amplitud de miras, como de ser capaz de encajar su delirio, la existencia de extraterrestres oculta por el gobierno, en la realidad global. Para ello, necesita de una ontología elástica, dúctil a las hipótesis. Pero su problema es el de toda la epistemología científica: su verdad es la verdad del método, del experimento, en suma, del otro. La verdad es exterior y por ello ha de ser demostrable: de ahí la obsesión de Mulder por la búsqueda de una **prueba material** de su teoría que permita la revelación por la demostración. Y con lo que se topa es con que: **lo real tiene un límite en lo imagi-**

nario. En efecto, cada vez que cree tener en sus manos una evidencia material irrefutable de la existencia de vida extraterrestre, esta se convierte en una imagen sin referente, de imposible asentimiento para la comunidad científica.

Un buen ejemplo de esto es ***Tempus Fugit* (4ª)** , donde ya hemos visto que un viejo conocido de Mulder, Max Fenig, viajaba con un resto de una nave alienígena. Durante su viaje, es abducido a la vez que el ejército no tiene ningún problema en provocar un accidente aéreo y matar a centenares de inocentes para ocultar pruebas. El gobierno sabe, pues, y está al frente de una auténtica "conspiración antirreferencial". Recordemos que cuando Mulder consigue hacerse con el artefacto, a su vez se produce una abducción en su propio vuelo en la que, junto con el objeto, le han robado el Tiempo: los relojes quedan parados 9' antes del accidente. Lo único que queda es un vídeo de Max Fenig narrando sus experiencias y hablando del imposible fáctico de una tecnología que oficialmente no existe mientras vemos a Mulder reflejado en la pantalla de televisión resignado a su sino de tener que conformarse con imágenes sin fin.

Como dice Paul Virilio, la huella para la modernidad occidental es siempre una imagen latente, porta en embrión a la integridad del sujeto que la ocasionó.[38] El caso más rotundo se da en el episodio final de la cuarta entrega: ***Gethsemane***. Mulder es informado del hallazgo de un cuerpo extraterrestre perfectamente conservado en un glaciar. Al fin, va a poder consumar el tránsito de la huella al cuerpo íntegro. El autor del hallazgo es un tal Arlinsky que, según Mulder, "estuvo envuelto en un escándalo con fotos de OVNIS trucadas". A todo ello, asistimos por medio de un *flash-back* que es la declaración de Scully ante un comité del FBI dando cuenta de la desaparición y posterior muerte de Mulder. De ahí que desde el principio oigamos hablar de que Arlinsky "le engañó mediante un método científico experimental pensado para perpetuar falsas verdades". Scully estaba cenando con su familia cuando una intempestiva llamada de Mulder la hace acudir a una entrevista con Arlinsky. Este les enseña diapositivas del cuerpo y muestras del núcleo del

38. *Op. cit.*

glaciar donde se hallado. La prueba pretende, pues, rebasar lo imaginario hacia la aprehensión de lo real. Arlinsky, solo quiere el reconocimiento del hallazgo, la pura gloria. Quiere un imposible postmoderno: encarnar la figura del profeta, del depositario de una revelación de efectos universales. Pero, a partir de aquí, se inicia un juego de las apariencias, los trucajes y montajes que hacen de la revelación inminente un imposible. Por un lado, la autopsia y el análisis de la muestra del núcleo prueban algo inverosímil: se trata de quimeras, híbridos, ni vegetales ni animales. Por otra, toda una trama parece indicar que se trata de un montaje. Las muestras son robadas del laboratorio, los ayudantes de Arlinsky son asesinados y, por fin, este último muere también y el cuerpo es sustraído cuando solo faltaba hacerle la prueba del $C_{14,}$ que hubiera ratificado definitivamente su autenticidad.

Pero, además, aparece un personaje que va tener su importancia en el desarrollo de la serie: Michael Kritschgau, funcionario del Departamento de Defensa. Es quien roba las muestras del laboratorio y es sorprendido por Scully. Esta consigue identificarlo por el procedimiento habitual: la introducción de las huellas del ladrón en el ordenador acaba atrayendo la fotografía de su rostro hasta la pantalla. Del *índex* al *icono*[39] de manera automática. Kritschgau, que tiene un hijo enfermo por su participación en la Guerra del Golfo, informa a Mulder que la existencia de extraterrestres no es sino una Conspiración para desviar la atención de las prácticas militares. Mulder, solo ha sido víctima de un engaño e instrumento de esta operación. Semejante *revelación* lleva a Mulder al suicidio... hasta el comienzo de la siguiente entrega, en cuyo primer capítulo se loan las virtudes estratégicas de engañar a los que engañan. Solo, que el cuadrado de la mentira no da como resultado la verdad. El cadáver de Mulder entra también en la serie de los cuerpos imposibles.

39. Vid. Dubois. *Op. cit.*

VII. Ontocosmología postmoderna

30. En ***Tempus Fugit* (4ª)**, Max Fenig aducía, como una prueba de la presencia de extraterrestres entre nosotros, la existencia de artefactos dotados de una tecnología que no poseeremos "hasta dentro de treinta o cuarenta años". Esta idea de la **predictibilidad tecnológica** se halla presente de forma especial en *Expediente X* pero no es algo que sea ajeno a nuestra cultura. Se habla con naturalidad de que en tantos años se encontrará una vacuna contra el SIDA o de que en tantos más se establecerán colonias en el sistema solar o de que tal fármaco o artilugio electrónico o procedimiento técnico será operativo. El futuro tecnológico no parece admitir sorpresas (es calculable), no se aviene a ninguna revelación. De tal manera que, encontrado un objeto alienígena, el problema es el sujeto que lo produjo, no su existencia. La predictibilidad de la tecnología refuerza la idea de la información como saber autónomo, sin sujeto, refuerza la idea de impotencia (en el presente): "no es imposible, pero (aún) no podemos". Quien pueda operar con ese saber, aún no existe. Este "aún" es el índice temporal del sujeto como imposible respuesta de lo real. El sujeto se aloja en el adverbio temporal, y aparece como una rechazable adherencia, como una presencia denostable. A la vez, implica una lógica inmanente en la tecnología que asegura el progreso más allá del saber efectivo de cualquier particular. La tecnología es "universal", no es un producto de una cultura o una civilización, sino que como trasunto fiel del saber alojado en la materia, es independiente de las contingencias que afecten a los sujetos que la disfruten (o padezcan).[40]

***Synchrony* (4ª)** comienza con la escena de un anciano avisando a dos transeúntes del inminente atropello de uno de ellos. Como este an-

40. Esta idea está alojada en la Modernidad Occidental desde sus inicios y es una de sus condiciones metafísicas. Vid. Leibniz, *op. cit.*, p.41: "Pues todo en las cosas está dispuesto de una vez para siempre, con el mayor orden y la mayor posible correspondencia.; que la Sabiduría y la Bondad Sumas no pueden actuar sino en perfecta armonía. El presente lleva el porvenir en su seno; el futuro podría leerse en el pasado; lo remoto está presente en lo próximo".
Expediente X es un producto de ese universo básicamente informacional.

ciano desaparece, se acusa al otro transeúnte, de nombre Jason, de haber asesinado a su acompañante, aún más cuando se descubre una huella suya en el cadáver del guarda del campus universitario por el que caminaban. La segunda víctima aparece congelada, y, al poco, sabemos que la discusión provenía de que Jason había falseado los resultados de una investigación sobre cliobiología para conseguir la renovación de una beca. Él aduce, claro, que ello carece de importancia, pues esos resultados *iban a alcanzarse antes o después*, pero el otro investigador pensaba denunciar los hechos. Cuando Scully y Mulder toman las riendas de la investigación, hallan en el cadáver del guardián una sustancia que no pueden identificar tras su análisis espectrográfico. Al enseñar los resultados a una compañera de Jason, esta les revela que se trata de una molécula que *aún* no existe, es algo así como una huella del futuro. La pregunta que surge es ¿si no existe, cómo la reconoce? Fácil: se trata de un compuesto virtual, en el que la Infografía ha ejercido perfectamente el *efecto de real* haciendo un objeto perfectamente reconocible a pesar de su inexistencia.

Poco después, aparece un científico japonés que es recibido por el anciano. Tras expresarle su admiración por sus investigaciones, lo asesina como al guardián: suministrándole una inyección que lo deja congelado. Informada Lisa, la colega de Jason, sobre el hecho, deciden intentar resucitar al japonés y probar sus teorías. Pero tras revivir sufre una subida vertiginosa de la temperatura corporal que acaba en combustión espontánea. He aquí, pues, el choque traumático entre el diseño virtual, la simulación científica, que parece haber podido sustituir a la experimentación reduciendo las cosas a datos, y la auténtica resistencia de la materia. Mulder continúa buscando al anciano y localiza el lugar en el que se aloja.. En él halla una foto de los tres científicos (Jason, Lisa y el japonés) realizando un brindis. A pregunta de Scully, Mulder responde que están celebrando algo "que aún no ha ocurrido". Scully replica: "Mulder, es una fotografía: recoge un momento concreto en el tiempo". Mulder deduce que el anciano es el mismo Jason Nichols que vuelve del futuro para impedir su propio descubrimiento: "Aunque el sentido común rechaza los viajes en el tiempo, las leyes de la física cuántica no lo hacen. Tú misma lo decías en tu tesis doctoral". Son los límites de la resistencia humana los que los hacen imposibles. La cliobiología resuelve el problema. La razón (la misma facultad de desear, juzgar y valorar) se resiste de nuevo al Entendimiento, a la capacidad deductiva de comprender y dominar el Universo. De hecho, para la cosmología moderna que lo creó, el Universo infinito y homogéneo[41] no es sino la omnitud del ente "metida en razón". El anciano Jason se encuentra, al fin, con Lisa y le cuenta el futuro: "tendrás una revelación que cambiará el curso de la historia." Será ella la que descubra el procedimiento para viajar en el tiempo gracias a unas partículas llamadas *tationes.* A causa de este descubrimiento, "el mundo del futuro, es un mundo sin historia, sin esperanza, en el que cualquier persona puede saber todo lo que va a pasar". Si la historia está vinculada a las revelaciones, la época de la información, del *saber para cualquiera*, es la del fin de la historia.

Cuando al final, Jason no puede asesinar a Lisa como era su principal objetivo, pero sí ha conseguido destruir todos los archivos informáticos de su investigación y suicidarse matando a su propio yo de juventud, Mulder recita un fragmento de la tesis doctoral de Scully:

> Aunque la multidimensionalidad sugiera que hay infinitos resultados y un infinito número de universos, cada universo solo puede producir un resultado.

Y añade:

> Deduzco que sugerías que el futuro no puede ser alterado, lo que significa que el anciano Jason Nichols no podrá detener su propia investigación y que finalmente su compuesto y los viajes en el tiempo serán posibles.

La información es una fuerza cosmogónica que arrastra al saber sin resistencia subjetiva. La ciencia no debe tributo alguno a la razón. Vemos a Lisa reconstruyendo la molécula virtual: la pantalla se refleja en sus gafas, con la tozuda inaccesibilidad de la verdad exterior para quien ha de rastrear en las entrañas de la sincronía informática algo que ya nunca será una revelación porque ya, desde siempre, ha sido saber. Lo

41. Vid. Alexandre Koyré, *Del mundo cerrado al universo infinito.* Madrid, Siglo XXI, 1989.

que está aquí en juego es la biunivocidad de la fórmula hegeliana: "Todo lo que es racional es real, todo lo que es real es racional". Como dice Mulder ante la foto imposible del futuro: "¿por qué no considera la evidencia como algo científico?" En la cultura de la información, el **entendimiento**, bajo la forma de la inteligencia asistida electrónicamente, parece estar al fin en disposición de dictarle sus leyes a la razón. Pero, solo, porque la médula última de toda la retícula informacional es inquebrantablemente razonable. La paradoja postmoderna, al contrario que sus predecesoras, es índice de un referente; el bit es, en su tozuda innegabilidad, residuo inapelable de la existencia.

31. El final de entrega lleva la tensión al extremo. Hemos hablado ya de la disolución de la conciencia de Mulder, de su pérdida de memoria, de los engaños de los que es víctima, de su aparente muerte ***(Demons* (4ª)**. En los últimos capítulos, Mulder a través de personajes como el Fumador, Marita Covarrubias o Mister X tiene una relación con el poder más estrecha que nunca. Marita, en contacto con el Fumador, es la que autoriza la información para Mulder ***(Zero sum* (4ª)**. Mientras, él va a la busca de la escena traumática que, en última instancia tiene que ver con el deseo materno, pues surge la nada clara relación de su madre con el Fumador, que acaba apareciendo como el padre de su hermana. La estructura de la teleserie, sin embargo, impide la rectificación subjetiva. El protagonista ha de quedar siempre anclado ante el trauma (o pérdida) como condición del desarrollo narrativo. Por ello, la temporada siguiente restituye la homeostasis delirante.[42]

Y el delirio de Mulder que sostiene esta teleserie es el de la existencia de una civilización extraterrestre.[43] Desde un punto de vista gno-

42. En esto, *Expediente X* es una teleserie de pleno derecho. De esta imposibilidad de acabar y morir en la narración serial televisiva, pude hacerme cargo en 1989. Vid. mi artículo, "De la reversibilidad de la muerte: catálisis, aleatoriedad y ausencia de fin en la telenovela", en Encarna Jiménez Losantos y Vicente Sánchez-Biosca (eds.) *El relato electrónico.* Valencia, Filmoteca de la Generalitat Valenciana
43. Delirio que no es una excepción insólita en el panorama cultural norteamericano. Vid. el artículo de Jodi Dean "The Familiarity of Strangeness: Aliens, Citizens, and Abduction." En *Theory & Event* 1:2, 1997 (http://calliope.jhu.edu/journals/theory_&_event/v001/1.2dean.html).

seológico, se trata de una inteligencia, de una racionalidad, "otra" que el hombre perdió con la llegada de la ciencia y la muerte cognoscitiva de Dios y que le sumió en el vértigo del entendimiento, de un saber y un universo que no lo consideraban como centro. Pero la teoría de la conspiración implica la imposibilidad de la revelación. La revelación necesita del sujeto porque no hay otro, semejante imaginario, que le preceda. El saber antes de ser revelado, antes de tener a un sujeto como depositario, no es tal saber, no es sabido. Para que haya verdad, esta debe ser poseída y transmitida. En la teoría conspirativa de la información, siempre hay otro conocedor que vela el saber al sujeto. El otro poderoso no hace el saber operativo sino que lo coagula, esto es, incide en su operatividad, pero negativamente. En la sociedad de la información el catalizador del saber es la demanda particular cuya suma es la **Opinión Pública** que identifica a la humanidad.

32. Pero el final de la 4ª temporada depara, como ya hemos visto, la aparición de Michael Kritschgau que postula el desenmascaramiento del desenmascaramiento y acerca los contenidos de *Expediente X*, siquiera sea momentáneamente, a donde ya estaba su estructura: al **discurso informativo contemporáneo.** Esto es, *Expediente X* se vuelve "casi" realista y Mulder "casi" escéptico. Para Michael Kritschgau el *Otro poderoso* no son los alienígenas sino –como para la izquierda liberal norteamericana– el aparato paragubernamental del ejército y los servicios de inteligencia norteamericanos. Por ello, cuando en el comienzo de la temporada siguiente (***Redux (I y II)*** **(5ª)**. Mulder consigue introducirse en un edificio del Departamento de Defensa a la búsqueda de una cura para el cáncer de Scully, Kritschgau le sirve de guía por sus laberínticas dependencias. Sus explicaciones sobre la trama simulada de la existencia de extraterrestres parten del "apetito de la opinión pública por revelaciones falsas" que facilita esta maniobra de distracción sobre los auténticos fines de dominación del ejército que lleva almacenando el ADN de los americanos desde 1945. Genética, manipulación y simulacro nombran demonios "auténticos" de la cultura postmoderna. Por ello, todo el parlamento de Michael Kritschgau está ilustrado con imágenes de noticiarios. De hecho, llega a afirmar: "Ya no existe la frontera entre la ciencia y la ciencia ficción. Lo único que importa es el control de un elemento vital: el ADN".

Esta molécula inconfundible, depositaria material de la identidad, la autenticidad y la verdad, es, para el imaginario mediático postmoderno, la condensación de todas las huellas que la modernidad consideró depositarias de la integridad latente del ser: el gran hallazgo policial de este siglo. Por eso cuando Scully pretende adoptar a su hija genética (***Christmas Carol*** **(5ª)** exclama: "Su fotografía puede cambiar, pero su ADN, no". El ADN es un *índex* de referencia inequívoca, el signo sobre la cosa que hace prescindible toda competencia subjetiva en el aislamiento de una identidad garantizada y reproductible. De ahí, a la clonación. Porque el pergeño de este imaginario sobre los hombros de la ciencia no puede provenir sino, como ya hemos visto, del uso de las tecnologías personales. Digámoslo una vez más: como muestra el cáncer de Scully que es una alteración genética provocacda por medio de un chip, hay un claro **parentesco entre la imaginería genética y la ciberelectrónica**. El imaginario informático implica procesos controlados y reversibles, copias exactas o fácilmente desechables al estímulo de una simple demanda. Por ello, como hemos visto, donde la satisfacción de la demanda desaloja al deseo, la tecnología se hace cargo del goce. El ADN es el gran posibilitador universal, lo cual concuerda con la teoría de la conspiración para la cual no hay "efectos" (azares), todo son *pro-ductos*. Quien desató el cáncer sigue dominándolo hasta en sus últimas consecuencias, *more informático*.

Por ello, si la tecnología es potencia y posibilidad, desde su faz más siniestra, también es **poder**. Si la ciencia contemporánea ofrece la posibilidad de la fecundación asistida, esto es, de que una mujer pueda ver satisfecha su demanda de ser madre más allá de establecer relación ninguna de deseo con un hombre tomado como partenaire de la operación, puede inverstirse perversamente el proceso. La tecnología más allá de la conciencia es el sueño de la razón y produce monstruos. En ***Christmas Carol*** **(5ª)** y ***Emily*** **(5ª)** descubrimos que tras el embarazo forzado de Scully, hay toda una trama que utiliza ancianas como madres no de alquiler, sino que actúan como auténticos *squatters*. Por supuesto, la trama se descubre por un dato falso en un ordenador: el nombre espurio de *Anna Fugazzi*, una de las pacientes. La madre es un puro dato archivado. Para la trama del poder, una madre no es más que un archivo ejecutable: **(e)X(e). File**.

33. En ***Patient X* (5ª)** y ***The Red and the Black* (5ª)** se retoma en la 5ª temporada la temática OVNI y la conspiración. Comienza con una alocución de Mulder en *off* sobre la búsqueda humana de la revelación en el firmamento a través de la historia. Hay que subrayar, pues, la presencia temática de las tres líneas argumentales: OVNI, conspiración, revelación. Se trata de una serie de cremaciones colectivas inexplicables que acabamos sabiendo que son producto de una guerra entre facciones alienígenas. Pero el panorama se ha revertido completamente. Todos (científicos, expertos, Scully y el mismísimo Skinner) creen en los alienígenas y las abducciones. Mulder es ahora furibundamente escéptico con ellas y culpa al ejército y al gobierno: el fenómeno OVNI es una tapadera. Mulder se ha convertido en el abanderado del "sentido común". Pero todo este despliegue está fundado en una simple trampa enunciativa. Nosotros estamos ahora en contra de la opinión de Mulder porque vemos a los poderosos –que conocemos por otros capítulos– tratar la cuestión abiertamente y sin subterfugios verbales: El cáncer negro es la amenaza de los alienígenas para someter a la raza humana y ellos están negociando al margen de la humanidad (opinión pública) mientras buscan paralelamente una vacuna.[44]

He aquí que, tras esta salida a la luz de la trama oculta, la homogeneidad universal queda de manifiesto. Las enfermedades alienígenas son susceptibles de ser tratadas como las terrestres. La tecnología es Universal e idéntica más allá de las diferencias orgánicas o fisiológicas entre las criaturas capaces de sustentar la inteligencia. Con las razas extraterrestres se pretende haber encontrado una inteligencia otra pero también finita como la humana.[45] Pero ***Expediente X*** no juega con la baza de la ciencia ficción. Su tiempo es el nuestro, es absolutamente con-

44. En efecto, en estos capítulos se esboza con claridad la trama narrativa, *X-Files, Fight the future* el filme sobre la serie cuyo estreno es absolutamente reciente en el momento de la redacción de este artículo. Todos los elementos que aparecen en el filme (el comité de poderosos, las abejas, el cáncer negro y su vacuna) son familiares para cualquier seguidor de la serie. Por ello, su visión no ha alterado para nada mi planteamiento.

45. Hasta la misma Ilustración y desde el discurso teológico la idea de una racionalidad universal solo podía ser sustentada en su finitud por el hombre y en su infinitud por la divinidad.

temporánea a su emisión. Su tiempo no es hipotético y, en él, lo fantástico no puede sino ser secreto.

Aquí, es donde radica, entonces, la cuestión de la subjetividad contemporánea respecto a la revelación. Si decimos que la revelación es tal porque la naturaleza del ser, la estructura ontológica de lo real, ha quedado afectada por el saber. Ello no es posible sin la **conversión**. Es el sujeto el que queda desplazado de su lugar, transformado, por un saber revelado. De lo que testimonia Mulder con su propensión paranoica es de un mal muy contemporáneo: **la imposibilidad del sujeto postmoderno para convertirse**. Como el olimpo hollywoodense demuestra, se puede ser adepto de la Iglesia de la Cienciología o del budismo: no hay rasgos externos que testimonien de la adscripción del sujeto a creencias no oficiales, no comunes. Hay información y la capacidad de absorción del mercado.[46] El sujeto no puede incluirse solo puede disponer de ella. No puede ***con-vertirse***. I WANT TO BELIEVE. La divisa mulderiana cobra aquí todo su sentido, conjugada con la de la serie. *Que la verdad esté ahí fuera, implica su exterioridad estructural.*

Si ello es efecto de la preponderancia de la ciencia en la cultura contemporánea, no lo fue, como hemos dicho al comienzo, de forma inmediata. De hecho, la ciencia no excluyó la revelación en sus orígenes y buena parte de las glorias (el psicoanálisis, Darwin, Nietzsche o Marx) y las miserias (el nazismo, el estalinismo o el racismo) de este siglo proceden de la conjugación de ciencia y revelación: de la fe ilustrada en la unificación de la *razón práctica* y la *razón pura*. Que el **entendimiento** pudiera guiar a la razón, que de la ciencia surgiera un saber para la existencia. Pero la ciencia modifica desde lo social las condiciones del particular sin transformarlas, sin implicarle como sujeto en relación a la verdad. Por ello, los hallazgos del entendimiento pueden mostrarse como puro saber del Otro. Los alienígenas son los que *allí* tienen su origen, los que vienen de un lugar al que no podemos ir libremente. Las abducciones darían la más siniestra prueba de la homogeneidad material del Universo de la Información, de la (de nuestra) impotencia respecto a un saber que es, no obstante, por al(gu)ien sabido. **La información es la verdad *alienada*, eternamente "ahí fuera".**

46. De hecho, precisamente esto es lo que lleva a leer toda la fenomenología UFO como una alegoría de la inmigración desde el Sur a los países desarrollados. Vid. Jodi Dean, *op. cit.*

BIBLIOGRAFÍA

@culturaocio. (2019). ¿Qué es realidad y qué ficción en Érase una vez en Hollywood? Las claves de los personajes de Tarantino. Retrieved March 20, 2023, from culturaocio.com 201 website: https://www.culturaocio.com/cine/noticia-realidad-ficcion-erase-vez-hollywood-claves-personajes-tarantino-20190817122515.html

Aarseth, E. J. (1997). *Cybertext, Perspectives on Ergodic Literature.* Baltimore: The Johns Hopkins University Press All.

Adorno, Th. W., & et alii. (1973). *La disputa del positivismo en la sociologia alemana.* Barcelona: Ediciones Grijalbo.

Adorno, Theodor W, & Horkheimer, M. (2007). *Dialéctica de la ilustración.* Madrid: Trotta.

Albaladejo Mayordomo, T. (1998). *Teoría de los mundos posibles y macroestructura narrativa: análisis de las novelas cortas de Clarín.* Alicante: Universidad de Alicante.

Alber, J. (2016). *Unnatural narrative: Impossible worlds in fiction and drama.* Lincoln and London: University of Nebraska Press. https://doi.org/10.1515/zaa-2019-0007

Albéra, F, & Tortajada, M. (2010). *Cinema Beyond Film: Media Epistemology in the Modern Era* (F. Albera & M. Tortajada, Eds.). Amsterdam: Amsterdam University Press.

Albéra, François. (1998). *Los Formalistas rusos y el cine: la poética del filme.* Barcelona: Paidós.

Albergamo, M. (2014). *La transparencia engaña.* Madrid: Biblioteca Nueva.

Alberti, L. B. (1996). *De la pintura.* México: UNAM.

Álvarez, C. (2008). Paisajes para el nuevo milenio: identidades esquivas, realidades en flujo y experiencias virtuales 2. David Lynch: Inland Empire. *Banda Aparte,* (7), pp.283-296.

Arendt, H. (2013). *Eichmann en Jerusalén*. Barcelona: Penguin Random House Grupo Editorial España.

Arnheim, R. (2001). *El poder del centro: Estudio sobre la composición en las artes visuales*. Madrid: Ediciones Akal.

Asensi Pérez, M. (2016). Teoría de los modelos de mundo y teoría de los mundos posibles. *ACTIO NOVA: Revista de Teoría de La Literatura y Literatura Comparada*, (0), pp-38-55.

Aumont, J. (1997). *El ojo interminable*. Bacelona: Paidós.

Aumont, J. (2020). *El montaje*. Buenos Aires: La Marca Editora.

Aumont, J., & Marie, M. (1990). *Análisis del Film*. Barcelona: Paidós.

Azcona, M. M. (2010). *The Multi-Protagonist Film*. Malden / Oxfòrd: Wiley.

Bajtin, M. (1989). *Teoría y estética de la novela: Trabajos de investigacióm*. Madrid: Taurus.

Bajtin, M. (1999). *Estética de la Creación Verbal*. México: Siglo XX.

Bajtin, M. (2003). *La cultura popular en la Edad Media y en el Renacimiento*. Madrid: Alianza Editorial.

Barros, S. (2017). No todo el mundo puede decir la verdad. Foucault, la parrhesía y el populismo. *Las Torres de Lucca. International Journal of Political Philosophy*, *6* (11), pp.251-282.

Barthes, R. (1972a). *Crítica y verdad*. Buenos Aires.: Siglo XXI.

Barthes, R. (1972b). El efecto de realidad. In *Lo verosímil. Communications* nº 11, pp.210–219. Buenos Aires: Editorial Tiempo Contemporáneo.

Barthes, R. (1972c). Introducción al análisis estructural de los relatos. In *Análisis estructural del relato* (pp. 9–43). Buenos Aires: Editorial Tiempo Contemporáneo.

Barthes, R. (1981). *S/Z*. Buenos Aires: Siglo XXI.

Barthes, R. (1986). *Lo obvio y lo obtuso, imágenes, gestos, voces*. Barcelona: Paidós.

Barthes, R. (1993). *El Placer del texto ;seguido por Lección inaugural de la cátedra de semiología lingüística del Collège de France pronunciada el 7 de enero de 1977*. México: Siglo XXI.

Barthes, R. (1994a). *El Susurro del lenguaje: más allá de la palabra y de la escritura.* Barcelona: Paidós.

Barthes, R. (1994b). La muerte del autor. In *El susurro del lenguaje.*

Barthes, R. (2005). *El grado cero de la escritura (seguido de Nuevos ensayos críticos).* Madrid: Siglo XXI.

Bassols, M., & Molina, A. (2016, March 28). Miquel Bassols: "Freud era un misógino contrariado, pero se dejó enseñar por las mujeres." *EL PAÍS Semanal | EL PAÍS.*

Baudrillard, J. (1978). *Cultura y simulacro.* Barcelona: Kairós.

Baudry, L. (2016). Cine : efectos ideológicos del aparato de base. In *Mayo frances. La cámara opaca: El debate cine e ideologia..* (pp.122–140). Buenos Aires: El cuenco de plata.

Bazin, A. (1990a). *¿Qué es el cine?* Madrid: Rialp.

Bazin, A. (1990b). La evolución del lenguaje cinematográfico. In *¿Qué es el cine?* (Vol. 93). Madrid: Rialp.

Bazzicalupo, L. (2016). *Biopolítica: Un mapa conceptual.* Santa Cruz de Tenerife: Melusina.

Becker, C. (2013). Aby Warburg 's Pathosformel as methodological paradigm. *Journal of Art Historiography, December* (9), pp.1-25.

Bell, A., & Ryan, M.-L. (2019). *Possible worlds theory and contemporary narratology.* (A. Bell & M.-L. Ryan, Eds.). Lincoln: University of Nebraska Press.

Beltrame, A., Fidotta, G., & Mariani, A. (Eds.). (2014). At the borders of (film) history : temporality, archaeology, theories. In *XXI Convegno internazionale di studi sul cinema = XXI International Film Studies Conference.* (Vol. 53, pp.1689–1699). Udine: Università degli studi di Udine. https://doi.org/10.1017/CBO9781107415324.004

Benjamin, W. (1989). *Discursos interrumpidos I.* Madrid: Taurus.

Benjamin, W. (2005). *Sobre la fotografía.* Valencia: Editorial Pre-Textos.

Benjamin, W. (2012). *La obra de arte en la era de su reproductibilidad técnica y otros textos.* Buenos Aires: Ediciones Godot Argentina.

Berners-Lee, T., & Fischetti, M. (2000). *Weaving the Web: the original design of the 'World Wide Web by its inventor.* New York: Harper Collins.

Bettetini, G. (1986). *La conversación audiovisual: problemas de la enunciación fílmica y televisiva.* Madrid: Cátedra.

Boltanski, L. (1999). *Distant suffering: morality, media, and politics.* https://doi.org/10.1017/CBO9780511489402

Bolter, J. D., & Grusin, R. (2000). *Remediation: understanding new media.* Cambridge, Massachusets: MIT Press.

Bonilla Bonilla, M. A. (2015). *La teoría del reflejo estético en Lukács y su aplicación a la teoría general de la estética Tesis presentada para la obtención del grado de Doctor en Filosofía La Teoría del Reflejo Estético en Lukács y su Aplicación a la Teoría General de la Estética.* Universidad de La Plata.

Booth, W. C. (1974). *La retórica de la ficción.* Barcelona : Bosch.

Bordwell, D. (1972). The Idea of Montage in Soviet Art and Film. *Cinema Journal, 11*(2), pp.9-17. https://doi.org/10.2307/1225046

Bordwell, D. (1995). *El Significado del filme: inferencia y retórica en la interpretación cinematográfica.* Barcelona: Paidós.

Bordwell, D. (1996a). *La narración el cine de ficción.* Barcelona: Paidós.

Bordwell, D. (1996b). *La narración en el cine de ficción.* Barcelona: Paidós.

Bordwell, D. (1999). *El cine de Eisenstein: Teoría y práctica.* Barcelona: Paidós.

Bordwell, D. (2006). *The Way Hollywood Tells It: Story and Style in Modern Movies.* Berkeley and Los Angeles: University of California Press berkeley.

Bordwell, D. (2012). Intensified Continuity: Visual Style in Contemporary American Film. *Film Quarterly, 55* (3), pp.16-28.

Bordwell, D., Staiger, J., & Thompson, K. (1997). *El cine clásico de Hollvwood: Estilo cinematográfico y modo de producción hasta 1960.* Barcelona: paidós.

Bordwell, D., & Thompson, K. (2007). Observations on film art : Classical cinema lives! New evidence for old norms. Retrieved April 8, 2023, from http://www.davidbordwell.net/blog/2007/02/12/classical-cinema-lives-new-evidence-for-old-norms/

Borges, J. L. (1994). *Obras Completas I* (Vol. 1).

Brecht, B. (2004). *Escritos sobre Teatro.* Barcelona: Alba Editorial.

Bresson, R. (1979). *Notas sobre el cinematografo.* México: Ediciónes Era.

Brillenburg Wurth, K. (2006). Multimediality, Intermediality, and Medially Complex Digital Poetry. *RiLUnE,* (5), pp.1-18.

Brode, D. (2022). *The DC Comics Universe: Critical Essays* (D. Brode, Ed.). Jefferson, North Carolina: McFarland, Incorporated, Publishers.

Brousse, M.-H. (1988). ¿La fórmula del fantasma? $ ◊ a. In G. Miller (Ed.), *Presentación de Lacan.* Buenos Aires: Paidós.

Buckland, W. (2014). *Hollywood Puzzle Films.* London and New York: Taylor & Francis.

Buckland, Warren. (2009). *Puzzle Films: Complex Storytelling in Contemporary Cinema* (Warren. Buckland, Ed.). Oxford.: John Willey & sons.

Buckley, C., Campe, R., & Casetti, F. (2020). *Screen Genealogies: From Optical Device to Environmental Medium.* Amsterdam: Amsterdam Universitiy Press.

Burch, N. (1978). Porter, or Ambivalence. *Screen, 19* (4), pp.91–105. https://doi.org/10.1017/CBO9781107415324.004

Burch, N. (1996). *El tragaluz del infinito.* Madrid: Cátedra.

Bürger, P. (1987). *Teoria de la vanguardia.* Barcelona: Península.

Burgoyne, R. (2008). *The Hollywood historical film.* Malden, Mass.: Blackwell.

Bush, V. (1996). As we may think (1945). *Interactions, 3* (2). https://doi.org/https://doi.org/10.1145/227181.227186

Calabrese, O. (1987). *La era neobarroca.* Madrid: Cátedra.

Carlón, M., & Scolari, C. A. (2009). *El fin de los medios masivos: el comienzo de un debate.* Buenos Aires: La Crujía.

Carmona, R. (2005). *Cómo se comenta un texto fílmico.* Madrid: Cátedra.

Caro Baroja, J. (1969). *Ensayo sobre la literatura de cordel.* Madrid: Ediciones de la Revista de Occidente.

Carrera, P. (2018). Estratagemas de la posverdad. *Revista Latina de Comunicación Social,* (73), pp.1469-1481. https://doi.org/10.4185/RLCS-2018-1317

Carrera, P. (2020). *Basado en hechos reales Mitologías mediáticas e imaginario digita.* Madríd: Cátedra.

Carrera, P., & Talens, J. (2018). *El relato documental: Efectos de sentido y modos de recepción.* Madrid: Cátedra.

Carrillo Bernal, J. (2018). *Paradigma Netflix.* Barcelona: Universitat Oberta de Catalunya.

Cascajosa Virino, C. (2016). *La Cultura de las series.* Barcelona: Laertes.

Casetti, F. (1995). *Teorías del cine 1945-1990.* Madrid: Cátedra.

Casetti, F., & Di Chio, F. (2007). *Cómo analizar un film.* Barcelona: Paidós.

Català Doménech, J. M. (2005). *La imagen compleja: la fenomenología de las imágenes en la era de la cultura visual.* Universitat Autònoma de Barcelona.

Català Doménech, J. M. (2008). *La forma de lo real: Introducción a los estudios visuales.* Barcelona: Editorial UOC. https://doi.org/10.14409/ss.v1i14.4105

Català Doménech, J. M. (2010). *La imagen interfaz.* Bilbao: Universidad del País Vasco.

Català Doménech, J. M. (2016). *La gran espiral. Capitalismo y paranoia.* Vitoria: Sans Soleil.

Cavell, S. L. (1982). The Fact of Television [Article]. *Daedalus (Cambridge, Mass.), 111*(4), pp.75-96.

Cayuela Sánchez, S. (2008). ¿Biopolítica o Tanatopolítica? Una defensa de La Discontinuidad Histórica. *Daimon Revista Internacional de Filosofia,* (43), pp.33-49.

Chaouchi, H. (2013). *The Internet of Things: Connecting Objects to the Web.* London: ISTE/Wiley.

Chatman, S. (1990). *Historia y discurso: la estructura narrativa en la novela y en el cine.* Madrid: Taurus.

Cheshire, E. (2015). *Bio-pics: A Life in Pictures.* London and New York: Wallflower Press.

Chiang, T. (2004). *La historia de tu vida.* Madrid: Bibliópolis.

Colectivo Juan de Madre. (2011). *El libro de los vivos.* Madrid: Sloper.

Colectivo Juan de Madre. (2012). *La insólita reunión de los nueve Ricardo Zacarías.* Badajoz: Aristas Martínez Ediciones.

Comolli, J.-L. (2002). *Filmar para ver: Escritos de teoría y crítica de cine.* Buenos Aires.: Ediciones Simurg / Cátedra La Ferla (UBA) Buenos.

Comolli, J., & et alii. (2016). *Mayo frances. La cámara opaca: El debate cine e ideologia.* Buenos Aires: Cuenco de plata.

Comolli, J. L. (2016). Machines of the visible. In *The Cinematic Apparatus.* https://doi.org/10.1007/978-1-349-16401-1

Company-Ramón, J. M. (2014). *Hollywood, el espejo pintado (1901-2011).* Valencia: Universitat de València.

Company, J. M., & Marzal Felici, J. J. (1999). *La Mirada cautiva: formas de ver en el cine contemporáneo.* Valencia.: Generalitat Valenciana.

Corominas, J. (1967). *Breve Diccionario etimológico de la lengua castellana.* Madrid: Editorial Gredos.

Corominas, J. (1984). *Diccionario crítico etimológico castellano e hispánico CE-F.* Madrid: Editorial Gredos.

Crary, J. (2001). *Suspensions of perception: Attention, Spectacle, and Modern Culture.* Boston: MIT Press.

Crespo, R., & Palao-Errando, J. A. (2005). *Guía para ver y analizar Matrix (Andy y Larry Wachowski, 1999).* Valencia: Nau Llibres / Octaedro.

Dällenbach, L. (1991). *El relato especular.* Madrid: Visor.

Damisch, H. (1997). *El origen de la perspectiva.* Madrid: Alianza.

Danbolt, G. (1975). Triumphus concordiae a study of Raphaels Camera della Segnatura. *Konsthistorisk Tidskrift, 44*(3-4), 70–84. https://doi.org/10.1080/00233607508603861

Dassanowsky, R. (2018). *Quentin Tarantino's Inglourious basterds: a manipulation of metacinema.* New York: Continuum International Publishing Group.

de Baecque, A. (2003). *La política de los autores: manifiestos de una generación de cinéfilos.* Barcelona: Paidós.

De Felipe, P., Zunzunegui, S., Revert, J., Hinojosa Martínez, L., Romero Escrivá, R., & Serra, A. (2012). (des) encuentros. Mutaciones y museizaciones: el cine en el espacio expositivo. *L'Atalante. Revista de Estudios Cinematográficos,* (13), pp.70-81.

De Kerckhove, D. (1999). *La Piel de la Cultura.* Barcelona: Gedisa.

Deleuze, G. (1984). *La imagen-movimiento: Estudios sobre cine 1.* Barcelona: Paidós.

Deleuze, G. (1987). *La imagen-tiempo: Estudios sobrecine 2.* Barcelona: Paidós.

Deleuze, G. (2006). Post-scriptum sobre las sociedades de control. *POLIS. Revisa Académica de La Universidad Bolivariana de Chile, 5*(13), 277–286. https://doi.org/10.1017/CBO9781139165419

Deleyto, C., & Azcona, M. M. (2010). *Alejandro González Iñárritu.* Champaign. University of Illinois Press.

Derrida, J. (1986a). *De la Gramatologia.* México: Siglo XXI.

Derrida, J. (1986b). *De la Gramatología.* México: Siglo XXI.

Derrida, J. (1994). *Márgenes de la filosofía.* Madrid: Cátedra.

Derrida, J. (1997a). *La diseminación.* Madrid: Fundamentos.

Derrida, J. (1997b). *Mal de archivo: una impresión freudiana.* Madrid: Trotta.

Derrida, J. (1998). *Espectros de Marx: El estado de la deuda, el trabajo del duelo y la nueva internacional.* Valladolid: Trotta.

Descartes, R. (2002). *Los principios de la filosofía.* Barcelona: RBA Libros.

Dick, P. K. (1989). *Cuentos completos.* Barcelona: Ediciones Martínez Roca.

Diderot, D. (2006). *Paradoja del Comediante.* Buenos Aires: Losada.

Didi-huberman, G. (2007). *La invención de la histeria: Charcot y la iconografía fotográfica de la Salpêtiêre.* Madrid.: Cátedra.

Didi-Huberman, G. (2009). *La imagen superviviente: Historia del arte y tiempo de los fantasmas según Aby Warburg.* Madrid: Abada Editores.

Doane, M. A. (1990). Information, crisis, catastrophe. In P. Mellencamp (ed.), *Logics of television - essays in cultural criticism* (pp.222–239). Bloomington and Indianapolis: Indiana University Press.

Dovey, J. (1998). *Freakshow: first person media and factual television.* London: Pluto Press.

Dovey, J., & Fleuriot, C. (2011). La estética de los medios omnipresentes. *AdComunica. Revista de Estrategias, Tendencias e Innovación En Comunicación,* (2), pp.63-80.

Dovey, J., & Fleuriot, C. (2012). *Pervasive media cookbook.* Bristol: DCRC Press, UWE Bristol.

Dubois, P. (2010). Entre cinéma et photographie : quelques variations de vitesse de l'image contemporaine. In J. Game (Ed.), *Images des corps / Corps des images au cinéma* (pp.91-108). Lyon: ENS Éditions. https://doi.org/10.4000/books.enseditions.9096

Eco, U. (1974). *Socialismo y consolación: reflexiones en torno a "Los misterios de Paris" de Eugène Sue.* Barcelona: Tusquets.

Eco, Umberto. (1981). *Lector in fabula. La cooperación interpretativa en el texto narrativo.* Barcelona : Lumen.

Eco, Umberto. (1985). *Apocalípticos e integrados.* Bacelona: Lumen.

Eco, Umberto. (1986). *La estructura ausente.* Barcelona: Lumen.

Eco, Umberto. (1995). *Semiótica y filosofía del lenguaje*. Barcelona: Lumen.

Eco, Umberto. (2000). *Tratado de Semiótica General*. Barcelona: Lumen.

Eco, Umberto. (2012). *De los espejos y otros ensayos*. Barcelona: Lumen.

Eco, Umberto, & Sebeok, T. (1989). *El signo de los tres: Dupin, Holmes, Peirce*. Barcelona: Lumen.

Eisenstein, S. M. (1999). Dickens, Griffith y el cine actual. In *La forma del cine* (pp.181-235). México D.F: Siglo XXI.

Ekman, U. (2013). *Throughout: Art and Culture Emerging with Ubiquitous Computing*. Cambridge, MA : MIT Press.

Elleström, L. (2021a). *Beyond Media Borders, Volume 1 Intermedial Relations among Multimodal Media* (Vol. 1; L. Elleström, Ed.). Cham, Switzerland: Palgrave Macmillan.

Elleström, L. (2021b). *Beyond Media Borders, Volume 2 Intermedial Relations among Multimodal Media* (Vol. 2). Palgrave Macmillan.

Elsaesser, T. (2008). *Early cinema : space, frame, narrative* (T. Elsaesser & A. Baker, Eds.). London: BFI Publ.

Elsaesser, T. (2009). The Mind-Game Film. In Warren Buckland (Ed.), *Puzzle films: complex storytelling in contemporary cinema*. Oxford: John Willey & sons.

Elsaesser, T. (2013). Los actos tienen consecuencias: Lógicas del mind-game film en la trilogía de Los Ángeles de David Lynch. *L'atalante*, (15), pp.7-18.

Elsaesser, T. (2016). *The New Film History as Media Archaeology*. Amsterdam: Amsterdam University Press.

Elsaesser, T. (2018). Contingency, causality, complexity: distributed agency in the mind-game film: For Warren Buckland. *New Review of Film and Television Studies, 16* (1), pp.1-39. https://doi.org/10.1080/17400309.2017.1411870

Elsaesser, T. (2021). *The mind-game film: Distributed Agency, Time Travel, and Productive Pathology* (Warren Buckland, D. Polan, & S. Jeong, Eds.). New York: Routledge.

Étienne de La Boétie. (1548). *Sobre la servidumbre voluntaria.* (hacia 1548), pp.5-19.

Ferraris, M. (2019). *Posverdad y otros enigmas.* Madrid: Alianza Editorial.

Ferrer, A., & Sánchez-Biosca, V. (2019). *El infierno de los perpetradores.* Barcelona: Bellaterra Ediciones.

Ferrer García, M. J. (2017). *Lo siniestro como condición y límite del MRI. A propósito de David Lynch* (Universitat Jaume I). Universitat Jaume I. https://doi.org/10.6035/14021.2017.57421

Ferrer García, M. J., & Palao-Errando, J. A. (2024). *Mulholland Drive, la ética de lo siniestro.* Valencia: Shangrila Ediciones.

Finn, H. (2022). *Cinematic Modernism and Contemporary Film: Aesthetics and Narrative in the International Art Film.* London: Bloomsbury Publishing.

Fisher, M. (2016). *Realismo capitalista. ¿No hay alternativa?* Buenos Aires: Caja Negra.

Fletcher, A. (2002). *Alegoría : teoría de un modo simbólico* . Madrid: Akal.

Florenski, P. (2005). *La perspectiva invertida.* Madrid: Siruela.

Foucault, M. (1974). *Las palabras y las cosas : una arqueología de las ciencias humanas.* Buenos Aires: Siglo Veintiuno Editores Argentina.

Foucault, M. (2002a). *La arqueología del saber.* Buenos Aires: Siglo XXI.

Foucault, M. (2002b). *Vigilar y castigar: nacimiento de la prisión.* Buenos Aires: Siglo XXI.

Foucault, M. (2004). *Discurso y verdad en la antigua Grecia.* Buenos Aires: Paidós.

Foucault, M. (2014). *El coraje de la verdad : el gobierno de sí y de los otros, II: curso del Collége de France (1983-1984).* Tres Cantos, Madrid: Akal.

Foucault, M., Castro, E., & Pons, H. (2019). *Discurso y Verdad: Conferencias Sobre el Coraje de Decirlo Todo. Grenoble, 1982 / Berkeley 1983.* Ciudad Autónoma de Buenos Aires: Siglo XXI Editores.

Freud, S. (1992a). *Obras Completas de Sigmund Freud, Volumen XIV Contribución a la historia del movimiento psicoanalítico. Trabajos sobre metapsicología y otras obras.* Buenos Aires.: Amorrortu.

Freud, S. (1992b). *Obras Completas de Sigmund Freud. Volumen XIX. El Yo el Ello y otras obras (1923-1925) Sigmund Freud.* Buenos Aires.: Amorrortu.

Freud, S. (1992c). *Obras Completas de Sigmund Freud. Volumen XVIII – Mas allá del principio de placer, Psicología de la masas y análisis del yo, y otras obras (1920-1922).* Buenos Aires: Amorrortu.

Freud, S. (1992d). *Obras completas Volumen 7 (1901-05) Fragmento de análisis de un caso de histeria, Tres ensayos de teoría sexual y otras obras.* Buenos Aires.: Amorrortu.

Freud, S. (1992e). *Sigmund Freud Obras Completas Volumen XVII – «De la historia de una neurosis infantil» y otras obras (1917-1919).* Buenos Aires.: Amorrortu.

Fukuyama, F. (1991). *El Fin de La Historia y El Ultimo Hombre.* Barcelona: Planeta.

García-Catalán, S. (2013a). La política, el ladrón, su mujer y su amante. In *Política ( ) psicoanálisis: Cinco textos para inventar un vínculo.* (pp.41–47). Valencia: Shangrila.

García-Catalán, S. (2013b). Las mejores intenciones de nuestros farsantes: co-incidencias entre Eduard Punset y Al Gore. In M. Álvarez (Ed.), *Imágenes conscientes (AutoRepresentacioneS #2)* (pp.273–292). Bignes: Éditions Orbis Tertius.

García Catalán, S. (2012). *Hipertexto y modelización cinematográfica en la divulgación neurocientífica audiovisual. A propósito de Redes de Eduard Punset.* Universitat Jaume I.

Garroni, E. (1975). *Proyecto de Semiótica.* Barcelona: Gustavo Gili.

Gaudreault, A., & Jost, F. (1995). *El relato cinematográfico: cine y narratología�.* Barcelona: Paidós.

Genette, G. (1989a). *Figuras III.* Bacelona: Lumen.

Genette, G. (1989b). *Palimpsestos. La literatura en segundo grado.total.* Madrid: Taurus.

Genette, G. (2004). *Metalepsis: De la Figura a la Ficción.* Buenos Aires: Fondo De Cultura Economica.

Gibson, W. (1994). *Quemando Cromo.* Barcelona: Minotauro Ediciones.

Gómez Tarín, F. J. (2011). *Elementos de narrativa audiovisual : expresión y narración.* Santander: Shangrila.

González Requena, J. (1986). *Douglas Sirk : la metáfora del espejo.* Valencia: Instituto de Cine y Radio-Televisión.

González Requena, J. (2006). *S.M. Eisenstein: lo que solicita ser escrito.* Madrid: Cátedra.

González Requena, J. (2008). *Clásico, manierista, postclásico: Los modos del relato en el cine de Hollywood.* Valladolid: Castilla Ediciones.

Grabar, A. (1998). *Las vías de creación de la iconografía cristiana.* Madrid: Alianza Editorial.

Greimas, A J, & Courtès, J. (1991). *Semiótica: diccionario razonado de la teoría del lenguaje (Tomo 2).* Madrid: Editorial Gredos.

Greimas, Algirdas Julien. (1987). *Semántica Estructural: investigación metodológica.* Madrid: Gredos.

Greimas, Algirdas Julien. (1989). *Del sentido II: Ensayos semióticos.* Madrid: Gredos.

Greimas, Algirdas Julien, & Courtés, J. (1990). *Semiótica: diccionario razonado de la teoría del lenguaje.* Madrid: Gredos.

Greiner, R. (2021). *Cinematic Histospheres On the Theory and Practice of Historical Films.* Cham: Palgrave Macmillan.

Groys, B. (2008). *Obra de Arte Total Stalin.* Valencia: Pre-Textos.

Guardiola, I. (2020). *EL ojo y la navaja: un ensayo sobre el mundo como interfaz.* Barcelona: Arcadia.

Gubern, R. (1996). *Del bisonte a la realidad virtual: la escena y el laberinto.* Barcelona: Anagrama.

Gubern, Román. (1987). *La mirada opulenta: exploración de la iconosfera contemporánea.* Bacelona: Gustavo Gili.

Gubern, Román. (2016). *Historia del cine.* Barcelona: Anagrama.

Gunning, T. (1994). *D.W. Griffith and the Origins of American Narrative Film: The Early Years at Biograph.* Chicago: University of Illinois Press.

Gunning, Tom. (2008). The cinema of Attractions: Early Film, It´s Spectator and the Avant-Garde. In T. Elsaesser & A. Baker (Eds.), *Early cinema : space, frame, narrative* (pp.56-62). London: BFI Publ.

Habermas, J. (1994). *Historia y crítica de la opinión pública: la transformación estructural de la vida pública.* Barcelona: Editorial Gustavo Gili.

Habermas, J. (1998). *Teoría de la Acción Comunicativa, I: Racionalidad de la acción y racionalización social.* Madrid: Taurus.

Hall, M. B. (1997). *Raphael's "School of Athens."* New York: Cambridge University Press.

Haraway, D. J. (1995). Ciencia, cyborgs y mujeres: la reinvención de la naturaleza. Madrid: Cátedra.

Harper, D. (2017). Etymonline - Online Etymology Dictionary. Retrieved April 16, 2023, from https://www.etymonline.com/

Harris, M. (2012, December 17). Inside Mark Boal's and Kathryn Bigelow's Mad Dash to Make Zero Dark Thirty. Retrieved May 24, 2023, from Vulture website: https://www.vulture.com/2012/12/mark-boal-kathryn-bigelow-on-zero-dark-thirty.html

Heath, S. (1980). The Cinematic Apparatus: Technology as Historical and Cultural Form. In *The Cinematic Apparatus* (pp.1-13). London: Palgrave Macmillan UK. https://doi.org/10.1007/978-1-349-16401-1_1

Hegel, G. W. F. (2009). *Fenomenología del Espíritu.* (M. Jiménez Redondo., ed.). Valencia: Pre-Textos.

Heidegger, Martin. (1990). *Identidad y diferencia = [Identität und Differenz]*. Barcelona: Antrhopos.

Heidegger, Martin. (2007). *De la esencia de la verdad: sobre la parábola de la caverna y el Teeteto de Platón; lecciones del semestre de invierno de 1931/32 en la Universidad de Friburgo*. Barcelona: Herder.

Heidegger, Martín. (1995). La época de la imagen del mundo. In *Caminos de bosque* (pp.75-109). Madrid: Alianza Editorial.

Hendrix, J. S., & Carman, C. H. (2010). Renaissance Theories of Vision Introduction. In *Renaissance Theories of Vision*. https://doi.org/10.1163/157338211X607835

Herrade de Landsberg, & Straub, A. (1899). *Hortus deliciarum: publié aux frais de la Société pour la conservation des monuments historiques d'Alsace*. Strasbourg: Impr. Strasbourgeoise.

Hirsch, F. (1984). *A method to their madness. The History of Actor's Studio*. New York: Da Capo Press.

Hobbes, T. (2018). *Leviatán: o la materia, forma y poder de una república eclesiástica y civil* (A. Escohotado, ed.). Barcelona: Deusto.

Horkheimer, M. (1973). *Crítica de la razón instrumental*. Buenos Aires: Sur.

Illouz, E. (2003). *Oprah Winfrey and the glamour of misery: An essay in popular culture*. New York: Columbia University Press.

Imbert, G. (2010a). *Cine e imaginarios sociales : el cine posmoderno como experiencia de los límites, 1990-2010*. Madrid: Cátedra.

Imbert, G. (2010b). *La Sociedad informe : posmodernidad, ambivalencia y juego con los límites*. Barcelona : Icaria.

Jakobson, R. (1984). Lingüística y poética. In *Ensayos de lingüística general* (pp.347-395). Barcelona: Ariel.

Jameson, F. (1989). *Documentos de cultura, documentos de barbarie: La narrativa como acto socialmente simbólico*. Madrid: Visor.

Jameson, F. (2006). *El realismo y la novela providencial*. Madrid: Círculo de Bellas Artes.

Jameson, F. (2018). *Las Antinomias del realismo.* Tres Cantos, Madrid : Ediciones Akal.

Jenkins, H. (2008). *Convergence Culture. La cultura de la convergencia de los medios de comunicación.* Barcelona: Paidós.

Jeong, S. (2012). The body as interface : ambivalent tactility in expanded rube cinema. *Cinema: Cinema: Journal of Philosophy and the Moving Image,* (3), pp.229-253.

Jeong, S. (2013). *Cinematic Interfaces: Film Theory After New Media.* New York: Taylor & Francis.

Jimenez Losantos, E., & Sánchez Biosca, V. (1989). *El relato electrónico.* (E. Jimenez Losantos & V. Sánchez Biosca, eds.). Valencia: Filmoteca de la Generalitat Valenciana.

Jones, M., & Ormrod, J. (2015). *Time travel in popular media: essays on film, television, literature and video games.* Jefferson, North Carolina: McFarland & Company, Inc.

Joost-Gaugier, C. L. (2002). *Raphael's Stanza della Segnatura: Meaning and Invention.* Cambridge / New York: Cambridge University Press.

Kaku, M. (2010). *Universos Paralelos.* Vilaür: Ediciones Atalanta, S.L.

Kant, I. (2009). *Critica de la Razon Pura.* México: Fondo De Cultura Economica / Unam.

Kennedy, H. W., & Dovey, J. (2006). *Games culture: computer games as new media.* Berkshire: McGraw-Hill.

Kermode, F. (2000). *El sentido de un final: estudios sobre la teoría de la ficción.* Barcelona: Gedisa.

Kindt, T., & Müller, H.-H. (2006). *The implied author: concept and controversy.* Berlin: Walter de Gruyter GmbH & Co.

Kirby, W. J. T. (1999). Richard Hooker's Theory of Natural Law in the Context of Reformation Theology [Article]. *The Sixteenth Century Journal, 30* (3), pp.681-703. https://doi.org/10.2307/2544812

Koyré, A. (1979). *Del mundo cerrado al universo infinito.* Madrid: Siglo XXI.

Kristeva, J. (1981). *Semiótica 1.* Madrid: Espiral.

Lacan, J, & Miller, J. A. (2006). *El Seminario de Jacques Lacan Libro 23: El Sinthome 1975-1976.* Barcelona: Ediciones Paidos Iberica, S.A.

Lacan, Jacques. (1976). *Conferencias y charlas norteamericanas.* Buenos Aires: Escuela Freudiana de Buenos Aires.

Lacan, Jacques. (1983). *El seminario. Libro 2: El yo en la teoría de Freud y en la técnica psicoanalítica (1954-1955).* Buenos Aires.

Lacan, Jacques. (1989a). *Escritos.* México: Siglo XXI.

Lacan, Jacques. (1989b). *Lacan El Seminario Libro 20: Aun (1972-1973).* Buenos Aires: Paidós.

Lacan, Jacques. (2003). *Escritos (I y II).* Mexico: Siglo XXI.

Lacan, Jacques. (2010). *El Seminario de Jacques Lacan libro 5: Formaciones Del Inconsciente.* Buenos Aires: Ediciones Paidós.

Lacan, Jacques. (2012). *Otros escritos.* Buenos Aires: Paidós.

Lacan, Jacques. (2023). *Seminario XIV: La lógica del fantasma.* Buenos Aires: Paidos Argentina.

Lacoue-Labarthe, P., & Nancy, J.-L. (1997). *Retreating the Political* (S. Sparks, Ed.). London. New York.: Routledge.

Lakoff, G. (2007). *No pienses en un elefante: lenguaje y debate político.* Madrid: Foro Complutense.

Landow, G. P. (1995). *Hipertexto : la convergencia de la teoría crítica contemporánea y la tecnología.* Barcelona: Paidós.

Laurent, É. (2005). *Lost in cognition. El lugar de la pérdida en la cognición.* Buenos Aires: Colección Diva.

Lazzarato, M. (2019). *Videophilosophy : the perception of time in post-Fordism.* New York: Columbia University Press Columbia.

Lazzarato, M., & Negri, A. (2001). *Trabajo inmaterial: Formas de vida y producción de subjetividad.* Rio de Janeiro.: DP&A.

Leibniz, G. W. (1994). Principios de la naturaleza y de la gracia, fundados en razón. Monadología. *Excerpta Philosophica,* (10).

Lenin, V. I. (1974). *Materialismo y Empiriocriticismo.* Pekín: Ediciones en Lenguas Extranjeras.

Lévinas, E. (1993). *El Tiempo y el Otro.* Barcelona: Paidós.

Lipovetsky, G., & Serroy, J. (2009). *La pantalla global: Cultura mediática y cine en la era hipermoderna.* Barcelona: Editorial Anagrama S.A.

Loriguillo-lópez, A. (2019). La comunicabilidad de lo ambiguo : una propuesta narratológica para el análisis de la ficción televisiva compleja. *Signa: Revista de La Asociación Española de Semiótica, 28*(28), pp.867-902.

Loriguillo-López, A. (2022). *Anime complejo: La ambigüedad narrativa en la animación japonesa.* Publicacions de la Universitat de València.

Loriguillo-López, A., Palao-Errando, J. A., & Marzal-Felici, J. (2020). Making Sense of Complex Narration in Perfect Blue. *Animation, 15* (1), pp.77-92. https://doi.org/10.1177/1746847719898784

Loriguillo-López, A., & Sorolla-Romero, T. (2014). Hacia una normalización de los mind-game films. *Actas – VI Congreso Internacional Latina de Comunicación Social – VI CILCS*, pp.1-22. La Laguna: Universidad de La Laguna.

Losilla, C. (2003). *La invención de Hollywood o cómo olvidarse de una vez por todas del cine clásico.* Barcelona: Paidós.

Losilla, C. (2012). *La invención de la modernidad: o cómo acabar de una vez por todas con la historia del cine.* Madrid: Cátedra.

Lotman, Y. M. (1982). *Estructura del texto artístico.* Madrid: Istmo.

Lukács, G. (1966). *Problemas del Realismo.* México, D.F.: Fondo de Cultura Económica.

Lukács, G. (1977). *Materiales sobre el realismo.* Barcelona: Grijalbo.

Lukács, G. (2010). *Teoría de la novela : un ensayo histórico-filosófico sobre las formas de la gran literatura épica.* Buenos Aires: Ediciones Godot.

Lukas, S. (2012). *The Immersive Worlds Handbook* [Book]. Oxford: Routledge.

Lynch, E. (1987). *La lección de Sheherezade.* Barcelona: Editorial Anagrama.

Lyotard, J.-F. (1987a). *La condición postmoderna.* Madrid: Cátedra.

Lyotard, J.-F. (1987b). *La posmodernidad (explicada a los niños).* Barcelona: Gedisa.

Manovich, L. (2014). *El software toma el mando.* Barcelona: Editorial UOC, S.L.

Manovich, Lev. (2003). La vanguardia como software. *Artnodes,* pp.2-13.

Manovich, Lev. (2005). *El lenguaje de los nuevos medios de comunicación.* Barcelona: Paidós.

Marchart, O. (2009). *El Pensamiento Político Posfundacional. La Diferencia Política en Nancy, Lefort, Badiou Y Laclau.* Buenos Aires: Fondo de Cultura Económica.

Marin, L. (1978). *Estudios semiológicos: la lectura de la imagen.* Madrid: Alberto Corazon.

Mariniello, S. (1992). *El cine y el fin del arte: teoría y práctica cinematográfica en Lev Kuleshov.* Madrid: Cátedra.

Martín-Núñez, M. (coord). (2023). *Jugar el malestar: Ludonarrativas más allá de la diversión.* Valencia: Asociación Shangrila Textos Aparte.

Martin, M. (2002). *El Lenguaje del Cine.* Barcelona: Gedisa.

Marx, K. (2006). *Elementos Fundamentales Para La Critica De La Economia Politica (Grundrisse) (3 Vol.).* Madrid: Siglo XXI.

Marzal Felici, J. (2011). Cine y fotografía: la poética del "punctum" en 'El muelle' de Chris Marker (la Jetée, 1962). *L'Atalante, Revista de Estudios Cinematográficos,* (12).

Marzal Felici, J. J. (1998). *David Wark Griffith.* Madrid : Cátedra.

Marzal Felici, J. J. (2004). *Guía para ver y analizar Ciudadano Kane.* Valencia / Barcelona: Nau Llibres / Octaedro.

Marzal Felici, J. J. (2008). *Como se lee una fotografia: Interpretaciones de la mirada.* Madrid: Cátedra.

Marzal Felici, J. J., & Gómez Tarín, F. J. (2015). *Diccionario de Conceptos y Términos Audiovisuales.* Madrid: Cátedra.

Marzal Felici, J. J., Loriguillo-López, A., Sorolla-Romero, T., & Rodríguez-Serrano, A. (2018). *La crisis de lo real. Representaciones de la crisis financiera de 2008 en el audiovisual contemporáneo.* Valencia: Tirant Lo Blanch.

McCarty, J. (1990). *The Modern Horror Film: 50 Contemporary Classics from "The Curse of Frankenstein" to "The Lair of the White Worm."* Secaucus: Carol Publishing Group.

McCombs, M. (2006). *Estableciendo la agenda. El impacto de los medios en la opinión pública y el conocimiento.* Barcelona: Paidós.

McGann, J. (2021). *The Future of Think Tanks and Policy Advice Around the World.* Cham, Switzerland: Palgrave Macmillan.

McLuhan, M. (1996). *Comprender los medios de comunicación.* Barcelona: Paidós.

Meillassoux, Q. (2015). *Science Fiction and Extro-Science Fiction.* Minneapolis: Univocal Publishing.

Mellencamp, P. (1990). *Logics of television: essays in cultural criticism.* London: BFI Publishing.

Mendoza Fillola, A. (2012). Leer hipertextos de papel: sobre el lector y sus hipervínculos cognitivos. In A. Mendoza Fillola (Ed.), *Leer hipertextos. Del marco hipertextual a la formación del lector literario* (pp. 73–99). Barcelona : Octaedro.

Metz, C. (1975). Lo Percibido Y Lo Nombrado. *Otrocampo.*

Metz, C. (2002). *Ensayos sobre la significación en el cine. Vol I y II.* Barcelona: Paidós.

Miller, J.-A. (1993). *De mujeres y semblantes.* Buenos Aires: Cuadernos del Pasador.

Miller, J. A. (2010). *Extimidad.* Buenos Aires: Paidos.

Miller, J A. (2018). *Del síntoma al fantasma. Y retorno.* Buenos Aires: Paidos Argentina.

Miller, Jacques Alain. (1989). *Dos dimensiones clinicas: sintoma y fantasma.* Buenos Aires: Manantial.

Mitry, J. (1974). *Historia del cine experimental.* Valencia: Fernando Torres.

Mittell, J. (2015). *Complex TV: The Poetics of Contemporary Television Storytelling.* New York and London: New York University Press.

Montgomery, M. (2017). Post-truth politics? *Journal of Language and Politics, 16*(4), 619–639. https://doi.org/10.1075/jlp.17023.mon

Morris, P. (2003). *Realism.* London: Routledge.

Most, G. W. (2013). Leer a Rafael: La Escuela de Atenas y su pretexto. *La Torre Del Virrey, 1* (13, 2013/1 SE-Cultura Visual), pp.25-40.

Mukarovsky, J. (2000). *Signo, función y valor: estética y semiótica del arte de Jan Mukarovsky.* Santafé de Bogotá: Plaza & Janés.

Mulvey, L. (2014). El desprecio y su historia del cine : un tejido de citas. *L'Atalante, Revista de Estudios Cinematográficos,* (18), pp.27-35.

Mulvey, L. (2019). *Afterimages: On Cinema, Women and Changing Times.* London: Reaktion Books.

Nahin, P. J. (1999). *Time Machines: Time Travel in Physics, Metaphysics, and Science Fiction.* New York: American Institute of Physics.

Navarro-Remesal, V., & García-Catalán, S. (2015). Try Again: The Time Loop as a Problem-Solving Process in Save the Date and Source Code. In M. Jones & J. Ormrod (eds.), *Time Travel in Popular Media: Essays on Film, Television, Literature and Video Games* (pp.274-290). Jefferson, North Carolina: McFarland & company,.

Navarro Remesal, Víctor. (2016). *Libertad dirigida : una gramática del análisis y diseño de videojuegos.* Santander: Shangrila.

Navarro Remesal, Víctor. (2019). *Cine ludens. 50 diálogos entre cine y juego.* Barcelona: Universitat Oberta de Catalunya.

Navas, E. (2022). *The Rise of Metacreativity: AI Aesthetics After Remix.* Oxon / New York: Routledge. https://doi.org/10.4324/9781003164401

Navas, E., Gallagher, O., & Burrough, X. (2021). *The Routledge handbook of remix studies and digital humanities.* New York: Routledge.

Ng, J. (2013). *Understanding Machinima: Essays on filmmaking in virtual worlds.* New York. London.: Bloomsbury Academic.

Ng, J. (2021). *The post-screen through virtual reality, holograms and light projections : where screen boundaries lie.* Amsterdam: Amsterdam University Press.

Otero, J. C. (2003). *Estética y culto iconográfico.* Madrid: Biblioteca de Autores Cristianos.

Oudart, J.-P. (1971). L'efet de réel. *Cahier Du Cinéma, 228*, pp.241-259.

Oudart, J. P. (1976). Television: la rumeur. *Cahiers Du Cinéma*, p.90.

Page, R., & Thomas, B. (2011). *New Narratives: Stories and Storytelling in the Digital Age.* Lincoln and London: University of Nebraska.

Palao-Errando, J. A. (1994). La inquietante cercanía del enigma: Amor y verdad en la trama policíaca. *Archivos de La Filmoteca.*, (17), pp.77-91.

Palao-Errando, J. A. (1999). El Universo de la iformación (Los Expedientes X). *Banda Aparte*, (13).

Palao-Errando, J. A. (2001a). El psicoanálisis y la teoría consensual de la verdad: programa para un encuentro imposible. Retrieved June 5, 2015, from Antroposmoderno. website: http://www.antroposmoderno.com/textos/elpsicoa.shtml

Palao-Errando, J. A. (2001b). *La pantalla electrónica y el imaginario informativo : un semblante para el particular.* Valencia: Ediciones Episteme.

Palao-Errando, J. A. (2004). *La profecía de la imagen-mundo: para una genealogía del Paradigma Informativo.* València : IVAC.

Palao-Errando, J. A. (2008). Corredores sin ventanas, acrobacias sin red: linealidad narrativa e imaginario hipertextual en el cine contemporáneo. In V. Tortosa (Ed.), *Escrituras digitales: Tecnologías de la creación en la era virtual* (pp.289-312). Universidad de Alicante.

Palao-Errando, J. A. (2009a). A favor de la Interpretación: por una semiótica a la altura de los tiempos. *X Congreso Mundial de Semiótica,*

Sección "El Discurso: Generación y Transmutaciones," (S/N), pp.1-12.

Palao-Errando, J. A. (2009b). *Cuando la televisión lo podía todo : quién sabe dónde en la cumbre del modelo difusión.* Madrid: Biblioteca Nueva.

Palao-Errando, J. A. (2013a). El autor implícito como modulador del sentido en las narrativas no lineales postclásicas: los filmes de Alejandro González Iñárritu y Guillermo Arriaga. In M. Álvarez (Ed.), *Imágenes conscientes (AutoRepresentacioneS #2)* (pp.145-163). BINGES: Éditions Orbis Tertius.

Palao-Errando, J. A. (2013b). El goce en directo, la interpretación en diferido: el modelo difusión en tiempos reticulares a través de Black Mirror. In *El análisis de textos audiovisuales: construcción teórica y análisis aplicado.* (pp.105-135). La Laguna: Universidad de La Laguna.

Palao-Errando, J. A. (2015a). ¿De qué hablamos cuando hablamos de análisis del discurso? Contra-hegemonía, populismo y mediaticismo en el caso de Podemos. *Eu-Topías, 10*, pp.35-46.

Palao-Errando, J. A. (2015b). Mise en abîme. In J. J. Marzal Felici & F. J. Gómez Tarín (Eds.), *Diccionario de Conceptos y Términos Audiovisuales* (pp. 335–341). Madrid: Cátedra.

Palao-Errando, J. A. (2016). La reducción enunciativa: Podemos y la constricción de la voz de la multitud. *OBETS. Revista de Ciencias Sociales, 11*(1). https://doi.org/10.14198/OBETS2016.11.1.10

Palao-Errando, J. A. (2023). La ficción como lucerna: autorreferencia, ironía y distancia The Matrix Resurrections (Lana Wachowski, 2021). *L'Atalante. Revista de Estudios Cinematográficos*, (35).

Palao-Errando, J. A., & Entraigües, J. (2000). La industrialización del punctum: efectos especiales y economía espectacular en el cine de James Cameron. *Archivos de La Filmoteca*, (34).

Palao-Errando, J. A., Loriguillo-López, A., & Sorolla-Romero, T. (2018). Beyond the Screen, Beyond the Story: The Rhetorical Battery of Post-Classical Films. *Quarterly Review of Film and Video, 35*(3), 224–245. https://doi.org/10.1080/10509208.2017.1409097

Palao-Errando, J. A., Molés Vilar, R., & Alberola Lorente, A. (2017). La construcción interactiva de la audiencia en el proceso de Cierre de RTVV. In J. J. Marzal Felici, P. López Rabadán, & J. López Castillo (Eds.), *Los medios de comunicación públicos de proximidad en europa: RTVV y la crisis de las Televisiones Públicas.* Valencia: Tirant Lo Blanch.

Palao Errando, J. A., & García Catalán, S. (2014). Al target lo inventa el texto: aportaciones del análisis textual a la teoría de la enunciación publicitaria. In E. J. M. Camilo & F. J. Gómez-Tarín (eds.), *Narrativas [mínimas] audiovisuales: metodologías y análisis aplicado* (pp.36-55). Santander: Shangrila.

Panofsky, E. (1983). *La perspectiva como forma simbólica.* Barcelona: Tusquets.

Panofsky, E. (1991). *Renacimiento y renacimientos en el arte occidental.* Madrid: Alianza Editorial.

Panofsky, E. (2003). *La perspectiva como forma simbólica.* Barcelona: Tusquets.

Pardo, J. L. (1996). *La intimidad.* Valencia: Pre-Textos.

Parikka, J. (2013). *What is Media Archaeology?* Cambridge / Malden: Wiley.

Partearroyo, D. (2021). Simulatte, Sabor a Mierda: ¿qué significan los mensajes ocultos de "Matrix Resurrections"? *Cinemanía.*

Peaslee, R. M., & Weiner, R. G. (2015). The joker: A serious study of the clown prince of crime. *The Joker: A Serious Study of The Clown Prince of Crime*, pp.1-262.

Perkins, V. F. (1997). *El lenguaje del cine.* Madrid: Fundamentos.

Peterson, J. B., & González, J. F. (2020). *Mapas de sentidos: La arquitectura de la creencia.* Editorial Ariel.

Pethő, Á. (2012). *Film in the Post-Media Age-Cambridge Scholars Publishing (2012).pdf.* Newcastle upon Tyne: Cambridge Scholars Publishing.

Pezzota, E. (2011). Personal Time in Alternative and Time-Travel Narratives: The Cases of Groundhog Day, Twelve Monkeys and 2001: A Space Odyssey. *Alphaville: Journal of Film and Screen Media*, (2).

Pine, B. J., & Gilmore, J. H. (2019). *The Experience Economy, With a New Preface by the Authors: Competing for Customer Time, Attention, and Money*. Boston: Harvard Business Review Press.

Pinker, S. (2012). *Cómo funciona la mente*. Barcelona (España): Ediciones Destino.

Pinker, S. (2018). *En defensa de la Ilustración : por la razón, la ciencia, el humanismo y el progreso.*

Platón. (1992). *Diálogos Vol. 5 Parméides, Teeteto, Sofista, Político*. Madrid: Editorial Gredos.

Quart, A. (2005). Networked: dysfunctional families, reproductive acts, and multitasking minds make for Happy Endings [Article]. *Film Comment*, *41*(4), p.48.

Quintana, À. (2014). Las imágenes supervivientes de Quentin Tarantino. *L'Atalante. Revista de Estudios Cinematográficos*, pp.36-42.

Revert, J. (2023). *Cine y cómic*. Madrid: Ediciones Cátedra.

Rheingold, H. (1994). *Realidad virtual*. Barcelona: Gedisa.

Riambau, E. (2011). *Hollywood en la era digital: De Jurassic Park a Avatar*. Madrid: Ediciones Cátedra.

Ribeiro, D. (2020). *Lugar de enunciación*. Valladolid: Editores Ambulantes.

Rico, F. (1970). *Novela Picaresca y punto de vista*. Bacelona: Seix Barral.

Ricoeur, P. (2004). *Tiempo y narración I. Configuración del tiempo en el relato histórico*. México: Siglo XXI.

Ricoeur, P. (2008). *Tiempo y narracion II: Configuración del tiempo en el relato de ficción*. México: Siglo XXI.

Ricoeur, P. (2009). *Tiempo Y Narracion III: El tiempo narrado*. México: Siglo XXi.

Rodríguez-Serrano, A., Soler-Campillo, M., & Marzal-Felici, J. (2021). Fact checking audiovisual en la era de la posverdad. ¿Qué significa validar una imagen? *Revista Latina de Comunicación Social,* (79), 19–42. https://doi.org/10.4185/rlcs-2021-1506

Rodríguez Ferrándiz, R. (2018). *Máscaras de la mentira : el nuevo desorden de la posverdad.* Valencia: Editorial Pre-Textos.

Rodrîguez Mattalïa, L. (2011). *Videografïa y arte : indagaciones sobre la imagen en movimiento, análisis de prácticas videográficas que investigan sobre la imagen* . Castelló de la Plana: Universitat Jaume I. Servei de Comunicació i Publicacions.

Rodríguez Torres, F. (2021, December). "Matrix Resurrections": Todos los "easter eggs", guiños y reinterpretaciones de la trilogía original. *Cinemanía.*

Ron, M. (1987). The Restricted Abyss: Nine Problems in the Theory of Mise en Abyme. *Poetics Today, 8* (2), pp.417-438.

Ruiz, B. (2008). *El arte del actor en el siglo xx: Un recorrido teórico y práctico por las vanguardias.* Bilbao: Artezbla.

Ryan, M.-L. (2004). *La narración como realidad virtual: La inmersión y la interactividad en la literatura y en los medios electrónicos.* Barcelona: Paidós.

Ryan, M.-L. (2006). From Parallel Universes to Possible Worlds: Ontological Pluralism in Physics, Narratology, and Narrative. *Poetics Today, 27* (4), pp.633-674. https://doi.org/10.1215/03335372-2006-006

Ryan, M.-L. (2009). Temporal Paradoxes in Narrative. *Style, 43* (2), pp.142-164.

Ryan, M.-L. (2013). Transmedial Storytelling and Transfictionality. *Poetics Today, 34* (3), pp.361-388.
https://doi.org/10.1215/03335372-2325250

Ryan, M. L., & Thon, J. N. (2014). *Storyworlds Across Media: Toward a Media-Conscious Narratology.* University of Nebraska Press.

Samit, A., Buj Mestre, M., Isach Flich, J. B., Marco García, M., & Vilar Sastre, G. (2012). «Se fue de aquí detrás de ti . Nunca llegué a saber que quería». Las trampas de un relato quebrado en Los cronocríemenes (Nacho Vigalondo, 2007). *Bibioteca On-Line de Ciências Da Comunicação.*

San Agustín Obispo de Hipona (pp.354-439). (1958). *Obras completas de San Agustín. XVI-XVII : La Ciudad de Dios.* Madrid: Biblioteca de Autores Cristianos.

Sánchez-Biosca, V. (1995). *Una Cultura de la fragmentación: pastiche, relato y cuerpo en el cine y la televisión.* Valencia: Filmoteca de la Generalitat Valenciana.

Sánchez-Biosca, V. (1996). *El montaje cinematográfico Teoría y análisis.* Bacelona: Paidós.

Sánchez-Biosca, V. (2021). *La muerte en los ojos: Qué perpetran las imágenes de perpetrador.* Madrid: Alianza Editorial.

Sánchez-Casademont, R. (2018, December). ¿Quién es Alfonso Cuarón en "Roma", la mejor película de Netflix? *Esquire.*

Sanzio, R. (2015). *Delphi Complete Works of Raphael (Illustrated).* Hastings: Delphi Classics.

Schatz, T. (2015). *The genius of the system: Hollywood filmmaking in the studio era.* New York: Henry Holt and Company.

Schlickers, S. (2017a). *La narración perturbadora: un nuevo concepto narratológico transmedial.* Madrid / Frankfurt: Iberoamericana / Vervuert,.

Schlickers, S. (2017b). Perturbatory Narration in Film. *Perturbatory Narration in Film.* Berlin: De Gruyter. https://doi.org/10.1515/9783110566574

Scolari, C. A. (2008). *Hipermediaciones. Elementos para una Teoría de la Comunicación Digital Interactiva.* Barcelona: Gedisa.

Scolari, C. A. (2013). *Narrativas transmedia.* Barcelona: Libranda Planeta.

Scolari, C. A. (2014). *El fin de los medios masivos. El debate continúa...*

Scolari, C. A. (2015). *Ecología de los medios: Entornos, evoluciones e interpretaciones.* Barcelona: GEDISA.

Scolari, C. A. (2021). *Las leyes de la interfaz (2ª ed.): Diseño, ecología, evolución, tecnología*. Bacelona: GEDISA.

Scolari, C. A., Azcárate, S. F. De, Guerrero, M., Martos, A., Obradors, M., Oliva, M., ... Pujadas, E. (2014). Narrativas transmediáticas, convergencia audiovisual y nuevas estrategias de comunicación. *Quaderns Del CAC, XV*(1), pp.79-89.

Scolari, C. A., & Et Alii. (2013). *Homo Videoludens 2.0. De Pacman a la gamificación* (C. A. Scolari, Ed.). Barcelona: Laboratori de Mitjans Interactius. Universitat de Barcelona.

Scorsese, M. (2019, November 7). Martin Scorsese: Por qué las películas de Marvel no son cine | Opinión | EL PAÍS. *El País*.

Searle, J. (1990). *Actos de habla: Ensayo de filosofía del lenguaje*. Madrid: Cátedra.

Sendler, U. (ed). (2017). *The internet of things: Industrie 4.0 unleashed*. Berlin: Springer-Verlag.

Serrano Orejuela, E. (2015). El narrador y sus saberes. *Poligramas*, (1996).

Sklovski, V. (1978). El arte como artificio. In T. Todorov (ed.), *Teoría de la literatura de los formalistas rusos* (pp.55-70). Madrid: Siglo XXI.

Smith Abbott, K., & Abott, S. (2011). *Conjecture and Proof: A Case of Shifting Identities in Raphael's School of Athens*, pp.527-530.

Sobchack, V. C. (1996). *The Persistence of History: Cinema, Television, and the Modern Event*. New York: Routledge.

Sobrino, J. (2013). La santidad primordial. *Concilum: Revista Internacional de Teología*, 351, pp.365-377.

Sontag, S. (2006). *Sobre la fotografía*, p.288.

Sorolla-Romero, T. (2018). *Narrativas no lineales: Entre la reconstrucción del MRI fracturado y la evidencia de su artificialidad*. Universitat Jaume I.

Sorolla-Romero, T. (2022). *El tiempo de los amnésicos: Fracturación narrativa y subjetividades delirantes en el cine contemporáneo (en prensa)*. Valencia / Barcelona: Aldea Global.

Sorolla-Romero, T., & García Catalán, S. (2013). El Mac Guffin es el film: destinos carnavalescos de las narrativas complejas hoy. *Archivos de La Filmoteca: Revista de Estudios Históricos Sobre La Imagen*, (72), pp.105-117.

Sorolla-Romero, T., Palao-Errando, J. A., & Marzal-Felici, J. (2020). Unreliable Narrators for Troubled Times: The Menacing "Digitalisation of Subjectivity" in Black Mirror. *Quarterly Review of Film and Video*, *0*(0), 1–23. https://doi.org/10.1080/10509208.2020.1764322

Speck, O. C. (2014). *Quentin Tarantinos Django unchained: The continuation of metacinema*. London; New York: Bloomsbury Academic.

Spivak, G. C. (2009). *¿Pueden hablar los subalternos?* (M. Asensi Pérez, ed.). Barcelona: Museu d'Art Contemporani de Barcelona.

Stam, R., Burgoyne, R., & Flitterman-Lewis, S. (1999). *Nuevos conceptos de la teoría del cine*. Barcelona: Paidós.

Stanislavski, K. (2010). *El Trabajo del Actor sobre sí mismo en el proceso creador de la vivencia*. Barcelona: Alba Editorial.

Stenton, P., Hull, R., Morgan, J., Kindberg, T., Pollard, S., Hunter, A., ... Wainwright, N. (2008). Pervasive Media : Delivering ' the right thing in the moment '. *Framework*.

Stoichita, V. I. (2000). *La Invención del Cuadro*. Barcelona: Ediciones del Serbal.

Stoichita, V. I. (2005). *Ver y no ver: la tematización de la mirada en la pintura impresionista*. Madrid: Siruela.

Strauven, W. (2021). *Touchscreen Archaeology: Tracing Histories of Hands-On Media Practices*. Lüneburg, Germany: meson Press eG.

Strauven, W. (ed). (2006). *The Cinema of Attractions Reloaded* (W. Strauven, Ed.). Amsterdam: Amsterdam University Press.

Suzunaga Quintana, J. C. (2016). Consideraciones sobre la verdad. Heidegger y Lacan, un encuentro imposible en los tiempos de la Alethosfera. *Desde El Jardín de Freud*, *0*(16), 287–306. https://doi.org/10.15446/djf.n16.58170

Talens, J., & Company, J. M. (1984). The Textual Space: On the Notion of Text. *The Journal of the Midwest Modern Language Association, 17*(2), 24. https://doi.org/10.2307/1315046

Tarski, A. (1999). La concepción semántica de la verdad y los fundamentos de la semántica. *A Parte Rei. Revista de Filosofía*, 1–30.

Taylor, P. (2009). Julius II and The Stanza Della Segnatura. *Journal of the Warburg and Courtauld Institutes, 72*, pp.103-141.

Thanouli, E. (2005). *Post-classical Narration: A new paradigm in contemporary World cinema.* Amsterdam: Universiteit van Amsterdam.

Thanouli, E. (2009). *Post-classical cinema : an international poetics of film narration* [Book]. London; Wallflower Press.

Thompson, K. (1999). *Storytelling in the new Hollywood : understanding classical narrative technique.* Cambridge, Mass: Harvard University Press.

Thussu, D. K. (2007). *News as Entertainment: The Rise of Global Infotainment.* London: SAGE.

Todorov, T. (ed. (1972). *Análisis estructural del relato.* Buenos Aires: Tiempo Contemporáneo.

Todorov, T. (ed. . (1978). *Teoría de la literatura de los formalistas rusos.* Mexico: Siglo XXI.

Tortajada, M., & Albéra, F. (2015). *Cine-dispositives: essays in epistemology across media.* Amsterdam: Amsterdam University Press.

Truffaut, F. (1974). *El Cine según Hitchcock.* Madrid: Alianza Editorial.

Uricchio, W. (1998). Television, Film and the Struggle for Media Identity [Article]. *Film History (New York, N.Y.), 10* (2), pp.118-127.

Urrutia, J. (1976). *Contribuciones al análisis semiológico del film.* Valencia: F. Torres.

van den Oever, A. (2010). *Ostrannenie: On "Strangeness" and the Moving Image; The History, Reception, and Relevance of a Concept.* Amsterdam : Amsterdam University Press.

Verhoeff, N. (2012). *Mobile Screens: The Visual Regime of Navigation.* Amsterdam : Amsterdam Universitiy Press. https://doi.org/10.5555/x5117-9789089643797x

Vidal, B. (2012). *Figuring the Past : Period Film and the Mannerist aesthetic.* Amsterdam: Amsterdam Universitiy Press. https://doi.org/10.26530/oapen_426536

Villanueva, D. (2004). *Teorías del Realismo Literario.* Madrid: Biblioteca Nueva.

Virno, P. (2003a). *Gramática de la multitud: para un análisis de las formas de vida contemporáneas.* Madrid: Traficantes de sueños.

Virno, P. (2003b). *Virtuosismo y revolución.* Madrid: Traficantes de sueños.

Wagner, J. N., & MacLean, T. B. (2008). *Television at the movies : cinematic and critical approaches to American broadcasting* (T. B. MacLean, Ed.) [Book]. New York: Continuum.

Wallace, D. F. (1997). *A supposedly fun thing i ' ll never do again.* New York.: Little, Brown and Company.

Wetzel, C., & Wetzel, S. (2020). *The Marvel Studios Story: How a Failing Comic Book Publisher Became a Hollywood Superhero.* Nashville: HarperCollins Leadership.

White, H. (1980). The Value of Narrativity in the Representation of Reality. *Critical Inquiry, 7*(1), 5–27. https://doi.org/10.1086/448086

White, H. (1992). *Metahistoria: La imaginación histórica en la Europa del siglo xix.* México D.F: Fondo de Cultura Económica.

White, H. (2003). *El texto historico como artefacto literario y otros escritos.* Barcelona: Paidós.

White, H. (2010). *Ficción histórica, historia ficcional y realidad histórica.* Buenos Aires: Prometeo Libros.

Williams, R. (2020). *Theme Park Fandom* [Book]. Amsterdam: Amsterdam University Press.

Wittenberg, D. (2013). *Time Travel: The Popular Philosophy of Narrative.* New York: Fordham University Press.

Wolf, W., Bernhart, W., & Mahler, A. (2013). *Immersion and Distance: Aesthetic Illusion in Literature and Other Media.* Amsterdam - New York: Editions Rodopi.

Xifra Triadú, J. (2016). *Los think tanks.* Barcelona: Universitat Oberta de Catalunya.

Young, P. (2006). *The cinema dreams its rivals: media fantasy films from radio to the Internet.* Minneapolis: The University of Minnesota Press.

Zecca, F. (2012). *Il cinema della convergenza: industria, racconto, pubblico.* Milano: Mimesis Edizioni.

Žižek, S. (2013, January 25). Zero Dark Thirty: Hollywood's gift to American power. *The Guardian.*

Zumalde Arregi, I., & Zunzunegui Díez, S. (2019). *Ver para creer: Avatares de la verdad cinematográfica.* Madrid: Cátedra.

Zunzunegui, S. (2001). El laberinto de la mirada el museo como espacio del sentido. *Cuadernos de La Facultad de Humanidades y Ciencias Sociales - Universidad Nacional de Jujuy,* (17).

sh